▲汉　博山炉

▲汉 雁炉

▲唐　行炉

▲宋　三足香炉

▲▶元　兽炉

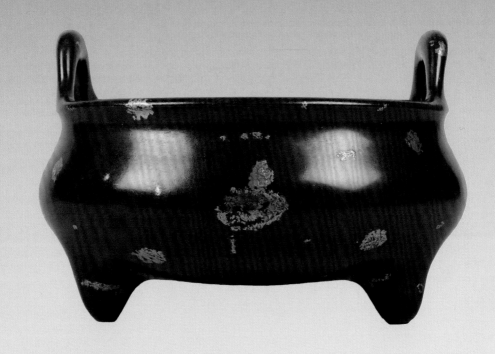

▲明 宣德款铜炉

▲明　兽炉

▲清　宣德款熏炉

香乘

〔明〕周嘉冑◎著

刘帅◎编著

中国纺织出版社

国家一级出版社
全国百佳图书出版单位

内容提要

　　《香乘》一书是明末著名学者、香学家周嘉胄穷二十年之力搜集整理的香学著作，也是中国香文化集大成之作。此书囊括了各种香材的辨析、产地、特性等香学知识，介绍了大量与中国香文化有关的典故趣事，可谓知识性与趣味性兼备，是了解中国香文化的首选之作。《香乘》还博采宋代以来诸香谱之长，整理了很多传世香方，这些香方不仅具有香学上的史料价值，也是香道爱好者可以不断发掘研究的宝库和源泉。

图书在版编目（CIP）数据

　　香乘 /（明）周嘉胄著；刘帅编著. -- 北京：中国纺织出版社，2019.10（2025.5重印）
　　（雅玩集）
　　ISBN 978-7-5180-4395-8

　　Ⅰ.①香… Ⅱ.①周… ②刘… Ⅲ.①香料—文化—中国—古代 Ⅳ.① TQ65

　　中国版本图书馆 CIP 数据核字（2017）第 295583 号

策划编辑：顾文卓　　　责任校对：寇晨晨　　　责任印制：储志伟

中国纺织出版社出版发行

地址：北京市朝阳区百子湾东里 A407 号楼　邮政编码：100124

销售电话：010—67004422　传真：010—87155801

http：//www.c-textilep.com

E-mail：faxing@c-textilep.com

中国纺织出版社天猫旗舰店

官方微博 http：//weibo.com/2119887771

北京华联印刷有限公司印刷　各地新华书店经销

2019 年 10 月第 1 版　2025 年 5 月第 11 次印刷

开本：710×1000　1/16　印张：48　插页：8

字数：617 千字　定价：128.00 元

前　言

　　中华民族焚香的习俗源远流长，其历史甚至可以和民族的历史相呼应。

　　中国人自古讲究生活品质，吃饭有讲究，穿衣有讲究，生活的环境自然也有讲究。古人说，君子的生活环境可以不奢华，但必须干净、整洁、清新，而"香"自然是创造这种环境不可或缺的元素之一。

　　不过，中国人最开始焚香却并非单纯为了增加住宅的高雅氛围，而是为了驱虫。一些植物燃烧时散发出的气味可以赶走蚊虫，因而苦于蚊虫叮咬的祖先们出于本能，将这些植物进行简单的加工，做成了最原始的香。

　　就像很多源自本能的行为最后演变成文化一样，焚香也慢慢从生存需要变成了文化需求，而当它作为君子居室的必备之物后，我们的祖先自然而然地就将香与个人修养品格联系在了一起。所以，自秦汉以后，中国人就再也离不开香了。

　　进入汉末，宗教盛行，焚香作为祷告、祈祝的重要部分，人们又赋予了香新的含义，焚香也从日常普通行为逐渐被神化、圣化。时至今日，即便是不拜佛的中国人家中，在祭拜祖先的时候，仍然要点起几炷香来。

　　焚香行为的普及，自然带来了香文化自身的发展。随着历史的演进，香的种类、盛香的器皿、香的文化也繁盛起来。在这个过程中，历代文人都曾经试图对香文化做一次总结，但无奈中华地域广阔、风俗众多，这个庞大的工作一直延续到明朝，才最终由周嘉胄完成。

周嘉胄，字江左，明朝扬州人，生于万历十年。在明朝，科举入仕是文人近乎唯一的选择，然而，周嘉胄因为屡试不第，却走出了另一条道路。通过在绘画、书法以及装裱技术上的造诣，周嘉胄成为享誉一时的艺术家。

处于王朝末期的大明国事动荡、战火频仍，然而在江南一隅，因为早期资本主义萌芽的发展，民间生活尤其是市民生活却富庶异常。正是因为有这样富庶的小社会背景，才使得周嘉胄有机会也有财力完成这项前无古人的创举。

自万历末年开始，周嘉胄开始搜集有关香的资料，经过20余年的整理和编撰，到了崇祯末年，一部集古今香文化之大成的《香乘》终于付梓。这部《香乘》汇集了各个时代、各个地域的各种香料、香品和香器，以及这些物品背后的典故和文化积淀，可以说是一本关于香的大百科全书，对于后人研究香文化在我国的发展历史绝对是指南针式的作品。

《香乘》读音"香胜"，取义自春秋时期晋国将史书命名为"乘"，因此《香乘》也可以被看作是一本关于香的历史。

在这部大历史中，读者能够看到上自春秋下至元明时期，中华大地上曾经存在过的香的品种，还有与这些香有关的绝大部分资料，甚至还包括香的做法。

香文化是中华传统文明不可缺少的一部分，而香的特质，也和中华民族幽深、高洁、牺牲自我的品格遥相呼应。一部《香乘》，读者读的是香的历史，同样也是我们民族的历史。

目　录

香乘

香乘序

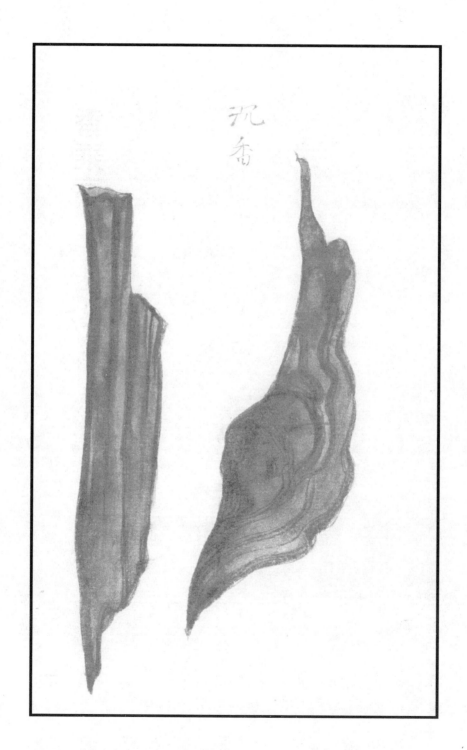

吾友周江左为《香乘》[①]，所载天文地理、人事物产，囊括古今，殆尽矣，余无复可措一辞。叶《石林燕语》述[②]：章子厚自岭表还，言神仙升举，形滞难脱，临行须焚名香百余斤以佐之。庐山有道人，积香数斛，一日尽发，命弟子焚于五老峰下，默坐其旁，烟盛不相辨，忽跃起在峰顶。言出子厚，与所谓返魂香之说皆未可深信。然诗礼所称燔柴事天，萧焫供祭[③]，蒸享苾芬，升香椒馨，达神明、通幽隐，其来久远矣。佛有众香国，而养生炼形者亦必焚香，言岂尽诬哉？古人香臭字通，谓之臭。故《大学》言："如恶恶臭。"而《孟子》以鼻之于臭为性，性之所欲，不得而安于命。余老矣，薄命不能得致奇香，展读此乘，芳菲菲兮袭余。计人性有同好者，案头各置一册，作如是鼻观否？以香草比君子，屈宋诸君骚赋累累不绝书[④]，则好香固余楚俗。周君维扬人，实楚产，两人譬之草木，吾臭味也。

万历戊午中秋前二日大泌山人李维桢本宁父撰[⑤]

【注释】

　　①周江左：周嘉胄，字江左。周嘉胄为《香乘》的编撰者，亦精通于书画装潢，其著作有《装潢志》传于后世。

　　②《石林燕语》：宋朝叶梦得著。叶梦得，字少蕴，号石林居士，苏州吴县人。《石林燕语》是其记录故事旧文和古今嘉言善行的笔记类著作。

　　③燔（fán）柴事天，萧焫（ruò）供祭：燔和焫都是焚烧的意思。萧，指香蒿。

　　④屈宋诸君：屈原、宋玉等人，过去楚国经常以香草比君子。

　　⑤李维桢：字本宁。历史学家，著有《大泌山房集》一百三十四卷，及《史通评释》等。

【译文】

　　我的朋友周嘉胄作了一本《香乘》。其文记载的内容囊括了天文地理，以及古今的人事物产。此书写得十分详尽。宋朝叶梦得所著的《石林燕语》，讲述了章子厚在岭南听闻的关于焚香帮助神仙飞升的说法——神仙在飞升之际，很难摆脱自己的肉体，所以飞升的时候需烧掉一百多斤的名香作为辅助。庐山有位道人，积攒了几斛名香，让门生弟子们在一日之内，将名香于五老峰下全部燃尽。门生弟子默坐一旁，烟雾缭绕，都不能辨认出对面的人究竟是谁。忽然间，道人便跃至峰顶。当然，这番话是出自章子厚，并非世人所亲见，因此，人们对于所谓的返魂香一说就不能深信。然而《诗经》《仪礼》中所说的焚烧柴火祭天，焚烧香蒿祭地，带有芬芳的气体升入天空，香气能够直接通往神明所在的地方，这种说法却是由来已久。佛家里讲有众香国，养生修生之人，也一定会焚香。难道这些话都是虚假的吗？古人把香与臭统称为气味，所以《大学》中有记载："就像讨厌难闻的气味一样。"而《孟子》则说，用鼻子闻气味是人的天性，当这种天性得不到满足时，就不能安于命运。我已经老了，没有那个福分能得到极好的香，读此书，我便能感受到芳香气息迎面而来。考虑到有共同兴趣的人，可以在桌子上放上这本书，让眼睛与鼻子都得到享受。过去楚国经常以香草比君子，比如屈原和宋玉，能写出《离骚》和诗赋，可见喜爱香料是楚国遗留的习俗。周嘉胄是淮海扬州人，实际上却传承了楚国的遗风。他们都像草木一般馨香，我愿意闻到他们的气息。

万历戊午中秋前二日大泌山人李维桢撰

004

自
序

梓

余好睡、嗜香，性习成癖。有生之乐在兹，遁世之情弥笃，每谓霜里佩黄金者不贵于枕上黑甜①，马首拥红尘者不乐于炉中碧篆②。香之为用大矣哉！通天集灵，祀先供圣，礼佛藉以导诚，祈仙因之升举，至返魂祛疫，辟邪飞气，功可回天，殊珍异物，累累征奇，岂惟幽窗破寂，绣阁助欢已耶？少时尝为此书，鸠集一十三卷③。时欲命梓④，殊歉挂漏⑤，乃复穷搜遍辑，积有年月，通得二十八卷。嗣后，次第获睹洪颜沉叶四家香谱⑥，每谱卷帙寥寥⑦，似未该博，又皆修合香方过半，且四氏所纂互相重复，至如幽兰木兰等赋，于谱无关，经余所採⑧，通不多则，而辨论精审叶氏居优，其修合诸方实有资焉。复得《晦斋香谱》一卷、《墨娥小录香谱》一卷，并全录之。计余所纂，颇亦浩繁，尚冀海底珊瑚⑨，不辞探讨。而异迹无穷，年力有尽，乃授剞劂⑩，布诸艺林。三十载精勤庶几不负，更欲纂《睡旨》一书以副初志。李先生所为序，正在一十三卷之时，今先生下世二十年，惜不得余全书而为之快读，不胜高山仰止之思焉。

　　　　　　崇祯十四年岁次辛巳春三月六日书于鼎足斋周嘉胄

【注释】

①霜里佩黄金者：指朝廷中追名逐利的人。唐寅有诗曰："尽胜达官忧利害，五更霜里佩黄金。"黑甜：酣睡。

②马首拥红尘者：指那些追求繁华热闹的人。碧篆：篆香。

③鸠集：聚集，搜集。

④命梓：嘱人刻版，刊印。

⑤挂漏：挂一漏万之略语。这表现出作者的态度严谨，怕有疏漏。

⑥洪颜沉叶：洪刍、颜博文、沉立、叶廷圭，这四个人都留下了香谱方面的著作。

⑦卷帙（zhì）：书籍可舒卷的叫卷，编次的叫帙。释义为书籍。

香乘

⑧採（cǎi）：意为摘取，选取。

⑨海底珊瑚：指被遗漏的宝贵资料。

⑩剞劂（jī jué）：刻版刊印。

【译文】

我喜欢睡觉、嗜香，已经形成了癖好，也是我此生的乐趣所在，这种归隐于世的感觉十分浓厚。总认为对于那些追名逐利的人来说，不如在枕头上酣睡一番了；而对于那些追求繁华热闹的人来说，不如炉中的篆香。香料的用途很广泛，比如通达神明、祭祀祖先、供奉圣贤、虔诚礼佛、向神仙祈祷而得以飞升、回魂祛病、驱散病气，这种拥有回天功效的奇珍异宝，难道只能在房间里做排遣用、在闺房里作乐用吗？我在年少时曾做本书，搜集了13卷。当时想要把书刻印出来，怕有疏漏的地方，于是又反复收集编辑，收集了一段年月后，一共得到了28卷。随后，我有幸依次看到了洪刍、颜博文、沉立、叶廷圭四人写下的香谱。每部都只有很少几本，且内容并不博大精深，而且里面的香料配方占了一大半，除此之外，这四位所作的书籍又相互重复。此外，比如幽兰和木兰方面的记载，跟香谱也没什么关系。经过我的筛选，还是叶廷圭的著作比较好，他整理的香料都是确有其资料记载的。后来，我又得到一卷《晦斋香谱》，一卷《墨娥小录香谱》，也一并载入了我的书中。我撰写的书篇章节繁多，但没有写到的东西更像隐藏在海底的珊瑚，也有很多。然而，未知的香料是没有尽头的，而我的年龄却是有尽头的。于是，我把书刻印下来，散布到艺术这一领域中。30年的精心和勤奋总算没有辜负。我也想撰写一本《睡旨》，从侧面表明我最初的志向。李维桢先生为本书作了序，是在本书写了13卷的时候。而今，李维桢先生已经离世20年了，我叹息不能让他读完全书，也表达我对他高山仰止般的思念。

崇祯十四年辛巳春三月六日书于鼎足斋周嘉胄

008

香最多品类，出交广崖州及海南诸国①。然秦汉已前未闻，惟称兰蕙椒桂而已。至汉武奢靡，尚书郎奏事者始有含鸡舌香，及诸夷献香种种征异。晋武时外国亦贡异香。迨炀帝除夜火山烧沉香甲煎不计数②，海南诸香毕至矣。唐明皇君臣多有用沉檀脑麝为亭阁③，何侈也！后周显德间昆明国人又献蔷薇水矣④，昔所未有，今皆有焉。然香一也，或生于草，或出于木，或花、或实、或节、或叶、或皮、或液、或又假人力煎和而成，有供焚者，有可佩者，又有充入药者，详列如左。

【注释】

①交广崖州：指交州、广州、崖州一带，历代不同，而且区域互有重复，大体上，交州包括广东和广西的一部分及海南一带；广州，主要包括广东和广西；崖州指海南。

②甲煎：一种香料的名称。以甲香和沉麝诸药花物制成，可作口脂及焚爇（ruò），也可入药。

③麝（shè）：麝香，药名。又名寸香、元寸、当门子、臭子、香脐子。为鹿科动物林麝、马麝或原麝雄体香囊中的干燥分泌物。干燥后呈颗粒状或块状，有特殊的香气，有苦味，可以制成香料，也可以入药，是中枢神经兴奋剂，外用能镇痛、消肿，十分珍贵。

④昆明国：唐末五代之昆明，位于今云南东北部。

【译文】

香料在交州、广州、崖州一带和南海各地的品种最多。但香料在秦汉之前很少，只有兰草、蕙草、椒和桂而已。到了汉武帝时期，香料逐渐多起来。官员们开始使用鸡舌香，而四周夷国进献的香也开始多起来。晋武帝时，夷帮也进献香料。到了隋炀帝时期，除夕夜需要烧无数名贵香料，南海诸国的香料都到了中原。唐明皇君臣大多都用沉檀脑麝四大香料做亭阁，可见香料之多！后周显德期间，云南东部的昆明国又进献了蔷薇水，这是之前从未有过的香料，但现在有了。香料这种东西，有的来自于草，有的来自于树，有的来自于花，有的来自于果实，有的来自于根节，有的来自于叶子，有的来自于表皮，有的来自于汁液，有的是用人工煎制调和而成。有的香料是用来焚烧的，有的是用来佩戴的，有的是入药的。我把具体情况列到后边。

沉水香（考证一十九则）

木之心节置水则沉，故名沉水，亦曰水沉。半沉者为栈香，不沉者为黄熟香。《南越志》言[①]："交州人称为蜜香，谓其气如蜜脾也[②]。梵书名阿迦嚧香[③]。"

【注释】

①《南越志》：南宋沈怀远编撰，记录岭南风物。

②蜜脾：蜜蜂营造酿蜜的蜂房，因其形状似脾，故称蜜脾。

③阿迦嚧（lú）香：沉香的别称。

【译文】

香木结出的树脂，放在水里会下沉，故而被称作沉水，又叫水沉。放在水里半浮半沉的是栈香，不沉的是黄熟香。《南越志》上记载："交州的人称为蜜香，说的是它的香气，就像蜜蜂建造的蜂房一样。梵书又把它称作阿迦嚧香。"

香之等凡三，曰沉、曰栈、曰黄熟是也。沉香入水即沉，其品凡四，曰熟结，乃膏脉凝结自朽出者；曰生结，乃刀斧伐仆膏脉结聚者；曰脱落，乃因木朽而结者；曰虫漏乃因蠹隙而结者[①]。生结为上[②]，熟脱次之[③]。坚黑为上，黄色次之。角沉黑润，黄沉黄润，蜡沉柔韧，革沉纹横，皆上品也。海岛所出有如石杵、如肘、如拳、如凤雀龟蛇云气人物，及海南马蹄、牛头、燕口、毛栗、竹叶、芝菌、梭子、附子等香皆因形命名耳。其栈香入水半浮半沉，即沉香之半结；连木者或作煎香番名婆莱香，亦曰弄水香，甚类猬刺④。鸡骨香、叶子香皆因形而名，有大如笠者为蓬莱香，有如山石枯槎者为光香⑤，入药皆次于沉水。其黄熟香即香之轻虚者，俗讹为速香是矣。有生速斫伐而取者⑥；有熟速腐朽而取者。其大而可雕刻者，谓之水盘头，并不可入药，但可焚爇。（《本草纲目》）

【注释】

①虫漏：沉香的一种。"虫漏"也叫"虫眼"，也有叫蚁沉，虫蚁最喜欢在香甜松软的沉香木上噬木做穴，也最易造成香木的受伤感染，因此虫蚁噬木做穴也是最常见的结香成因。蠹（dù）：蛀坏，腐坏。

②生结：就是指的通过外力作用使香树受伤，然后分泌树脂结出的香，目前海南沉香大多都是生结，比如板头、壳沉，还有一种是因动物、自然灾害导致香树受伤而结香，这种结香的原理和生结一样，所以也被认为是生结。即生结就是指的外力导致香树受伤而结的香。

③熟脱：《本草纲目》记："其积年老木，长年其外皮俱朽，木心与枝节不坏，坚黑沉水者，即沉香也。"这讲的就是熟结，即指树木死后，树根树干倒伏在地面或沉入泥土沼泽，经风吹日晒雨淋，长年累月，慢慢分解、收缩，最后留下的以油脂成分为主的凝聚物。

④猬（wèi）刺：刺猬。

⑤枯槎（chá）：老树的枝杈。

⑥斫（zhuó）：大锄、斧。

【译文】

香料分为三等，分别是沉香、栈香和黄熟香。沉香放到水里会下沉，可以分成四个品类：第一种是叫熟结的，是树木死后，由留下的树脂慢慢凝结成的香；第二种是叫生结的，是刀斧砍过后，伤口渗出树脂所凝结的香；第三种是叫脱落的，是枝干朽落后结成的香；第四种叫虫漏，是树虫和细菌等对树木蛀蚀而成的香。生结是香料中的上品，熟脱略次一等。质地坚硬并且呈现黑色的香是上品，黄色的香略次一等。角沉是黑色的，质地温润；黄沉是黄色的，质地温润；蜡沉比较柔韧；革沉纹理纵横。这些都是上品的沉香。海岛产出的香料，有的像石杵，有的像胳膊肘，有的像拳头，有的像凤、雀、龟、蛇等动物，有的像云或人像，还有的像南洋的马蹄、牛头、燕嘴、毛栗、竹叶、芝菌、梭子、附子等物。这些都是按照形状来命名的。栈香放到水里半浮半沉，就是沉香靠水而结成的半结香，又被称为煎香，西洋名叫婆菜香，也叫弄水香，形状很像刺猬。鸡骨香、叶子香都是因为形状得名的。有像斗笠那么大的，是蓬莱香；有像山石枝杈的，叫光香。这些香料可以入药，但都不如沉水香。黄熟香在香料中较轻，俗称速香。生速香是刀斧砍后得到的，熟速香是香木腐朽所得到的。其中，大的可以用来雕刻，被称为水盘头，不能药用，只能用来焚香。（《本草纲目》）

水沉岭南诸郡悉有，傍海处尤多。交干连枝。冈岭相接，千里不绝，叶如冬青，大者数抱。木性虚柔，山民以构茅庐，或为桥梁为饭甑①。有香者百无一二，益木得水方结。多有折枝枯干，中或为沉、或为栈、或为黄熟，自枯死者谓之水盘香。南恩、高、窦等州惟产生结香。益山民入山，以刀斫曲干斜枝成坎，经年得雨水浸渍，遂结成香。乃锯取之，刮去白木，其香结为斑点，名鹧鸪斑，爇之极清烈②。香之良者，惟在琼、崖等州俗谓之角沉、黄沉，乃枝木得者，宜入药用。依木皮而结者，谓之青桂，气尤清。在土中岁久，不待刳剔而成薄片者，谓之龙鳞。削之自卷，咀之柔韧者，谓之黄蜡沉，尤难得也。（同上）

【注释】

①甑（zèng）：古代蒸饭的一种瓦器。底部有许多透蒸汽的孔格，置于鬲上蒸煮，如同现代的蒸锅。

②爇（fán）：焚烧。

【译文】

岭南各郡都有水沉香，靠海的地方尤其多。香木彼此枝干相连，冈岭相接，绵延千里不绝。它们的叶子像冬青，大的需要数人合抱，木质虚柔。山民用香木来构建茅庐、修建桥梁、制成饭甑。一百棵香木中只有一两棵结香，这是因为香木遇水才能结香。在断枝枯干中，有沉香、栈香和黄熟香等。自己枯死而结成的香，叫作水盘香。南恩、高州、广东信宜等地方只出产结香。因为山民进到山里，用刀斧砍那些弯曲的树干和倾斜的枝杈形成了伤口，经过雨水多年的浸渍，于是就凝结成香。锯取下来，刮去上面的白木，香结成了斑点状，称为鹧鸪斑，焚烧的时候味道极其清烈。质地优良的香只产于琼州、崖州等地，俗称角沉。黄沉是由枝木所结，宜于入药使用。依在树皮上凝结成的香，称为青桂，气息尤为清新。埋在土壤里多年，不等割裂剔取而自己结成薄片的香，叫作龙鳞。被刀削过之后自己会卷起来，咀嚼起来感觉柔韧的香，被称为黄蜡沉，这种香尤其难得。（同上）

诸品之外又有龙鳞、麻叶、竹叶之类，不止一二十品。要之入药①，惟取中实沉水者，或沉水而有中心空者，则是鸡骨，谓中有朽路如鸡骨血眼也。（同上）

【注释】

①要：用来。

【译文】

除了这些品类之外，还有龙鳞、麻叶、竹叶等香料，不少于一二十种品类。总之，用来入药的选用中心质实的沉水香。中心空虚的沉水香，则是鸡骨香，因为它中间有腐朽的地方，如同鸡骨中的血眼。（同上）

沉香所出非一，真腊者为上①，占城次之②，渤泥最下③。真腊之香又分三品：绿洋极佳，三泺次之，勃罗间差弱。而香之大概生结者为上，熟脱者次之，坚黑为上，黄者次之。然诸沉之形多异，而名不一。有状如犀角者、有如燕口者、如附子者、如梭子者，是皆因形而名。其坚致而有纹横者谓之横隔沉，大抵以所产气色为高下，而形体非以定优劣也。绿洋、三泺、勃罗间皆真腊属国。（叶

廷珪《南番香录》④）

蜜香、沉香、鸡骨香、黄熟香、栈香、青桂香、马蹄香、鸡舌香，按此八香同出于一树也。交趾有蜜香树，干似榉柳，其花白而繁，其叶如橘。欲取香伐之，经年其根干枝节各有别色，木心与节坚黑沉水者为沉香；与水面平者为鸡骨香；其根为黄熟香；其干为栈香；细枝紧实未烂者为青桂香；其根节轻而大者为马蹄香；其花不香成实乃香为鸡舌香。珍异之本也。（陆佃《埤雅广要》⑤）

【注释】

①真腊：指7～17世纪存在于柬埔寨的吉蔑王国。

②占城：古国名。故地在今越南中南部，中国古籍中，也称作象林邑，简称林邑。

③渤泥：东南亚古代小国，位于加里曼丹岛北部，即今日文莱达鲁萨兰国，又称"勃泥"。

④叶廷珪《南番香录》：叶廷珪，字嗣忠，号翠岩，瓯宁人。北宋宋徽宗时期进士，南宋宋高宗时期，任泉州军州，当时泉州海外贸易频繁，所以有条件收集整理资料，编撰《南番香录》，是历史上重要的香学著作。

⑤陆佃《埤雅广要》：又称《埤雅》，是宋代陆佃作的一部解释《尔雅》动植物名词的训诂类书，明代牛衷增补成《增修埤雅广要》。

【译文】

沉香的产地不止一处，其中真腊境内产的香是上品，占城所产的次之，而渤泥产的香料最差。真腊出产的香料又分成三个品类，其中绿洋产的香料最好，三泷产出的香料次之，而勃罗间的比较差。香料的大概品级，以生结为上品，熟结次之；质地坚硬而呈现黑色的香是上品，黄色的次之。各种沉水香的形态都不相同，其名称也不一样。有的形状像犀牛角，有的像燕子口，有的像附子，有的像梭子，这些香都是按照它们的形状命名的。其中，坚硬细致而有纵横纹理的，称为横隔沉。一般以香所产生的气味、色泽作为品评高下的标准，而不

是以形体来定其优劣。绿洋、三泺、勃罗间都是真腊的属国。（叶廷珪《南番香录》）

蜜香、沉香、鸡骨香、黄熟香、栈香、青桂香、马蹄香、鸡舌香，这八种香料都产于同一种香木。交趾有一种蜜香树，树干像榉柳；花朵是白色的，开得很繁茂；叶子像橘子树的叶子。如果要从中取香，就需要把树砍倒。多年后，它的树根、树干、树枝和树的节眼各有不同的色泽。树心和树的节眼质地坚硬且呈黑色并能沉于水中的是沉香；置于水中于水面持平的是鸡骨香；树根是黄熟香；树干是栈香；枝杈细弱紧实而未腐烂的是青桂香；树根的节眼较轻且大的是马蹄香；香木开的花不香，所结的果实却是香的，是鸡舌香，这是珍异香品的根本。（陆佃《埤雅广要》）

太学同官，有曾官广中者云："沉香，杂木也。朽蠹浸沙水，岁久得之，如儋崖海道居民桥梁皆香材[1]，如海桂、橘柚之木沉于水多年得之，为沉水香，草本谓为似橘是也。然生采之则不香也。"（《续博物志》[2]）

琼崖四州在海上，中有黎戎国，其族散处，无酋长，多沉香药货。（《孙升谈圃》[3]）

水沉出南海，凡数种。外为断白、次为栈、中为沉。今岭南岩峻处亦有之，但不及海南者清婉耳。诸夷以香树为槽，以饲鸡犬，故郑文宝诗云："沉檀香植在天涯，贱等荆衡水面槎。未必为槽饲鸡犬，不如煨烬向豪家[4]。"（《陈谱》[5]）

【注释】

①儋（dān）：儋州，今海南儋州。

②《续博物志》：宋代李石著。

③《孙升谈圃》：亦作《孙公谈圃》，孙公即孙升，书籍为孙升述，刘延世集录，记录了北宋的人物故闻。

④煨（wēi）烬：灰烬，燃烧后的残余物。

⑤《陈谱》：指《陈氏香谱》，宋代陈敬与其子陈浩卿编撰，集中

了宋代的诸多香方，是中国香学的重要著作。

【译文】

我一同在太学读书的同学里，有一个曾在广中做过官。他说："沉香是杂木，腐朽虫蛀又浸以沙水，历经多年才能结香。比如居住在儋州、崖州海上航道边的居民所建的桥梁，都采用香木。像海桂、橘柚等木料，沉在水中多年凝结而成的香，就是沉水香。所以《本草纲目》上说它像橘子树，但是生采的就没有香气了。"（《续博物志》）

琼、崖四州在海岛上，其中有个黎戎国，族人分散居住，没有首长，有很多沉香药货。（《孙升谈圃》）

水沉香产于南海，有多个种类。香木外层所结的香是断白，次外层的是栈香，最中间的是沉香。如今，在岭南崇山峻岭中也有此香，只是不如海南所产的香气清婉罢了。南洋各国用香木制作食槽来饲养鸡犬。故而宋代诗人郑文宝的诗里说："沉檀香植在天涯，贱等荆衡水面槎。未必为槽饲鸡犬，不如煨烬向豪家。"（《陈谱》）

沉香，生在土最久不待剜剔而得者。（《孔平仲谈苑》①）

香出占城者不若真腊，真腊不若海南黎峒，黎峒又以万安黎母山东峒者冠绝天下②。谓之海南沉，一片万钱。海北高、化诸州者皆栈香耳③。（《蔡絛丛谈》④）

【注释】

①《孔平仲谈苑》：又称《孔氏谈苑》，北宋孔平仲撰，也有人认为是后人集孔平仲他书而成。是一部记载北宋及前朝政事、人物轶闻的史料笔记，同时涉及社会风俗和动植物知识。

②万安：今海南万宁。

③高、化：高州、化州。高州位于今广东阳江西，化州位于今广东化县。

④《蔡絛丛谈》：指《铁围山丛谈》，宋蔡絛著，笔记体史料书籍，书中具体记载了北宋至南宋初，尤其是北宋后期的典章制度、掌故等，具有相当的史料价值。

【译文】

沉香埋在土里的日子久了，不用挖剔就能获得结香。（《孔平仲谈苑》）

占城出产的香不如真腊所产，真腊出产的又比不上海南黎峒所产，而黎峒所产的香又以万安黎母山东峒所产的冠绝天下，称为海南沉，一片的价格达到了万钱。海北的高州、化州等地出产的香，都只是栈香而已。（《蔡絛丛谈》）

上品出海南黎峒，一名土沉香，少有大块。其次如茧栗角、如附子、如芝菌、如茅竹叶者佳，至轻薄如纸者入水亦沉。香之节因久蛰土中，滋液下流结而为香，采时香面悉在下，其背带木性者乃出土上。环岛四郡界皆有之，悉冠诸番所出，又以出万安者为最胜。说者谓万安山在岛正东，钟朝阳之气，香尤酝藉丰美。大抵海南香气皆清淑，如莲花、梅英、鹅朵、蜜脾之类，焚博山，投少许，氛翳弥室，翻之四面悉香，至煤烬气不焦，此海南之辩也，北人多不甚识。盖海上亦自难得，省民以牛博之于黎[①]，一牛博香一担，归自择选，得沉水十不一二。中州人士但用广州舶上占城、真腊等香，近来又贵登流眉来者[②]。余试之，乃不及海南中下品。舶香往往腥烈，不甚腥者气味又短，带木性尾烟必焦。其出海北者生交趾[③]，及交人得之海外番舶而聚于钦州[④]，谓之钦香，质重实多，大块气尤酷烈，不复风烈，惟可入药，南人贱之。（范成大《桂海虞衡志》[⑤]）

【注释】

①博：换。

②登流眉：古国名。故地在今泰国南部马来半岛洛坤附近，亦称"丹流眉""丹马令""单马令"。

③交趾：汉代交趾范围很广，宋以后是指越南北部地区。

④钦州：古称安州今钦州市，位于广西。

⑤范成大《桂海虞衡志》：《桂海虞衡志》，宋范成大撰。范成大，

字致能，号石湖居士。平江吴郡（今江苏吴县）人，南宋著名诗人。其书记述了今广西一带的风土民俗。

【译文】

品质上乘的香，出自海南黎峒，又名土沉香，这种香很少有大块的；次一等的香，有像牛角、附子、芝菌、茅竹叶的，也是佳品。其中即使是那些像纸一样的又轻又薄的香，放入水中也会下沉。香木的节眼因为长时间埋在土里，树脂向下流出，凝结成香。采获沉香时，香结上树脂集聚的一面都朝下，而香结带有木质的背面在土壤上。环绕在海南岛上的四郡都出产这种香，而且都比南洋各国所产的好，其中又以万安产的最好。有人说，万安山在海南岛的正东方向，集聚朝阳之气，所产的香品尤其蕴藉丰美。总的来说，海南出产的香，香气都比较清淑，类似于莲花、梅花、鹅梨和蜂蜜之类。在博山炉中焚烧这种香，只用投放少许，香气弥漫于房室中，翻动一下，则四周都充溢着香气，即使烧到余烬时，也毫无焦臭的气味，这是海南人识别香料的办法，北方人大多不怎么了解。即使在海南，这种香料也难以获得。本省的人用牛和黎人换取香料，一头牛换一担香，然后再择选，一担香中，沉水香还不到十分之一二。中原的人只用广州商船贩来的占城、真腊等地出产的香，近来又推崇从登流眉国运来的香。我试了试，竟然还不如海南所产的中下品香。舶来的香料往往气息不怎么腥烈，气息腥烈的香味又短，香料中还掺杂着木质，尾烟必然焦臭。海北的香来自交趾，是交趾人从海外商船上购得，称为钦香。其质地厚重坚实，多是大块的，气息尤其酷烈，不再腥烈，只能入药，南方人大多轻视这种香。（范成大《桂海虞衡志》）

琼州崖万琼山定海临高皆产沉香[1]，又出黄速等香。（《大明一统志》[2]）

香木所断，岁久朽烂，心节独在，投水则沉。（同上）

环岛四郡以万安军所采为绝品，丰郁酝藉，四面悉皆翻熟，烬余而气不尽，所产处价与银等。（《稗史汇编》[3]）

卷一 香品（一）随品附事实

大率沉水万安东洞为第一品，在海外则登流眉片沉可与黎峒之香相伯仲，登流眉有绝品，乃千年枯木所结，如石杵、如拳、如肘、如凤、如孔雀、如龟蛇、如云气、如神仙人物，焚一片则盈室④，香雾越三日不散，彼人自谓无价宝。多归广帅府及大贵势之家。（同上）

【注释】

①定海：明代定海为今海南定安。

②《大明一统志》：明代官修地理总志。李贤、彭时等纂修。成书于天顺五年（1461）。因参与人员芜杂，纂修仓促，多有错误，为后代学者所批评。

③《稗史汇编》：此处的《稗史汇编》为明代王圻（qí）编纂，王圻，字元翰，诸翟人，嘉靖朝进士，一生编纂整理了很多文献。

④盈：充满。

【译文】

崖州、万州以及琼山、定安、临高等地都出产沉香，也出产黄速等香。（《大明一统志》）

香木折断后，经历一定的岁月，朽木糜烂，只有其中凝结的香脂还在，投放到水中就会下沉。（同上）

环绕在海南岛上的四郡，以万安所采的香为绝品，焚香时气息馥郁而四处弥漫，烧至余烬而香气不绝。这种香产与此处的白银等价。（《稗史汇编》）

大致来说，沉水香以万安、东峒所产为第一品级。就海外来说，登流眉国出产的片沉香与黎峒所产的香不相伯仲。登流眉国有绝品的香料，是千年朽木所结，形状有的像石杵，有的像拳头，有的像肘子，有的像凤凰，有的像孔雀，有的像蛇龟，有的像云气，有的像神仙人物，焚烧一片，则满室被香雾缭绕，三日后香气也不会散尽。这种香被当地人称作无价之宝，大多归两广帅府和权贵大家拥有。（同上）

香木，初一种也。膏脉贯溢则沉实①，此为沉水香。有曰熟结，自然其间凝实者。脱落，因木朽而自解者。生结，人以刀斧伤之而后膏聚焉。虫漏，因虫伤蠹而后膏脉亦聚焉。自然脱落为上，以其气和，生结虫漏则气烈，斯为下矣。沉水香过四者外，则有半结半不结为弄水香，番言为婆菜，因其半结则实而色重，半不结则不大实而色褐，好事者谓之鹧鸪斑。婆菜中则复有名水盘头，结实厚者亦近沉水。凡香木被伐，其根盘结处必有膏脉涌溢，故亦结，但数为雨淫，其气颇腥烈，故婆菜中水盘头为下。余虽有香气不大凝实，又一品号为栈香。大凡沉水、婆菜、栈香尝出于一种，而每自有高下，三者其产占城不若真腊国，真腊不若海南诸黎峒，海南诸黎峒又不若万安、吉阳两军之间黎母山，至是为冠绝天下之香，无能及之矣。又海北则有高、化二郡亦产香，然无是三者之别，第为一种，类栈之上者。海北香若沉水地号龙龟者，高凉地号浪滩者，官中时时择其高胜，试爇一炷，其香味虽浅薄，乃更作花气百和旖旎。（同上）

021

【注释】

①膏：香凝。

【译文】

香木原为一种。其香脂含量高，且沉厚质实是沉水香。熟结是树脂自然凝聚而成的香。脱落是木朽剩下的部分。生结是人们用刀斧砍后，香木伤口不断渗出树脂所结的香。虫漏是树木被树虫蛀蚀后，树脂凝聚形成的香。自然凝结的熟结和脱落的是上品，因为它们的气息醇和，生结、虫漏的气息较烈，是下品。沉水香的品类除了以上四种外，还有半结半不结的，就是弄水香，西洋话称作婆菜。半结香质地厚实，色泽较重，半不结香则不大厚实且呈褐色，好事者多把这种香称作鹧鸪斑。婆菜香中又有一种叫水盘头的，其中结实厚重的也类似于沉水香。但凡香木被砍伐后，树桩树根处，必然会有树脂涌溢，故而也凝结成香。但是由于屡屡被雨水浸泡，它的气息比较腥烈，故而

卷一 香品（一）随品附事实

水盘头在婆菜香中是下品。此外，还有香气不太凝实的香，又是一个品种，称作栈香。一般来说，沉水香、婆菜香、栈香通常是出于一种香木，各有高下之处。这三类香，产于占城的不如产于真腊的，产于真腊的又不如产于黎峒地区的，而产于海南黎峒地区的又不如产于万安、吉阳两郡之间的黎母山的。这就是天下第一的香，没有什么能比得上它的了。此外，海北高郡、化郡两地也出产香料，却没有这三种香的区别，只归为一种。其品质与栈香中的上品相似。海北所产的香，有一种类似沉水的称为龙龟，高凉的称作浪滩。官府采购时常常选择其中的上品。试着焚一炷香，其香味虽然浅薄，但有花朵的芬芳气息，香气十分柔美。（同上）

> 南方火行，其气炎上，药物所赋皆味辛而嗅香，如沉栈之属，世专谓之香者，又美之所钟也。世皆云二广出香，然广东香乃自舶上来，广右香产海北者，亦凡品，惟海南最胜。人士未尝落南者未必尽知，故著其说。（《桂海志》①）
>
> 高容雷化山间，亦有香，但白如木，不禁火力，气味极短，亦无膏乳，土人货卖不论钱也。（《稗史汇编》）
>
> 泉南香不及广香之为妙，都城市肆有詹家香②，颇类广香。今日多用，全类辛辣之气，无复有清芬韵度也。又有官香，而香味亦浅薄，非旧香之比。

【注释】

①《桂海志》：即范成大《桂海虞衡志》。

②肆：店铺。

【译文】

南方属火行，其气带火，所产的药物受此影响，皆味道辛辣、气息芳香，如沉香，栈香之类，世人都称其为香，以此赞美人们所喜欢的这种东西。世人都说，两广之地出产香料，然而广东的香料是海上的舶来品，海之北的香料也是普通的品级，只有海南所产的香料最好。不曾到过南方的人未必能完全了解这一点，所以记下来。

（《桂海虞衡志》）

高容、雷化两地的山间也有香品出产，只是这些香品呈木材般的白色，焚烧时不耐火，气味比较短促，也没有膏乳。当地人随意售卖，也不计较价钱。（《稗史汇编》）

泉南所出的香料不如广香，京城的市集店铺所售卖的詹家香，很像广香，如今被广泛使用，香气辛辣，不再有清新芬芳的雅致韵味。又有一种官香，香味也很浅薄，根本不能和旧式的香品相比较。

以下十品俱沉香之属：

生沉香即蓬莱香

出海南山西，其初连木，状如栗棘房，土人谓之刺香。刀刳去木，而出其香，则坚致而光泽，士大夫曰蓬莱香。气清而且长。品虽侔于真腊[1]，然地之所产者少，而官于彼者乃得之，商舶罕获焉，故值常倍于真腊所产者云。（《香录》[2]）

蓬莱香即沉水香结未成者，多成片，如小笠及大菌之状。有径一二尺者，极坚实。色状皆似沉香，惟入水则浮。刳去其背带木处，亦多沉水[3]。（《桂海虞衡志》）

【注释】

①侔（móu）：等同。

②《香录》：指叶廷珪所撰《香录》。

③刳（kū）：剖，剖开。

【译文】

生沉香：这种香出产于海南山之西，其开始连着木，像尖刺密生的板栗总苞，当地的土著称为刺香。用刀刮去上面所附的木质成分，香结就会露出，这种香质地坚实密致且富有光泽，士大夫们称为蓬莱香。其香气清正绵长。虽然品质和真腊出产的香相当，但因为当地出产的香本来就比较少，有被在此地做官为官的人据为己有，一般的商船很少能获得，因此，其价格比真腊香贵很多。（《香录》）

蓬莱香就是沉水香中未能完全结成的香，多半呈片状，形状好似小斗笠或大菌子，其中有直径一二尺的，质地极其坚实。这种香在色泽和外形上都跟沉香相似，只是放到水里的时候会浮起来。若是刮去香结背面杂有的木质，这种香大多也能沉到水里。（《桂海虞衡志》）

光香

与栈香同品第，出海北及交趾，亦聚于钦州。多大块如山石枯槎，气粗烈如焚松桧①，曾不能与海南栈香比。南人常以供日用及陈祭享。（同上）

【注释】

①桧（guì）：一种有香气的木材。

【译文】

光香：这种香与栈香属同一品级，出产于海之北与交趾，常常在钦州聚集销售。这种香多呈大块状，形似山石枯枝，香气粗烈，就像焚烧松树和桧树所发出的气味一样，这种香不能和海南所产的栈香相比。南方人在日常生活和祭祀先祖的时候常常使用它。（同上）

海南栈香

香如猬皮、栗蓬及渔蓑状。盖修治时雕镂费工，去木留香，棘刺森然。香之精钟于刺端，芳气与他处栈香迥别。出海北者聚于钦州，品极凡，与广东舶上生熟速结等香相埒①，海南栈香之下又有重漏、生结等香，皆下色。（同上）

【注释】

①埒（liè）：等同。

【译文】

海南栈香：这种香的外形酷似刺猬皮，板栗刺和渔翁穿着的蓑衣。修制花费很大的工夫，祛除杂在其间的木质成分，留下香脂，因此，荆棘状的尖刺森然而立。海南栈香的精华也就在这尖刺上。这种栈香的香气与其他地方的栈香香气迥然不同。出产于海北、聚集销售于钦州的栈香，品第极其普通，与广东商船上贩运来的生熟、速结等香差不多。海南栈香以下，又有虫漏、生结等香，都是下等的品色。（同上）

番香（一名番沉）

出勃泥、三佛齐，气旷而烈[1]，价视真腊绿洋减三分之二[2]，视占城减半矣。（《香录》）

【注释】

①旷：粗犷。

②视：似。

【译文】

番香：这种香料出产于勃泥、三佛齐，香气粗犷而热烈，其价钱比真腊、绿洋所产的香要便宜三分之二，较之占城所产的要少一半。（《香录》）

占城栈香

栈香乃沉香之次者，出占城国。气味与沉香相类。但带木，颇不坚实，亚于沉而优于熟速。（《香录》）

栈与沉同树，以其肌理有黑者为别。（《本草拾遗》[1]）

【注释】

①《本草拾遗》：唐代陈藏器编著的中药学著作，陈氏认为有很多未被载入《神农本草经》的药物，故收集资料编撰此书，原书已佚，其中资料多为后人引用。李时珍的《本草纲目》就大量引用了本书，且李时珍认为其是《神农本草经》以来最为重要的药学著作。

【译文】

占城栈香：是沉香中较次一等的，出产于占城国，气味与沉香相似。但因其掺杂有木质成分，质地不甚坚实，虽比不上沉香，但比熟

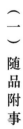

速香要好一点。(《香录》)

栈香与沉香一样生长于香木之上，凭借纹理中的黑色脉络与沉香相区别。(《本草拾遗》)

黄熟香

亦栈香之类，但轻虚枯朽，不堪爇也①。今和香中皆用之。

黄熟香夹栈香，黄熟香，诸番出，而真腊为上。黄而熟，故名焉。其皮坚而中腐者，其形状如桶，故谓之黄熟桶。其夹栈而通黑者，其气尤胜，故谓夹栈黄熟。此香虽泉人之所日用，而夹栈居上品。(《香录》)

近时，东南好事家盛行黄熟香，又非此类，乃南粤土人种香树，如江南人家艺茶趋利②。树矮枝繁，其香在根，剔根作香，根腹可容数升，实以肥土，数年复成香矣。以年逾久者逾香。又有生香、铁面、油尖之称。故《广州志》云：东莞县茶园村香树出于人为，不及海南出于自然。

026

【注释】

①爇：焚烧。

②艺：种植。

【译文】

黄熟香：也属于栈香一类，但质地轻虚，枯朽不堪焚烧。如今的合香中都要用到它。

黄熟香夹杂着栈香，产于南洋各国，真腊所产的是上品。因其是黄色且是熟生，所以人们才会这么称呼它。这种香有外皮坚实而中空腐朽的，形状像桶一样，被称为黄熟桶。夹杂有栈香而通身全黑的，其香气尤其美妙，被称为夹栈黄熟。这种香是泉州人日用之物，但夹栈黄熟居于上品。(《香录》)

近日来，东南省份喜好香事的人家所盛行的黄熟香，不是这一类，乃是南粤土著所种植的香树，就像江南人家盛行种茶牟利一样。香树树冠低矮，枝繁叶茂，香结生于根部，剔挖树根取香后所留下的空洞，有数升的容量，将肥沃的泥土填充于其中，数年之后又能结香。因其年代越久气息越香，又有生香、铁面、油尖之称。故而《广州志》上说："东莞县的茶园村所产的香树是人为种植的，不如海南出产的自然天成。"

速暂香

香出真腊者为上。伐树去木而取香者谓之生速。树仆木腐而香存者谓之熟速。其树木之半存者谓之暂香。而黄而熟者谓之黄熟。通黑者为夹栈。又有皮坚而中腐形如桶谓之黄熟桶。(《一统志》)

速暂黄熟即今速香，俗呼鲫鱼片，以雉鸡斑者佳，重实为美。

【译文】

速暂香：这种香以产自真腊国的为上品。砍伐香树，去除其中木质成分而取得的香叫生速。树木死去，木质腐烂而生的香叫熟速。树木半存的称为暂香。黄色且是熟生的称为黄熟。通体发黑的是夹栈。还有一种香外皮坚实而中间腐朽，外形如桶，称为黄熟桶。(《一统志》)

速暂黄熟就是今人所说的速香，俗称为鲫鱼片，以带有雉鸡斑点的为佳品，以质地厚重密实为美。

白眼香

亦黄熟之别名也，其色差白[①]，不入药品，和香用之。(《香谱》)

【注释】

①差白：泛着白色。

【译文】

白眼香：这也是黄熟香的别名，香上泛有白色，不能入药，只能用来调制合香。(《香谱》)

叶子香

一名龙鳞香，盖栈香之薄者，其香尤胜于栈[①]。(《香谱》)

【注释】

①栈：指栈香。

【译文】

叶子香：这种香又叫龙鳞香，是栈香中最薄的，其香气比栈香更好。（《香谱》）

水盘香

类黄熟而殊大，雕刻为香山佛像，并出舶上。（《香谱》）

有云诸香同出一树，有云诸木皆可为香，有云土人取香树作桥梁槽甑等用。大抵树本无香，须枯株朽干仆地，袭沁泽凝膏①，蜕去木性，秀出香材，为焚爇之珍。海外必登流眉为极佳，海南必万安东峒称最胜。产因地分优劣，盖以万安钟朝阳之气。故耳或谓价与银等，与一片万钱者，则彼方亦自高值，且非大有力者不可得。今所市者不过占、腊诸方平等香耳。

【注释】

①沁：靠近。

【译文】

水盘香：这种香与黄熟香相似，却比黄熟香要大一些。此香常被雕刻成香山佛像，由海外商船贩运而来。（《香谱》）

有人说，各种香同出于一种树木；有人说，各种香木都可以结香；也有人说，当地人用香木建修桥梁，制作水槽、饭甑。大抵树木本身是没有香味的，必须等其株干枯朽，倒伏于地，使之得以接连地脉、靠近水泽，退去木性，结出香结，成为香中的珍品。海外的必以登流眉之地所产为佳品，海南必以万安东峒所产为极品。香因产地的不同而有优劣，万安这地方大概是集聚了朝阳之气而产蕴藉丰美的香。所以说，价格于银子相当，号称"一片万钱"的香，在其产地本来就是高价，而且不是势力大的人是不可能得到的。如今市面上所售卖的香，不过是占城、真腊等地平常普通的香品而已。

沉香祭天

梁武帝制南郊明堂用沉香[①]，取天之质阳所宜也。北郊用土和香，以地于人亲。宜加杂馥，即合诸香为之。梁武祭天始用沉香，古未有也。

【注释】

①梁武帝：萧衍，南朝梁开国君主。本书认为在梁武帝之前中国的典籍并没有提到使用沉香。

【译文】

梁武帝时，定立规制：在南郊用沉香建造明堂，取其与上天纯阳正气相宜之意；在北郊则用土和香混合，以表示人与土地的亲近之意。宜于混杂各种芬芳之气，调和众香。梁武帝祭天开始使用沉香，这种做法古时候是没有的。

沉香一婆罗丁

梁简文时扶南传有沉香一婆罗丁[①]，云婆罗丁五百六十斤也。（《北户录》[②]）

【注释】

①梁简文：梁简文帝，萧纲，梁武帝第三子，在位二年被弑。扶南：中南半岛古国，辖境约当今柬埔寨以及老挝南部、越南南部和泰国东南部一带。公元1世纪建国，7世纪被真腊所灭。

②《北户录》：唐代段公路所著，为其在广州时记录岭南风土物产。

【译文】

梁简文帝的时候，从扶南国传来的一婆罗丁沉香，据说有五百六十斤。（《北户录》）

香乘

沉香火山

隋炀帝每至除夜殿前诸院设火山数十①，尽沉香木根也。每一山焚沉香数车，以甲煎沃之，焰起数丈，香闻数十里。一夜之中用沉香二百余乘，甲煎二百余石，房中不燃膏火，悬宝珠一百二十以照之，光比白日。（《杜阳杂编》②）

【注释】

①隋炀帝：杨广，隋朝第二个皇帝。

②《杜阳杂编》：唐代苏鹗撰，三卷。以作者家居武功杜阳川而得名。记载代宗广德元年（763年）至懿宗咸通十四年（873年）凡十朝间异物杂事，多为传闻之事，但其中也涉及史实。

【译文】

隋炀帝时期，每到除夕之夜，在殿前设数十座火山，预备几十车沉香木，每座火山焚烧几车沉香，又浇上甲煎，火光燃起，高达数丈，几十里之外都能闻到香气。一夜之中，要用去沉香两百车，甲煎两百余石。房室之中不点油脂灯火，悬挂一百二十颗宝珠用以照明，光可与白昼相比。《杜阳杂编》

030

太宗问沉香

唐太宗问高州首领冯盎云①："卿去沉香远近？"盎曰："左右皆香树，然其生者无香，惟朽者香耳。"

【注释】

①唐太宗：李世民，唐朝第二个皇帝。冯盎：隋末唐初控制岭南地区的边疆大吏，归附朝廷而得太宗信任，唐太宗因他在岭南故问他沉香的事。

【译文】

唐太宗曾经询问高州首领冯盎说："爱卿离沉香产地是远还是近

呢？"冯盎奏答道："微臣居所周围都是香树，只是活着的香树是没有香的，只有朽木才结香。"

沉香为龙

马希范构九龙殿[①]，以沉香为八龙，各长百尺，抱柱相向，作趋捧势，希范坐其间，自谓一龙也。幞头脚长丈余[②]，以象龙角。凌晨将坐，先使人焚香于龙腹中，烟气郁然而出，若口吐。然近古以来，诸侯王奢僭未有如此之盛也。（《续世说》[③]）

【注释】

①马希范：字宝规，五代十国时期南楚君主，性好奢靡。

②幞（fú）：抱头的头巾。

③《续世说》：宋代孔平仲所作，以体例类《世说新语》故名。孔平仲，北宋诗人，字义甫。

【译文】

五代十国时期的南楚君主马希范构建九龙殿，用沉香制成八条龙，各长百尺，绕柱相向，作趋捧状。马希范坐在八条龙中间，自称一龙。所戴幞头硬脚长达丈余，用来模拟龙角的样子。凌晨就坐在大殿之上，先着人在龙腹中焚香，烟气郁然而出，就像是从龙嘴里吐出来的一样。近古以来，诸侯王奢侈僭越，都没有像这样极盛的。（《续世说》）

沉香亭子材

长庆四年，敬宗初嗣位[①]，九月丁未，波斯大商李苏沙进沉香亭子材[②]，拾遗李汉谏云："沉香为亭子，不异瑶台琼室。"上怒，优容之。（《唐纪》[③]）

【注释】

①敬宗：唐敬宗，李湛，824年即位，长庆四年即824年，长庆

为唐敬宗之前的皇帝唐穆宗的年号。

②李苏沙：波斯香药巨商，李为赐姓。

③《唐纪》：指《资治通鉴》中《唐纪》，宋司马光编纂。

【译文】

唐穆宗长庆四年，长子敬宗刚刚即位，九月丁未日，波斯大商人李苏沙进献制造沉香亭子的木材。拾遗李汉谏言劝阻说："用沉香木来做的亭子，无异于天上的瑶池琼室。"皇上大怒，但却大度地宽容了他。（《唐纪》）

沉香泥壁

唐宗楚客造一宅新成①，皆是文柏为梁，沉香和红粉以泥壁，开门则香气蓬勃。太平公主就其宅香叹曰②："观其行坐处，我等皆虚生浪死。"（《朝野佥载》③）

【注释】

①宗楚客：字叔敖，蒲州（今山西永济县西）人。武则天从姊子，官至宰相，后因逆谋事被诛。权盛时生活奢侈。

②太平公主：唐高宗李治之女。后因权力之争被唐玄宗赐死。

③《朝野佥载》：作者张鷟，字文成，生平时期约当于武后到唐玄宗前期。《朝野佥载》是作者耳闻目睹的社会札记，记述了唐代前期朝野遗事轶闻，尤以武后朝事迹为主。

【译文】

唐代诗人宗楚客建造了一座新宅，梁柱全用一丈多高的柏木制成，还将沉香和红粉混合，用以糊墙。开门的时候，香气蓬勃。太平公主造访他的家宅，观看之后，叹息着说："看了宗楚客的行走坐卧之处，我们都白白活了一辈子啊！"（《朝野佥载》）

屑沉水香末布象床上

石季伦屑沉水之香如尘末[1]，布象床上[2]，使所爱之姬践之，无迹者赐以珍珠百琲[3]，有迹者节以饮食，令体轻弱。故闺中相戏曰："尔非细骨轻躯，那得百琲珍珠。"（《拾遗记》[4]）

【注释】

①石季伦：石崇，西晋人，貌美有文名，据说因荆州任职时劫持商贾，家资巨富，性极骄奢，与王凯斗富中占上风，在"八王之乱"中被诛。

②象床：象牙装饰的床。

③琲（bèi）：珠串子。

④《拾遗记》：志怪小说集，又名《拾遗录》《王子年拾遗记》。作者东晋王嘉，字子年，陇西安阳（今甘肃渭源）人。

【译文】

西晋时豪奢之士石崇将沉水香制成尘末，铺撒在象牙床上，让他素日里宠爱的姬妾在上面踩踏。没有留下痕迹的赏赐珍珠百串，留下痕迹的则让她们节制饮食，使身体轻弱。故而石家姬妾在闺中互相戏谑道："没有细骨轻躯，哪里能得到珍珠百串呢？"

沉香叠旖旎山

高丽舶主王大世，选沉水香近千斤，叠为旖旎山[1]，象衡岳七十二峰。钱俶许黄金五百两[2]，竟不售。（《清异录》[3]）

【注释】

①旖旎山：用香料制作的假山。

②钱俶（chù）：原名弘俶，小字虎子，改字文德，临安人，是五代十国时期吴越的最后一位国王。

③《清异录》：宋代陶谷撰，谷字秀实，邠州新平人。《清异录》

是一部笔记，内容十分丰富详细，多为后人引用。

【译文】

高丽商船主人王大世，择选了近千斤的沉水香，垒造为旖旎山，模拟衡山七十二峰。吴越国王钱弘俶出价五百两黄金，他也不肯出售。（《清异录》）

沉香翁

海舶来有一沉香翁，剜镂若鬼工，高尺余。舶酋以上吴越王，王目为清门处士①，发源于心，清闻妙香也。（《清异录》）

【注释】

①清门：寒素之家。处士：有才德但不出仕不做官的人。

【译文】

有一次，贩运香料的商船带来一尊沉香翁，雕刻技艺如同鬼斧神工，高一尺有余。船主将其进献给吴越王，吴越王将其命名为"清门处士"，是因为它发源于心，清闻妙香。（《清异录》）

沉香为柱

番禺有海獠杂居①，其最豪者蒲姓，号曰番人。本占城之贵人也，既浮海而遇风涛，惮于复返，遂中国定居城中，屋室侈靡踰禁中②，堂有四柱，皆沉水香。（《程史》③）

【注释】

①海獠（liáo）：宋朝时，人们称由海上至中国的外国商人做海獠。

②踰（yú）：通"逾"。超过。

③《程史》：应作《史》，宋代朝野见闻笔记，分别记叙两宋的人物、政事、旧闻等。南宋岳珂（岳飞之孙）撰。

番禺有外国商人杂居，其中最富有的是蒲姓，他们自称番人。本来是占城国的权贵，因出海遇到风浪，惧怕返航，便滞留在中国，定居于番禺城中。其房舍装饰奢靡超过宫中，堂上的四根柱子都是沉水香。

沉香水染衣

周光禄诸妓，掠鬓用郁金油①，傅面用龙消粉②，染衣以沉香水，月终人赏金凤皇一只。(《传芳略记》)

【注释】

①鬓（bìn）：本意是指脸旁靠近耳朵的头发，耳际之发。

②傅：以……敷面。

【译文】

周光禄家的姬妾，抹头发用郁金油，搽脸用龙消粉，染衣服用沉香水，每到月底，人人都能得到一支金凤凰作为赏赐。(《传芳略记》)

炊饭洒沉香水

龙道千卜室于积玉坊①，编藤作凤眼窗，支床用薜荔千年根，炊饭洒沉香水，浸酒取山凤髓。(《青州杂记》)

【注释】

①卜室：选择居室。

【译文】

龙道千在积玉坊选择居室，用藤编成凤眼窗，用千年的木莲根支床，煮饭时洒上沉香水，用山凤的脊髓泡酒。(《青州杂记》)

沉香甑

有贾至林邑①，舍一翁姥家，日食其饭，浓香满室。贾亦不喻，

偶见甑，则沉香所剡也。（《清异录》）

又陶谷家有沉香甑②，鱼英酒醆中现园林美女象③。黄霖曰：陶翰林甑里熏香，醆中游妓，可谓好事矣。（《清异录》）

【注释】

①林邑：古国名，象林之邑的省称。故地在今越南中部，9世纪后期称作占城。

②陶谷：字秀实，邠州新平（今陕西邠县）人，五代至北宋人。

③鱼英酒醆（zhǎn）：鱼英，鱼的脑骨。特指用鱼的脑骨制成的器具。酒醆，即酒盏，小酒杯。

【译文】

有个商人到林邑去，借住在一对老夫妇家中。每日食用这家的米饭时，浓郁的香气都会弥漫在整个房间中。商人不明白其中的缘故。后来，商人偶然见到了这家蒸饭的甑，才发现这个甑竟然是用沉香雕制的。（《清异录》）

北宋人陶谷家也有沉香雕制的甑，鱼的脑骨制成的酒盏中呈现园林美女的景象。黄霖说："陶翰林家甑中熏香，盏中游妓，真可以算得上是雅事了。"（《清异录》）

桑木根可作沉香想

裴休符桑木根①，曰："若非沉香想之，更无异相，虽对沉水香反作桑根想，终不闻香气，诸相从心起也。"（《常新录》）

【注释】

①裴休：字公美，唐孟州济源（今属河南省）进士，宣宗时宰相。能诗善书，有政绩。

【译文】

唐朝名相裴休得到了一块桑木根，说道："如果把它当作沉香来想象，不会产生出别的形象。虽然面对着沉水香，却把它当作桑根来想象，终究闻不到一丝香气。可见，诸事物所表现出来的形状都是由心而生的。"(《常新录》)

鹧鸪沉界尺

沉香带斑点者名鹧鸪沉。华山道士苏志恬偶获尺许，修为界尺①。(《清异录》)

【注释】

①界尺：佛道僧徒在说戒时的用具。

【译文】

沉香中带有斑点的，叫鹧鸪沉。华山有位叫苏志恬的道士，偶然得到一尺多的鹧鸪沉，修制成一柄界尺。(《清异录》)

沉香似芬陀利华

显德末，进士贾颙于九仙山遇靖长官①，行若奔马。知其异，拜而求道，取箧中所遗沉水香焚之②。靖曰："此香全类斜光下等六天所种芬陀利华③，汝有道骨而俗缘未尽。"因授炼仙丹一粒，以柏子为粮，迄今尚健。(《清异录》)

【注释】

①显德：后周太祖郭威开始使用的年号，954年开始启用，前后共计七年。

②箧（qiè）：小箱子，藏物之具。大曰箱，小曰箧。

③芬陀利华：芬陀利是梵文，意思是白莲花。

【译文】

后周显德末年，进士贾颙在九仙山遇见了唐代名臣李靖，行走之间，疾如骏马奔驰。贾颙知道其中有异，于是跪拜求道，并取出竹箱中所剩余的沉水香焚告。李靖说："沉香与在斜光下生长六天的白莲花完全一样，你这个人有道骨，但是尘缘未了。"于是，李靖赐给他一粒仙丹，让他把柏子当成粮食，贾颙的身体至今还很健康。(《清异录》)

斫金虚镂沉水香纽列环

晋天福三年①，赐僧法城跋遮那（袈裟环也）。王言云：敕法城，卿佛国栋梁，僧坛领袖，今遣内官赐卿斫金虚镂沉水香纽列环一枚②，至可领取。(《清异录》)

【注释】

①天福：后晋高祖石敬瑭年号，启用于936年，后晋出帝即位后沿用至944年。

②斫（yà）金：一种以金斫碾于器物上的工艺。

【译文】

后晋天福三年，赐给僧人法城袈裟环一件，后晋皇帝石敬瑭说："法城爱卿是佛国之栋梁，僧人中的领袖，今日特令宦官赐给爱卿斫金虚镂沉水香纽列环一柄，法师到来，即可领取。"(《清异录》)

沉香板床

沙门支法存有八尺沉香板床，刺史王淡息切求不与，遂杀而藉焉。后淡息疾，乃法存出为祟。(《异苑》①)

【注释】

①《异苑》：志怪小说集。撰者南朝宋刘敬叔，彭城（今江苏徐州）人。《异苑》现存十卷，虽非原书，但大致完整。

【译文】

晋代医僧支法存有一件长达八尺的沉香板床，刺史王淡息迫切地想要得到它，而支法存又不肯给他，于是王淡息便杀了法存而得到板床。后来，王淡息生病，那是支法存的灵魂在作祟。

沉香履箱

陈宣华有沉香履箱金屈膝。(《三余帖》[1])

【注释】

①《三余帖》：宋代笔记，今已佚。

【译文】

隋文帝的宣华夫人陈氏，有沉香鞋箱和金护膝。(《三余帖》)

屧衬沉香

无瑕屧屣之内皆衬沉香[1]，谓之生香屧。

【注释】

①屧（xiè）屣：屧与屣都是鞋子。

【译文】

在干净的鞋底内衬沉香，称为生香鞋。

沉香种楮树

永徽中定州僧欲写华严经[1]，先以沉香种楮树，取以造纸。(《清赏集》)

【注释】

①华严经：全称《大方广佛华严经》，大乘佛教主要经典。

【译文】

唐永徽年间，定州有个僧人想写《华严经》，先用沉香水种植楮树，以此树为原料造纸。(《清赏集》)

蜡沉

周公谨有蜡沉[1]，重二十四两，又火浣布尺余[2]。(《云烟过

卷一 香品（一）随品附事实

眼录》③）

【注释】

①周公谨：《云烟过眼录》的作者周密，字公瑾，号草窗，又号霄斋、苹洲、萧斋，晚年号四水潜夫、弁阳老人、四水潜夫、华不注山人，宋末元初人。博学多识，诗词书画皆精通，且富有收藏。一生著述繁富，留传诗词有《草窗旧事》《萍洲渔笛谱》《云烟过眼录》《浩然斋雅谈》等。

②火浣布：亦作"火瀚布"，即石棉布。投入火中即洁白，故曰"火浣"。

③《云烟过眼录》：记录书画古器的著作著录，南宋周密著。

【译文】

宋人周公瑾有重二十四两的蜡沉，还有一尺多长的不易燃烧的火浣布。（《云烟过眼录》）

沉香观音像

西小湖天台教寺，旧名观音教寺，相传唐乾符中①，有沉香观音像泛太湖而来，小湖寺僧迎得之，有草绕像足，以草投小湖，遂生千叶莲花。（《苏州旧志》）

【注释】

①唐乾符：唐朝的乾符年间是指874~879年，为唐僖宗李儇的一个年号。

【译文】

西小湖天台教寺，过去叫观音教寺。相传唐代乾符年间，该寺曾拥有一尊沉香观音像。此像泛太湖而来，天台教寺的僧人们前往迎接而得。当时，有藤草缠绕在观音像的足部，僧人将草投进小湖，就生出了千叶莲花来。（《苏州旧志》）

沉香煎汤

丁晋公临终前半月已不食①，但焚香危坐，默诵佛经。以沉香煎汤，时时呷少许，神识不乱，正衣冠，奄然化去。(《东轩笔录》②)

【注释】

①丁晋公：丁谓，字谓之，后更字公言，江苏长洲县（今苏州）人，祖籍河北。宋真宗时宰相，封晋国公，故称丁晋公。

②《东轩笔录》：共十五卷，记北宋太祖至神宗六朝旧事，作者魏泰，字道辅，襄阳人，博学能诗文。

【译文】

宋真宗时期，宰相丁晋公临终前的半个月里已经不能进食，只是终日焚香端坐，默默诵读经文。又用沉香煎汤，不时呷服少许，神智保持不乱，衣冠端正，奄然逝世。(《东轩笔录》)

妻斋沉香

吴隐之为广州刺史①，及归，妻刘氏斋沉香一片，隐之见之怒，即投于湖。(《天游别集》②)

【注释】

①吴隐之：生卒年不详，字处默，东晋濮阳鄄城人，是当时著名的廉吏。

②《天游别集》：明王达编撰。

【译文】

东晋著名廉吏吴隐之曾做广州刺史，在他离任返乡时，其妻刘氏获得一片沉香，吴隐之一见十分生气，便将沉香扔到了湖里。

牛易沉水香

海南产沉水香，必以牛易之，黎人得牛皆以祭鬼，无得脱者。中国人以沉水香供佛燎帝求福，此皆烧牛也，何福之能得？哀哉！（《东坡集》①）

【注释】

①《东坡集》：北宋苏轼作品集。

【译文】

海南出产沉水香，这种香必须用牛来交换。当地黎人用沉水香换来的牛，都用来祭祀鬼神，没有一头能逃脱的。中原的人则用换来的沉水香供奉佛像、天帝，以祈求赐福。这都是在烧牛，哪里能得到赐福呢？悲哀啊！（《东坡集》）

沉香节

江南李建勋尝蓄一玉磬①，尺余，以沉香节按柄叩之，声极清越。（《澄怀录》②）

【注释】

①李建勋：南唐大臣、诗人。玉磬（qìng）：是一种古代的石制乐器，声音清脆，传声较远，是中国古代一种较为出名的敲击乐器。

②《澄怀录》：南宋周密采唐宋诸人所纪登涉之胜与旷达之语汇编而成。

【译文】

南唐诗人李建勋，曾经珍藏有一柄玉磬，有一尺多长，用沉香节按柄敲叩，声音极其清越。（《澄怀录》）

沉香为供

高丽使慕倪云林高洁①，屡叩不一见，惟示云林堂，其使惊异，向上礼拜，留沉香十斛为供，叹息而去。(《云林遗事》②)

【注释】

①倪云林：倪瓒，字云林，元代画家、诗人。

②《云林遗事》：明顾元庆所撰，记载倪瓒生平事迹。

【译文】

高丽使节仰慕倪云林的高洁人品，屡屡造访却不得一见，只是参观了云林堂。高丽使节惊服，向上遥拜以示敬意，留下沉香十斤供奉，叹息着离去了。(《云林遗事》)

沉番烟结七鹭鸶

有浙人下番，以货物不合，时疢疢遗失①，尽倾其本，叹息欲死，海客同行慰勉再三，乃始登舟。见水濒朽木一块，大如钵，取而嗅之颇香，谓必香木也，漫取以枕首。抵家，对妻子饮泣，遂再求物力，以为明年图。一日，邻家秽气逆鼻，呼妻以朽木爇之，则烟中结作七鹭鸶，飞至数丈乃散，大以为奇，而始珍之。未几，宪宗皇帝命使求奇香，有不次之赏。其人以献，授锦衣百户，赐金百两。识者谓沉香顿水，次七鹭鸶日夕饮宿其上，积久精神晕入，因结成形云。(《广艳异编》②)

【注释】

①疢（chèn）：烦热，疾病，忧虑。

②《广艳异编》：明吴大震撰，传奇小说集。

【译文】

有个浙江人出海经商，因货物不合时宜，错失了机会，导致本钱全都赔光了，于是叹息着要寻死，被同行的海客们劝慰再三，才登船返航。这个商人看到水面上漂浮着一块朽木，有钵盂那么大，他捞起来闻了闻，发现很香，心想这一定是沉香木了，于是顺手取来枕在了头下。回家之后，这个商人和妻子对着哭泣，然后又重新置办了货物，以图明年出海。一天，因为邻居家发出了污臭的气味不堪入鼻，他就让妻子将那块朽木弄下一部分焚烧了以驱除恶臭之气。朽木所燃起的香烟结成了七只鹭鸶，飞起几丈远才慢慢散去。浙江商人大为惊奇，这才开始珍视起这块儿香木。不到几年，宪宗皇帝让人征求异香，给非同寻常的赏赐。这个商人就把香木呈献上去了，他被授予了锦衣卫百户的职位，并赏赐了一百两黄金。有认识香木的人说，沉香生于水边，有七只鹭鸶日夜在上面食宿，天长地久，其精神化入木中，因而焚烧时能结成这种形状的烟云。(《广艳异编》)

仙留沉香

国朝张三丰与蜀僧广海善①，寓开元寺七日，临别赠诗，并留沉香三片，草履一双，海并献文皇，答赐甚腆。(《嘉靖闻见录》)

【注释】

①张三丰：本名张通，字君宝，道家大师。

【译文】

国朝道士张三丰，与蜀地僧人广海交好，在开元寺寓居七日后，临别赐诗留念，又留下沉香三片，草鞋一双。广海将这些东西一并进献给皇帝，获得的赏赐极为丰厚。(《嘉靖闻见录》)

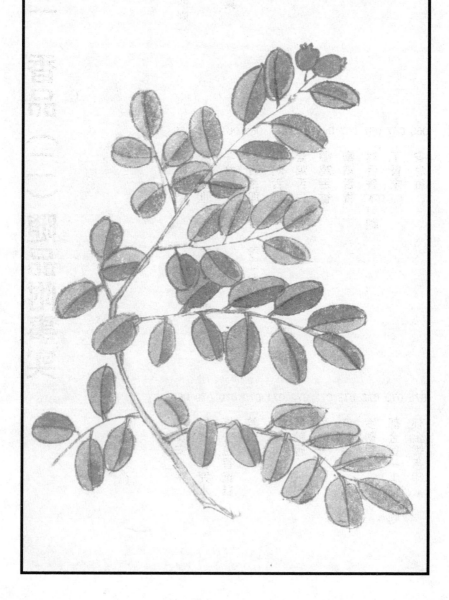

檀

檀香（考证十四则）

陈藏器曰[①]："白檀出海南，树如檀。"

苏颂曰[②]："檀香有数种，黄、白、紫之异，今人盛用之。江淮、河朔所生檀木即其类，但不香耳。"

李时珍曰[③]："檀香木也，故字从亶[④]。亶，善也。释氏呼为旃檀[⑤]，以为汤沐，犹言离垢也，番人讹为真檀。"

李杲曰[⑥]："白檀调气，引芳香之物，上至极高之分，檀香出昆仑盘盘之国[⑦]，又有紫真檀，磨之以涂风肿。"（以上集《本草》）

叶廷珪曰："出三佛齐国，气清劲而易泄，爇之能夺众香。皮在而色黄者，谓之黄檀，皮腐而色紫者，谓之紫檀，气味大率相类，而紫者差胜。其轻而脆者，谓之沙檀，药中多用之。然香材头长，商人截而短之，以便负贩；恐其气泄，以纸封之，欲其湿润也。"（《香录》）

【注释】

①陈藏器：唐代药学家，《本草拾遗》作者。

②苏颂：字子容。中国宋代天文学家、药物学家，官至宰相。曾组织增补《开宝本草》，著有《本草图经》。

③李时珍：字东璧，晚年自号濒湖山人，湖北蕲州（今湖北蕲春县蕲州镇）人，明代著名中医药学家。撰《本草纲目》《奇经八脉考》等。

④亶（dǎn）：实在，诚然，信然。

⑤旃（zhān）檀：又名檀香、白檀，是一种古老而又神秘的珍稀树种，收藏价值极高。檀香木香味醇和，历久弥香，素有"香料之王"之美誉。

⑥李杲（gǎo）：字明之，金代医学家，金元四家之一。撰《脾胃

卷二 香品（二）随品附事实

论》《兰室秘藏》《内外伤辨惑论》等。

⑦盘盘：古国名，又译作槃槃。故地一般以为在今泰国南万伦湾沿岸一带。

【译文】

唐人陈藏器说："白檀香出产于海南，其树像檀木。"

北宋大医家苏颂说："檀香有很多种，黄檀、紫檀和白檀之类，是今人流行使用的。江淮、河朔一带所生长的檀木，就与其相类似，只是没有香味罢了。"

李时珍说："檀香，是一种树木，所以其字从亶。亶是善的意思。佛祖释迦牟尼称其为旃檀，用它来沐浴，就好比是清除污垢一样，所以印度人讹称其为真檀。"

金元大医家李杲说："白檀调和香气，与其他香料巧妙地搭配起来，就能使其香气达到极高的境界。檀香出产自昆仑盘盘国。又有一种紫真檀。研磨出粉末后，可以用来涂治风肿。"（以上集《本草》）

叶廷珪说："檀香出产于三佛齐国，气息清劲而容易发散，焚烧时能侵夺其他香料的香气。其中，表皮尚存又为黄色的，称为黄檀；表皮腐烂且呈紫色的，称为紫檀。二者气味基本相同，只是紫檀的气味更优一些。檀香中质地轻脆的，称为沙檀，药方中常常用到这种檀香。只是檀香材质过长，商人为了方便贩运而将其截成短节。为了防止香气外泄，就用纸把香料封好，以便保持它的湿润。"（《香录》）

秣罗矩吒国南滨海有秣刺耶山①，崇崖峻岭，洞谷深涧。其中则有白檀香树，旃檀你婆树，树类白檀，不可以别。惟于盛夏登高远瞩，其有大蛇萦者②，于是知之，由其木性凉冷，故陀盘踞。既望见，以射箭为记，冬蛰之后方能采伐。（《大唐西域记》③）

印度之人身涂诸香，所谓旃檀、郁金也。（《大唐西域记》）

剑门之左峭岩间④，有大树生于石缝之中，大可数围，枝干纯白，皆传为白檀香树，其下常有巨虺⑤，蟠而护之，人不敢采伐。（《玉堂闲话》⑥）

吉里地闷其国居重迦罗之东⑦，连山茂林，皆檀香树，无别产焉。（《星槎胜览》）

【注释】

①秣（mò）罗矩吒国：古国名，故地在今印度巴拉马尔海岸，又称作摩赖邪，麻离拔。

②萦（yíng）：回旋缠绕。

③《大唐西域记》：其书是唐代著名高僧唐玄奘口述，门人辩机奉唐太宗之敕令笔受编集而成。共十二卷，成书于唐贞观二十年（646），为玄奘游历印度、西域旅途19年间之游历见闻录。

④剑门：中国历史上的剑门有很多处，此处指今四川剑阁县北。

⑤巨虺（huǐ）：此处指蛇类。

⑥《玉堂闲话》：唐代的笔记小说，记录唐末五代时期的史事和社会传说。作者王仁裕，字德辇，唐秦州长道县汉阳川（今甘肃礼县石桥镇）人。

⑦吉里地闷：古代地名。故址在今努沙登加拉群岛中的帝汶岛。是南海最重要的檀香生产地区。重迦罗：古国名。故地在今印度尼西亚爪哇岛泗水一带。

【译文】

秣罗矩吒国的南滨海有秣剌耶山，崇山峻岭，洞谷深涧，山中既生长着白檀香树，又有旃檀你婆树（即牛头旃檀）。这种树和白檀树很相似，极难区分。只有在盛夏时登高远望，见上面有大蛇缠绕的才知道是白檀香树。因其木性凉冷，所以蛇会盘踞在上面，看清有蛇的树后，射箭作记号，等蛇冬眠后才能前去采伐。（《大唐西域记》）

印度人身上涂有各种香料，是旃檀和郁金。（《大唐西域记》）

听说，剑门山左边峭壁的岩石间，有大树生长在石头的缝隙中，粗大的可以达到数围，其枝干是纯白色的。人们纷纷传说，这就是白檀香树。树下常常有大蛇盘踞，保护着香树，使人不敢前去采伐。（《玉

堂间话》)

吉里地闷，这个国家位于重迦罗的东面，国内群山相连，树木繁茂，出产檀香树，却少有其他特产。(《星槎胜览》)

檀香出广东、云南及占城、真腊、爪哇、渤泥、暹罗、三佛齐、回回等国。(《大明一统志》)

云南临安、河西县产胜沉香[1]，即紫檀香。(《大明一统志》)

檀香，岭南诸地亦皆有之，树叶皆似荔枝，皮青色而滑泽。紫檀，诸溪峒出之，性坚，新者色红，旧者色紫，有蟹爪文。新者以水浸之，可染物，旧者揩粉壁上[2]，色紫，故有紫檀色。黄檀最香，俱可作带胯扇骨等物[3]。(王佐《格古论》[4])

【注释】

①临安：历史上云南临安，在今云南建水。

②揩（kāi）：擦、抹、拭、拿。

③带胯：指佩戴上衔蹀躞之环，用以挂弓矢刀剑。

④王佐《格古论》：明曹昭撰《格古要论》，是一本文物鉴定著作，共三卷。后来王佐增补为十三卷，题为《新增格古要论》。书成于天顺三年（1459）。王佐，字功载，号竹斋，江西吉水人。

【译文】

檀香出产于广东、云南等省和占城、真腊、爪哇、渤泥、暹罗、三佛齐和回回等国家。(《大明一统志》)

云南临安、河西县出产胜沉香，也就是紫檀香。(《大明一统志》)

岭南各地也有檀香出产。树叶很像荔枝，树皮是青色，且质地润滑。诸溪峒出产紫檀香，质地坚硬。新出的香呈红色，旧生的香呈紫色，有蟹足一样的纹理。新香用水浸泡之后，可以染东西。旧香揩涂在粉壁之上，呈紫色，所以有紫檀之名。紫檀最香，可以用来制作胯带、扇骨之类的东西。(王佐《格古论》)

旃檀

《楞严经》云①："白檀涂身，能除一切热恼。今西南诸蕃酋皆用诸香涂身取其义也。"

檀香出海外诸国及滇、粤诸地。树即今之檀木，盖因彼方阳盛燠烈②，钟地气得香耳。其所谓紫檀，即黄白檀香中色紫者称之，今之紫檀，即《格古论》所云器料具耳。

【注释】

①《楞严经》：经名，一名《大佛顶如来密因修证了义诸菩萨万行首楞严经》，唐般剌密帝译，十卷，属大乘秘密部。

②燠（yù）：温暖。

【译文】

《楞严经》里说："用白旃檀涂抹身体，能除一切热毒，如今西南地区各部族的酋长，都用各种香料涂抹身体，取的就是这一用途。"

檀香出产于海外各国以及滇、粤等地。檀香树，也就是人们现在说的檀木。因为此地的阳光温暖炽热，汇聚了天地的灵气，所以能结得此香。这里所说的紫檀，就是黄檀香、白檀香中呈现紫色的，被称为紫檀香。今人说的紫檀，就是《格古论》中所说的制造各种器物的木料。

檀香止可供上真

道书言：檀香、乳香谓之真香，止可烧祀上真①。

【注释】

①上真：真仙。

【译文】

道家的书上说："檀香、乳香成为真香，只能用来焚烧祭祀真仙。"

香乘

旃檀逆风

林公曰①："白旃檀非不馥焉，能逆风。"《成实论》曰②："波利质多天树③，其香则逆风而闻。"(《世说新语》)④

【注释】

①林公：指支道林，东晋高僧，佛学家，文学家。

②《成实论》：佛教论书。

③波利质多天树：植物，又译作波利质多罗，又称为香遍树。

④《世说新语》：记述魏晋人物言谈轶事的笔记小说。是由南朝刘宋宗室临川王刘义庆组织一批文人编写的。

【译文】

林公说："白旃檀的香气并非不浓烈，逆风都能闻得到。"《成实论》中说："波利质多天树，其香气即便是逆风的时候也可以闻到。"(《世说新语》)

052

檀香屑化为金

汉武帝有透骨金①，大如弹丸。凡物近之便成金色。帝试以檀香屑共裹一处，置李夫人枕旁②，诘旦视之，香皆化为金屑。(《拾遗记》)

【注释】

①汉武帝：汉武帝刘彻，在位五十四年。

②李夫人：孝武皇后李氏，中山（今河北省定州市）人，汉武帝极其宠爱她，孝武皇后的封号是在其死后追封的。

【译文】

汉武帝有一枚像弹丸那么大的透骨金。物体一靠近它就会变成金色的。汉武帝尝试用檀香屑和透骨金包在一起，放在李夫人的枕头边，第二天日出时查看，发现檀香屑都化成了金色。(《拾遗记》)

白檀香龙

唐玄宗尝诏术士罗公远与僧不空同祈雨^①，校功力，俱诏问之。不空曰："臣昨焚白檀香龙。"上命左右掬庭水嗅之^②，果有檀香气。(《酉阳杂俎》^③)

【注释】

①罗公远：唐代著名道士，又名思远，彭州九陇山（今四川彭县）人，一说鄂州（今湖北武昌）人，唐玄宗时被屡屡召见策问。不空：唐代佛教三藏法师，北天竺人，中国唐代密宗"开元三大士"之一。曾为唐玄宗灌顶。

②掬（jū）：指的是用两手捧水、泥等流性物质的动作。

③《酉阳杂俎（zǔ）》：唐代笔记小说集，二十卷，续集十卷，段成式撰。段成式，字柯古，唐代著名志怪小说家。在诗坛上，他与李商隐、温庭筠齐名。

【译文】

唐玄宗曾下诏让术士罗公远和僧人不空一同祈雨，比较二人功力。下雨后，玄宗将两人召来询问。不空说："臣昨日祈雨时焚烧了白檀香龙。"玄宗命令侍从们掬来庭中的雨水来闻，果然有檀香的气味。《酉阳杂俎》

檀香床

安禄山有檀香床，乃上赐者。(《天宝遗事》^①)

【注释】

①《天宝遗事》：《开元天宝遗事》，五代后周王仁裕撰。王仁裕，字德辇，天水郡人。

【译文】

安禄山有檀香床，乃是唐玄宗所赐。(《天宝遗事》)

卷二 香品（二）随品附事实

白檀香末

凡将相告身，用金花五色绫纸，上散白檀香末。（《翰林志》①）

【注释】

①《翰林志》：唐代翰林典故之书，一卷，唐代李肇撰。

【译文】

大凡将相授官的凭信，采用金花五色绫纸，上面都撒有白檀香末。（《翰林志》）

白檀香亭子

李绛子璋为宣州观察使①，杨收造白檀香亭子初成②，会亲宾观之。先是璋潜遣人度具广袤，织成地毯，其日献之。（《杜阳杂编》）

【注释】

①李绛子璋：李绛的儿子李璋，李绛是宪宗朝宰相，以正直敢言著称。

②杨收：浔阳（今江西九江）人，唐懿宗朝宰相。后来，杨收在政治斗争中被流放、赐死，李璋也因为白檀香亭子的事受到牵连。

【译文】

唐代名臣李绛的儿子李璋任宣州观察使的时候，杨收建造了一座白檀香亭子。亭子刚刚建成，杨收就会集亲朋好友们前来观赏。先前，李璋悄悄派人估量亭子的面积，织成地毯，到了集会那天献上。（《杜阳杂编》）

檀香板

宣和间，徽宗赐大王御笔檀香板①，应游玩处所，并许直入。

①徽宗：宋徽宗赵佶，1100 年即位，在位二十五年，宣和年间为
1119～1125 年。

【译文】

宣和年间，宋徽宗赐给其三子赵楷御笔檀香板，一应游玩处所，
都允许他直接进入。

云檀香架

宫人沈阿翘进上白玉方响①，云："本吴元济所与也②。"光明皎
洁，可照十数步。其犀槌亦响犀也，凡物有声，乃响应其中焉。架
则云檀香也，而又彩若云霞之状，芬馥着人，则弥月不散。制度精
妙，固非中国所有者。（《杜阳杂编》）

【注释】

①沈阿翘：唐朝女子，原为淮西节度使吴元济家中的艺伎，后吴
被唐平灭，阿翘被俘入宫。当时文宗朝，文宗因朝政被宦官钳制而郁
闷，阿翘善为歌舞，以此白玉方响演奏《凉州曲》，文宗如闻天乐，遂
令阿翘在宫中执教。

②吴元济：沧州清池（今河北沧州东南）人，唐宪宗时期叛藩的
首领。

【译文】

宫人沈阿翘进献白玉磬，说："这本是唐玄宗时期叛将吴元济所赠
与的东西。"白玉磬光明皎洁，可以照亮方圆十数步的范围。其犀牛角
做的槌子，也就是响犀，但凡有物体发出声响，它也跟着响应。所用
支架是云檀香，涂彩成云霞的形状，香气一旦沾染到人身上，经月不
散。其制作工艺极其精妙，本来就不是中原出产之物。（《杜阳杂编》）

雪檀六尺

南夷香槎到文登①，尽以易疋物②，同光中有舶上檀香③，色正白，号雪檀，长六尺，土人买为僧坊刹竿。（《清异录》）

【注释】

①槎：木筏、木船。

②疋（yǎ）：同"雅"。

③同光：后唐开国皇帝李存勖的年号。

【译文】

南夷香木运到文登后，全部用来交换织物。后唐同光年间，有商船运来檀香，色泽纯白，称为雪檀，长约六尺，当地人买下来制成寺庙前的幡杆。（《清异录》）

熏陆香即乳香（考证十三则）

熏陆即乳香，其状垂滴如乳头也。镕塌在地者为塌香，皆一也。佛书谓之天泽香，言其润泽也，又谓之多伽罗香、杜鲁香、摩勒香、马尾香。

苏恭曰①："熏陆香，形似白胶香，出天竺者色白，出单于者，夹绿色，亦不佳。"

宗奭曰②："熏陆，木叶类棠梨。南印度界阿叱厘国出之③，谓之西香，南番者更佳，即乳香也。"

陈承曰④："西出天竺，南出波斯等国。西者色黄白，南者紫赤。日久重叠者不成乳头，杂以砂石；其成乳者乃新出，未杂砂石者也。熏陆是总名，乳是熏陆之乳头也，今松脂、枫脂中有此状者甚多。"

李时珍曰："乳香，今人多以枫香杂之，惟烧时可辩。南番诸国皆有。"《宋史》言："乳香有一十三等。"（以上集《本草》）

①苏恭：本名苏敬（宋时避讳改称苏恭），中国唐代药学家。主持编撰《新修本草》，又名《唐本草》。

②宗奭（shì）：寇宗奭，宋代药物学家。曾任医官，著有《本草衍义》三卷。

③阿叱厘国：阿叱厘，南印度古国名。位于今孟买北部，即注入康贝湾之沙巴马提河上游与莫河中游以西一带。

④陈承：北宋元祐间以医术闻名于世。编成《重广补注神农本草并图经》二十三卷。

【译文】

熏陆就是乳香，因其垂滴如乳头形状而得名。熔塌在地上的，是塌香。两者是同一种香。佛经中称为"天泽香"，是因为其质地润泽，又有多伽罗香、杜鲁香、摩勒香、马尾香之称。

唐代医家苏恭说："熏陆香，形似白胶香，出产于天竺国的呈白色，出产于单于国（即匈奴国）的，夹有绿色，品质也不佳。"

057

宋代医家宗奭说："熏陆香，叶子类似棠梨。南印度境内的阿叱厘国出产这种香，称为西香。南番所出产的品质更佳，就是乳香。"

陈承说："这种香西出于天竺，南出于波斯等国。西方出产的呈黄白色，南方出产的呈紫红色。天长日久形成重叠状态的，没有形成乳头形态，且杂有沙石。形成乳头状的，乃是新生出来的，而且是没有掺杂沙石的。熏陆是它的总名，'乳'是指熏陆生成的乳头形状。如今的松脂、枫脂香中，有很多这种形状的。"

李时珍说："如今的人，大多将枫香混杂在乳香里，只有烧香的时候才能分辨。南番各国都出产这种香。"《宋史》说："乳香有一十三等。"（以上集《本草》）

大食勿拔国边海①，天气暖甚，出乳香树，他国皆无其树。逐日用刀斫树皮取乳，或在树上，或在地下。在树自结透者为明乳，番人用玻璃瓶盛之，名曰乳香。在地者名塌香。（《埤雅》）

香乘

熏陆香是树皮鳞甲，采之复生。乳头香生南海，是波斯松树脂也②，紫赤，如樱桃透明者为上。（《广志》③）

乳香，其香乃树脂，以其形似榆而叶尖长大，斫树取香，出祖法儿国④。（《华夷续考》）

熏陆，出大秦国⑤。在海边有大树，枝叶正如古松，生于沙中，盛夏木胶流出沙上，状如桃胶，夷人采取卖与商贾，无贾则自食之。（《南方异物志》⑥）

阿叱厘国出熏陆香树，树叶如棠梨也。（《西域记》）

【注释】

①大食勿拔国：大食，中国唐、宋时期对阿拉伯人、阿拉伯帝国的专称和对伊朗语地区穆斯林的泛称。勿拔国，古名，故地旧说以为在今阿曼北部的苏哈尔；据近人考证，认为当时位于阿曼南部的米尔巴特一带。其他为古代东西方海舶所经，也可由此取陆道通大食诸国。

②波斯：波斯是伊朗在欧洲的古希腊语和拉丁语的旧称译音。

③《广志》：晋代郭义恭撰，笔记。

④祖法儿国：古国名，亦译佐法儿。故地在今阿拉伯半岛东南岸阿曼的佐法尔一带。

⑤大秦国：大秦是古代中国对罗马帝国及近东地区的称呼。

⑥《南方异物志》：唐代房千里撰。一卷，已佚。

【译文】

阿拉伯地区位于海边，气候十分温暖，出产的乳香树，其他国家都没有。这种树，人们每天用刀斫破树皮，收取乳汁状的液体。这种液体有的凝结在树上，有的滴落在地下。在树上自然凝结成透明状的，是明乳，当地人用玻璃瓶盛放它，名为乳香；在地下的名叫塌香。（《埤雅》）

熏陆香是树皮上鳞甲状的物质，采香之后，能再生长出来。乳头香出产于南海，是波斯松树的香脂，呈紫红色，像樱桃一样，以透明的为商品。（《广志》）

乳香，是树脂香，形似榆树，叶尖长大，斫破树皮，取出香脂，出

058

产于祖法儿国。(《华夷续考》)

熏陆，出产于大秦国。在该国的大海边，生长着一种大树，其枝叶如同古松，生于沙中，盛夏时节，树胶流出，积在沙上，形状像桃胶一样。当地人采取此胶卖给商人，如果没人来买就自己食用。(《南方异物志》)

阿叱厘国出产熏陆香树，树叶像棠梨。(《大唐西域记》)

> 《法苑珠林》引益期笺木胶为熏陆流黄香[1]。
>
> 熏陆香出大食国之南数千里深山穷谷中，其树大抵类松。以斧斫，脂溢于外结而成香，聚而为块。以象负之，至于大食。大食以舟载，易他货于三佛齐，故香常聚于三佛齐。三佛齐每年以大舶至广与泉[2]，广、泉舶上视香之多少为殿最[3]。而香之品有十：其最上品为拣香，圆大如指头，今世所谓滴乳是也；次曰瓶乳，其色亚于拣者；又次曰瓶香，言收时量重置于瓶中，在瓶香之中又有上、中、下之别；又次曰袋香，言收时只署袋中，其品亦有三等；又次曰乳塌，盖镕在地，杂以沙石者；又次曰黑塌，香之黑色者；又次曰水湿黑塌，益香在舟中，为水所侵渍而气变色败者也；品杂而碎者砍硝；颠扬为尘者曰缠香，此香之别也。(叶廷珪《香录》)

【注释】

①《法苑珠林》：唐释道世撰。

②广与泉：广州和泉州。

③殿最：泛指等级高下，古代考核政绩或军功，下等称为"殿"，上等称为"最"。

【译文】

《法苑珠林》中引用益期《笺》说："木胶，是熏陆、流黄香。"

熏陆香出产于大食国南面的数千里深山幽谷之中，其树大概与松树差不多。人们用斧子斫破树皮，使树脂溢出，凝结成香，聚积成块。用大象驮着，运到大食国。大食国用船将其运载到三佛齐国，用香交换其他货品。因此，这种香常常聚积在三佛齐国。三佛齐国每年用大船将其运到广州、泉州。广州、泉州的商船，视其香品的多少评定其价格、品质。其香分为以下品级：其中最上品的是拣香，又圆又大，像指头一样，就是今人所谓的滴乳香；次一品的叫瓶乳，其色泽亚于拣香；又次一品的叫瓶香，意思是说采收时量取重量放入瓶中，在瓶香之中，又有上、中、下三等区别；又次一品的叫袋香，意思是说采收时需要放置在袋中，其品类也有三等；又次一品的叫乳塌，因其熔化在地面上，所以掺杂着沙石；又次一品的叫黑塌，是黑色的香；又次一品的叫水湿黑塌，因香在舟船之中被水浸渍，所以香气改变，香色败坏；品质混杂且香品破碎的叫砍硝；在风中扬起时成粉末状的叫缠香。以上就是熏陆香的种类。（叶廷珪《香录》）

伪乳香，以白胶香搅糖为之。但烧之烟散，多叱声者是也。真乳香与茯苓共嚼则成水。

皖山石乳香灵珑而有蜂窝者为真，每先爇之，次爇沉香之属，则香气为乳香，烟罩定难散者是，否则白胶白也。

熏陆香树，《异物志》云："枝叶正如古松。"《西域记》云："叶如棠梨。"《华夷续考》云："似榆而叶尖长。"《一统志》又云："类榕。似因地所产，叶干有异，而诸论著多自传闻，故无的据[1]。其香是树脂液凝结而成者。"《香录》论之详矣，独《广志》云："熏陆香是树皮鳞甲，采之复生，乳头香是波斯松树脂也，似又两种，当从诸说为是。"

【注释】

[1]的据：确实可信的依据。

【译文】

伪造的乳香，是用白胶香搅入糖制成的。在烧香的时候香烟较散，杂有叱叱声的，就是伪造的乳香。真正的乳香与茯苓一起咀嚼会变成水。

皖山石乳香，形态玲珑而有蜂窝的是真品。每次焚香时，先焚乳香，再焚沉香之类，香气为乳香之气，香烟稳定难以消散的是乳香，否则是白胶香。

熏陆香树，《异物志》上说："枝叶如同古松。"《大唐西域记》上说："叶子如同棠梨。"《华夷续考》上说："长得像榆树，叶片尖长。"《一统志》又说："像榕树一样。"似乎是因为各地所产的熏陆香树，其叶子、枝干都有差异，而各家论述多出自传闻，故而缺乏实际的证据。熏陆香，是树脂凝结而成的。对此，《香录》中的论述极为详细。只有《广志》中说："熏陆香是树皮鳞甲，采香之后能再生长出来，乳头香是波斯松树的树脂。"这里似乎说的是两种香，应当依从各家的论述才是。

斗盆烧乳头香

曹务光见赵州①，以斗盆烧乳头香十斛，曰："财易得，佛难求。"（《旧相泽学录》）

【注释】

①赵州：从谂禅师，师从南泉，遍参天下，唐末大禅师，时称"赵州古佛"。

【译文】

曹务光拜见赵州禅师，用斗盆焚烧十斛乳头香，说："钱财容易得到，佛祖难求来。"（《旧相泽学录》）

鸡舌香即丁香（考证七则）

陈藏器曰："鸡舌香与丁香同种，花实丛生，其中心最大者为鸡舌，击破有顺理而解为两向如鸡舌故名，乃是母丁香也。"
苏恭曰："鸡舌香树叶及皮并似栗，花如梅花，子似枣核，此雌树也，不入香用。其雄树虽花不实，采花酿之以成香。出昆仑及交州、爱州以南①。"

李珣曰[2]："丁香生东海及昆仑国[3]。二月、三月花开紫白色，至七月始成实，小者为丁香，大者如巴豆，为母丁香。"

马志曰[4]："丁香生交、广、南番，按《广州图》上丁香，树高丈余，木类桂，叶似栎，花圆细、黄色，凌冬不凋，其子出枝蕊上，如钉，长三四分，紫色，其中有粗大如山茱萸者，俗呼为母丁香，二八月采子及根。"一云："盛冬生花子，至次年春采之。"

雷敩曰[5]："丁香有雌雄，雄者颗小，雌者大如山茱萸名母丁香，入药最胜。"

李时珍曰："雄为丁香，雌为鸡舌，诸说甚明。"（以上集《本草》）

丁香，一名丁子香，以其形似丁子也。鸡舌，丁香之大者，今所谓母丁香是也。（《香录》）

【注释】

①交州、爱州：大略在今越南北部地区。

②李珣：晚唐词人。字德润，居家梓州（四川省三台）。通医理，兼卖香药。李珣著有《琼瑶集》，已佚，今存词五十四首。

③昆仑国：南海诸国的总称，至隋唐时期，广泛指代婆罗洲、爪哇、苏门答腊附近诸岛，乃至包括缅甸、马来半岛。

④马志：宋代医学家。曾与刘翰同为宋太宗治病获愈，医名大振。

⑤雷敩（xiào）：南宋时著名药物学家，以著《雷公炮炙论》三卷著称。其中有的制药法，至今仍被沿用。

【译文】

陈藏器说："鸡舌香和丁香是同一种植物。滑板和果实丛生，位于中心，个体最大的是鸡舌香。因击破果实，有顺向的纹理，破为两瓣后，像鸡舌一样，因而得名，这是母丁香。"

苏恭说："鸡舌香树的叶子和表皮都像栗，花朵形状像梅花，果实像枣核，这是雌树，不能当作香料。雄树只开花，不结果，采取其花，酿制成香。鸡舌香出产于昆仑山以及交州、爱州以南。"

晚唐词人李珣说："丁香生长在东海及昆仑国，二、三月开花，花朵为紫白色，到了七月才结成果实，小的是丁香，大的像巴豆，是母丁香。"

宋代医家马志说："丁香生长在交州、广州、南番等地。按《广州图》上的丁香，树有一丈多高，形状像桂树，叶子像栎叶。花片圆细，呈黄色，寒冬也不凋谢。丁香子生于枝蕊上，形状像钉子，长约三四分，呈紫色。其中有种像山茱萸一样粗大的，俗称母丁香。分别在二月和八月时采摘丁香的子和根。"也有人说："隆冬时节，丁香开花结子，到了次年春天才能采摘。"

南宋医家雷敩说："丁香有雌雄之分，雄的颗粒较小；雌的像山茱萸那么大，称为母丁香，入药最好。"

李时珍说："雄的是丁香，雌的是鸡舌香，各家说法甚为分明。"（《本草》）

丁香，一名"钉子香"，因其形状像钉子。鸡舌香，是丁香中较大的一种，就是如今所谓的母丁香。（《香录》）

丁香诸论不一，按出东海、昆仑者花紫白色，七月结实；产交、广、南番者，花黄色。二八月采子；及盛冬生花，次年春采者，盖地土、气候各有不同，亦犹今之桃李，闽越燕齐开候大异也①。愚谓即此中丁香花亦有紫白二色，或即此种，因地产非宜，不能子大为香耳。

【注释】

①开候：开放的时间。

【译文】

关于丁香，各家论述不一。按：出产于东海、昆仑的，花呈紫白色，每年七月结子；出产于交州、广州、南番等地的，花呈黄色，每年八月采收花子；隆冬时节开花的，次年春天采摘。因为各地土壤、气候条件各有不同，也就像如今的桃花、李花，在闽、越、燕、齐各地开放的时间大不相同。我认为：这里说的丁香花，也有紫色和白色两种；或者就是一种，只是因为产地环境不宜生长，不能长大成香罢了。

辩鸡舌香

沈存中《笔谈》云①："予集《灵苑方》，据陈藏器《本草拾遗》以鸡舌为丁香母。今考之尚不然，鸡舌即丁香也。《齐民要术》言②：'鸡舌俗名丁子香。'日华子言③'丁香治口气'，与含鸡舌香奏事，欲其芬芳之说相合。及《千金方》五香汤用丁香鸡舌最为明验④。《开宝本草》重出丁香⑤，谬矣。今世以乳香中大如山茱萸者为鸡舌香，略无气味，治疾殊乖。"

《老学庵日记》云⑥："辩鸡舌香为丁香，亹亹数百言⑦，竟是以意度之，惟元魏贾思勰作《齐民要术》第五卷有合香泽法用鸡舌香，注云：'俗人以其似丁子故谓之丁子香。'此最的确可引之证。而存中反不及之，以此知博洽之难也。"

存中辩鸡舌已引《齐民要术》，而《老学庵》云："存中反不及之"，何也？总之丁香、鸡舌本是一种，何庸聚讼。

【注释】

①《笔谈》：沈括所著的《梦溪笔谈》。沈括，字存中，号梦溪丈人，汉族，浙江杭州钱塘县人，北宋政治家、科学家。

②《齐民要术》：《齐民要术》大约成书于北魏末年，是中国杰出农学家贾思勰所著的一部综合性农学著作，也是世界农学史上最早的专著之一。

③日华子：唐代本草学家。原名大明，以号行，四明（今浙江鄞县）人，一说雁门（今属山西）人，著《诸家本草》，此书早佚，其佚文散见于后代各家本草，如《本草纲目》。

④《千金方》：中国古代中医学经典著作之一，共30卷，是综合性临床医著，被誉为中国最早的临床百科全书。唐朝孙思邈所著，约

成书于永徽三年（652）。

⑤《开宝本草》：古代中国药物学著作，由刘翰、马志等编著。本书早已散佚，但其内容还可从《证类本草》《本草纲目》中见到。

⑥《老学庵日记》：作者陆游，字务观，号放翁，汉族，越州山阴（今绍兴）人，尚书右丞陆佃之孙，南宋文学家、史学家、爱国诗人。《老学庵日记》是一部很有价值的笔记，内容丰富，是宋人笔记中的佼佼者。

⑦亹（wěi）亹：勤勉，孜孜不倦。

【译文】

沈括《梦溪笔谈》中说："我集录《灵苑方》，根据陈藏器的《本草拾遗》的说法，鸡舌是丁香母。如今考察发现不是这样的，鸡舌香就是丁香。《齐民要术》中说：'鸡舌，俗名叫丁子香。'日华子说：'丁香可以治疗口气。'这和让大臣们口含鸡舌香再奏事，让其口气芬芳的说法相吻合。《千金方》中的'五香汤'用丁香、鸡舌香最为灵验。《开宝本草》中重新开出丁香，是谬误。如今，世人都把丁香中像山茱萸那么大的称作鸡舌香，这种香没什么气味，也不能治疗疾患。"

《老学庵日记》中说："辨说鸡舌香为丁香，累累数百言，竟然全是依靠自己的想法揣度出来的，只有魏人贾思勰作的《齐民要术》的第五卷中有调和香泽的办法。使用了鸡舌香，注解中说：'俗人因其形似丁子，故而称之为丁子香。'这是最为准确可引用的论证，而沈括反而不提及此说，由此才知道，博学是很难的啊！"

沈括辨别鸡舌香已引用《齐民要术》，而《老学庵日记》中载："存中反而不提及此说。"这又是为什么呢？总而言之，丁香、鸡舌香，本来就是一种香，何必众说纷纭呢？

含鸡舌香

尚书郎含鸡舌香，伏奏事，黄门郎对揖跪受。故称尚书郎怀香握兰。（《汉官仪》①）

尚书郎，给青缣白绫被，或以锦被含香。（《汉官典职》[2]）

桓帝时，侍中刁存年老口臭，上出鸡舌香与含之，鸡舌颇小辛螫，不敢咀咽，嫌有过，赐毒药。归舍辞决家人，哀泣，莫知其故。僚友求其药[3]，出口香，咸嗤笑之。

【注释】

①《汉官仪》：汉官典职仪式选用，是两汉典章制度汇集。今本两卷，汉应劭撰，成书于东汉末年，是研究汉代典章制度的重要参考资料。

②《汉官典职》：或作《汉官典仪》，原为二卷，东汉卫尉蔡质撰，杂记官制及上书谒见仪式。

③僚（liáo）友：官职相同的人。

【译文】

尚书郎口含鸡舌香伏地奏事，黄门侍郎拱手致礼跪着接受。故称尚书郎怀香握兰。（《汉官仪》）

尚书郎，所赐青色的细绢、织成的白绫被或者锦被，都含香。（《汉官典职》）

汉恒帝刘志时，侍中刁存年老口臭，皇上拿出鸡舌香，赐给他含在嘴里。鸡舌香有些辛烈刺口，因而他既不敢咀嚼也不敢吞咽，怀疑是否是自己做错了事情，被赐予了毒药。回到家里，便跟家人告辞诀别，哀伤痛苦，人们都不知道其中的缘由。同僚请求看看他含在嘴里的毒药，吐出来一看，结果是香，于是纷纷嘲笑他。

嚼鸡舌香

饮酒者，嚼鸡舌香则量广，浸半天回而不醉。（《酒中玄》）

【译文】

喝酒的人，嚼鸡舌香就会让酒量变大，饮酒半天都能不醉。（《酒中玄》）

奉鸡舌香

魏武与诸葛亮书云[①]："今奉鸡舌香五斤，以表微意。"（《五色线》[②]）

【注释】

①魏武：曹操，字孟德，小字阿瞒，沛国谯县（今安徽亳州）人。东汉末年杰出的政治家、军事家、文学家、书法家，三国时期曹魏政权的奠基人。诸葛亮：字孔明，号卧龙，徐州琅琊阳都（今山东临沂市沂南县）人，三国时期蜀汉丞相，杰出的政治家、军事家、外交家、文学家、书法家、发明家。

②《五色线》：宋代笔记。

【译文】

魏武帝曹操给诸葛亮写了一封书信，信上说："今日奉上鸡舌香五斤，以表敬意。"（《五色线》）

鸡舌香木刀靶

张受益所藏篦刀[①]，其靶黑如乌木，乃西域鸡舌香木也。（《云烟过眼录》）

【注释】

①张受益：北宋大臣。

【译文】

张受益所珍藏的篦刀，刀把黑得好像乌木，乃是西域的鸡舌香木。（《云烟过眼录》）

丁香末

圣寿堂，石虎造[①]。垂玉佩八百，大、小镜二万枚，丁香末为

泥油瓦，四面垂金铃一万枚，去邺三十里^②。（《羊头山记》^③）

【注释】

①石虎：后赵武帝，字季龙，中国五胡十六国时期，后赵的第三位皇帝。性情残暴奢靡。

②邺：古地名，在今河北省临漳县西。石虎在位的时候，将国都迁到了此地。

③《羊头山记》：宋徐叔旸著，十卷。

【译文】

圣寿堂，是后赵皇帝石虎所建。堂上垂有玉佩八百块，大、小镜子两万枚，将丁香末和成泥来刷瓦，四面垂有金铃一万枚。圣寿堂距离邺城有三十里。（《羊头山记》）

安息香

安息香，梵书谓之拙贝罗香。

《西域传》^①：安息国去洛阳二万五千里^②，北至康居其香乃树皮胶^③，烧之，通神明，辟众恶。（《汉书》）

安息香树，出波斯国，波斯呼为辟邪树。长二三丈，皮色黄黑，叶有四角，经冬不凋，二月开花，黄色，花心微碧，不结实，刻其树皮，其胶如饴，名安息香，六七月坚凝，乃取之。（《酉阳杂俎》）

安息香出西域，树形类松柏，脂黄黑色，为块，新者柔韧。（《本草》^④）

三佛齐国安息香树脂，其形、色类核桃瓤，不宜于烧而能发众香，人取以和香。（《一统志》）

安息香树如苦栋，大而直，叶类杨桃而长，中心有脂作香。（《一统志》）

【注释】

①《西域传》：指《汉书·西域传》。《汉书》，由我国东汉时期的

历史学家班固编撰，是中国第一部纪传体断代史。

②安息国：亚洲西部的古国。

③康居：古西域国名。东界乌孙，西达庵蔡，南接大月氏，东南临大宛，约在今巴尔喀什湖和咸海之间。

④《本草》：《神农本草经》的省称，有时作为泛指亦包括各朝增补的内容，以李时珍《本草纲目》为集大成总结性著作。本书中常指代《本草纲目》。

【译文】

安息香，梵书称为拙贝罗香。

《西域记》记载：安息国距离洛阳有两万五千里，往北直至唐居，该国出产的香料乃是树皮胶，焚烧此香，能通达神明，辟除各种邪恶。（《汉书》）

安息香树，出产于波斯国，波斯人称为辟邪树。树长二三丈，皮色黄黑，叶片有四角，整个冬天都不会凋谢。每年二月开花，花朵是黄色的，花蕊微微带有碧色，不结果实。割破其树皮，树胶像饴糖一般，名为安息香，到了六、七月，香体坚实凝固，就可以取香。（《酉阳杂俎》）

安息香出产于西域，树形与松柏类似，树脂是黄黑色的，新凝成块的比较柔韧。（《本草》）

三佛齐国有安息香树脂，其形状、颜色类似核桃瓤，不适合作为焚烧用香，却能诱发众香，人们用它来调制香品。（《一统志》）

安息香树形似苦楝，又大又直。树叶像杨桃叶子，且修长，树心有树脂可以制成香品。（《一统志》）

辩真安息香

焚时以厚纸覆其上，烟透出是，否则伪也。

【译文】

焚香的时候，将厚纸覆盖在上面，香烟能透过纸散出去的就是真正的安息香，否则就是伪造的。

烧安息香咒水

襄国城堑水源暴竭①，西域佛图澄坐绳床②，烧安息香，咒愿数百言，如此三日，水泫然微流。(《高僧传》③)

【注释】

①襄国：今河北省邢台市。

②佛图澄：天竺人，故云天竺佛图澄，佛图澄是梵语的音译。晋怀帝永嘉四年来洛阳，现种种神异以弘法，多次调伏石虎的暴虐之行。绳床：马扎，又称"胡床""交床"。

③《高僧传》：十四卷，南朝梁代慧皎撰。

【译文】

襄国护城河的喝水突然枯竭，西域僧人佛图澄坐在绳床上，焚烧安息香，发咒许愿了数百句话，如此施法三日，河水便淳淳流淌了。(《高僧传》)

070

烧安息香聚鼠

真安息，焚之能聚鼠，其烟白色如缕，直上不散。(《本草》)

【译文】

真正的安息香，焚烧的时候能将老鼠聚集到一起，其香烟是白色的，如缕直上，在空中久久不散开。

笃耨香

笃耨香出真腊国，树之脂也。树如松形，又云类杉桧。香藏于皮，其香老则溢出，色白而透明者名白笃耨，盛夏不融，香气清远。土人取后，夏月以火炙树，令脂液再溢，至冬乃凝，复收之，其香夏融冬结，以瓠瓢盛[1]，置阴凉处，乃得不融。杂以树皮者则色黑，名黑笃耨。一说盛以瓢，碎瓢而爇之亦香名笃耨瓢香。(《香录》)

【注释】

①瓠（hù）：一年生草本植物，茎蔓生，夏天开白花，果实长圆形，嫩时可食；也指这种植物的果实。

【译文】

笃耨香出产自真腊国，是树脂。树的形状与松树相似，也有人说像杉桧。香藏在树皮里，等到长老了就会溢出来，白色而透明的叫白笃耨，盛夏时节也不会融化，香气清新悠远。当地人摘得此香，夏季的时候用火烤树，让液态的香脂再次溢出来，到了冬天凝结成形，又收取一次香脂。这种夏季融化，冬季凝结，用瓠瓢之类的容器装盛，放置在阴凉的地方，就不会融化。混杂有树皮的，呈黑色，叫作黑笃耨。还有一种说法，用瓠瓢盛放这种香，敲碎瓢焚烧，也有香气，叫作笃耨瓢香。(《香录》)

瓢香

三佛齐国以瓠瓢盛蔷薇水至中国，碎其瓢而爇之，与笃耨瓢略同。又名干葫芦片，以之蒸香最妙。(《琐碎录》[1])

【注释】

①《琐碎录》：宋温革撰，作者搜集摄引前人的精粹语花，特别是有关养生方面的体会经验，汇编成此书。

【译文】

三佛齐国用瓠瓢装蔷薇水，运到了中国，敲碎瓢，焚烧瓢末，与笃耨瓢大略相同。这种香又叫干葫芦片，用来蒸香，效果最妙。(《琐碎录》)

詹糖香

詹糖香出晋安、岑州及交广以南①。树似橘，煎枝叶为香，似糖而黑，如今之詹糖，多以其皮及蠹粪杂之②，难得纯正者。惟软乃佳，其花亦香，如茉莉花气。(《本草》)

【注释】

①晋安：今福建南安东晋江北岸地区。

②蠹：木中虫。

【译文】

詹糖香，出自晋安、岑州以及交州、广州以南的地区。树形像橘树。用其枝叶煎制而成的香料像糖一样，呈黑色。如今的詹糖，多有树皮、虫粪混杂其中，难以得到纯正的。唯有质地柔软的才是佳品，其花也有香气，如同茉莉花一般芬芳。(《本草》)

䪒齐香

䪒齐香出波斯国佛林①，呼为"顶勃梨咃"②，长一丈，围一尺许，皮青色，薄而极光净，叶似阿魏③，每三叶生于条端，无花实。西域人常八月伐之，至腊月更抽新条，极滋茂，若不剪除反枯死。七月断其枝，有黄汁，其状如蜜，微有香气，入药疗百病。(《酉阳杂俎》)

【注释】

①䪒（bié）齐香：一种香料的名称。

②顶勃梨咃（tuō）：䪒齐香的另一种称呼。

③阿魏：一种有臭味的植物。根茎的浆液干燥后，中医用为帮助消化、杀虫解毒的药物。

【译文】

䪒齐香，出产于波斯国。古罗马则称为"顶勃梨咃"。长约一丈，径围有一尺多，树皮呈青色，比较薄，又极其光亮洁净，叶子形似另一种植物阿魏，每三片叶子生长在一根茎条底端，不开花也不结果。西域人常常在八月砍伐，到了寒冬腊月，就又生长出新的枝条了，极其繁茂，但如果不加以修剪，反而会枯死。七月砍断枝条，内有黄色的汁液，呈蜜状，微微带有香气。入药，能治疗百病。（《酉阳杂俎》）

麻树香

麻树生斯调国①，其汁肥润，其泽如脂膏，馨香馥郁，可以熬香，美于中国之油也。

【注释】

①斯调国：古国名，故地一般以为在今斯里兰卡，一说为今印度尼西亚爪哇岛东南的一岛。

【译文】

麻树生长在斯调国，汁液肥润，光泽如同膏脂，馨香馥郁，可以熬制成香，香气比中原麻油味更美。

罗斛香

暹罗国产罗斛香，味极清远，亚于沉香。

【译文】

暹罗国出产罗斛香，气味极其清新，略逊于沉香。

郁金香（考证八则）

郁金香《金光明经》谓之荼矩么香①，又名紫述香、红蓝花草、麝香草、郁香，可佩，宫嫔每服之于襟衻②。（《本草》）

许慎《说文》云："郁，芳草也，十叶为贯，百二十贯筑以煮之为鬯③，一曰郁鬯，百草之英合而酿酒以降神，乃远方郁人所贡故谓之郁，郁今郁林郡也④。"（《本草》）

郁金生大秦国，二月、三月有花，状如红蓝，四月、五月采花即香也。（《魏略》[5]）

郑玄云[6]："郁草似兰。"

郁金香出罽宾[7]，国人种之，先以供佛，数日萎然后取之，色正黄，与芙蓉花果嫩莲者相似，可以香酒。（杨孚《南州异物志》[8]）

唐太宗时伽毗国献郁金香[9]，叶似麦门冬，九月花开，状如芙蓉。其色紫碧，香闻数十步，花而不实，欲种者取根。

撒马尔罕[10]，西域中大国也，产郁金香，色黄似芙蓉花。（《方舆胜略》[11]）

柳州罗城县出郁金香[12]。（《一统志》）

伽毗国所献叶象花，色与时迥异，彼间关致贡，定又珍异之品，亦以名郁金乎？

【注释】

①《金光明经》：又名《金光明最胜王经》。

②襜衽（lí rèn）：襜同"缡"，佩巾。衽，衣襟。

③鬯（chàng）：古代祭祀用的酒，用郁金草酿黑黍而成。

④郁林郡：中国古代行政区域。治布山，在今广西桂平西，辖今广西大部。

⑤《魏略》：共五十卷，魏郎中鱼豢（huàn）私撰，为中国三国时代中记载魏国的史书。

⑥郑玄：字康成，北海高密（今山东省高密市）人，东汉末年儒家学者、经学大师。

⑦罽（jì）宾：古西域国名。

⑧杨孚《南州异物志》：东汉杨孚所作通常称为《异物志》，记载交州一代的物产风俗。

⑨伽毗国：今克什米尔一带，即伽倍国，在新疆吐鲁番一带。

⑩撒马尔罕：西域古国，丝路上重要城市，位于今乌兹别克斯坦境内。

⑪《方舆胜略》：明代程百二所辑之地理书籍，包括当时已知的国内外各地的地理知识。程百二，安徽休宁布衣。

⑫柳州罗城：即今广西罗城县。

【译文】

郁金香，《金光明经》中称为茶矩么香，又叫紫述香、红蓝花草、麝香草、郁香，可以佩戴，宫中妃嫔常常把郁金香戴在佩巾上。（《本草》）

许慎在《说文》中说："郁，是芳草，十叶成串，将一百二十串捣碎煮制，就是鬯。也有人说郁鬯，是百草之英，调和后用来酿酒，以延请神明降临，乃是远方郁人所进贡，所以叫它郁。郁，就是指现在的郁林郡。"（《本草》）

郁金香生长在大秦国，每年二三月开花，花朵的形状如同红蓝花，四五月采摘花朵，就是香料。（《魏略》）

郑玄说："郁草如同兰。"

郁金香出产于罽宾国，该国人种植此草，先用它来供佛。数日后，等到它开始枯萎才取来使用。其色泽纯黄，与芙蓉花和嫩莲相似，可以增添酒的香味。（杨孚《南州异物志》）

唐太宗时，伽毗国进献郁金香，叶子像麦门冬，九月开花，花的形状如同芙蓉。呈紫碧色，香气远播，数十步之外也能闻到。郁金香开花而不结果实，想要种植它的人，就得取其根部移栽。

撒马尔罕是西域大国，出产郁金香，花色正黄，如同芙蓉花。（《方舆胜略》）

柳州罗城县出产郁金香。（《一统志》）

伽毗国进献的叶象花，色泽和当时的其他花都不一样，彼处用来充当贡品，定然又是奇珍异品，名字也叫作郁金香吗？

郁金香手印

天竺国婆陀婆恨王，有宿愿，每年所赋细緤①，并重叠积之，手染郁金香，拓于緤上，千万重手印即透。丈夫衣之，手印当背；

妇人衣之，手印当乳。(《酉阳杂俎》)

【注释】

①㡧（xiè）：一种布。

【译文】

天竺国婆陀婆恨王，许有凤愿。每年将征收的细布，一并重叠堆织。手染郁金香，拓在布上，千万层布，用手印过即透。男子穿着它，手印在背上；女子穿着它，手印在胸前。(《酉阳杂俎》)

龙脑香（考证十则）

龙脑香即片脑。《金光明经》名羯婆罗香，膏名婆律香。（《本草》）

西方抹罗短咤国在南印度境，有羯婆罗香树，松身异叶，花果斯别，初采既湿，尚未有香。木干之后，循理而析，其中有香，状如云母，色如冰雪，此所谓龙脑香也。（《大唐西域记》）

咸阳山有神农鞭药处，山上紫阳观有千年龙脑，叶圆而背白，无花实者，在树心中断其树，膏流出，作坎以承之，清香为诸香之祖。龙脑香树出婆利国①，婆利呼为"固不婆律"。亦出婆斯国②，树高八九丈，大可六七围，叶圆而背白，无花实。其树有肥有瘦，瘦者有婆律膏香。亦曰瘦者出龙脑香，肥者出婆律膏也。在木心中断其树，劈取之，膏于树端流出，斫树作坎而承之。（《酉阳杂俎》）

【注释】

①婆利国：古国名。故地或以为在今印度尼西亚加里曼丹岛，或以为在今印度尼西亚巴厘岛。

②婆斯国：可能为罗婆斯国讹略，故地或以为在今孟加拉湾东南方的尼科巴群岛。

【译文】

龙脑香就是片脑，《金光明经》称为羯婆罗香树，香膏叫作婆律香。（《本草》）

西方的抹罗短咤国，位于南印度境内，生有羯婆罗香树。这种树的树干像松树，叶子却不像，花果也与松树有别。这种香木最初采伐的时候是湿的，还没有香。等到木材干燥之后，顺着木材的纹理剖开，木中有香，形状像是云母一样，色泽像冰雪一般洁白，这就是所谓的

龙脑香。(《大唐西域记》)

　　咸阳山有神农鞭药的遗迹，山中有座紫阳观，观内生有千年龙脑，树叶为圆形，叶子的背面呈白色，没有花和果实，香在树心之中。割断树木后，香膏流出，凿出一个坎儿，用来承接香膏，气息清香，堪称众香之祖。龙脑香树，出产于婆利国，婆利人称其为固不婆律。这种树波斯国也有出产，树高八九丈，大约有六七个人合抱这么粗，树叶是圆形的，叶子的背面呈白色，没有花朵和果实。其树干有粗有细，树干较细的地方生有婆律香膏。也有人说树干较细的出产龙脑香，树干较粗的则出产婆律香膏。香生在木心之中，砍断树，劈开树材，香膏从树端流出，凿树为坎，承接香膏。(《酉阳杂俎》)

　　渤泥、三佛齐国龙脑香乃深山穷谷中千年老杉树枝干不损者，若损动则气泄无脑矣。其土人解为板，板傍裂缝，脑出缝中，劈而取之。大者成斤，谓之梅花脑，其次谓之速脑，脑之中又有金脚，其碎者谓之米脑，锯下杉屑与碎脑相杂者谓之苍脑。取脑已净，其杉板谓之脑木札，与锯屑同捣碎，和置磁盆中，以笠覆之，封其缝，热灰煨逼，其气飞上凝结而成块谓之熟脑，可作面花、耳环佩戴等用[1]。又有一种如油者谓之油脑，其气劲于脑，可浸诸香。(《香谱》)

　　干脂为香，清脂为膏，子主去内外障眼。又有苍龙脑，不可点眼，经火为熟龙脑。(《续博物志》)

【注释】

①面花：古代妇女的面部装饰。

【译文】

　　渤泥、三佛齐国的龙脑香出自深山幽谷之中那些枝干不曾受损的千年老杉树。若是枝干受损，真气外泄，就没有龙脑香了。当地人把此树截为板材，板材上有裂缝，龙脑香从缝中生出。劈开板材取出龙脑香。大的有一斤多重，称为梅花脑；比它略次一等的是速脑，速脑

079

卷三　香品（三）　随品附事实

里有金脚，其中碎的称为米脑；锯下的杉树屑和碎脑相混杂，称为苍脑。取净香脑的杉木板材，称为脑木札。将其与锯屑一同捣碎，混合放置在瓷盆里，上面用斗笠覆盖，封严缝隙，用热灰煨烤，逼迫其烟气上升，凝结成块，称为熟脑，熟脑可用来制作面花、耳环、配饰等物。还有一种像油的，称为油脑，其香气比龙脑更强劲，可以用来浸泡各种香料。（《香谱》）

固态的树脂称为香，液态的树脂称为膏，主治内外眼病。还有一种苍龙脑香，不能用来点眼，经过火烧之后则成为熟龙脑。（《续博物志》）

龙脑是树根中干脂，婆律香是根下清脂，出婆律国[1]，因以为名也。又曰：龙脑及膏香树形似杉木，脑形似白松脂，作杉木气。明静者善；久经风日，或如鸟遗者不佳。或云：子似豆蔻，皮有错甲，即松脂也。今江南有杉木末，经试或入土无脂，犹甘蕉之无实也。（《本草》）

龙脑是西海婆律国婆律树中脂也，状如白胶香，其龙脑油本出佛誓国[2]，从树取之。（《本草》）

片脑产暹罗诸国，惟佛打泥者为上[3]。其树高大，叶如槐而小，皮理类沙柳，脑则其皮间凝液也。好生穷谷，岛夷以锯付就谷中，寸断而出，剥而采之，有大如指厚如二青钱者，香味清烈，莹洁可爱，谓之梅花片，鬻至中国，擅翔价焉[4]。复有数种亦堪入药，乃其次者。（《华夷续考》）

渤泥片脑树如杉桧，取之者必斋沐而往。其成冰似梅花者为上，其次有金脚脑、速脑、米脑、苍脑、札聚脑；又一种如油，名脑油。（《一统志》）

【注释】

①婆律国：即上文之婆利国。

②佛誓国：又称"室利佛逝"，即三佛齐，今印尼苏门答腊岛。

③佛打泥：古籍多称"大泥"，古国名。故地在今泰国南部北大年

一带。

④翔价：涨价。

【译文】

龙脑，是树根中固态的树脂；婆律香是树根下液态的树脂，出产于婆律国，因其产地而得名。还有人说，龙脑及婆律香，其树形状像杉木，香脑形状像白松脂。其中，香气清明纯净的是佳品；久经风吹日晒，或像鸟粪的，不是佳品。也有人说，结子如豆蔻，树皮上有错裂甲纹的，是松脂。现今，江南地区有杉木，我没有试过。也有将其放入土里，却没有生出香脂的情况，就像甘蔗没有果实一样。（《本草》）

龙脑是西海波律国婆律树中的树脂，形状像白胶香。龙脑油本来出产于佛誓国，也是从树木中取得的。（《本草》）

片脑香产自暹罗各国，只有佛打泥国出产的是上品。其树木高大，树叶有点像槐树叶子，只是比槐树叶子略小一点，树皮上的纹理则与沙柳有些类似。片脑，是其树皮间凝固的液体。这种树喜好生长在幽谷之中，岛民在谷中用锯子割树干，割出一寸一寸的断口，剥采出片脑。其中有像指甲那么大、两枚铜钱那么厚的，其香味清新热烈，形状晶莹可爱，被称为梅花片。贩运到中国来之后，随意涨价。此外，还有很多种香料都可以入药，是较次等的香品。（《华夷续考》）

渤泥国的片脑香，其树的形状像松桧，采香的人必须沐浴斋戒之后才能前往采集。其中结晶成冰体、形状像梅花的是上品，其次还有金脚脑、速脑、米脑、苍脑、札聚脑等。还有一种像油一样的，名叫脑油。（《一统志》）

有人下洋遭溺，附一蓬席不死，三昼夜泊一岛间，乃匍匐而登，得木上大果，如梨而芋味，食之，一二日颇觉有力。夜宿大树下，闻树根有物沿依而上，其声灵珑可听①，至颠而止。五更复自树颠而下，不知何物，乃以手扪之，惊而逸去，嗅其掌香甚，以为必香物也。乃俟其升树②，解衣铺地至明，遂不能去，凡得片脑斗许。自是每夜收之，约十余石。乃日坐水次，望见海过，

卷三　香品（三）　随品附事实

大呼求救，遂赏片脑以归，分与舟人十之一，犹成巨富。(《广艳异编》)

【注释】

①灵珑：玲珑。

②俟：等到、等候。

【译文】

有人在出海的时候落水，依附着一卷篷席，在大洋上漂浮了三天三夜，侥幸逃生。后来，他漂近一座小岛，便爬了上去。上岛后，偶然寻到了树上的大果子，形状像梨子，味道像芋头。他吃了一两天这种果子之后，觉得身上充满了力气。夜里，他在大树下面睡觉时，听到树根下有东西顺着树干爬上去，声音玲珑悦耳，一直到树顶才停止；到了五更时分，又从树顶上爬下来。他不知道到底是什么东西，就用手去敲击，这东西受惊逃走，闻到留在手上的味道非常香。此人认为这必定是带香的动物。于是就等它再上树时，脱下衣服，铺在地上。到天亮的时候，这东西不能离去，此人得到了一斗多的片脑。从此之后，他每天晚上收获香料，大约有百余斗之多。那一日，他坐在水边，见到海船经过，就大声呼救。在其获救之后，在返航的途中贩卖了所得的香料，虽然把获利的十分之一分给了船上的人，但他仍然成为大富大贵的人。(《广艳异编》)

藏龙脑香

龙脑香合糯米炭、相思子贮之则不耗。或言以鸡毛、相思子同入小瓷罐密收之佳。《相感志》言①：杉木炭养之更良，不耗也。

【注释】

①《相感志》：指《物类相感志》，北宋名僧赞宁撰，十八卷。赞宁，佛教律学家，佛教史学家，著有《大宋高僧传》等。

【译文】

把龙脑香和糯米炭、相思子一同储藏则不会耗散挥发。也有人说，将龙脑香与鸡毛、相思子一同放到小瓷罐里密封收藏比较好。《相感志》上说，用杉木炭收藏更好，不会耗散挥发。

相思子与龙脑相宜

相思子有蔓生者，与龙脑香相宜，能令香不耗，韩朋拱木也①。（《搜神记》②）

【注释】

①韩朋：又作"韩凭"，相传战国时宋康王舍人韩凭娶妻何氏，甚美，康王夺之。韩凭夫妇双双殉情。宋康王发怒，将二人分葬，让他们的坟墓遥遥相望。之后二人的坟上长出两棵大梓树，树干弯曲，互相靠近。又有鸳鸯，长期栖身树上，交颈悲鸣。宋人哀之，遂号其木曰"相思树"。

②《搜神记》：晋朝人干宝所著，该书记录了古代民间传说中神奇怪异的故事，是一本小说集。

【译文】

相思子中，有一种是蔓生的，与龙脑香最相适宜，能使其不挥发耗散。这其实就是人们所说的相思树。（《搜神记》）

龙脑香御龙

罗子春欲为染武帝入海取珠。杰公曰："汝有西海龙脑香否？"曰："无。"公曰："奈之何御龙？"帝曰："事不谐矣。"公曰："西海大船求龙脑香可得。"（《梁四公记》①）

【注释】

①《梁四公记》：唐代传奇小说，作者张说。《梁四公记》应为记叙蜀闿、杰、黥、仉四人之事。今存残本，仅记蜀闿、杰二人。在这

一段文字中，杰公认为龙脑香可以御龙。

【译文】

罗子春打算为梁武帝下海寻觅宝珠，杰公问他说："你有西海龙脑香吗？"罗子春说："没有。"杰公说："那你怎么驾驭龙呢？"梁武帝说："此事不能顺利进行啊！"杰公说："西海有大船，可以去求得龙脑香。"（《梁四公记》）

献龙脑香

乌荼国献唐太宗龙香①。（《方舆胜略》）

【注释】

①乌荼国：古国名，故地在今印度奥里萨邦北部一带。

【译文】

位于天竺南面的乌荼国曾向唐太宗进献龙脑香。（《方舆胜略》）

龙脑香藉地

唐宫中每欲行幸①，即先以龙脑郁金涂其地。

【注释】

①行幸：指皇帝驾临某处。

【译文】

唐代宫中，每当皇上想驾临到某处时，就先用龙脑香、郁金香涂抹地面。

赐龙脑香

康玄宗夜宴，以琉璃器盛龙脑香赐群臣。冯谧曰："臣请效陈平为宰①。"自丞相以下皆跪受，尚余其半，乃捧拜曰："勒赐录事冯谧。"玄宗笑许之。

①陈平为宰：宰是在村里祭祀时主持割肉的人，少年陈平为宰十分公平，得到乡里的赞许。不过，陈平却有"宰天下"的抱负。后来他投靠刘邦，果然做了汉初名相。此处冯谧意为自己可以很公平地分配，不过最后却将一大份放进自己囊中，但唐玄宗却对其不以为意。

【译文】

唐玄宗曾在公众夜宴上，用琉璃器皿盛放龙脑香赏赐群臣。冯谧说："微臣想效仿陈平来分配。"自宰相以下都跪拜着接受赏赐，最后还剩下一半。冯谧捧着剩余的香跪拜着说："请皇上赐予录事冯谧。"唐玄宗笑着应允了他。

瑞龙脑香

天宝末交阯国贡龙脑①，如蝉蚕形。波斯国言：乃老龙脑树节方有，禁中呼为瑞龙脑，上惟赐贵妃十枚②，香气彻十余步。上夏日尝与亲王弈棋，令贺怀智独弹琵琶③，贵妃立于局前观之。上数枰上子将输，贵妃放康国猧子于座侧④，猧上局，局子乱，上大悦。时风吹贵妃领巾於贺怀智巾上，良久回身方落，怀智归觉满身香气非常，乃卸幪头贮于锦囊中⑤，及上皇复宫阙，追思贵妃不已，怀智乃进所贮幪头，具奏前事。上皇发囊泣曰："此瑞龙脑香也。"（《酉阳杂俎》）

【注释】

①交阯（zhǐ）国：即交趾国。

②贵妃：指杨贵妃。杨玉环，号太真。姿质丰艳，善歌舞，通音律，被后世誉为中国古代四大美女之一。

③贺怀智：唐代音乐家，善弹琵琶，为唐玄宗所重。

④康国：古国名。故地在今乌兹别克共和国撒马尔罕一带。猧（wō）子：小狗。

⑤幪（méng）头：这里指杨贵妃的头巾。

【译文】

唐玄宗天宝末年，交趾国进贡龙脑香，形状像蝉虫。波斯人说，只有老龙脑树的树节才生有此香。宫中称为瑞龙脑，玄宗只赐给杨贵妃十枚，其香气能达十余步之远。唐玄宗在夏天的时候曾经和亲王对弈，并让贺怀智弹奏琵琶，杨贵妃在棋盘边观战。落子数枚后，唐玄宗将要输棋，杨贵妃便将怀中的康国小狗放到座位上，狗爬上棋盘，搅乱棋子，唐玄宗很高兴。这时候，微风把杨贵妃的领巾吹到贺怀智的头巾上，许久之后，贵妃转身，领巾才落了下来。贺怀智回家后，觉得香气非同寻常，就卸下头巾，把它放到锦囊中珍藏起来。等到安史之乱后，唐玄宗作为太上皇返回宫中，不停地追思已逝的杨贵妃，贺怀智就将珍藏的头巾献给唐玄宗，并且一一奏明往事。唐玄宗打开锦囊，哭着说道："这是瑞龙脑的香气啊！"（《酉阳杂俎》）

遗安禄山龙脑香

贵妃以上赐龙脑香私发明驼使遗安禄山三枚[①]，余归寿邸[②]。杨国忠闻之入宫语妃曰[③]："贵人妹得佳香何独吝一韩司掾也[④]。"妃曰："兄若得相，胜此十倍。"（《杨妃外传》[⑤]）

【注释】

①明驼使：唐代驿使名，明驼为善于行走的骆驼。

②寿邸：寿王府邸。

③杨国忠：杨国忠，本名钊，蒲州永乐（今山西永济）人，祖籍弘农华阴（今陕西华阴市），唐朝宰相、东汉太尉杨震之后，张易之之甥，杨贵妃族兄。

④韩司掾（yuàn）：即"韩寿偷香"的韩寿，韩寿字德真，西晋时期官员，曹魏司徒韩暨曾孙，西汉初年诸侯王韩王韩信之后，也是西晋开国功臣贾充的女婿。

⑤《杨妃外传》：即《杨太真外传》，宋代乐史撰。乐史，字子正，北宋宜黄县人，文学家、地理学家。

【译文】

杨贵妃私自让驿使将唐玄宗所赐的龙脑香送给安禄山三枚，其余的全部送往寿王李瑁的宫中。杨国忠听说后，进宫去对贵妃讲："贵人妹妹你得到了上好的香料，为何独独对我一个人吝啬呢？"杨贵妃回答道："若是兄长能够得到宰相之位，将胜过这十倍。"（《杨妃外传》）

瑞龙脑棋子

开成中①，贵家以紫檀心瑞龙脑为棋子。（《棋谈》）

【注释】

①开成：唐文宗的年号，836年启用。

【译文】

唐文宗开成年间，富贵人家用紫檀木心和瑞龙脑做棋子。（《棋谈》）

食龙脑香

宝历二年①，浙东国贡二舞女，冬不纩衣②，夏不汗体，所食荔枝、榧实、金屑、龙脑香之类。宫中语曰："宝帐香重重，一双红芙蓉。"（《杜阳杂编》）

【注释】

①宝历：唐敬宗的年号。

②纩（kuàng）衣：棉衣。

【译文】

唐敬宗宝历二年，浙东国进贡了两名舞女，冬天不穿棉衣，夏天皮肤不出汗，食用荔枝、榧实、金屑、龙脑香之类。宫中俗语说："宝帐香重重，一双红芙蓉。"（《杜阳杂编》）

卷三 香品（三）随品附事实

翠尾聚龙脑香

孔雀毛着龙脑香则相缀。禁中以翠尾作帚，每幸诸阁掷龙脑香以避秽，过则以翠尾帚之，皆聚无有遗者。亦若磁石引针、琥珀拾芥、物类相感，然也。（《墨庄漫录》①）

【注释】

①《墨庄漫录》：北宋张邦基著，是书多记杂事，兼及考证，尤其留意于诗文词的评论及记载。

【译文】

孔雀毛一旦附着上龙脑香，就会互相吸附。宫中用孔雀翠尾做扫帚，每当君主临幸各处台阁，宫人就掷撒龙脑香以驱邪避讳，等到圣驾过去之后，再用翠尾制的扫帚一一扫过，龙脑香都聚集在扫帚上面，不会遗落。这也就像用磁石吸引铁针、用琥珀捡拾尘芥之物一样，是同类事物之间的自然感应。（《墨庄漫录》）

梓树化龙脑

熙宁九年①，英州雷震，一山梓树尽枯，中皆化为龙脑香。（《宋史》）

【注释】

①熙宁：宋神宗年号。

【译文】

北宋熙宁九年，英州发生雷震，雷电过后，整整一座山中的梓树全都枯死，这些枯树都化为龙脑香。（《宋史》）

龙脑浆

南唐保大中①，贡龙脑浆，云：以缣囊贮龙脑悬于琉璃瓶中②，

少顷滴沥成冰，香气馥烈，大补益元气。（《江南异闻录》）

【注释】

①保大：南唐元宗李璟的年号。

②缣（jiān）囊：细绢制成的袋子。

【译文】

南唐保大年间得到进贡的龙脑浆。据说，用细绢布制作而成的锦囊来储藏龙脑，悬挂于琉璃瓶中，片刻之后，龙脑香滴沥成水，其香气馥郁浓烈，对元气大有补益。（《江南异闻录》）

大食国进龙脑

南唐大食国进龙脑油，上所秘惜，女冠耿先生见之曰①："此非佳者，当为大家致之。"乃缝夹绢囊，贮白龙脑一斤垂于栋上，以胡瓶盛之，有顷如注。上骇叹不已，命酒泛之，味逾于大食国进者。（《续博物志》）

【注释】

①女冠：女道士。

【译文】

南唐时，大食国进献的龙脑油，是国主秘藏珍惜的宝物。女道士耿先生见到以后，对国主说："这并非佳品，让我来为国主提取上好的香料。"于是，她就缝制了多层的绢囊，将一斤白龙脑放在里面，垂挂在栋梁之上，把胡瓶放在下面，接取香料。片刻之后，香流如注。国主大惊，叹服不已，命人用酒浸泡，味道比大食国所进献的龙脑油还要好。（《续博物志》）

焚龙脑香十斤

孙承佑，吴越王妃之兄①，贵近用事，王常以大片生龙脑香十斥赐承佑，承佑对使者索大银炉作一聚焚之曰："聊以祝王寿。"及归朝为节度使，俸入有节，无复向日之豪侈，然卧内每夕燃烛二炬，焚龙脑二两。（《乐善录》②）

【注释】

①吴越王：五代十国时吴越国的国王。

②《乐善录》：宋代李昌龄撰，以祸福感应的故事劝人向善的书。

【译文】

孙承佑是吴越王妃的兄长，以亲贵近臣的身份执掌国政。吴越王曾经赐给他大片的生龙脑香十斤，孙承佑当着使者的面，要来大银炉，将生龙脑香聚在一处焚烧，说："聊以此物为我王祈福。"后来，他归顺了宋朝担任节度使，由于受俸禄收入的限制，生活不如往日豪侈，但是卧室之内，每晚点燃两根烛火，焚烧龙脑香二两。（《乐善录》）

龙脑小儿

以龙脑为佛像者有矣，未见着色者也。汴都龙兴寺僧惠乘宝一龙脑小儿①，雕装巧妙彩绘可人。（《清异录》）

【注释】

①汴都：即汴梁，今河南开封。

【译文】

世上有用龙脑雕制佛像的，但未曾见过上色的龙脑像，汴都龙兴寺的僧人惠乘藏有一尊龙脑小儿像，雕制巧妙，彩绘也很可爱。（《清异录》）

松窗龙脑香

李华烧三城绝品炭①，以龙脑裹芋魁煨之，击炉曰："芋魁遭遇矣②。"（《三贤典语》）

【注释】

①李华：唐代散文家、诗人，字遐叔，赵州赞皇（今属河北）人。

②芋魁：芋头，是唐代常见的食品。遭遇：古时候指际遇，这句话的意思是，芋头碰到了这种好事。

【译文】

李华烧三城绝品炭，用龙脑香裹着芋头块儿煨在火中，敲着炉子说："芋头好造化啊！碰到了这种好事。"

龙脑香与茶宜

龙脑其清香为百药之先，于茶亦相宜，多则掩茶气味，万物中香出其右者。（《华夷草木考》①）

【注释】

①《华夷草木考》：《华夷花木鸟兽珍玩考》，亦称《华夷鸟兽花木珍玩考》，是明代一本有关动植物知识的书籍，其中植物部分可称作《华夷草木考》或《华夷花木考》。

【译文】

龙脑以其清香的气息，位居百种香药之首，与茶配合也很合适，只是如果用得太多，就会掩盖茶的气味。世间万物，论起香味，没有比龙脑香更香的了。（《华夷草木考》）

焚龙脑归钱

青蚨一名钱精①，取母杀，血涂钱绳，入龙脑香少许置柜中，焚一炉祷之，其钱并归于绳上。（《搜神记》）

【注释】

①青蚨（fú）：虫名。传说青蚨生子，母与子分离后必会仍聚回一处，人们用青蚨母子血各涂在钱上，涂母血的钱或涂子血的钱用出后必会飞回，所以有"青蚨还钱"之说。

【译文】

　　青蚨虫，又叫钱精。取母青蚨虫，杀虫取血，涂在钱上，在串钱的绳子上撒上一点龙脑香，一起放置在柜中。焚上一炉香祷告，钱就会都归拢到绳子上了。

麝香（考证九则）

　　麝香一名香麝、一名麝父。梵书谓之莫诃婆伽香。

　　麝生中台山谷及益州、雍州山中[1]。春分取香，生者益良。陶弘景云[2]：麝形似麞而小[3]，黑色，常食柏叶，又啖蛇[4]。其香正在阴茎前，皮内别有膜袋裹之，五月得香，往往有蛇皮骨。今人以蛇蜕皮裹香，云弥香，是相使也。麝夏月食蛇虫多，至寒则香满，入春脐内急痛，则以爪剔出着屎溺中覆之，常在一处不移。曾有遇得乃至一斗五升者，此香绝胜杀取者，昔人云是精溺凝结，殊不尔也。今出羌夷者多真好；出隋郡、义阳、晋溪诸蛮中者亚之；出益州者形扁，仍以皮膜裹之，多伪。凡真香一子分作三四子，刮取血膜，杂纳余物，裹以四足膝皮而货之。货者又复伪之，彼人言："但破看一片，毛共在裹中者为胜。"今惟得真者看取，必当全真耳。（《本草》）

【注释】

　　①益州：中国古地名，其范围包括今天的四川盆地和汉中盆地一带。雍州：古九州之一，现代有变化，大体是指现在陕西省中部北部、甘肃省（除去东南部）、青海省的东北部和宁夏回族自治区一带地方。

　　②陶弘景：字通明，号华阳隐居，丹阳秣陵（今江苏南京）人，中国南朝齐、梁时期的道教思想家、医药家、炼丹家、文学家。卒谥贞白先生。医学方面著有《本草经集著》，其他方面著述也很多。

　　③麞（zhāng）：又称土麝、香獐，是小型鹿科动物之一，被认为是最原始的鹿科动物，比麝略大，原产地在中国东部和朝鲜半岛。

　　④啖（dàn）：意为吃或给人吃。

【译文】

麝香，又叫香獐，也叫麝父，梵书上称为莫诃婆伽香。

麝生于中台山的山谷之中，益州、雍州山中也有。春分时节取香。生香更好。南朝梁时的道人、大医学家陶弘景说："麝外形像獐子，只是体型比它要小些。通体为黑色，常常食用柏树的叶子，还吃蛇。麝在其生殖器前方的皮囊内，另有膜袋包裹着。五月取得的香，往往其内有蛇皮、蛇骨。如今，人们用蛇蜕下来的皮包裹麝香，说这样做能让其变得更香。这是蛇皮和麝香间相互作用的结果。麝在夏天吃蛇和虫子比较多，到了最寒冷的时候，囊香就积满了。开春之后，它脐内就会剧烈疼痛，它便会自己用爪子剔出香，再用其排泄物将香覆盖，常常堆在一处不移动。有人曾遇到过多达一斗五升的麝香堆积在一起，这种香比杀死麝后取香要好。过去，人们说这种香是麝的精液、尿液凝结而成的，其实不是这样的。如今羌夷出产的香大多是真正的佳品。随郡、义阳、晋溪等地所产的略次一等。益州出产的香形状扁平，仍然用皮膜裹着，大多是伪制的。一般真正的整香，一份分成三四份，刮取血膜，掺入别的东西，用麝的四肢和膝盖上的皮毛包裹起来出售。售卖的人又再进行伪造。当地人说，打开一片香，皮毛都裹在其中的是上品。如今只要得到真香，必定视为完整的真香了。"（《本草》）

苏颂曰："今陕西、益州、河东诸路山中皆有①，而秦州、文州诸蛮中尤多②，蕲州、光州或时亦有③。其香绝小，一子缠若弹丸往往是真，盖彼人不甚作伪耳。"（《本草》）

香有三种。第一生者，名遗香，乃麝自剔出者，其香聚处，远近草木皆焦黄。此极难得，今人带真香过园中，瓜果皆不实，此其验也。其次脐香，乃捕得杀取者。又次为心结香，麝被大兽捕逐，惊畏失心狂走山巅坠崖谷而毙，人有得之，破心见血流出作块者是也。此香乾燥不堪用。（《华夷草木考》）

【注释】

①河东：在今山西，也有一部分在陕西。

②秦州、文州：在今甘肃。

③蕲（qí）州、光州：蕲州在湖北东部，光州在河南东南部。

【译文】

苏颂生活："如今陕西、益州、河东各地山中皆有麝，而秦州、文州等蛮夷居住之地尤其多。蕲州、光州等地偶尔也会有，虽然出的香最小，一枚香仅像弹丸一样大，但往往是真香，因为那里的人不怎么造假。"（《本草》）

麝香分为三等，第一等是生香，又叫遗香，是麝自己用爪子挖出来的，此香堆聚之处，附近的草木都变得焦黄。这种香是极其难得的。如今，有人带着真正的麝香经过果园，瓜果都不结果实，这是验证真香的一个方法。其次一等是脐香，乃是捕杀麝后取得的香。再次一等的是心结香。麝被大型兽类捕杀追逐，惊畏失心，狂奔于大山之巅，坠落崖谷而死。人们拾到了它的尸体，打开其心室，血流凝结成香块。这种香较干燥，不宜使用。（《华夷草木考》）

嵇康云①："麝食柏故香。"

黎香有二色：番香、蛮香。又杂以黎人撰作，官市动至数十计，何以责科取之？责所谓真，有三说：麝群行山中，自然有麝气，不见其形为真香。入春以脚剔入水泥中，藏之不使人见，为真香。杀之取其脐，一麝一脐为真香。此余所目击也。（《香谱》）

商汝山中多麝遗粪，常在一处不移，人以是获之，其性绝爱其脐，为人逐急，即投岩举爪剔其香，就絷而死②，犹拱四足保其脐。李商隐诗云："投岩麝自香。"（《谈苑》）

麝居山，麢居泽，以此为别。麝出西北者香结实，出东南者谓之土麝，亦可入药，而力次之。南中灵猫囊，其气如麝，人以杂之。（《本草》）

麝香不可近鼻，有白虫入脑患癞，久带其香透关，令人成异疾。（《本草》）

①嵇康：字叔夜，汉族，谯国铚县（今安徽省濉溪县）人。三国时期曹魏思想家、音乐家、文学家。竹林七贤领袖之一。

②絷（zhí）：拴住马足的绳索。

【译文】

嵇康说："麝吃柏树叶子，所以结香。"

麝香有两种，分为番香、蛮香。在黎人官市上，动辄征求就以数十计，哪里能满足征取之令呢？所谓的真香有三种说法：麝群奔行于山中，有麝香之气而不见其形的，是真香；入春以后，麝用爪子将香踢进泥水之中，藏着不让人看见的，是真香；杀死麝，取其脐下香囊，每只麝只有一只香囊，这也是真香。这都是我亲眼所见。（《香谱》）

商汝山中，有很多麝遗留下来的粪便。麝常在一个地方排粪，不换地方。因此，人们能够捕获它。麝本性极其爱惜自己的香囊，被人追逐得急了，就投岩而死，举起爪子剔出自己的香，死后还是拱着四条腿保护着脐下的香囊。李商隐诗云："投岩麝自香。"（《谈苑》）

麝居住在山中，獐居住在洼地，以此来区别。出自西北地区的麝香质地结实，出自东南地区的麝香被人们称为土麝香，也可以入药，只是药力略次一等。南中的灵猫囊，其香气与麝香相似，人们将它混杂在麝香之中。（《本草》）

麝香不能凑近鼻子去闻，否则会有一种白虫子钻到人的脑子里。长期佩戴麝香，也会让人染上怪病。（《本草》）

水麝香

天宝初，渔人获水麝，诏使养之，脐下惟水滴，沥於斗中，水用洒衣，衣至败，香不歇。每取以针刺之，投以真雌黄，香气倍于肉麝。（《续博物志》）

【译文】

天宝初年，渔民曾经铺捕获水麝，玄宗皇帝下诏令人好生养育。

卷三　香品（三）　随品附事实

水麝脐下只有液体，滴沥在斗中。将这种液体洒在衣服上，衣服直到穿坏了，香气也不消散。每当用针去刺它，或者用真正的雄黄去逼迫它时，香气是肉麝的几倍。(《续博物志》)

土麝香

自邕州溪洞来者名土麝香①，气燥烈，不及他产。(《桂海虞衡志》)

【注释】

①邕（yōng）州：治所在今广西南宁市。溪洞：也作溪峒，溪峒蛮是对湘西、川、黔、鄂三省交界苗、瑶等少数民族的泛称。

【译文】

从邕州溪洞来的麝香，名叫土麝香，其香气燥烈，比不上其他地区所产的。(《桂海虞衡志》)

麝香种瓜

尝因会客食瓜言："瓜最恶麝香。"坐有延祖曰："是大不然，吾家以麝香种瓜，为邻里冠，但人不知制伏之术耳。求麝二钱许，怀去后旬日以药末搅麝见送，每种瓜一窠根下用药一捻，既结瓜破之，麝气扑鼻。次年种其子，名之曰土麝香，然不如药麝香耳。"(《清异录》)

【译文】

我曾经在会客时吃瓜，因而谈及瓜最忌讳麝香。在座的宾客中有个叫延祖的说："这就大错特错了。我家用麝香种瓜，所出的瓜称冠邻里，只是人们不了解使用麝香的方法罢了。求得两钱多麝香，放在怀中。十天以后，用药末搅拌麝香播种，每种一棵瓜，挖一个小坑，根下放一份香药。等到结下瓜，切开来，麝香之气扑鼻而来。第二年，将这种瓜的种子播种下去，称为土麝香，只是功效不如药麝香罢了。"

（《清异录》）

瓜忌麝

瓜恶香，香中尤忌麝。郑注太和初赴职河中^①，姬妾百余骑，香气数里，逆于人鼻，是岁自京至河中所过路瓜尽死，一蕾不获。（《酉阳杂俎》）

广明中巢寇犯关^②，僖宗幸蜀^③，关中道傍之瓜悉萎，盖宫嫔多带麝香，所熏皆萎落耳。（《负暄杂录》）

【注释】

①郑注：绛州翼城（今山西省翼城县，位于绛县东北）人，唐代大臣。本姓鱼，冒姓郑氏，时称"鱼郑"。太和：唐文宗年号，一作大和。河中：今山西永济市西。

②巢寇：指黄巢的军队。黄巢，唐末农民军首领，曹州冤句（今山东东明县西南）人。

③僖宗：唐僖宗李儇，唐懿宗李漼第五子，在位十五年。

【译文】

瓜类植物忌讳香。在各种各样的香料中，尤其忌讳麝香。唐文宗太和初年，太医郑注前往河中任职，其姬妾一百多人都骑在马上随行，香气远飘数里，扑人口鼻。这一年，从京城到河中，郑氏所经过的一路上，瓜类植物全都枯死，一片叶子也不曾留下，一个果子也没有收获。（《酉阳杂俎》）

唐僖宗广明年间，黄巢进犯关中，唐僖宗避难于蜀中。关中道路两旁的瓜都枯死，因为宫中妃嫔大多佩戴麝香，瓜都被香料熏得枯萎了。（《负暄杂录》）

梦索麝香丸

桓誓居豫章时^①，梅玄龙为太守，梦就玄龙索麝香丸。（《续搜神记》^②）

【注释】

①豫章：古郡名，今江西南昌。

②《续搜神记》：也称《搜神后记》，托名为东晋大诗人陶潜所作。

【译文】

桓誓居住在豫章郡的时候，梅玄龙是当地的太守，桓誓曾在梦中前往玄龙家中索取麝香丸。（《续搜神记》）

麝香绝恶梦

佩麝非但香辟恶，以真香一子置枕中，可绝恶梦。（《本草》）

【译文】

佩戴麝香不仅只是有香气，还能辟除邪恶。将一枚真品麝香放置在枕头中，可以再也不做噩梦。

麝香塞鼻

钱方义如厕见怪①，怪曰："某以阴气侵阳，贵人虽福力正强不成疾病，亦当少有不安，宜急服生犀角、生玳瑁，麝香塞鼻则无苦。"方义如其言，果善。（《续玄怪录》②）

【注释】

①钱方义：唐朝人，曾任华洲刺史，为礼部尚书之子。怪：指厕神郭登。

②《续玄怪录》：唐代传奇小说集，因续牛僧孺《玄怪录》而得名，撰者李复言，大约晚唐时人。

【译文】

钱方义上厕所的时候碰到一个怪物，怪物对他说："我以阴气侵犯阳气，贵人您虽然福力正强，不至于生病，但也会稍有不适的地方，最好急速服用生犀角、生玳瑁，再用麝香塞住鼻孔，就不会痛苦了。"钱方义按照怪物所言——施行，果然无事。（《续玄怪录》）

麝遗香

走麝以遗香不捕①，是以圣人以约为记。(《续韵府》)

【注释】

①走：逃走。

【译文】

麝逃走的时候留下了麝香，人们就不再捕杀它。圣人定下了这个规矩。(《续韵府》)

麝香不足

黄山谷云①："所惠香非往时意态，恐方不同，或是香材不精，乃婆律与麝香不足耳。"

【注释】

①黄山谷：黄庭坚，字鲁直，号山谷道人，晚号涪翁，洪州分宁（今江西省九江市修水县）人，北宋著名文学家、书法家。

【译文】

北宋文士黄庭坚说："素日所用的香，已经没有往日的意境，恐怕是配方不同了，或者是香的原材料不精致，婆律香和麝香不足罢了。"

麝橙

晋时有徐景于宣阳门外得一锦麝橙，至家开视①，有虫如蝉，五色，两足各缀一五铢钱。(《酉阳杂俎》)

【注释】

①开视：打开查看。

【译文】

晋代有个叫徐景的人，曾在宣阳门外捡到一个锦麝橙，回到家里

打开来看，里面有像蝉一样的五色虫子，两只脚上各缀着一枚五铢钱。（《酉阳杂俎》）

麝香月

韩熙载留心翰墨①，四方胶煤多不合意，延歙匠朱逢于书馆制墨供用②，名麝香月，又名玄中子。（《清异录》）

【注释】

①韩熙载：字叔言，原籍南阳（今属河南），后迁居潍州北海（今山东潍坊）。五代十国南唐时名臣、文学家。

②延歙（shè）匠朱逢：延，请。歙，地名，今安徽省歙县，产歙砚、徽墨。朱逢，当时的制墨名家。

【译文】

南唐宰相韩熙载爱好书画笔墨。各地胶煤大多不符合他的心意。他请歙砚匠人朱逢在书馆中制造了一种墨，供自己专用，名字叫麝香月，又名玄中子。（《清异录》）

麝香墨

欧阳通每书①，其墨必古松之烟，末以麝香方下笔。（《李孝美墨谱》②）

【注释】

①欧阳通：字通师，唐代著名书法家，潭州临湘（今湖南长沙）人，其父为欧阳询。

②《李孝美墨谱》：《墨谱》三卷，宋代李孝美撰。

【译文】

唐代书法家欧阳通每次写字的时候，所用的墨必用古松烟末掺以麝香，方才下笔。（《李孝美墨谱》）

麝香木

出占城国，树老而仆埋于土而腐，外黑内黄赤者，其气类于麝，故名焉。其品之下者，盖缘伐生树而取香故，其气劣而劲，此香宾瞳胧尤多①，南人以为器皿，如花梨木类。(《香录》)

【注释】

①宾瞳胧：今越南东南的洛朗，古为中西海上交通要地，有河流过，此河古称宾童龙河，即今枚娘江。

【译文】

麝香木出产于占城国。树木老死之后，仆倒在地，埋于土中，渐渐腐烂，外层呈黑色，内层呈黄赤色。因其香气类似麝香，故而得名。麝香木中较次一等的品类，是砍伐活树而取得香的，故而其香气低劣而劲健。这种麝香木，宾瞳胧尤其多。南方人多用它来制造器皿，就像花梨木之类的。(《香录》)

麝香檀

麝香檀一名麝檀香，盖西山桦根也。爇之类煎香，或云衡山亦有，不及海南者。(《琐碎录》)

【译文】

麝香檀又叫麝檀香，是西山桦树的根。焚烧时气息如同煎香。有人说，衡山也有这样的香，只是不如海南的好。(《琐碎录》)

麝香草

麝香草一名红兰香，一名金桂香，一名紫述香，出苍梧、郁林二郡，今吴中亦有麝香草，似红兰而甚香，最宜合香。(《述异记》①)

郁金香亦名麝香草，此以形似言之，实自两种。《魏略》云：郁金状如红兰，则非郁金审矣，而《述异记》又谓龟甲香即桂香之善者。

【注释】

①《述异记》：由南朝祖冲之所著，主要记载了鬼异的事情。

【译文】

麝香草，又叫红兰香，也叫金桂香、紫述香。出产于苍梧、郁林二郡。如今，吴中也有麝香草，与红兰香相似，非常香，最适合配制合香。（《述异记》）

郁金香，也叫麝香草，因二者形状相似，所以才这么称呼，实际上是两种香品。《魏略》上说："郁金，形状像红兰的，则不一定是郁金。"《述异记》上又说："龟甲香，就是桂香中的佳品。"

降真香（考证八则）

降真香，一名紫藤香，一名鸡骨，与沉香同，亦因其形有如鸡骨者为香名耳。俗传舶上来者为番降。

生南海山中及大秦国，其香似苏方木。烧之初不甚香，得诸香和之则特美。入药以番降紫而润者为良。

广东、广西、云南、安南、汉中、施州、永顺、保靖及占城、暹罗、渤泥、琉球诸番皆有之[①]。（《集本草》）

降真生丛林中，番人颇费坎斫之功，乃树心也。其外白，皮厚八九寸，或五六寸，焚之气劲而远。（《真腊记》[②]）

【注释】

①安南：今越南，交趾故地，因唐代设安南都护府而得名，南宋沿袭此名称其国，并赐国名安南，直至清代嘉庆年间始更名越南。汉中：古郡名，在今陕西汉中市。施州：今湖北恩施市。永顺：今湖南永顺县。保靖：今湖南保靖县。

②《真腊记》：即《真腊风土记》，元成宗元贞元年（1295），浙江温州人周达观奉命随使团前往真腊，逗留了一年，回国后写成此书，内容翔实可靠。

【译文】

降真香，又名紫藤香，也叫鸡骨香。和沉香一样，也是因为其形状像鸡骨头，所以得名。世人将外洋商船上运来的降真香俗称为番降香。

降真香生长在南海的山中及大秦国，其香气与苏方木相似。最开始焚烧此香的时候，并不是特别的香，和将其各种香料调和之后，香气变得十分美好。如果当作药使用，则以质地润泽的紫色番降香为上品。

广东、广西、云南、安南、汉中、施州、永顺、保靖及占城、暹罗、渤泥、琉球等国都有降真香。（《本草》）

降真香生长于密林之中，当地的土人取香很费劲。降真香位于树心，其外皮为白色，香的厚度大约为八九寸或五六寸，焚香的时候，它的香气劲健而悠远。(《真腊记》)

> 鸡骨香即降真香，本出海南，今溪峒僻处所出者似是而非①，劲瘦，不甚香。(《溪蛮丛话》②)
>
> 主天行时气、宅舍怪异。并烧之，有验。(《海药本草》③)
>
> 伴和诸香，烧烟直上，感引鹤降，醮星辰烧此香妙为第一④，小儿佩之能辟邪气，度录功德极验，降真之名以此。(《列仙传》⑤)
>
> 出三佛齐国者佳，其气劲而远，辟邪气。泉人每岁除，家无贫富皆爇之，如燔柴，维在处有之皆不及三佛齐国者。今有番降、广降、土降之别。(《虞衡志》)

【注释】

①溪峒：即溪洞。

②《溪蛮丛话》：南宋朱辅所著，记载 12 世纪沅江流域各民族的风俗习惯、土产方物、文物古迹。

③《海药本草》：讲述了可以入药的舶来之物的药学书籍，五代李珣著。

④醮：古时所行的一种简单仪式。

⑤《列仙传》：旧题刘向撰，上古至西汉七十一位仙家传记。

【译文】

鸡骨香就是降真香，本出产自海南。如今，溪洞偏僻之地也有所生产，虽然看上去和海南产的相似，但实际上是不一样的，其质地坚硬，也不怎么香。(《溪蛮丛话》)

降真香可以占卜天行时气，当住宅发生奇怪的事情，焚烧此香会比较灵验。(《海药本草》)

降真香和各种香料混合在一起，所焚烧的香烟笔直而上，感引仙鹤降临。祭祀星辰时，焚烧这种香最妙。小孩子佩戴这种香，可以辟

除邪气。道教中接受秘篆功德时焚烧此香，也是极为灵验的，降真香的名字由此而来。《列仙传》

三佛齐国出产的降真香最好，其香气劲健而幽远，能够辟除邪气。泉州人每年的除夕之夜，不论家中是否富贵，都要像古代燔柴祭天仪式那样焚烧降真香。各地出产的降真香都不如三佛齐国的好。如今的降真香，有番降、广降和土降的差别。(《虞衡志》)

贡降真香

南巫里其地自苏门答剌西风一日夜可至①，洪武初贡降真香。

【注释】

①南巫里：古国名。故地在今印度尼西亚苏门答腊岛西北角，又作蓝无里。苏门答剌：古国名，故地在今印度尼西亚苏门答腊岛北部洛克肖马韦附近，亦作苏木都剌国。

【译文】

南巫里国，位于苏门答腊岛西面，顺风行船一夜就可以到达。该国于明代洪武初年曾进贡降真香。

蜜香

蜜香即木香，一名没香，一名木蜜，一名阿槎①，一名多香木，皮可为纸。

木蜜，香蜜也。树形似槐而香，伐之五六年乃取其香。(《法华经注》)

木蜜号千岁树，根本甚大，伐之四五岁，取不腐者为香。(《魏王花木志》②)

没香树出波斯国拂林，国人呼为阿树。长数丈，皮表青白色，叶似槐而长，花似橘而大，子黑色，大如山茱萸，酸甜可食。(《西阳杂俎》)

肇庆新兴县出多香木③，俗名蜜香，辟恶气、杀鬼精。（《广州志》）

木蜜其叶如槎树，生千岁，斫仆之，历四五岁乃往看，已腐败，惟中节坚贞者是香。（《异物志》）

【注释】

①槎（chá）：树枝、树杈。

②《魏王花木志》：成书于南北朝时期，后魏元欣撰。

③肇庆新兴县：今广东新兴县。

【译文】

蜜香，就是木香，又叫没香，也叫木蜜，还叫阿槎，还有一个名字叫多香木。树皮可以用来造纸。

木蜜，就是蜜香，其树形似槐树，而且有香味。砍伐此树五六年后，就可以取香。（《法华经注》）

蜜香号称千岁树，树根非常大，砍伐四五年之后，树根中不腐烂的部分就是香。（《魏王花木志》）

蜜香出产于波斯国。唐朝时期拂林国的人称为阿槎。此树高达数丈，树的表皮是白色的，叶子像槐树叶，但是比槐树的叶子稍微长一些；花朵像橘树所开的花，却比橘树花要大一些；果实呈黑色，像山茱萸那么大，味道酸酸甜甜的，可以食用。（《酉阳杂俎》）

肇庆新兴县出产大量的香木，俗称蜜香，能辟除邪气，驱杀鬼怪妖精。（《广州志》）

木蜜树的叶子像椿树的叶子。这种树的生长能达到千年之久，砍伐放倒之后，历时四五年后再去看它，已经腐烂，只有树心坚硬的部分是香。（《异物志》）

蜜香生永昌山谷①，今惟广州舶上有来者，他无所出。（《本草》）

蜜香生交州，大树节如沉香。（《交州志》）

蜜香从外国舶上，来叶似薯蓣而根大②，花紫色，功效极多。

今以如鸡骨坚实啮之粘齿者为上。复有马兜铃根谓之青木香，非此之谓也。或云有二种，亦恐非耳。一谓之云南根。（《本草》）

前"沉香部"交人称沉香为蜜香，《交州志》谓蜜香似沉香，盖木体俱香，形复相似，亦犹南北橘枳之别耳。诸论不一，并采之，以俟考订。有云蜜香生南海诸山中，种之五六年得香，此即广人种香树为利，今书斋日用黄熟生香又非彼类。

【注释】

①永昌：中国历史上叫永昌的地方有很多，此处可能是指今云南保山。

②薯蓣（yù）：山药，大致等于淮山药，大于怀山药。花期6到9月，果期7到11月。

【译文】

蜜香生长于永昌地区的山谷之中。如今只有广州洋船贩运来的。

蜜香也生长在交州，树形硕大，香节与沉香相似。

蜜香，由外国洋船贩运而来。蜜香树的叶子像山药，树根较大，开的花为紫色，功效很多。如今，一般以像鸡骨头那么坚实，咬起来黏牙齿的为上品。还有一种马兜铃的根茎，称为青木香，也不是蜜香。有人说，这种香有两种，恐怕不是这样。这种香还有个名字，叫云南根。

前文讲述沉香的时候说交州人把沉香称作蜜香。《交州志》上说："蜜香和沉香相似。"因为二者的树木都有香味，且外形也相似，就像南橘北枳的差别一样。各家论述不一，一并采录于此，以待考证。有人说，蜜香生于海南群山之中，种植五六年之后能够采到香，这里是指两广地区人民种香树牟利如今，书斋中日常所使用的黄熟香又不是这一类。

蜜香纸

晋太康五年①，大秦国献蜜香纸三万幅，帝以万幅赐杜预②，

令写《春秋释例》。纸以蜜香树皮叶作之，微褐色，有纹如鱼子，极香而坚韧，水渍之不烂。（《晋书》③）

【注释】

①太康：晋武帝司马炎年号。

②杜预：字元凯，京兆杜陵（今陕西西安东南）人，西晋时期著名的政治家、军事家和文学家。著有《春秋左氏传集解》和《春秋释例》等。

③《晋书》：唐代官方编纂的晋朝史书，包括西晋和东晋的历史，并用"载记"的形式兼述了十六国割据政权的兴亡。

【译文】

西晋武帝太康五年，大秦国进贡蜜香纸三万幅，晋武帝赐给杜预一万幅，令他撰写《春秋释例》。这种纸用蜜香树的树皮和叶子做成，呈淡淡的褐色，有鱼子的纹理，香味极其浓郁，且纸质坚韧，浸渍在水里也不会腐烂。

木香（考证四则）

木香草本也，与前木香不同，本名蜜香，因其香气如蜜也。缘沉香类有蜜香，遂讹此为木香耳。昔人谓之青木香，后人因呼马兜铃根为青木香，乃呼此为南木香、广木香以分别之。（《本草》）

青木香出天竺①，是草根状如甘草。（《南州异物志》）

其香是芦蔓根条左盘旋，采得二十九日方硬如朽骨，其有芦头、丁盖、子色青者，是木香神也。（《本草》）

五香者即青木香也，一株五根，一茎五枝，一枝五叶，一叶间五节，五五相对，故名五香，烧之能上彻九星之天也。（《三洞珠囊》②）

【注释】

①天竺：中国古代对印度的称谓之一。

卷四 香品（四）随品附事实

②《三洞珠囊》：是道教类书，北州道士王延撰，讲述古代方士成仙的故事。

【译文】

木香是草本香料，与前面谈到的木本类木香不同。木香本名蜜香，因为它的香气与花蜜相似。但因为沉香类中已有蜜香，遂讹称此香为木香。后世人因为称马兜铃的根茎为青木香，就称呼此香为南木香、广木香，以此作为二者的区别。(《本草纲目》)

青木香出产于天竺国，是草根，形状像甘草。(《南州异物志》)

木香是芦蔓的根条，采下来二十九日后，方才像朽骨一样坚硬。其中，芦蔓尖头呈青色的，是木香神。(《本草》)

五香就是青木香。这种香一株有五根茎条，每条根茎上分五根枝条，一根枝条上有五片叶子，每片叶子裂成五个部分。因其各部分之间是五五相对的，所以称为五香。焚烧这种香能通达九星之天。(《三洞珠囊》)

110

梦青木香疗疾

崔万安分务广陵①，苦脾泄，家人祷于后土祠。是夕万安梦一妇人，珠珥珠履，衣五重，皆编贝珠为之，谓万安曰："此疾可治，今以一方相与，可取青木香、肉豆蔻等分，枣肉为丸米，饮下二十九。"又云："此药太热，疾平即止。"如其言，即愈。(《稽神录》②)

【注释】

①广陵：今江苏扬州。

②《稽神录》：志怪小说集，五代末宋初徐铉撰。徐铉，字鼎臣，先世会稽人，后迁居广陵。

【译文】

崔万安在扬州任职的时候，苦于脾脏不好，导致患腹泻病。家人前往后土祠，为他祷告除病。当晚，崔万安梦到一个妇人，从头到脚都装饰着珠玉，身上穿着五重衣裳，都是由珍珠串编而成。妇人对崔万安说："您得的这种病可以治好，现在赠送给您一个方子，必须选取相等分量的青木香、肉豆蔻，再掺和进枣泥，制成药丸子，服食二十九。"然后又说："这种药的药性太热，疾病治好了就要停止服用。"崔万安按照她的话做了果然治愈了。（《稽神录》）

苏合香（考证八则）

此香出苏合国①，因以名之。梵书谓之"咄鲁瑟剑"。

苏合香出中台山谷。今从西域及昆仑来者紫赤色，与紫真檀相似，坚实极芳香，性重如石，烧之灰白者好。

广州虽有苏合香，但类苏木，无香气，药中只用有膏油者，极芳烈。大秦国人采得苏合香，先煎其汁以为香膏，乃卖其滓与诸国贾人②，是以展转来达中国者不大香也，然则广南货者其经煎煮之余乎？今用如膏油者乃合治成香耳。（以上集《本草》）

中天竺国出苏合香，是诸香汁煎成，非自然一物也。

苏合油出安南、三佛齐诸番国，树生膏可为香，以浓而无滓者为上。

大秦国一名犂靬，以在海西亦名云海西，国地方数千里，有四百余城，人俗有类中国，故谓之大秦。国人合香谓之香煎，其汁为苏合油，其滓为苏合油香。（《西域传》）

【注释】

①苏合国：今伊朗。

②滓（zǐ）：液体里下沉的杂质

【译文】

苏合香，出自苏合国，因而得名。梵书称为"咄鲁瑟剑"。

苏合香出自中台山的川谷之中。如今从西域和昆仑来的苏合香呈紫红色，和真品的紫檀香相类似，质地坚实，极为芳香。香质像石头一样沉重，焚烧后变成灰白色，是佳品。

卷四　香品（四）　随品附事实

广州虽然有苏合香，但与苏木相似，没有香气。药用苏合香只用有膏油的，气息极为芳香浓烈。大秦国人采到苏合香之后，先将其煎出的汁水来凝结成香膏，再将煎剩下的渣滓卖给各国商人。所以，辗转贩卖到中国来的都不太香。但是，广南贩运来的苏合香，也是煎剩下的渣滓吗？如今当作膏油来使用的苏合香，乃是调制成的香品。（以上集《本草》）

天竺国中部出产的苏合香，是由各种香料的汁水煎制而成的，不是自然一体的香料。

苏合油出自安南、三佛齐等国家。苏合香树生出的油膏，可以制成香料，以膏质浓厚、没有渣滓的为佳品。

大秦国又叫掣鞬，因为国在大海之西，所以也称海西国。该国方圆数千里，有四百多座城池。其人文风俗和中国也相似，所以称为大秦国。人们调和各种香料称为香，煎煮其汁水制成苏合油，煎熬剩下的渣滓是苏合油香。（《西域传》）

苏合香油亦出大食国，气味类笃耨，以浓净无滓者为上。番人多以涂身，而闽中病大风者亦仿之。可合软香及入药用。（《香录》）

今之苏合香，赤色如坚木；又有苏合油，如黐胶①。人多用之，而刘梦得《传信方》言谓②：苏合香多薄叶子如金色，按之即止，放之即起，良久不定如虫动，气烈者佳。（沈括《笔谈》）

香本一树，建论互殊。其云类紫真檀是树枝节，如膏油者即树脂膏，苏合香、苏合油一树两品。又云诸香汁煎成乃伪为者，如苏木重如石婴薁③，是山葡萄。至陶隐居云："是狮子粪。"《物理论》云④："是兽便。"此大谬误。苏合油白色，《本草》言："狮粪极臭赤黑色。"又刘梦得言"薄叶如金色者"或即苏合香树之叶。抑番禺珍异不一，更品外奇者乎？

【注释】

①黐（chī）胶：用细叶冬青茎部的内皮捣碎制成。

②刘梦得：刘禹锡，字梦得，河南洛阳人，唐朝文学家，有"诗豪"之称。《传信方》：刘禹锡编撰的一本医药书。

③薁（ào）：薁又称为蓝烃，具有芳香性。

④《物理论》：阐述了作者对宇宙万物之理的认识，三国时吴国杨泉撰。杨泉，字德渊，会稽郡（今浙江绍兴）人。

【译文】

苏合香油，也出自大食国，气味类似笃耨香，以油质浓厚纯净且没有渣滓的为佳品。当地人多用来涂抹身体，而闽中之地患麻风病的人，也效仿这种做法治病。苏合香油还可以调和软香，也可以入药。（《香录》）

现今的苏合香，呈红色，像坚木一样。还有苏合油，像木胶一样，人们大多使用苏合油。刘禹锡在《传言方》上说："苏合香叶子大多较薄，果实为金色，按下去就压缩，松开手就弹起来，能持续很长时间，就像蠕动的虫子一样。香气浓烈的苏合香才是佳品。"（沈括《笔谈》）

苏合香本出自一种树，各家论述互不相同。有人说："像紫真檀的，是树的枝节；像膏油的，是树脂膏。苏合香与苏合油是一种树出产的两个品类。"还有人说："由各种香汁煎成的苏合香，是伪造的。像苏木而又像石英那么重的，是山葡萄。"陶弘景说："苏合香是狮子的粪便。"《物理论》说："苏合香是兽类的粪便。"这些都大错特错了。苏合油是白色的，而《本草》上说："狮子粪便特别臭，呈红黑色。"刘禹锡说"金色一般薄叶子的"或许就是苏合香树的叶子。抑或是番禺这地方的珍异之物各不相同，还有比这些品类奇特的吗？

赐苏合香酒

王文正太尉气羸多病①，真宗面赐药酒一瓶②，令空腹饮之，可以和气血、辟外邪。文正饮之，大觉安健，因对称谢。上曰："此苏合香酒也，每一斗酒以苏合香丸一两同煮，极能调五脏，

卷四 香品（四）随品附事实

却腹中诸疾，每胃寒夙兴，则饮一杯。"因各出数榼赐近臣③，自此臣庶之家皆效为之，苏合香丸因盛行与时。（彭乘《墨客挥犀》④）

【注释】

①王文正：王曾，北宋青州益都（今山东益都）人，字孝先，文正为上赐的谥号。

②真宗：宋真宗赵恒，998～1022 年在位。

③榼（kē）：古代盛酒或贮水的器具。

④彭乘《墨客挥犀》：北宋彭乘所作《墨客挥犀》，十卷，内容大体逸闻故事，诗话文评，其中北宋的资料尤其有价值。

【译文】

北宋太尉王文正羸弱多病，宋真宗赐给他一瓶药酒，让他空腹喝下去，可以和气血，辟除邪气。王文正喝了药酒之后，感觉身体康宁，因而感谢君主的赏赐。真宗皇帝说："这是苏合香泡制的酒。每一斗酒里加入一两苏合香丸，一同煮制成药酒，此酒极能调理五脏，祛除腹内各种疾病。每有胃寒之症，早上起床的时候就引用一杯。"真宗拿出几瓶来赐给左右的近臣。从此以后，官民之家都纷纷效仿制作这种酒，苏合香丸由此盛行一时。（彭乘《墨客挥犀》）

市苏合香

班固云①：窦侍中令载杂彩七日疋市月氏马、苏合香②。一云令贲白素三百疋欲以市月氏马、苏合香③。（《太平御览》④）

【注释】

①班固：字孟坚，扶风安陵人（今陕西咸阳），东汉史学家。见前"《汉书》"条。

②窦侍中：窦宪，字伯度，窦融之曾孙。东汉外戚、权臣、著名将领，扶风平陵（今陕西咸阳西北）人。疋（pǐ）：同"匹"。

③月氏（dī）：指月氏，古代民族。

④《太平御览》：中国古代类书。宋太宗命李昉（fǎng）等十四人编辑，全书共千卷，保存了很多珍贵资料。

【译文】

东汉史学家班固说："窦侍中令装载各色彩缎二百匹，去换取月氏的马与苏合香。"还有一种说法是："用华丽的白素三百匹，打算以此来换取月氏的马与苏合香。"（《太平御览》）

金银香

金银香中国皆不出，其香如银匠揽糖相似①，中有白蜡一般白块在内。好者白多，低者白少，焚之气味甚美，出旧港②。（《华夷续考》）

【注释】

①揽糖：即橄榄糖，由橄榄树脂和枝叶加工而成，古时可作胶漆用。

②旧港：即巴林冯，一译浡淋邦，故地在今印度尼西亚苏门答腊岛东南岸巨港一带，公元14世纪后改称旧港。

【译文】

金银香，中原各地都不出产。其香气与橄榄糖的味道相似，香里面有像石蜡一样的白色块状物。上好的金银香，其中白色块状物比较多；品质低下的，则白色块状物比较少。金银香焚烧时，气味非常美妙，出产于旧港。（《华夷续考》）

南极

南极，香材也。（《华夷续考》①）

【注释】

①《华夷续考》：即《华夷花木鸟兽珍玩续考》。

【译文】

南极，是一种香木。（《华夷续考》）

金颜香（考证二则）

金类熏陆，其色紫赤，如凝漆，沸起不甚香而有酸气，合沉檀焚之极清婉。（《西域传》）

香出大食及真腊国。所谓三佛齐国出者，盖自二国贩去三佛齐而，三佛齐乃贩至中国焉。其香乃树之脂也，色黄而气劲，盖能聚众香，今之为龙涎软香佩戴者多用之，番人亦以和香而涂身。真腊产金颜香：黄、白、黑三色，白者佳。（《方舆胜略》）

【译文】

金颜香与熏陆香类似，呈紫红色。香烟就像是将凝固的油漆煮沸，不是特别香，还有些许酸气。将金颜香与沉香、檀香调和在一起，焚烧时香气极其清婉。（《西域传》）

116

金颜香出产于大食国与真腊国。所谓的三佛齐国出产的金颜香，都是由上述两国贩运到三佛齐国，再由该国贩运到中国来的。金颜香是树木的油脂，颜色较黄，香气劲健，因此能聚集众香。现今制作佩戴在身上的龙涎软香大多就是使用这种香料。当地土著也用它制作合香涂抹在身上。真腊国出产金颜香：分黄色、白色、黑色三种，以白色为上品。（《方舆胜略》）

贡金颜香千团

元至元间①，马八儿国贡献诸物②，有金颜香千团。香乃树脂，有淡黄色者，黑色者，劈开雪白者为佳。（《解酲录》）

【注释】

①至元：元朝时元世祖的年号。

②马八儿国：古国名。故地在今印度科罗曼德尔海岸。

元朝至元年间，马八儿国进贡各种珍品，其中有金颜香一千团。这种香本是树脂，有淡黄色的，也有黑色的；劈开为雪白色的金颜香方是上品。(《解醒录》)

流黄香

流黄香似流黄而香[1]。吴时外国传云：流黄香出都昆国[2]，在扶南南三千里[3]。

流黄香在南海边诸国，今中国用者从西戎来[4]。(《南州异物志》)

【注释】

[1]流黄：即指硫黄。

[2]都昆国：亦称都元国，古国名。故地在今印度尼西亚苏门答腊岛东北部，或以为在今马来西亚的马来西亚部。

[3]扶南：中南半岛古国，意为"山地之王"，位于今柬埔寨。

[4]西戎：我国古代对西北少数民族的总称。

【译文】

流黄香，外形像硫黄，气味芳香。《吴时外国传》说："流黄香，出于都元国，该国在扶南国南面三千里的地方。"

流黄香产于海南各国。现今中国所使用的流黄香是从西戎贩运来的。(《南州异物志》)

亚湿香

亚湿香出占城国，其香非自然，乃土人以十种香捣和而成。体湿而黑，气和而长，爇之胜于他香。(《香录》)

近有自日本来者贻余以香，所谓"体湿而黑，气和而长"，全无沉檀脑麝气味，或即此香云。

【译文】

亚湿香，出产于占城国。这种香不是自然生成的，乃是当地土著用十种香料捣碎混合而成的。亚湿香质地湿润且呈现黑色，香气温和而绵长，焚烧起来胜过其他香料。（《香录》）

近日有从日本来的客人赠给我一种香。此香质地湿润而且呈现黑色，香气温和而绵长，全然没有沉香、檀香、龙脑香和麝香的气味，也许就是这种香。

颤风香

香乃占城香品中之至精好者。盖香树交枝，曲干两相戛磨，积有岁月，树之渍液菁英凝结成香，伐而取之。节油透者更佳，润泽颇类蜜渍，最宜熏衣，经数日香气不歇，今江西道临江路清江镇①以此为香中之甲品，价常倍于他香。

【注释】

①江西道临江路清江镇：即今江西省樟树市清江县。

【译文】

颤风香是占城国所出产的香品中最好的。颤风香的生成，是由于香树之间的枝条交连，枝干之间两两摩擦，日积月累，树木渍液的精华凝结成为香品。砍伐香树，采得香料，香结油脂透亮的更好。颤风香质地润泽，像是用蜜浸渍过一样，最适合用来熏衣服，经过数日之久，衣服上的香气也不会断绝。现今江西道临江路清江镇，将它视为各种香品之中最佳的品种，其价格往往是其他香品的几倍。

迦阑香（一作迦蓝水）

香出迦阑国故名，亦占香之类也，或云生南海补陀岩①，盖香中至宝，价与金等。

【注释】

①补陀岩：位于安溪县长坑乡大香山脉凤形山下。

【译文】

迦阑香出产于迦阑国，此香也属于占香一类。也有人说，迦阑香出产于南海普陀山，是香中至宝，其价格和金子是相等的。

特遟香

特遟香出弱水西①，形如雀卵，色颇淡白，焚之辟邪去秽，鬼魅避之。（《五杂俎》②）

【注释】

①弱水：古水名，我国古代称弱水之名的河流甚多，不知此处具体所指。

②《五杂俎》：明代的笔记著作，谢肇淛撰。全书十六卷，说古道今，分类记事。

【译文】

特遟香，出产于弱水之西。形似雀卵，颜色较淡，呈白色。焚烧此香，能辟除邪气，辟除鬼怪。（《五杂俎》）

阿勃参香

出拂林国①，皮色青白，叶细、两两相对，花似蔓青、正黄，子如胡椒、赤色。研其脂汁极香，又治癞。（《本草》）

【注释】

①拂林国：大致在东罗马帝国极其所属西亚地中海沿岸一带。

【译文】

阿勃参香，出产于拂林国，树皮颜色青白，叶细、两两相对而生，所开的花像蔓菁花一样，呈纯正的黄色，结的子像胡椒，呈红色。研磨其子，渗出的油脂、汁水极香，还能治疗癞病。（《本草》）

兜纳香

《广志》云：生南海剽国^①。《魏略》云：出大秦国。兜纳，香草类也。

【注释】

①剽国：亦称骠国，在今伊洛瓦底江流域。

【译文】

《广志》上说："兜纳香，出产于南海剽国。"《魏略》上说："兜纳香，出产于大秦国。"兜纳香，属草本香一类。

兜娄香

《异物志》云：娄香出海边国，如都梁香，亦合香用。茎叶似水苏。

按此香与今之兜娄香不同。

【译文】

《异物志》上说："兜娄香出产于海边的国家，像都梁香一样。"这种香也可用来调和香料，其茎叶像水苏。

我认为这种香与现在的兜娄香不一样。

红兜娄香

按此香即麝檀香之别名也。

【译文】

这种红兜娄香就是麝檀香的别名。

艾纳香（考证三则）

出西国，似细艾。又有松树皮上绿衣亦名艾纳，可以和合诸香，

烧之能聚其烟，青白不散，而与此不同。(《广志》)

艾纳出剽国，此香烧之敛香气，能令不散、烟直上，似细艾也。(《北户录》)

《异物志》云：叶如栟榈而小^①，子似槟榔可食。有云：松上寄生草，合香烟不散。

所谓松上寄生，即松上绿衣也，叶如栟榈者是。

【注释】

①栟（bīng）：古书上指棕榈。

【译文】

艾纳香，出自西方国家，外形像细艾。松树皮上附着的绿衣也叫艾纳，可以用来调和各种香品，焚烧的时候有聚烟的效果，香烟是青白色的，不散失。

艾纳香出产于剽国，这种香在焚烧的时候能聚敛香气，使之不散失，青烟直上，像细艾一样。(《北户录》)

《异物志》上说："艾纳香的叶子像栟榈，只是略小一些，所结果实像槟榔，可以食用。"有人说："松上寄生草，合香烟不散。"

所谓"松上寄生"，就是指松树皮上附着的绿衣，就像栟榈一样。

迷迭香

《广志》云：出西域。《魏略》云：出大秦国，可佩服，令人衣香，烧之拒鬼。魏文帝时自西域移植庭中^①，帝曰："余植迷迭于中庭，喜其扬条吐秀，馥郁芬芳。"

【注释】

①魏文帝：曹丕，字子恒，三国时期著名的政治家、文学家，魏朝的开国皇帝，220～226 年在位。

【译文】

《广志》上说："迷迭香，出产于西域。"《魏略》上说："迷迭香，出产于大秦国。"这种香可以佩戴在身上，使衣服上带有香味，焚烧此香，可以驱鬼。在魏文帝曹丕时，将迷迭香从西域移植到宫苑之中。曹丕说道：'我将迷迭香种植在中庭，喜爱它轻扬的枝条，吐露馥郁的芬芳。'"

藒车香

《尔雅》曰："藒车芞舆[①]。"香草也，生海南山谷，又出彭城，高数尺，黄叶白花。《楚词》云[②]："畦留夷与藒车。"则昔人常栽莳之[③]，与今兰草、零陵相类也。《齐民要术》云："凡诸树木虫蛀者，煎此香，冷淋之即辟也。"

【注释】

①藒（qì）车：一种楚地产的香草，古用以去除臭味及虫蛀。芞（qì）：古书上说的一种香草。

②《楚词》：即《楚辞》。

③莳（shì）：栽种、移栽。

【译文】

《尔雅》上说："藒车和芞舆。"这种香草，生长在海南的山谷之中，也出产于彭城。其草高度可以达到数尺，生有黄色的叶子和白色的花朵。《楚辞》中说："畦留夷和藒车香。"过去的人常常种植，与如今的兰草相似。《齐民要术》上说："大凡各种树木被虫子所蛀，煎熬藒车香，放凉了之后淋到树的身上，就能除去虫害了。"

都梁香（考证三则）

都梁香：曰兰草，曰蕑[①]，曰水香，曰香水兰，曰女兰，曰香草，曰燕尾香，曰大泽兰，曰兰泽草，曰煎泽草，曰雀头草，曰孩儿菊，曰千金草，均别名也。

都梁县有山[②]，山下有水清浅，其中生兰草，因名都梁香。（盛

弘之《荆州记》^③）

蔄，兰也。《诗》："方秉蕳兮。"《尔雅翼》云^④："茎叶似泽兰，广而长节，节赤，高四五尺，汉诸池馆及许昌宫中皆种之^⑤，可着粉藏衣书中，辟蠹鱼，今都梁香也。"（《稗雅广要》）

【注释】

①蔄：兰。

②都梁县：盱眙旧称。

③《荆州记》：南朝宋的盛弘之所著的区域志。

④《尔雅翼》：宋代罗愿所著训诂书。

⑤许昌：今河南许昌，三国时期魏国国都，故称许昌宫中。

【译文】

都梁香，也被称为兰草、兰、水香、香水兰、女兰、香草、燕尾香、大泽兰、兰泽草、煎泽草、雀头草、孩儿菊、千金草，以上种种都是它的别称。

都梁县有山，山下有水，水清澈浅亮，其中生有兰草，因此名为都梁香。（盛弘之《荆州记》）

兰，就是兰草。《诗经》中说："方秉蕳兮。"《尔雅翼》中说："茎叶像泽兰，宽广而生有长长的节，节是红色的，高达四五尺。汉代池馆及许昌的宫苑里都种着这样的草。把它们磨成粉末包好，可以用来收藏衣服、书籍，能驱除蛀虫。这就是如今人们说的都梁香。"（《稗雅广要》）

都梁香，兰草也。《本草纲目》引诸家辩证叠叠千百余言，一皆浮剽之论。盖兰类有别，古之所谓可佩可纫者是兰草泽兰也。兰草即今之孩儿菊，泽兰俗呼为奶孩儿，又名香草，其味更酷烈，江淮间人夏月采嫩茎以香发。今之兰者，幽兰花也。兰草、兰花自是两类。兰草，泽兰又亦异种，兰草叶光润，根小紫，夏月采，阴干即都梁香也。古今采用自殊，其类各别何烦冗绪。而藕车、艾纳、都梁俱小草，每见重于标咏，所谓五木香、迷迭、艾纳及都梁是也。

【译文】

　　都梁香就是兰草。《本草纲目》中引用了各家说法达数千字之多，都是虚浮之论。兰类植物是有分别的。古代所谓的可以佩戴、可以搓成绳子的兰草，指的是泽兰。兰草，就是现在人们说得孩儿菊。泽兰，俗称奶孩儿，又名香草，其香味酷烈，居住在江淮一带的人夏季采摘其嫩茎，给头发增加香气。现在所谓的兰，指的是幽兰，是花。兰草与兰花是不同的两种植物。兰草和泽兰也是不同的品种。兰草的叶子光滑润泽，根茎略带紫色，在夏季采集并阴干就是都梁香。古今采用的香自有不同，其类属也各有区别，何必烦琐记载？而蕱车、艾纳、都梁都是小草，常常为诗人所重视。这些就是五木香、迷迭香、艾纳香和都梁香。

124

零陵香（考证五则）

　　薰草，麻叶而方茎，赤花而黑实气如靡芜，可以止疠①，即零陵香。（《山海经》）

　　东方君子之国薰草朝朝生香。（《博物志》②）

　　零陵香，曰薰草，曰蕙草，曰香草，曰燕草，曰黄零草，皆别名也。生零陵山谷③，今湖岭诸州皆有之，多生下湿地，常以七月中旬开花，至香，古所谓薰草是也。或云蕙草亦此也。又云其茎叶谓之蕙，其根谓之薰，三月采脱节者良，今岭南收之，皆作窑灶以火炭焙干，令黄色乃佳，江淮间亦有土生者，作香亦可用，但不及岭南者芬薰耳。古方但用薰草而不用零陵香，今合香家及面膏皆用之。（《本草》）

【注释】

　　①疠（lì）：疠气，古人认为是有强烈传染性的致病邪气。

②《博物志》：志怪小说集。西晋张华编撰，分类记载异境奇物、古代琐闻杂事及神仙方术等。

③零陵：古地名，今湖南省永州市。

【译文】

薰草的叶子像麻叶，却长着长方形的茎秆，并且绽放出红色的花朵，结出黑色的果实，气味像靡芜，把它插在身上可以治疗麻风病。这就是零陵香。(《山海经》)

东方君子之国有薰草，日日生香。(《博物志》)

零陵香，又叫作薰草、蕙草、香草、燕草、黄零草，这些都是它的别称。零陵香生长在零陵山的幽谷之中，现在的湖州、岭南等地都有，多生于低凹的湿地，常在七月中旬开花，香气非常浓郁，就是古人所说的薰草。也有人说，蕙草也是它。又有人说，这种草的茎叶叫作蕙，根叫作薰。三月采摘脱去草节的蕙草品质优良。现今岭南各地收得此香，都垒砌灶台用炭火烘烤，让其充分干燥。烘焙至金黄色的是佳品。江淮等地也有土生的零陵香，制成香品，也可以使用，只是不如岭南出产的气息芬芳罢了。古代配方中只用薰草，而不用零陵香；现在制作合香、调制面膏的人家则两种香都予以采用。

古者烧香草以降神故曰薰。曰蕙薰者，薰也；蕙者，和也。《汉书》云："薰以香自烧"，是矣。或云：古人祓除以此草薰之故谓之薰①。《虞衡志》言："零陵即今之永州，不出此香，惟融宜等州甚多，土人以编席荐②，性暖宜人"。按，零陵旧治在今全州，全乃湘之源，多生此香，今人呼为广零陵香者，乃真薰草也。若永州、道州、武冈州③，皆零陵属地。今镇江、丹阳皆莳而刈之，以酒洒制货之，芬香更烈，谓之香草，与兰草同称零陵香，至枯干犹香，入药绝可用，为浸油饰发至佳。(《本草》)

零陵香，江湘生处香闻十步。(《一统志》)

【注释】

①祓除：辟除邪气之祭。

卷四 香品（四）随品附事实

②荐：草垫子。

③永州、道州、武冈州：湖南，现在仍用此名。

【译文】

古代焚烧香草用以祈求神明降临，故而称为薰、蕙，"薰"是"熏"的意思，"蕙"是"和"的意思，就是《汉书》所说的"薰草燃烧自己，释放芳香气息"。有人说："古人辟除不详的时候熏烧这种草，故而称之为薰。"《虞衡志》上说："零陵就是现在的永州，不出产薰草。只有融州、宜州等地有很多这种草，当地土著用它来编制草席，编成的草席有温和宜人的特点。"按，零陵旧时的治所在现在的全州。全州乃是湘水的源头，很多地方都生有此香。如今被人们称为零陵香的，是真正的薰草。像永州、道州、武冈州等地，都是零陵的属地。如今镇江、丹阳等地都种植此草，收割以后，将酒洒在上面制成香货，芬芳之气更为浓烈，称之为香草，与兰草并称。零陵香一直到干枯之后还留有香气，可以入药使用，浸在油中用来装饰头发是最好的。（《本草》）

零陵香，在长江、湘水之畔生长，能飘香十步之外。（《一统志》）

芳香（考证四则）

芳香即白芷也。许慎云：晋谓之𧄼，齐谓之茝，楚谓之蓠，又谓之药，又名莞叶，名蒿麻。生下泽，芬芳，与兰同德，故骚人以兰茝为咏，而《本草》有芳香泽芬之名，古人谓之香白芷云。

徐锴云①："初生根干为芷，则白芷之义取乎此也。"

王安石云②："茝，香可以养鼻，又可养体，故茝字从臣，臣音怡，怡养也。"

陶弘景曰："今处处有之，东南间甚多叶，可合香，道家以此香浴去尸虫③。"

苏颂云："所在有之，吴地尤多，根长尺余，粗细不等，白色，枝干去地五寸以上。春生叶相对婆娑④，紫色，阔三指许，花白微

黄，入伏后结子，立秋后苗枯，二八月采曝，以黄泽者为佳。"（以上集《本草》）

【注释】

①徐锴（kǎi）：中国五代宋初时期文字训诂学家，扬州广陵（今江苏扬州）人，著有《说文解字系传》。

②王安石：字介甫，号半山，封荆国公。临川（今江西省抚州市）人，北宋政治家、思想家、文学家。

③尸虫：道家谓人体内有尸虫，伺人失误，凡庚申日向帝进谗以求飨。

④婆娑：枝叶分披的样子。

【译文】

芳香，就是白芷。许慎说："晋地称其为'虈'，齐地称其为'茝'，楚地称其为'蒚'，又称其为'药'，芳香又叫茳叶、蒚麻。"芳香生长在低凹的湿地之中，其芬芳品质和兰草相似。所以骚人墨客们常常用兰、茝等物作为自己的歌咏对象。而《本草》中又有"芳香泽芬"之名，古人称之为香白芷。

徐锴说："出生的根干为芷，白芷的名字就是取这个意思。"

王安石说："茝的香气可以滋养鼻子，也可以滋养身体。故而'茝'字从'颐'，'颐'与'怡'同音，'怡'即'养'，就是滋养的意思。"

陶弘景说："现在到处都有白芷，东南地区有很多。它的叶子可以用来合香，道教中人用这种香洗去尸虫。"

苏颂说："我所居住的地方就有这种草，吴地尤其多。它的根是白色的，有一尺多长，粗细不等。其枝干离地面有五寸以上，春天生发出叶子，叶片对生，叶子是紫色的，宽约三指。它的花朵是白色的，略微带点儿黄色。进入伏天之后结籽，立秋之后枝苗枯萎。每年于二月、八月采得其根部晒干，以黄色、质地润泽的为佳品。"（以上集《本草》）

127

卷四 香品（四）随品附事实

蜘蛛香

出蜀西茂州、松潘山中①，草根也，黑色有粗须，状如蜘蛛，故名。气味芳香，彼土亦重之。(《本草》)

【注释】

①茂州：今四川茂县、汶川、北川等县地。松潘：今四川松潘县。

【译文】

蜘蛛香出产于四川西部茂州、松潘等地的山里，是一种草根。这种草根呈黑色，生有粗须，形状像蜘蛛，因而得名。因为其气味芳香，当地人也很看重它。(《本草》)

甘松香（考证三则）

《金光明经》谓之苦弥哆香。

出姑臧、凉州诸山①，细叶引蔓丛生，可合诸香及裛衣②。

今黔蜀州郡及辽州亦有之③，丛生山野，叶细如茅草，根极繁密，八月作汤浴，令人身香。

甘松芳香能开脾郁，产于川西松州④，其味甘故名。(以上集《本草》)

【注释】

①姑臧：今甘肃省武威境内。凉州：今甘肃武威一带。

②裛(yì)：香气熏染侵袭。

③辽州：历史上有多个，此处概指今山西左权附近。

④松州：今四川松潘。

【译文】

《金光明经》中称其为苦弥哆香。

这种香出产于姑臧、凉州等地的山里，叶子细长，搭着架子牵引藤蔓，聚集生长。可以用来调制各种香料，也可以用来收藏衣物。

现在贵州、四川等地和辽州都有这种香草。它丛生于山野之中，叶子像茅草一样细长，根茎极其繁茂密集，每年八月采摘。用来泡澡，可以让人的身体带上香味。

甘松香能治疗脾郁之症状，出产于川西松州境内，因其味道甘甜，所以得名。（以上集《本草》）

藿香（考证六则）

《法华经》谓之多摩罗跋香；《楞严经》谓之兜娄婆香；《金光明经》谓之钵怛罗香；《涅槃经》谓之迦算香①。

藿香出海辽国，形如都梁，可着衣服中。（《南州异物志》）

藿香出交趾、九真、武平、兴古诸国②，民自种之，榛生③，五六月采，日晒干乃芬香。（《南方草本状》④）

《吴时外国传》曰："都昆在扶南南三千余里，出藿香。"

刘欣期言⑤："藿香似苏合，谓其香味相似也。"

顿逊国出藿香⑥，插枝便生，叶如都梁，以裹衣。国有区拨等花十余种，冬夏不衰，日载数十车货之。其花燥，更芬馥，亦末为粉以傅身焉。（《华夷草木考》）

【注释】

①《涅槃经》：有小乘、大乘二部，多种译本，内容为释迦如来涅槃事迹和最后教诲。

②九真：九真郡，位于今越南北部。武平：武平郡，位于今越南北部。兴古：兴古郡，今越南北部和文山州及红河州南部接壤地带。

③榛生：丛生。

④《南方草木状》：我国古代的一部植物专著。全书三卷。晋人嵇含所著。

⑤刘欣期：晋朝人，著有《交州志》，此引文即出自此书。

⑥顿逊国：古国名，又称为典孙或典逊，故地或以为在今缅甸丹那沙林附近，或以为在今泰国那空是贪玛叻一带。一说泛指马来半岛

北部。

【译文】

《法华经》称其为摩罗跋香，《楞严经》称其为兜娄婆香，《金光明经》称其为钵怛罗香，《涅槃经》称其为迦算香。

藿香出产于海辽国，外形像都梁香，可以用来熏衣服。(《南州异物志》)

藿香出产于交趾、九真、武平、兴古等国，是当地人自己种植的。藿香喜丛生，一般在五六月的时候采集，晒干之后，气息芳香。(《南方草本状》)

《吴时外国传》中说："都昆国在扶南国南面三千余里的地方，出产藿香。"

晋人刘欣期说藿香像苏合，说的是二者的香味相似。

顿逊国出产藿香，插下枝条就能生长，叶子像都梁香，可以用来熏衣服。该国有区拨等花，十余个品种，无论冬夏，花开不歇，每天装载数十车出售。晒干的花，气息更为芳香浓郁，也可以把花研磨成粉末来涂抹身体。(《华夷草木考》)

芸香

《说文》云：芸香，草也。似苜蓿。《尔雅翼》云：仲春之月芸始生。《礼图》云①：叶似雅蒿，又谓之芸蒿，香美可食。《淮南》说：芸草，死可复生，采之着于衣书，可辟蠹。《老子》云"芸芸，各归其根"者，盖物众多之谓。沈括云："芸类豌豆，作丛生，其叶极芳香，秋复生叶，间微白如粉。"郑玄曰："芸香草，世人种之中庭。"(《本草》)

【注释】

①《礼图》:《礼记》的图注。

【译文】

《说文解字》中说道："芸，就是香草，像苜蓿。"《尔雅翼》中说道："仲春之月，芸开始生长。"《礼图》中说道："叶子像雅蒿。"又说："芸蒿，气息芬芳美妙，可以食用。"《淮南子》中说道："芸草，可以死而复生。采摘此草，放置于衣服和书册之中，可以驱除蛀虫。"《老子》中说道："芸芸各归其根。"指的是事物众多的意思。沈括说道："芸像豌豆，一般聚集生长，叶子极其芬芳，秋天复又生长，叶子中间微微泛白，像粉一般。"东汉经学家郑玄说道："芸香草，世人一般将其种植于中庭。"（《本草》）

宫殿植芸香

汉种之兰台石室藏书之府①。（《典略》②）

显阳殿前芸香一株，徽音殿前芸香二株，含英殿前云香二株。（《洛阳宫殿簿》③）

太极殿前芸香四畦④，式干殿前芸香八畦。（《晋宫殿名》⑤）

【注释】

①兰台石室：兰台和石室都是宫廷藏书籍和档案的地方。

②《典略》：三国时期魏国郎中鱼豢所著，已佚，中国古代野史著作。

③《洛阳宫殿簿》：西晋时书，作者不详。

④畦：五十亩田地为一畦。

⑤《晋宫殿名》：晋代书籍，介绍宫殿情况，作者不详。

【译文】

汉朝时期，把芸香种植在兰台、石室等藏书之府。（《典略》）

显阳殿前种有一株芸香，徽音殿前种有两株芸香，含英殿前种有两株芸香。（《洛阳宫殿簿》）

太极殿前种有芸香四畦，式乾殿前种有芸香八畦。（《晋宫殿名》）

芸香室

祖钦仁，检校秘书郎，持三年笔，终入芸香之室。（《陈子昂集》）

香乘

【译文】

祖钦仁，曾任检校秘书郎，持笔三年，终于进入芸香之室。（《陈子昂集》）

芸香去虱

采芸香叶置席下，能去蚤、虱子。（《续博物志》）

"殿前植芸香一株、二株"，疑是木本；又云"殿前芸香四畦、八畦"，则又草本。岂草木本俱有此香名也？今香药所用芸香，如枫脂、乳香之类，即其木本膏液为香者。

【译文】

采摘芸香叶子，放置在席子下面，能驱除跳蚤和虱子。（《续博物志》）

提到"殿前种植芸香一株、两株"，疑是木本；又说"殿前种植芸香四畦、八畦"，则又是草本。难道草本与木本都用同一个香名吗？现在所用芸香香药，如枫脂、乳香一类的，是木本提取的膏液，所制成的香料。

櫰香

江淮湖岭山中有之，木大者近丈许，小者多被樵采，叶青而长，有锯齿状，如小蓟叶而香。对节生其根，状如枸杞根，而大煨之甚者香。（《本草》）

【译文】

櫰香在江淮、湖岭一带的山中都有。其中树木高大的达一丈多，矮小的则大多被樵夫所采摘。其叶青而长，上面生有锯齿，形状像小蓟叶而带有香味，对节而生；其根部形状像枸杞根，但比枸杞根要大，焚烧的时候非常香。（《本草》）

蘹香

蘹香，即杜蘅，香人衣体，生山谷，叶似葵形，如马蹄，俗名马蹄香，药中少用。陶隐居云：惟道家服之，令人身衣香。嵇康、卜敬俱有《蘹香赞》。

右二香音同而本有草木之殊。

【译文】

蘹香，即杜蘅，能让人的衣服和身体生出香味。这种香生在山谷之中，叶子像葵科植物，形状像马蹄，俗名马蹄香。药方中很少使用这种香。

陶弘景说："只有道家之人服用此香，让人的身体和衣服都带上香味。"嵇康和卜敬都写有《蘹香赞》。

懐香和蘹香两种香的名字发音相同，但有草本与木本之分。

香茸（考证二则）

汀州地多香茸①，闽人呼为香菰。客曰：孰是？余曰：《左传》言：一薫一菰，十年尚有臭。杜预曰：菰，臭草也。《汉书》：薫以香自烧。颜籀曰②：薫，香草也。左氏以薫对菰，是不得为香草。今香茸自甲拆至花时③，投骰④，俎中馥然，谓之臭草可乎？按《本草》香薷：薷，香菜。注云：家家有之，主霍乱。今医家用香茸正疗此疾，味亦辛温，淮南为香茸。闽中呼为香菰，此非当。以《本草》为是。客曰：信然。（《孙氏谈圃》⑤）

香茸又呼为薷香菜，蜜蜂草，其气香，其叶柔，故又名香菜。香薷，香菜一物也，但随所生地而名尔：生平地者叶大，生岩石者叶细，可通用之。（《本草》）

【注释】

①汀州：今福建长汀县。

②颜籀（zhòu）：字师古，雍州万年人，生于京兆万年（今西

133

安）。唐初儒家学者，经学家、训诂学家、历史学家。

③甲拆：亦作甲坼，意思是草木发芽时种子外皮裂开。

④殽（yáo）：同肴，做熟的鱼和肉等。

⑤《孙氏谈圃》：即《孙升谈圃》。

【译文】

福建汀江上游，汀州生有很多中香茸，闽中人称之为香菇。有人问："哪种称呼是对的呢？"我说《左传》中说，'薰草和莸草，这两种植物都是十年之后尚有香味的'。杜预说，'莸，是香草'。《汉书》则说，'薰草燃烧自己释放芬芳气息'。颜师古说，'薰，是香草'。《左传》用薰草和莸草来作对比，是不把它看作香草。现在的香茸自发芽到开花再到放入佳肴中，香气浓郁，可以称其为香草吧！《本草》中说，'香薷，指的是薷香品质柔软'。注者说，这种香家家都有，主要治疗霍乱。如今医家所用的香茸正是治疗这种疾病的，味道比较辛香。只是淮南称之为香茸，闽中称之为香菇。二者不合之处，应当以《本草》为准。"那人说："我信服了。"（《孙氏谈圃》）

香茸又称蒿香菜、蜜蜂草，它的气味芳香，叶子柔软，故而又叫香菜。香薷、香菜是一种东西，只是由着产地命名罢了。生长在平地的叶子比较大，生长在岩石之间的叶子细长，两者可以通用。（《本草》）

茅香（考证二则）

茅香花苗叶可煮作浴汤，辟邪气，令人身香。生剑南道诸州，其茎叶黑褐色，花白，非即白茅香也，根如茅，但明洁而长，用同藁本①，尤佳。仍入印香中合香附子。（《本草》）

用茅香凡有二，此是一种香茅也，其白茅香别是南番一种香草。（《本草》）

【注释】

①藁（gǎo）本：中药名，为伞形科植物藁本或辽藁本的干燥根茎和根。

茅香的花、苗和叶子都可以煎煮成浴汤，能辟除邪气，令人身体带上香味。这种香生长在剑南道各州，其茎叶为黑褐色，花朵是白色的，不是白茅香。这种香的根像茅草，只是比茅草明洁而纤长，与薰本香一同使用，尤其好。可放入印香之中用于调和香附子。

茅香有两种，以上所说的是一种香茅。而白茅香则是南番之地的另一种香草。

香茅南掷

谌姆取香茅一根①，南望掷之，谓许真君曰②：子归茅落处，立吾祠。（《仙佛奇踪》③）

【注释】

①谌姆：又称"婴姆"，姓谌，字婴，三国时期吴国人，修道法有成，被后人尊为神仙。

②许真君：晋代道士许逊，字敬之，南昌（今属江西）人，道法高妙。

③《仙佛奇踪》：八卷，明代洪自诚撰，内容为一些佛道传说。洪应明，字自诚，号还初道人。

【译文】

三国时吴人谌姆拿了一根香茅，向着南方投掷出去，对道士许真君说："你到香茅落下的地方，为我立祠。"（《仙佛奇踪》）

白茅香

白茅香生广南山谷及安南，如茅根，亦今排草之类，非近代之白茅，及北土茅香花也。道家用作浴汤，合诸名香，甚奇妙，尤胜舶上来者。（《本草》）

【译文】

白茅香生长在广南山的幽谷之中，安南也有这种香，形状像茅根。它也是属于现在的排草之类，不是近代人所说的白茅和北方的茅香花。道家用这种香来煎成浴汤。用这种香来调制各种名香也很好，比外洋商船贩运来的要好。(《本草》)

排草香

排草出交趾，今岭南亦或莳之，草根也白色，状如细柳根，人多伪杂之。《桂海志》云："排草香，状如白茅香，芬烈如麝，人亦用之合香，诸香无及之者。"(《本草》)

【译文】

排草香主要出产于交趾国，现在岭南也有人种植。排草香是一种草根，为白色，形状像细柳根一样，人们经常将细柳根混杂于排草香之中。《淮海志》上说："排草香形状像白茅香，香气芬芳浓烈又像是麝香，人们也用它来合香，各种香料没有能比得上它的。"(《本草》)

瓶香

生南海山谷，草之状也。(《本草》)

【译文】

这种香生长在南海的山谷之中，样子像草。(《本草》)

耕香

耕香茎生细叶，出乌浒国①。(《本草》)

茅香、白茅香、排草香、瓶香、耕香当是一类。

【注释】

①乌浒国：乌浒是对我国广西壮族先民的称呼，活动范围在广西靠近越南一代。

【译文】

耕香，是茎生植物，叶子很细，出产于乌浒国。(《本草》)

茅香，白茅香，排草香、瓶香、耕香应当是一类香草。

雀头香

雀头香即香附子，叶茎都作三棱，根若附，周匝多毛，多生下湿地，故有水三棱，水巴戟之名。出交州者最胜，大如枣核，近道者如杏仁许，荆湘人谓之莎草根，和香用之。(《本草》)

【译文】

雀头香就是香附子。其叶子与茎秆都呈三棱形，根部像附子，周围生长着很多毛。这种香大多生长在低凹的湿地之中，故而有水三棱、水巴戟之名。这种香以出产于交州的为佳品，有枣核那么大。生长在道路两旁的像杏仁那么大。生于荆湘两地的称为莎草，其根部可以用来制合香。(《本草》)

玄台香

陶隐君云：近道有之，根黑，而香道家用以合香。

【译文】

陶隐君说："这种香生长在道路两旁，根部变黑而有香味，道家用来合香。"

荔枝香

取其壳合香最清馥。(《香谱》)

【译文】

取荔枝的壳子制成的合香，香气最为清新馥郁。(《香谱》)

孩儿香

一名孩儿土，一名孩儿泥，一名乌爹泥。按，此香乃乌爹国蔷薇树下土也①，本国人呼曰"海儿"，今讹传为"孩儿"。盖蔷薇开花时，雨露滋沐，香滴于上。凝结如菱角块者佳。

【注释】

①乌爹国：古国名。故地一般以为在今印度的拉贾斯坦邦的乌代普尔，或在中央邦的乌贾因。

【译文】

孩儿香，又叫孩儿土、孩儿泥、乌爹泥，是乌爹国蔷薇树下的土。本国人称之为海儿，今人讹传为孩儿。蔷薇开花的时候，为雨水所滋润，花香滴于土上，凝结成菱角块状的最佳。

藁本香

藁本香，古人用之和香，故名。(《本草》)

【译文】

藁本香，古人用它来调和香料，因此得名。(《本草》)

桂

龙涎香（考证九则）

龙涎香屿，望之独峙南巫里洋之中，离苏门答剌西去一昼夜程。此屿浮滟海面，波激云腾，每至春间，群龙来集于上，交戏而遗涎沫，番人挐驾独木舟登此屿①，采取而归。或风波，则人俱下海，一手附舟旁，一手揖水而得至岸。其龙涎初若脂胶，黑黄色，颇有鱼腥气，久则成大块，或大鱼腹中刺出，若斗大，亦觉鱼腥，和香焚之可爱。货于苏门答剌之市，官秤一两，用彼国金钱十二个，一斤该金钱一百九十二个，准中国钱九千个，价亦匪轻矣。（《星槎胜览》）

锡兰山国、卜剌哇国、竹步国、木骨都束国、剌撒国、佐法儿国、忽鲁谟斯国、溜山洋国俱产龙涎香②。（《星槎胜览》）

141

【注释】

①挐（rú）：这里通"桡"，船桨的意思。

②锡兰山国：即今斯里兰卡。卜剌哇国：今非洲东部索马里布腊瓦一带。竹步国：故地在今非洲索马里的朱巴河口一带。木骨都束国：故地在今非洲东岸索马里的摩加迪沙一带。剌撒国：在今也门民主共和国亚丁附近。佐法儿国：即祖法儿国。忽鲁谟斯国：即霍乐木兹，在今伊朗东南米纳步附近，为古代交通贸易要冲。溜山洋国：即溜山国，故地在今马尔代夫。

【译文】

龙涎香屿独自坐落在南巫里洋之中，距离苏门答腊岛往西边一昼夜的行程。龙涎香屿漂浮在海面之上，波浪翻滚，云气蒸腾。每到春天，一群群的抹香鲸都会聚集在岛屿边上，交相嬉戏，留下龙涎沫。当地人驾着独木舟登上龙涎香屿，采得龙涎香。有时候遇到风浪，人们就下到海中，一只手攀附在独木舟的旁边，一只手划水靠近龙涎香

卷五　香品（五）　随品附事实

岛屿的岸边。龙涎最开始的时候像胶脂，呈黑黄色，有较重的鱼腥气，日子久了就会结成大块儿。也有从抹香鲸肚子里剌出来的香，像斗笠那么大，闻上去也有鱼腥味。所调制成的香品，焚烧起来气息十分怡人。在苏门答腊岛的市场上有所出售。官秤一两龙涎香，需要用该国十二枚金币来交换，一斤龙涎香的售价达到了该国币的一百九十二枚，换算成中国钱币则是九千文，这价格也不算低了。（《星槎胜览》）

锡兰山国、卜剌哇国、竹步国、木骨都束国、剌撒国、佐法儿国、忽鲁谟斯国、溜山洋国都出产龙涎香。（《星槎胜览》）

> 诸香中龙涎最贵重，广州市值每两不下百千，次等亦五六十千，系番中禁榷之物①。出大食国近海旁，常有云气罩住山间，即知有龙睡其下。或半年、或二三年，土人更相守候。视云气散，则知龙已去矣，往观之必得龙涎。或五七两，或十余两，视所守之人多寡均给之。或不平，更相仇杀。或云龙多蟠于洋中大石，龙时吐涎，亦有鱼聚而潜食之，土人惟见没处取焉。（《稗史汇编》）
>
> 大洋海中有涡旋处，龙在下涌出其涎，为太阳所烁则成片为风飘至岸，人则取之纳，於官府。（《稗史汇编》）
>
> 香白者如百药煎而腻理极细②；黑者亚之，如五灵脂而光泽③，其气近于燥，似浮石而轻④。香本无损益，但能聚烟耳。和香而用真龙涎，焚之则翠烟浮空，结而不散。坐客可用一剪以分烟缕，所以然者，入蜃气楼台之余烈也⑤。（《稗史汇编》）

【注释】

①禁榷：禁止民间私自贸易的物资。

②百药煎：中药材。褐色味苦的液体，作收敛剂使用，又名仙药。

③五灵脂：中药材。可用于瘀血内阻，血不归经之出血。

④浮石：岩浆凝结成的海绵状的岩石，很轻，能浮出水面，故名。可以入药。

⑤蜃气楼台：古人认为海市蜃楼是海中蛟龙之类的蜃气化成的。

【译文】

各种香品之中，当属龙涎香最为贵重。在广州市面上，每两的要价不下百千文，次等的也要价五六十千文。龙涎香是番国的专卖之物，出产于大食国。该国靠近海边，常常有云气蒸腾，笼罩在山间，便可以知道有抹香鲸居住在海下。或者半年，或者两三年，当地人轮流守候观测。如果云气散去，就知道抹香鲸已经离开了。前往探寻，一定能获得龙涎香。或者五七两重，或者十余两重，按照守候观测抹香鲸的人数平均分配。如果分配得不公平，就会引发仇杀。有的人说，抹香鲸大多数会盘踞在海中的大石头周围，有时吐出涎沫，有时候抹香鲸也在鱼群聚集的地方潜伏捕食。当地人只在它们出没的地方取香。（《稗史汇编》）

大海之中，有旋涡出现的地方，抹香鲸就会出没在下面，它吐出来的涎沫被太阳的光芒晒成片状的物质，被海风吹着漂浮到岸边。人们拾到此香，交纳到官府。（《稗史汇编》）

白色的龙涎香像白药煎，肌理十分细腻；黑色的略次一等，像五灵脂，富有光泽，但香气较燥，黑色的龙涎香像海上的浮石，质量较轻。香本来没有损益，只是能聚集香烟罢了。合香时使用真品的龙涎香，焚烧的时候翠烟浮在空中，纠结不散。坐在香烟笼罩处的人可以用一把剪刀来剪开香烟。龙涎香之所以有这样的特性，是因为它有海市蜃楼的余韵。（《稗史汇编》）

龙出没于海上，吐出涎沫有三品：一曰泛水，二曰渗沙，三曰鱼食。泛水轻浮水面，善水者伺龙出没，随而取之；渗沙，乃被波浪漂泊洲屿，凝积多年，风雨浸淫，气味尽渗于沙土中；鱼食，乃因龙吐涎，鱼竞食之，复作粪散于沙碛，其气虽有腥燥，而香尚存。惟泛水者入香最妙。（《稗史汇编》）

泉广合香人云：龙涎入香，能收敛脑麝气，虽经数十年香味仍存。（《稗史汇编》）

所谓龙涎出大食国。西海多龙枕石而卧，涎沫浮水积而能坚，

鲛人采之以为至宝①。新者色白，稍久则紫，其久则黑。（《岭外杂记》）

　　岭南人有云：非龙涎也，乃雌雄交合，其精液浮水上结之而成。

　　龙涎自番舶转入中国，炎经职方，初不着其用，彼贾胡殊自珍秘，价以香品高下分低昂。向南粤友人贻余少许，珍比木难状如沙块②，厥色青黎，厥香鳞腥，和香焚之，乃交酝其妙，袅烟蜒蜿，拥闭缇室③，经时不散，旁置盂水，烟径授扑其内，斯神龙之灵，涎沫之遗，犹微异乃尔。

【注释】

①鲛人：中国古代传说中鱼尾人身的神秘生物。

②木难：宝珠名。又写作"莫难"。

③缇室：古代察候节气的房间。该室门户紧闭，密布缇缦，故名。

【译文】

144

　　抹香鲸出没在大海之上，所吐出的涎沫有三种：第一种叫泛水，第二种叫渗沙，第三种叫鱼食。泛水会轻轻漂浮在水面上，善于游泳的人观察抹香鲸的出没规律，就能尾随获取；渗沙，就是随着魔狼漂浮到洲屿之上，凝结多年，被风雨浸湿，其气味都渗入到了沙土之中；鱼食，则是抹香鲸吐出来的涎沫，被鱼群争相竞食，再作为鱼群的粪便排泄出来，散落在沙子之中，气息里虽然带有腥臊之味，但香仍然存在。只有用泛水调制的香料是最好的。（《稗史汇编》）

　　泉州、广州等地制作合香的人说："将龙涎调入香料中，就能聚敛龙脑香、麝香的气味，虽然历经数十年之久，但香味仍然可以保存。"（《稗史汇编》）

　　所谓的龙涎香出产于大食国。西海有许多抹香鲸，它们枕着海中的礁石睡觉，吐出来的涎沫漂浮在水面之上，日积月累，变得坚硬。捕鱼者寻觅到这种香，将其奉若至宝。新生的龙涎香是白色的，年代略久的是紫色，年代最久的是黑色。（《岭外杂记》）

　　岭南有的人说："龙涎香不是抹香鲸的涎沫，而是雌雄抹香鲸在交合的时候，其精液漂浮在水面之上所结成的香块。"

龙涎香由外洋商人舶贩运到中国来，执掌香事的官员，最初不知道它的用法。那些外国商人极为珍视它，以香品的高下来区分价格的高低。居住在南粤的友人曾经赠送给我少量的龙涎香，像宝珠木难那么珍贵。形状像沙块一样，呈青黑色。其香味带有鱼腥味儿，与各种香料调制在一起焚烧，交相酝酿出美妙的气息，烟气与之相互授补，能吸纳其灵气。抹香鲸涎沫的遗存，到底还是不一般啊！

古龙涎香

宋奉宸库得龙涎香二琉璃缶[①]，玻璃母二大篚[②]，玻璃母者若今之铁滓，然块大小犹儿拳，人莫知其用，又岁久无籍，且不知其所从来。或云：柴世宗显德间大食国所贡[③]；又谓：真庙朝物也。玻璃母诸珰以意用火煅而融泻之，但能作珂子状[④]，青红黄白随其色而不克自必也[⑤]，香则多分锡大臣近侍，其模制甚大而外视不甚佳，每以一豆大爇之，辄作异花香气，芬郁满座，终日略不歇。于是太上大奇之，命籍被赐者随数多寡复收取以归禁中，因号古龙涎，为贵也。诸大珰争取一饼[⑥]，可值百缗金玉[⑦]，为穴而以青丝贯之，佩于颈，时于衣领间摩挲，以相示繇，此遂作佩香焉，今佩香盖因古龙涎始也。（《铁围山丛谈》）

【注释】

①奉宸库：宋康定元年（1040），合宣圣殿库、穆清殿库、崇圣殿库、受纳真珍库和乐器库为奉宸库，属太府寺，掌收存金玉、珠宝以及其他珍贵物品，以供宫廷享用。

②玻璃母：用于一种古法配方，可以改变水晶的结构和物理特性，在造型、色彩和通透程度上有明显的差异。篚（fěi）：古代盛东西用的竹器。

③柴世宗：后周世宗柴荣，是五代时期后周的皇帝，954～959年在位，邢州尧山柴家庄（今河北省邢台市隆尧县）人。

④珂子：即诃（hē）子，常绿乔木，果实类橄榄，可以入药。

⑤自必：必然，"不克自必"是说并不一定是什么颜色。

⑥珰：本来的含义是指妇女戴在耳垂上的装饰品。中国汉代武职宦官帽子也用它来装饰，后借指宦官，此处指宦官。

⑦缗（mín）：成串的铜钱，每串一千文。

【译文】

宋代，奉宸库曾经得到了两枚龙涎香和两大箱琉璃缶、玻璃母。玻璃母，就像现在的铁滓一样，只是块儿形状，如同小孩子拳头般大小。没有人知道它的用法，加上年岁久远，没有相关记载，不知道是从哪里来的。有人说，是后周世宗柴荣显德年间大食国所进贡的；也有人说，是宋真宗时期的物品。玻璃母，宦官们让人用火煅烧熔炼，制作成珠子的形状，青色、红色、白色，各随其色。不添加人工，是其自然成形的。每次取豆粒大小的一点儿，用火焚熏，就会出现奇妙的花香气息，芬芳馥郁，充满座位，终日不散。于是，太上皇大为惊奇，命令统计被赐予的人手上剩下的香品，无论多少重新收回，归于宫廷，并称其为古龙涎，以示珍贵。当时，宫中权力不小的宦官都想争夺一饼龙涎香，价值能达到百缗，用金玉穿孔，用青丝带串起来，佩戴在脖颈上，时时在衣领间摩擦，以表炫耀。这样它就变成佩香了。现在的佩香就是从古龙涎开始的。（《铁围山丛谈》）

龙涎香烛

宋代宫烛，以龙涎香贯其中，而以红罗缠烛，烧烛则灰飞而香散，又有令香烟成五彩楼阁、龙凤文者。（《华夷草木考》）

【译文】

宋代宫廷里的蜡烛，将龙涎香放置在其中，用红罗缠绕蜡烛的表面，点燃蜡烛香灰就会飞腾，香气弥散，还有能让香烟幻化成五彩楼阁或者龙凤纹理的。（《华夷草木考》）

龙涎香恶湿

琴、墨、龙涎香、乐器皆恶湿，常近人气，则不然。(《山居四要》[①])

【注释】

①《山居四要》：养生著作，元代汪汝懋编，成书于至正二十年（1360），分为摄生之要、养生之要、卫生之要、治生之要。

【译文】

琴、墨、龙涎香和乐器都很忌讳潮湿，常常接触人气，就好了。(《山居四要》)

广购龙涎香

成化、嘉靖间[①]，僧继晓、陶仲文等竞奏方伎[②]，广购龙涎香，香价腾溢，以远物之尤，供尚方之媚。

【注释】

①成化：明宪宗的年号。嘉靖：明世宗的年号。

②僧继晓、陶仲文：僧继晓是宪宗时期的僧人，陶仲文是世宗时期的道家大师，二人皆以方术得到当时帝王的宠用。

【译文】

明代成化和嘉靖年间，僧继晓和陶仲文等人，都竞相进献方术，大肆采购龙涎香，让它的价格上涨。于是，众人从远方运来香品，用来取悦宫廷。

进龙涎香

嘉靖四十二年，广东进龙涎香计七十二两有奇[①]。(《嘉靖闻见录》)

【注释】

①奇：余数；零头；不足整数者。

【译文】

嘉靖四十二年，广东进贡来了龙涎香，一共有七十二两还多。（《嘉靖闻见录》）

甲香（考证二则）

甲香，蠡类。大者如瓯[①]，面前一边直搀长数寸[②]，犷壳岨峿有刺[③]，共掩杂香烧之使益芳，独烧则味不佳。一名流螺，诸螺之中，流最厚味是也。生云南者大如掌，青黄色，长四五寸，取厣烧灰用之，南人亦煮其肉啖。今合香多用，谓能发香，复聚香烟，须酒蜜煮制去腥及涎方可，用法见后。（《本草》）

甲香惟广东来者佳，河中府者惟阔寸许，嘉州亦有[④]，如钱样大，于木上磨令热，即投醶酒中[⑤]，自然相趣是也。若合香偶无甲香，则以鲎壳代之，其势力与甲香均，尾尤好。（《本草》）

【注释】

①瓯（ōu）：指中国古代酒器。形为敞口小碗式。

②搀：刺。

③岨峿（jū wú）：交错不平的样子。

④嘉州：即今四川省乐山市。

⑤醶（yàn）酒：指味醇的酒。

【译文】

甲香，是海螺类生物，大的像瓦盆，正面有突起，大约有几寸长，壳面交错不平，生有尖刺。甲香和其他香料混杂焚烧，能让它的气味更加芬芳，单独焚烧则香味儿不是很好。甲香又被称作流螺，在各种螺中属于中等，味道最为厚重。生活在云南的甲香有手掌那么大，呈青黄色，长约四五寸。一般用它的壳烧成灰用作香品，南方人也把它的肉煮来吃。现在制作合香时经常用到它，因为它能发出香味，又能

聚集香味。甲香必须用酒、蜜来煮制,去除其腥味儿和涎沫才能使用,具体方法参见后文。(《本草》)

只有广东出产的甲香品质最佳,河中府出产的只有一寸多宽。嘉州也出产这种香,大约像铜钱那么大,把它在木材上摩擦热了,投入味道醇厚的浓酒之中,二者自然成趣。如果制作合香的时候偶然手中没有甲香了,就用鲨鱼腹部的甲壳来代替,其作用与甲香相似,尾部尤其好。(《本草》)

荼蘼香露(即蔷薇露)(考证四则)

荼蘼①,海国所产为胜。出大西洋国者②,花如中州之牡丹③,蛮中遇天气凄寒,零灵凝结,着地草木乃冰澌木稼,殊无香韵。惟荼蘼花上琼瑶晶莹,芳芬袭人,若甘露焉,夷女以泽体发,腻香经月不灭,国人贮以铅瓶,行贩他国,暹罗尤特爱重,竞买略不论值。随舶至广,价亦腾贵,大抵用资香奁之饰耳。五代时与猛火油俱充贡④,谓蔷薇水云。(《华夷续考》)

149

【注释】

①荼蘼(mí):又名独步春、百宜枝、佛见笑、雪梅墩、琼绶带、白蔓君、傅粉红衣郎、沉香密友。蔷薇科落叶灌木,藤身引蔓,能盘作高架。暮春开花,其色有红、黄、白等。大朵花瓣,有清香。

②大西洋国:明代史籍中指葡萄牙。

③中州:古九州之一,为九州之中,大概在今河南省一带。有时亦作为北宋时期的都城汴京(开封)的代称。

④猛火油:即石油,古代用于战争,被称之为猛火油。

【译文】

荼蘼,以海上各国所出产的为佳品。大西洋国家所出的荼蘼,花的形状像中原的牡丹一样。郊野之地每逢天气寒冷的时候。露水凝结成冰珠,附着在陆地上的草木之上,这就是水化作的木冰,没有芳香的气韵。只有蔷薇花上的冰露晶莹剔透,芬芳袭人,就像甘露一样。

当地的女子将它收集起来，用它来泽养身体和头发，袭人的芳香几个月都不会消失。本国人用铅制成的瓶子将它储藏起来，贩卖到其他国家。暹罗国尤其喜爱这种香，用重金争相购买，根本不计较它的价格。海外的商船将其贩卖到广州，荼蘼的价格上涨，也很贵，大多用作闺中梳妆装饰物品。五代时期，同猛火油一起充当贡品，被称作蔷薇水。（《华夷续考》）

　　西域蔷薇花气馨烈非常，故大食国蔷薇水虽贮琉璃瓶中，蜡蜜封固，其外犹香透彻闻数十余步，着人衣袂经数十日香气不散，外国造香，则不能得蔷薇，第取素馨、茉莉花为之，亦足袭人鼻观，但视大食国真蔷薇水犹奴婢耳。（《稗史汇编》）

　　蔷薇水即蔷薇花上露，花与中国蔷薇不同。土人多取其花浸水以代露，故伪者多，以琉璃瓶试之，翻摇数四，其泡周上下者真。三佛齐出者佳。（《一统志》）

　　番商云：“蔷薇露，一名‘大食水’，本土人每晓起，以爪甲于花上取灵一滴，置耳轮中，则口眼耳鼻皆有香气，终日不散。”

【译文】

　　西域的蔷薇花，气息异常馨香浓烈。因此，大食国所出产的蔷薇水虽然储藏在琉璃瓶中，又用蜡蜜将外面封严，但香气仍然外泄，十几步之外就能闻到。一旦沾附在人的衣服上，这种香味几十天都不会散去。广州人效仿外国的方法炮制香水，因为没有蔷薇，就选取素馨花和茉莉花作为原料，其香气十分浓烈，也足够袭人口鼻了。只是这和大食国出产的真正的蔷薇水比起来，仍然只能是自比奴婢罢了。（《稗史汇编》）

　　蔷薇水，就是蔷薇花上面所凝结的露水，这种西洋蔷薇花和中国本地的蔷薇不太一样。西域人多用浸渍过蔷薇花的水来代替自然凝结的蔷薇花露，故而伪造的蔷薇水特别多，将蔷薇水装在琉璃瓶汇总，翻滚摇动数下，上上下下都能生出泡沫的才是珍品。三佛齐国出产的蔷薇水是上佳的香品。（《一统志》）

西洋客商说，蔷薇露，又叫大食水。本地人每天清晨起床后，用指甲在蔷薇花上沾取一滴香露，擦拭在耳朵上的耳郭内，则口眼耳鼻都带有香气，终日不散。

贡蔷薇露

五代时，番将蒲诃散以蔷薇露五十瓶效贡[1]，厥后罕有至者，今则采茉莉花蒸取其液以代之。

后周显德五年，昆明国献蔷薇水十五瓶，云得自西域，以之洒衣，衣敝而香不减。（二者或即一事）

【注释】

①蒲诃散：占城国的大臣，五代时期受国王的派遣来中国朝贡。

【译文】

五代时期，番将蒲诃散把五十瓶蔷薇露贡献给朝廷，此后就很少有蔷薇露入贡，现在一般都用茉莉花蒸制成的香水作为替代品。

后周显德五年，昆明国贡献了十五瓶蔷薇水入朝，据说是从西域得来的。将这种蔷薇水撒到衣服上，就算衣服穿破了，香味也不会减少。（这两篇记载说的也许是同一件事）

饮蔷薇香露

榜葛剌国不饮酒[1]，恐乱性。以蔷薇露和香蜜水饮之。（《星槎胜览》）

【注释】

①榜葛剌国：即孟加拉国。

【译文】

榜葛剌国的人不喝酒，唯恐自己酒后乱性，就把蔷薇露和香蜜水当成饮品。（《星槎胜览》）

野悉蜜香

出拂林国，亦出波斯国。苗长七八尺，叶似梅叶，四时敷荣，其花五出，白色，不结实，花开时遍野皆香，与岭南詹糖相类①。西域人常采其花，压以为油，甚香滑。唐人以此和香，仿佛蔷薇水云。

【注释】

①詹糖：中药名。

【译文】

这种香出产于拂林国，波斯国也有出产。其苗径长达七八尺，叶片像梅花树的叶子，四季繁茂。其花是五瓣花，白色的，不结果实。花开的时候，漫山遍野都是芳香的气息。和岭南的詹糖很像。西域人常常把采到的野悉蜜花压制出油，这种油十分香滑，唐朝的人用它来制作合香，就像蔷薇水一样。

橄榄香（考证二则）

橄榄香出广海之北①，橄榄木之节因结成，状如胶饴而清烈，无俗旖旎气，烟清味严，宛有真馥生香，惟此品如素馨、茉莉、橘柚。（《稗史汇编》）

橄榄木脂也，状如黑胶饴。江东人取黄连木乃枫木脂以为橄榄香，盖其类也。出于橄榄故独有清烈出尘之气，品格在黄连、枫香之上。桂林东江有此果，居人采香卖之，不能多得，以纯脂不杂木皮者为佳。（《虞衡志》）

【注释】

①广海：今广东省台山市广海镇，广海是古代对外交通的重要港口。

【译文】

橄榄香出产于广海的北部，是橄榄树木节所结成的胶饴状的物质。

它的气息清冽，没有普通香品的柔魅之气。在焚烧的时候，香烟很清新，味道醇厚，香气就像真正的花木的，只有这种香和素馨、茉莉、橘柚而已。(《稗史汇编》)

橄榄香是树木的香脂，形状像黑色的胶饴。江南的人选取黄连木和枫木的树脂制成橄榄香，因为二者与之类似。橄榄香因为出自橄榄树，故而独有一种清冽脱俗的气息，品格在黄连和枫香之上。桂林、东江等地有橄榄生长，当地居民采摘此香贩卖，出产不多，其中不曾混杂有木皮的纯树脂是橄榄香中的佳品。(《虞衡志》)

榄子香

出占城国。盖占城香树为虫蛇镂，香之英华结于木心，虫所不能蚀者，形如橄榄核，故名焉。(《本草》)

【译文】

榄子香出产于占城国中。占城国中的香木被虫蛇蛀空，香脂精华凝结在树心之中，虫类不能腐蚀，形状像橄榄核一样，因而得名。(《本草》)

思劳香

出日南①，如乳香沥青，黄褐色，气如枫香。交趾人用以合和诸香。(《桂海虞衡志》)

【注释】

①日南：今越南境内。

【译文】

思劳香出产于日南郡，形状像乳香、沥青一样，呈黄褐色，香气像枫香，交趾人用它来调和各种香品。(《桂海虞衡志》)

薰华香

按，此香盖海南降真劈作薄片，用大食蔷薇水渍透于甑内，蒸干慢火爇之，最为清绝，樟镇所售尤佳。

【译文】

按：这种香是将海南的降真香劈成薄片，先用大食国的蔷薇水浸渍在甑内，再将它蒸干，用文火煨制。这种香的气息最为清扬，以樟镇所售卖的最好。

紫茸香

此香亦出于沉速之中①，至薄而腻理，色正紫黑，焚之虽数十步犹闻其香，或云，沉之至精者。近时有得此香，回祷祀爇于山上，而山下数里皆闻其芬溢。

【注释】

①沉速：即沉速香。

【译文】

这种香出自于沉速香之中，质地非常薄，纹理滑腻，呈纯正的紫黑色。焚香的时候，虽然在几十步以外的距离，但仍然能闻到它的香气。也有人说，它是沉香中品质最精良的一种。近来有人得到这种香，用它来祭祀鬼神，向鬼神祷告。在山上焚烧此香，山下数里之内都能闻到四溢的芳香气息。

珠子散香

滴乳香中至莹净者。

【译文】

这种香是滴乳香中最为晶莹纯净的那一种。

胆八香

胆八香树生交趾南番诸国。树如稚木樨①，叶鲜红色，类霜枫，其实压油和诸香爇之，辟恶气。

【注释】

①木樨：又作木犀，即桂花。

【译文】

胆八香树生长在交趾、南洋各国。其树像幼小的桂花树，叶子是鲜红色的，就像秋天的枫树叶子一样。把它的果实压出油来，和各种香料一起焚烧，就能辟除邪气。

白胶香（考证四则）

白胶香，一名枫香脂。《金光明经》谓其香为须萨析罗婆香。

枫香树似白杨，叶圆而岐分，有脂而香。子大如鸭卵，二月花发乃结实，八九月熟，曝干可烧。（《南中异物志》）

枫实惟九真有之，用之有神，乃难得之物。其脂为白胶香。（《南方草木状》）

枫香树有脂而香者，谓之香枫，其脂名枫香。（《华夷草木考》）

枫香、松脂皆可乱乳香，但枫香微白黄色，烧之可见真伪。其功虽次于乳香，而亦可仿佛①。

【注释】

①仿佛：达到差不多的样子。

【译文】

白胶香，又叫枫香脂。《金光明经》中把这种香称作须萨析罗婆香。

枫香树形状像白杨，叶片是圆形的并且呈现分裂状态，能产生带有香味的树脂。枫香树的果实有鸭蛋那么大，每年二月，花开之后结果，果实要等到八九月份的时候才成熟，晒干之后可以当作香来烧。

（《南中异物志》）

枫香树的果实只有九真才有，用它能产生神奇的效果，是难得的宝物。枫香树脂就是白胶香。（《南方草木状》）

枫香树中，能产生带有香味的树脂的，称之为香枫，其树脂名为枫香。（《华夷草木考》）

枫香和松脂都可以用来冒充乳香，只是枫香为淡淡的白黄色，一经焚烧，就可以辨认真伪。枫香的功效虽然不如乳香，但也可以起到差不多的效果。

饤饾香

江南山谷间，有一种奇木曰麝香树，其老根焚之亦清烈，号饤饾香。（《清异录》）

【译文】

江南一带的山谷之中，生长着一种很奇特的树木，名字叫麝香树。这种树的陈年老树根焚烧起来的气息也很清新浓烈，被称为饤饾香。（《清异录》）

排香

《安南志》云：好事者种之，五六年便有香也。按，此香亦占香之大片者，又谓之寿香，盖献寿者用之香。（《香谱》）

【译文】

《安南志》上说："喜好香事的人种植它，五六年以后就能结香了。"按：这种香也是占香之中形状较大片的，又被称为寿香，因为它经常被用于向人祝寿。（《香谱》）

乌里香

出占城地，名乌里。土人伐其树，劈之以为香，以火焙干令

香脂见于外，以输贩夫商人^①。刳其木而出其香，故品次于他香。（《香谱》）

【注释】

①输：运输，输送。

【译文】

这种香出自占城的属国乌里城，当地人砍伐这种香木，劈开树干，取得香木并且用火烘焙，让香脂溢出来，将它卖给大小商人，因为是剖开树木而取得的香脂，所以品级比其他香料要略次一等。（《香谱》）

豆蔻香（考证二则）

豆蔻树大如李，二月花仍连着实，子相连累，其核根芬芳成壳，七八月熟，曝干剥食核，味辛香。（《南方草木状》）

豆蔻生交趾，其根似姜而大，核如石榴，辛且香。（《异物志》）

薰衣豆蔻香霍小玉故事，余按豆蔻非焚爇香，具其核、其根味辛烈，止可用以和香。而小玉以之熏衣，应是别有香剂如豆蔻状者名之耳。亦犹鸡舌、马蹄之谓。至如都梁、郁金本非名香，直一小草而，操觚者每藉以敷藻资华^①，因迹典名雅，递相祖述，不复证非究是也。

【注释】

①操觚（gū）：意思是执简，引申为写作。

【译文】

豆蔻树，就像李子树那么高大，每年二月开花，花上连着果实，豆蔻子相互簇连，其核、根都气息芬芳，呈现壳状，七八月份果实成熟，晒干之后剥食果核，味道辛香。（《南方草木状》）

豆蔻生长在交趾国，其根部就像姜那么大，果核像石榴，味道辛烈，带有芳香气味。（《异物志》）

157

卷五　香品（五）随品附事实

熏衣服用豆蔻香，是唐传奇《霍小玉传》中霍小玉的旧事。作者按：豆蔻不是用来焚烧的香料，它的果核和根部味道辛烈，只能用来制作合香。霍小玉用来熏衣服的应该是另外一种香料。这种香的形状和豆蔻相似，所以得名，就像鸡舌香、马蹄等香名一样。都梁、郁金之类，本来都不是名贵的香料。豆蔻也只不过是一种小草，人们在提笔作文的时候，常常借它来敷排辞藻，追引名典雅事，递相援述，不再考证其是非。

奇蓝香（考证四则）

占城奇南出在一山，酋长禁民，不得采取，犯者断其手。彼亦自贵重。（《星槎胜览》）

乌木、降香，樵之为薪。（《星槎胜览》）

宾童龙国亦产奇南香。（《星槎胜览》）

奇南香品杂出海上诸山，盖香木枝柯窍露者，木立死而本存者，气性皆温故为大蚁所穴，蚁食蜜归而遗渍于香中，岁久渐浸木，受蜜香结而坚润，则香成矣。其香本未死，蜜气未老者谓之生结，上也；木死本存，蜜气凝于枯根，润若饧片，谓之糖结，次也；其称虎皮结、金丝结者，岁月既浅，木蜜之气尚未融化，木性多而香味少，斯为下耳。有以制带胯，率多凑合，颇若天成，纯全者难得。（《华夷续考》）

奇南香、降真香为木黑润，奇南香所出产，天下皆无，其价甚高，出占城国。（《华夷续考》）

【译文】

占城国的奇南香，只出自一座山中，当地酋长禁止人民采摘此香，违反禁令的人会被斩断手臂。那个地方的人也视其为贵重的香品。（《星槎胜览》）

人们将乌木、降香之类砍伐了当作柴火焚烧。（《星槎胜览》）

宾童龙国也出产奇南香。（《星槎胜览》）

奇南香品类繁杂，出产于海上各国的山中。香木的枝茎内层暴露在外面，树木枯死而根部尚存的，其气性温和，故而被大蚂蚁建造成为巢穴。蚂蚁们吃完花蜜回到巢穴之中，将蜜渍遗留在香树上，日子久了，香树满满浸入花蜜，被蜜香浸染的香树结实、坚固而且润泽，就这样结成了香。香木的根本没有死，蜜气也没有老的，称为生结，是奇南香中的上品；树木枯死了但是根本尚存，蜜气凝结在干枯的根部的，质地润泽宛若糖片的，称为糖结，是奇南香中的中品；而被称为虎皮结、金丝结的，因结香的时间较短，香树和花蜜之间的气息尚未交融成为一体，其木性的成分较大而香味较少，是奇南香中的下品，有时候用来制作带胯。这种香大多是合成的，很像天然生成的。想要得到纯正完全的香品很难。(《华夷续考》)

奇南香和降真香其香木黑润。天下各国都没有奇南香，因此价格非常高，这种香只出产于占城国。(《华夷续考》)

奇蓝香上古无闻，近入中国，故命字有作奇南、茄蓝、伽南、奇蓝、棋㯍等，不一而用，皆无的据。其香有绿结、糖结、蜜结、生结、金丝结、虎皮结，大略以黑绿色，用指搯有油出[1]，柔韧者为最。佩之能提气，令不思溺，真者价倍黄金，然绝不可得。倘佩少许，才一登座，满堂馥郁，佩者去后，香犹不散。今世所有，皆彼酋长禁山之外产者。如广东端溪砚，举世给用，未尝非端，价等常石，然必宋坑下岩水底。如苏文忠所谓"千夫挽绠，百夫运斤之所出者乃为真端溪，可宝也"，奇南亦然。

倘得真奇蓝香者，必须慎护。如作扇坠、念珠等用，遇燥风霉湿时不可出，出数日便藏，防耗香气。藏法用锡匣，内实以本体香末，匣外再套一匣，置少蜜，以蜜滋末，以末养香，香匣方则蜜匣圆，蜜匣圆则香匣方，香匣不用盖，蜜匣以盖总之，斯得藏香三昧矣。

奇南见水则香气尽散，俗用热水蒸香，大误谬也！

【注释】

①搯（tāo）：通"掏"。

【译文】

奇蓝香，在上古的时候并没有关于它的记载，近来才贩入中国，故音译为奇南、茄香、伽蓝、奇蓝、棋㙀等不一，这些名字在使用的时候都没有确切的依据。这种香有绿结、糖结、蜜结、生结、金丝结、虎皮结等品类，以呈黑绿色、能用指甲掐出油来、品质柔韧的最佳。佩戴这种香，能够提养真气，令人沉迷。真品奇南香的价格是黄金的数倍，然而极少能获得，倘若有人将少许奇南香佩戴在身上，刚一入座，整个厅堂内都能充满馥郁的香气；佩香的人离开之后，这种香气也不会散去。现在世上所见的奇南香，都是当地酋长禁山后外面出产的。就像广东所产的端溪砚，世人所使用的，未尝不是端砚，价格和平常的石砚也差不多，然而必须是在宋坑之下、岩水底等处，如苏轼所谓"千夫挽绠，百夫运斤之所处者，才是真正的端溪砚，可以视作珍宝"，奇南香真品之难得也正是这个道理。

倘若得到了珍品的奇南香，必须慎重地加以保护。如果将它制成扇坠，念珠等用品，空气过于干燥或风霉潮湿之时不能将它取出来使用。拿出使用数日之后就要收藏起来，以免损耗其香气。收藏方法为：使用锡制的匣子，里面填充以奇南香本身的香末，匣子外再套一个匣子，外层的匣子里放置少许蜂蜜，用蜂蜜来滋润香末，用香末来养护香品。香匣为方形，则蜜匣选择圆形的；蜜匣是圆形的，香匣就选用方形的。香匣不用盖子，蜜匣用盖子，全部盖上。这样就得到藏香之法的真谛了。

奇南香一旦见水则香气散尽。俗法用热水来蒸香，是大错特错的！

唵叭香

唵叭香出唵叭国[1]，色黑有红润者至佳，爇之不甚香，而气味可取，用和诸香，又能辟邪魅，以软净色明者为上。（《星槎胜览》）

【注释】

[1]唵叭国：古国名。位于中南半岛。

【译文】

　　唵叭香出产于唵叭国。色泽乌黑而带有红润的是最佳的唵叭香。焚烧时不是特别香，气味却不错，可以用来调和各种香品，又能辟除邪气鬼魅。其以质地柔软纯净，色泽明亮的为上品。(《星槎胜览》)

唵叭香辟邪

　　燕都有空房一处^①，中有鬼怪，无敢居者。有人偶宿其中，焚唵叭香，夜闻有声云："是谁焚此香，令我等头痛不可居？"后怪遂绝。(《五杂俎》)

【注释】

　　①燕都：指燕京，也就是现在的北京。

【译文】

　　燕都有一处空的房舍，房内居住着鬼怪，没有人敢进去居住。有个人偶然住在房内，焚烧了唵叭香，当天夜里，他听到一个声音说："是谁焚烧了这种香？害得我们头疼，这里不能再居住了！"此后，这所房舍就再也没有鬼怪了。(《五杂俎》)

国朝贡唵叭香

　　西番与蜀相通，贡道必由锦城^①，有三年一至者，有一年一至者。其贡诸物有唵叭香。(《益部谈资》^②)

　　唵叭香前亦未闻，《五杂俎》《益部谈资》二书近出。

【注释】

　　①锦城：指成都，因为蜀锦而得名，又称作锦官城。

　　②《益部谈资》：明代何宇度著，成都的人文地理、历史掌故之书，成都古为益州，又称益都。

【译文】

　　西番各国和蜀地相通，进贡的道路必须经由成都，有三年一朝贡

的，也有一年一朝贡的。其朝贡的各种宝物之中就有庵叭香。（《益部谈资》）

庵叭香以前也没有听说过。《五杂俎》《益部谈资》是两部新近问世的书。

撒馣香

撒馣兰出夷方，如广东兰子香，味清淑，如香最胜。吴恭顺寿字香饼惟增此品，遂为诸香之冠。

【译文】

撒馣兰出产于夷方，像广东的兰子香，气味清和，制作合香是最好的。吴恭顺的"寿"字香饼中只增加了这一种香料，就成为各种香品中的第一了。

乾岛香

162

出滇中，树类檀①，取根皮研末作印香，味极清远，幽窗静夜，每一闻之，令兴出尘之想。

【注释】

①檀：即檀香树。

【译文】

乾岛香出产于滇中，树木像檀香树，选取其根部的表皮加以研磨制作成印香，味道极其清远。宁静的夜晚，幽窗之下，每每闻到这种香气，就让人产生超凡脱俗的幻想。

卷六 佛藏诸香

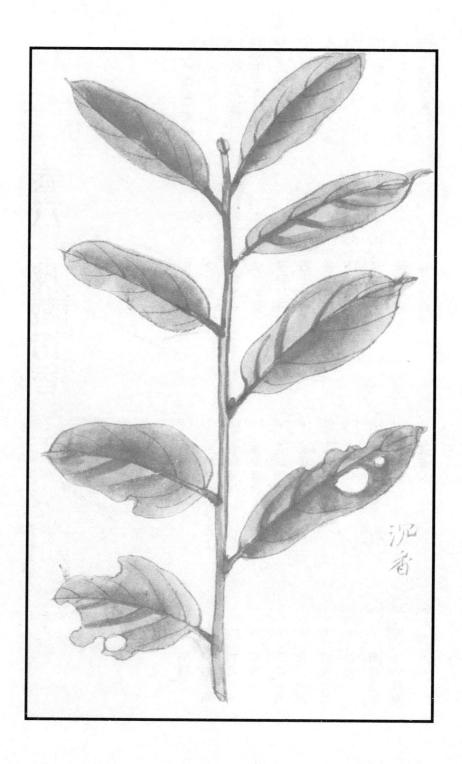

沉香

象藏香（考证二则）

南方有鬻香长者^①，善别诸香，能知一切香。王所出之处有香名曰象藏，因龙斗生，若烧一丸，即起大香云。众生嗅者诸病不相侵害。（《华严经》）

又云：若烧一丸，兴大光明，细云覆上，味如甘露，七昼夜降其甘雨。（《释氏会要》^②）

【注释】

①鬻（yù）：卖，出售。

②《释氏会要》：宋沙门仁赞著，四十卷。

【译文】

南方有一位贩卖香料的老人家，特别擅长识别各种香料，并且可以探知所有极品香料的出产地。有一种叫象藏的香，由龙缠斗所生。如果将这种香焚烧一丸，就能升起很大的香云。众生若能闻到这种香气，各种疾病都不能侵害其身体。《华严经》

又有人说：如果焚烧一丸象藏香，就能兴起大光明。细腻的香云会覆盖在上面，为众生散播甘露般的气息，连着七天七夜降下甘雨。（《释氏会要》）

165

无胜香

海中有无胜香。若以涂鼓及诸螺贝^①，其声发时，一切敌军皆自退散。（《华严经》）

【注释】

①涂鼓：涂抹战鼓。

【译文】

大海之中有一种香叫无胜香，如果用它来涂抹战鼓和各种海螺、贝壳，敲击的时候所发出来的声音，能让一切敌军纷纷撤退。

净庄严香

善法天中有香①，名净庄严，若烧一圆，普使诸天心念于佛。（《华严经》）

【注释】

①善法天：佛教用语，即欲界的第二层天。

【译文】

善法天里面有一种香名字叫作净庄严香。如果把这种香焚烧一丸，诸天中人闻到此香，都会在心中念佛。（《华严经》）

牛头旃檀香

从离垢出①，若以涂身，火不能烧。（《华严经》）

【注释】

①离垢：指解脱烦恼之佛国境地。

【译文】

这种香从离垢地中生出，如果用它来涂抹身体，火不能烧伤身体。（《华严经》）

兜娄婆香

坛前别安一小炉，以此香煎取香水，沐浴其炭然令猛炽。（《楞严经》）

【译文】

祭坛前面另外安放一尊小炉子，用这种香所煎取出来的香水来沐浴炭块儿能让炭火更加猛烈。

香严童子

香严童子白佛言：我诸比丘烧沉水香，香气寂然来入鼻中。我观此气：非木、非空、非烟、非火，去无所著，来无所从，由此意销，发明无漏。如来印我得香严号，尘气倏灭，妙香密圆。我从香严，得阿罗汉。佛问圆通，如我所证，香严为上。（《楞严经》）

【译文】

香光庄严童子对佛祖说："我看见众比丘焚烧沉水香，香气慢慢地飘进鼻子里。我观察这种香的来源，当然不是从木来。如果是从木来，应该不用燃烧才有香；也不是从空来，因为空是永恒的，但香气是不常有的；也不是从烟来，因为我的鼻子并没有蒙烟；更不是从火来，因为世间的火哪里是有香气的呢？香气取得时候无所至，来的时候无所从，因此我的身心都消亡了，根和尘土都消灭，就成就了无漏果位。我佛如来赐我'香光庄严'这个名号，我的虚妄香尘立即泯灭，自性的妙香便出现，它微密而圆融。所以，我是从观想香气中证得了阿罗汉果位。佛陀问圆通法门，如我所证悟的，以香光庄严为上。"（《楞严经》）

167

烧沉水

纯烧沉水，无令见火。（《楞严经》）

【译文】

用香炉焚烧纯粹的沉水香，不能让火外露出来。（《楞严经》）

三种香

三种香，所谓根香、花香、子香。此三种香，遍一切处，有风而闻，无风亦闻。（《戒香经》[①]）

【注释】

①《戒香经》：《佛说戒香经》，一卷，宋法贤译。

【译文】

三种香，就是根香、花香、子香。这三种香能够散播到世上的任何地方。有风的时候能够闻到，没有风的时候也能闻到。（《戒香经》）

世有三香

世有三香：一曰根香，二曰枝香，三曰华香。是三品香，唯随风香，不能逆风。宁有雅香随风逆风者乎？（《戒德香经》①）

【注释】

①《戒德香经》：东晋天竺三藏竺昙无兰译。此经与《戒香经》内容类似，都是称赞持戒功德殊胜。

【译文】

世上有三种香，即根香、枝香、花香。这三种香，只能随着风势播散香气，不能逆风传播香气。难道世界上有哪一种高雅的香，既能随风也能逆风吗？（《戒德香经》）

栴檀香树

神言：树名旃檀，根茎枝叶治人百病，其香远闻，世之奇异，人所贪求，不须道也。（《旃檀树经》①）

【注释】

①《旃檀树经》：《佛说旃檀树经》，一卷，失译人。

【译文】

神说：这种树叫作旃檀，它的根茎和枝叶可以治疗人的百病。它的香气能在很远的地方被人闻到，是世界上的奇异之物，人们对它的贪恋和欲求也就不需要解释了。（《旃檀树经》）

168

栴檀香身

尔时世尊告阿难言。有陀罗尼名栴檀香身。(《陀罗尼经》^①)

【注释】

①《陀罗尼经》:《佛说栴檀香身陀罗尼经》,宋代法贤译。

【译文】

那时,世尊对弟子阿难说:"有陀罗尼,名为栴檀香身。"(《陀罗尼经》)

持香诣佛

于时,难头、和难龙王各舍本居^①,皆持泽香、旃檀、杂香,往诣佛所。至新岁场归命于佛及与圣众^②,稽首足下,以旃檀杂香供养佛及比丘僧。(《新岁经》^③)

【注释】

①难头、和难龙王:难头、和难,俱是龙王的名字。

②新岁:佛教术语,谓夏安居竟之翌日,即旧律七月十六日,是比丘之新年元旦。

③《新岁经》:《佛说新岁经》,东晋天竺三藏昙无兰译。

【译文】

当时,难头、和难龙王各自舍弃了本来的居所,都拿着泽香、旃檀、杂香等,去佛陀所居住的地方诣见。来到了新岁场,难头、和难龙王皈依听命于佛陀和圣众,稽首跪拜,并且献上旃檀、杂香等供养佛陀和众比丘僧人。(《新岁经》)

传香罪福响应

佛言:乃昔摩诃文佛时普达王为大姓家子。其父供养三尊,父命子传香。时有一侍使，意中轻之，不与其香，罪福响应故获其殃。虽暂为驱使，奉法不忘，今得为王，典领人民。当知是趣其所施设，慎勿不平。道人本是侍使，时不得香，虽不得香，其意无恨，即誓言：若我得道。当度此人福愿果合。今来度王并及人民。（《普达王经》）

【译文】

佛祖说："在过去摩诃文佛的时候，普达王是大户人家的子弟，他的父亲供养了三尊佛。父亲命他传香供佛，当时有一名胁从，普达王有轻慢他的意思，就不给他香品。因果报应，所以普达王后来遭受了灾祸。普达王虽然暂时受到别人的驱使，但他奉守佛法，念念不忘。如今才得以为王，领导人民。应当知道，这是他过往施舍的结果，不要有不平衡的意思。这本来是当年的胁从，当时虽然没有得到贡品，但是却没有憎恨普达王的意思，并且许下誓言，说：'如果我将来能得道，当来度此人成正果。'如今福愿果能应合，现在就来度化普达王和他的人民。"

多伽罗香

多伽罗香，此云根香。多摩罗跋香，此云藿香、旃檀。释云：与乐。既白檀也，能治热病。赤檀能治风肿。（《释氏会要》）

【译文】

多伽罗香，此处叫根香。多摩罗跋香，此处叫藿香、旃檀香。佛祖说："与乐，就是白檀香，能治疗热病。赤檀香，能治风肿之症。"（《释氏会要》）

法华诸香

须曼那华香、阇提华香、末利华香、瞻卜华香、波罗罗华香、赤莲华香、青莲华香、白莲华香、华树香、果树香、栴檀香、沉水香、多摩罗跋香、多伽罗香、拘鞞陀罗树香、曼陀罗华香、殊沙华香、曼殊沙华香。

【译文】

须曼那华香、阇提华香、末利华香、瞻卜华香、波罗罗华香、赤莲华香、青莲华香、白莲华香、华树香、果树香、栴檀香、沉水香、多摩罗跋香、多伽罗香、拘鞞陀罗树香、曼陀罗华香、殊沙华香、曼殊沙华香，以上说的都是法华香。

殊特妙香

净饭王令蜜多罗传太子书，太子郎初就学，将最妙牛头栴檀作于手板，纯用七宝庄严四缘，以天种种殊特妙香涂其背上。

【译文】

佛陀之生父净饭王命令蜜多罗教太子读书。那时太子刚刚入学。净饭王将最上等的牛头、栴檀香做成手板，用七宝来装饰板的四周边缘，用各种特殊妙香来涂抹其背面。

石上余香

帝释、梵王摩牛头栴檀涂饰如来，今其石上余香郁烈。(《大唐西域记》)

【译文】

帝释、梵王用牛头栴檀来涂抹装饰佛身，石面上留有的余香至今依然馥郁浓烈。(《大唐西域记》)

香灌佛牙

僧伽罗国王宫侧有佛牙精舍①，王以佛牙日三灌洗，香水香末，或灌或焚，务极珍奇，式修供养。(《大唐西域记》)

【注释】

①僧伽罗国：今斯里兰卡。

【译文】

僧伽罗国的王宫侧面有一座佛牙精舍。国王一日灌洗佛牙三次，使用香水、香末，或者洗沐或者焚熏，务极珍奇，极力供养。(《大唐西域记》)

譬香

佛以乳香、枫香为泽香，椒、兰、蕙、芷为天末香。又云：天末香莫若牛头旃檀，天泽香莫若詹糖香、熏陆香。天华香莫若馨兰、伊蒲，后汉所谓伊蒲之供是也①。

【注释】

①伊蒲：素食供品。

172

【译文】

佛以乳香，枫香为泽香，以椒、兰、蕙、芷为天末香。又说："天末香，莫若牛头旃檀。天泽香，莫若詹糖香、熏陆香。天华香，莫若馨兰、伊蒲"，后汉时期的"伊蒲之供"说的就是这个。

青棘香

佛书云：终南长老入定，梦天帝赐以青棘之香。(《鹤林玉露》①)

【注释】

①《鹤林玉露》：笔记集。宋代罗大经撰。罗大经，字景纶，号儒林，又号鹤林，南宋吉水人。

【译文】

佛经上说："终南长老入定的时候，梦见天帝赐给他青棘之香。"(《鹤林玉露》)

风与香等

佛书云：凡诸所嗅，风与香等。（《鹤林玉露》）

【译文】

佛经上说："人的嗅觉所感受到的，是风与香。"

香从顶穴中出

僧伽者，西域人。唐时居京师之荐福寺，尝独处一室，其顶上有一穴，恒以絮窒之。夜则去絮，香从顶穴中出，烟气满房，非常芬馥。及晓，香还入顶穴中，仍以絮窒之。（《本传》①）

【注释】

①《本传》：此段文字出自《神僧传》，《神僧传》是明太宗时御制，未录编纂者。

【译文】

西域名僧僧伽，唐代的时候居住在长安荐福寺。他曾单独住在一个房间里，这间房子顶上有一个洞穴，白天总是用棉絮塞住洞口，夜晚则拿掉棉絮，香气从房顶的洞穴中飘散出来，烟气在整个房间里弥漫，气息异常芬香馥郁。到了早上，香气回到房顶的洞穴里，仍旧拿棉絮把洞口封好。（《本传》）

结愿香

有郎官梦谒老僧于松林中，前有香炉，烟甚微。僧曰：此是檀越结愿香①，香烟尚存，檀越已三生三荣朱紫矣②。陈去非诗云③：再烧结愿香。

【注释】

①檀越：施主，梵文音译。

②朱紫：古代高级官员的服色或服饰，此处指做官富贵。

③陈去非：陈与义，字去非，号简斋，南宋大臣，诗人。

【译文】

有一位郎官，梦见自己前往松树林里拜谒一位老僧人，见到面前有一尊香炉，散发出的香烟非常微弱。僧人对他说："这是施主您的结愿香，香烟还在，表明施主您已经有三世的荣显、身着朱紫色服的命运了。"北宋诗人陈去非有诗说："再烧结愿香。"

所拈之香芳烟直上

会稽山阴灵宝寺木像①，戴逵所制②。郗嘉宾撮香咒曰③："若使有常，将复睹圣颜；如其无常，愿会弥勒之前。"所拈之香于手自然芳烟直上，极目云际，余芬徘徊，馨闻一寺。于时道俗，莫不感厉。像今在越州嘉祥寺④。（《法苑珠林》⑤）

174

【注释】

①会稽山：会稽山位于绍兴东南部，中国人文名山之一。

②戴逵：东晋画家及雕塑家，谯国铚县（安徽亳县）人，字安道。

③郗嘉宾：郗超，字景兴，一字嘉宾，高平金乡（今山东）人，东晋大臣。他是桓温最重要的谋臣，信佛好施。

④越州：在今浙江绍兴。

⑤《法苑珠林》：一百卷，唐总章元年（668）道世所著。佛教类书。

【译文】

会稽山的阴灵宝寺内有一座木制佛像，乃是东晋雕塑家戴逵雕制。东晋人郗嘉宾拈香祝告说："倘若世事有常，将再来拜谒，重睹圣颜；如世事无常，愿将来与您相会于弥勒佛面前。"这时，他所拈的香，在手中自己点燃了，芬芳的香烟飘然直上，一直到云际之上。余留下的芬芳气息在整座寺院中徘徊萦绕，散播着馨香的气息。当时僧俗人等没有不感奋激励的。这尊佛像现在被供奉在越州的嘉祥寺中。（《法苑珠林》）

香似茅根

永徽中①，南山龙池寺沙门智积至一谷，闻香莫知何所，深讶香从涧内沙出。即拨沙看，形似茅根，里甲沙土，然极芳馥，就水抖拨洗之，一涧皆香，将返龙池佛堂中，堂皆香，极深美。（《神州塔寺三宝感应录》②）

【注释】

①永徽：唐高宗李治的第一个年号。

②《神州塔寺三宝感应录》：《集神州三宝感通录》，唐代道宣大师所集。

【译文】

唐高宗永徽年间，中南山龙池寺的沙门智积在谷中闻见一股香味，不知是从哪里来的，深感讶异。后来他发现香味是从涧底的沙里传出来的，就拨开沙子细看，看到一种像茅根一样的生物，裹夹着沙土，然而气味极其芬芳馥郁。就着涧水抖去沙土，轻轻拨弄清洗，整条水涧之中都沾上了香气。智积把它带回龙池寺的佛堂之中，整座佛堂顿时充满了极其美妙的香气。（《神州塔寺三宝感应录》）

香熏诸世界

莲花藏，香如沉水，出阿那婆达多池边①，其香一丸如麻子大，香熏阎浮提界。亦云：白旃檀，能使众欲清凉；黑沉香，能熏法界。又云：天上黑旃檀香，若烧一铢普熏小千世界，三千世界珍宝价直所不能及。赤土国香闻百里，名一国香。（《绀林》）

【注释】

①阿那婆达多池：相传为阎浮提四大河之发源地，又作阿耨大泉、阿那达池。

175

【译文】

莲花藏，香味与沉水香类似，出产于阿那婆达多池边。这种香每丸有麻子那么大，其香能熏染阎浮提界。又说："白旃檀香，能使众生感觉清凉；黑色沉香，能熏染整个法界。"又说："天界中的黑白旃檀香，如果焚烧一铢的话，能熏遍整个小千世界。三千世界中的珍奇异宝，其价值都不能与之相比。"赤土国香气百里都能闻到，是第一国香。（《绀林》）

香印顶骨

印度七宝小窣堵波置如来顶骨①，骨周一尺二寸，发孔分明，其色黄白，盛以实函，置窣堵波中。欲知善恶相者，香末和泥，以印顶骨，随其福感，其文焕然。

又有婴疾病欲祈康愈者，涂香散花，至诚归命，多蒙瘳瘥②。（《西域记》）

176

【注释】

①窣（sū）堵波：佛塔。

②瘳瘥（chōu chài）：二字皆病愈之意。

【译文】

印度国用七宝制成小窣堵波供奉如来佛顶骨。佛骨周长一尺二寸，上面连头发孔都看得很分明，呈黄白色。佛骨被盛放在宝函之内，供奉于窣堵波中。有想求知善恶等相的信众，用香料的碎末和成香泥印在顶骨之上，随着佛的福感指引，香泥上生出焕然的纹理。

还有为染病婴孩祈求康复的，涂抹香泥、撒香花，至诚向佛祖祈求，很多婴孩蒙佛的法力得以治愈。（《西域记》）

买香弟子

西域佛图澄常遣弟子向西域中市香。既行，澄告余弟子：掌中见买香弟子在某处被劫，垂死，因烧香咒愿，遥救护之。弟子复还云：某月某日某处，为盗所劫，垂当见杀，忽闻香气，贼无故自惊曰："救兵已至"，弃之而走。(《高僧传》)

【译文】

西域僧人佛图澄让弟子去西域买香。弟子出发之后，佛图澄对其他的弟子说，曾经在手掌中看到被他派去买香的那个弟子在某个地方被强人抢劫，正在垂死之际，他赶紧烧香祝告，遥相救助那个弟子。买香的弟子回来之后，说某月某日在某个地方，被强盗抢劫，正当弟子要被杀害的时候，突然闻到了一股香味，贼人无缘无故地惊叫道"救兵已经来了"，就丢下了他仓皇逃走。(《高僧传》)

以香薪身

圣帝崩时[①]，以劫波育千张缠身[②]，香泽灌上，令泽下彻，以香薪身，上下四面使其齐同，放火阇维捡骨香汁洗盛以金瓮[③]。石为瓳。(《佛灭度后棺敛葬送经》[④])

【注释】

①圣帝：此处指佛陀释迦牟尼。
②劫波育：树名，此处为以劫贝树的毡毯。
③阇维：火葬。
④《佛灭度后棺敛葬送经》：一名《比丘师经》，译人名已失。

【译文】

圣帝在驾崩的时候，用千张劫波育毡毯缠绕周身，把香露从上至下浇灌，让香露能够透彻全身，再用香当作柴火来焚烧身体，把身体上下四周都堆满了香，放火焚烧。火化之后，捡取骨头，用香水清洗，盛放在金瓮之中，用石材制成匣子收藏。(《佛灭度后棺敛葬送经》)

177

卷六　佛藏诸香

戒香

烧此戒香，令熏佛慧。又戒香恒馥，法轮常转。(《龙藏寺碑》^①)

【注释】

①《龙藏寺碑》：隋开皇六年（586）刻，藏河北正定隆兴寺，是我国重要的书法碑刻之一。

【译文】

燃烧这种戒香，能熏染佛家慧缘。戒香芳香馥郁，香气持久，以应我佛法轮常转之意。(《龙藏寺碑》)

戒定香

释氏有定香、戒香。韩侍郎《赠僧》诗^①："一灵今用戒香熏。"

【注释】

①韩侍郎：韩偓，中国唐代诗人。字致尧，一作致光，小名冬郎，号玉山樵人。京兆万年（今陕西西安附近）人。曾任兵部侍郎，故称韩侍郎。

【译文】

佛家有定香、戒香。唐代诗人韩偓《赠僧》诗中说："一灵今用戒香熏。"

多天香

波利质多天树，其香则逆风而闻。(《成实论》)

【译文】

波利质多天树，其香气即使是逆风也能闻到。(《成实论》)

如来香

愿此香烟云，遍满十方界，无边佛土中，无量香庄严，具足菩萨道，成就如来香。（《内典》①）

【注释】

①《内典》：内典是对佛教典籍的通称。

【译文】

但愿这种香的烟云遍布在十方界无边的佛土之中。无量香气息庄严，具足成佛之道，成就如来之香。（《内典》）

浴佛香

牛头旃檀、芎藭、郁金、龙脑、沉香、丁香等以为汤，置净器中，次第浴之。（《浴佛功德经》①）

【注释】

①《浴佛功德经》：一卷，唐义净译，讲述浴佛的方法及功德。

【译文】

用牛头旃檀、芎藭、郁金、龙脑、沉香、丁香等香品煎熬成汤，放置于洁净的容器之中，依次洗浴。（《浴佛功德经》）

异香成穗

二十二祖摩拏罗至西印度，焚香遥语月氏国，王忽睹异香成穗。（《传灯录》①）

【注释】

①《传灯录》：即《景德传灯录》，凡三十卷，宋代道原撰，略称《传灯录》，为我国禅宗史书。

【译文】

二十二祖摩挐罗到西天印度焚香祝祷，月氏国王忽然看到异样的香结成穗状。(《传灯录》)

古殿炉香

问："如何是古殿一炉香？"海晏禅师曰："广大勿人嗅。"曰："嗅者如何？"师曰："六根俱不到。"(《传灯录》)

【译文】

有人问："如何是古殿一炉香？"海晏禅师回答道："广大勿人嗅。"那人又问："嗅到香味的人又如何？"海晏禅师回答道："六根（即眼根、耳根、鼻根、舌根、身根、意根）都接触不到。"(《传灯录》)

买佛香

问："'动容沉古路，身没乃方知。'此意如何？"师曰[①]："偷佛钱买佛香。"曰："学人不会。"师曰："不会即烧香供养本爹娘。"(《传灯录》)

【注释】

①师：指九峰道虔禅师。

【译文】

有人问："'动容沉古路，身没乃方知'，这句话如何解释？"法师回答道："这就好比是偷佛祖的钱去购买佛香。"那人说："我不会这样。"法师回答道："不会就好，可以烧香，供养自己的父母。"(《传灯录》)

万种为香

永明寿公云[①]：如捣万种而为香，爇一尘而已具足众气。(《无生论》)

①永明寿：杭州慧日山永明寺智觉禅师，名延寿。五代宋初人，佛教史上里程碑式的大师之一。著《宗镜录》百卷，《万善同归集》六卷。

【译文】

高僧永明寿公说："如果捣碎万种香料调制成香品，焚香的时候所得到的也不过是一种香尘而已，却具备了众多香品的气息。"（《无生论》）

合境异香

杯度和尚至广陵①，遇村舍李家，合境闻有异香。（《仙佛奇踪》）

【注释】

①杯度：南北朝时神僧，示现种种神通，度化一方。

【译文】

杯度和尚到广陵城去，在村子中的一户姓李的人家住宿，整个地界的人都闻到了奇异的香味。（《仙佛奇踪》）

烧香咒莲

佛图澄取盆水，烧香咒之，顷刻青莲涌起。

【译文】

高僧佛图澄取来一盆清水，烧香念咒，顷刻之间青莲就从水中涌现出来。

香光

乌窠禅师①，母朱氏梦日光入口，因而有娠。及诞，异香满室，遂名香光焉。（《仙佛奇踪》）

181

【注释】

①乌窠禅师：乌窠道林禅师，姓潘，名香光，杭州富阳人，唐代禅师。

【译文】

乌窠禅师的母亲朱氏梦到日光进入她的口中，因而有了身孕。孩子诞生的时候，因为有异样的香气充满了整个房室，因而为他取了个名字叫作香光。(《仙佛奇踪》)

自然香洁

伽耶舍多尊者，其母感娠，七日而诞，未尝沐浴，自然香洁。(《仙佛奇踪》)

【译文】

伽耶舍多尊者的母亲有了身孕，七天之后尊者就诞生了，还没有沐浴，他的身体就自然馨香、洁净。(《仙佛奇踪》)

临化异香

惠能大师跏趺而化①，异香袭人，白虹属地。(《仙佛奇踪》)

又，智感禅师临化，室有异香，经旬不散。

【注释】

①惠能：一作慧能，禅宗六祖，号六祖大师、大鉴禅师。

【译文】

唐代僧人慧能大师跏趺坐化的时候，异样的香气袭人口鼻，日月周围的白色晕圈出现在大地之上。(《仙佛奇踪》)

又，智感禅师即将坐化，室内弥漫着奇异的香味，经历了数十天也未散去。

熏香（考证二则）

庄公束缚管仲①，以予齐使，受而以退，比至，三衅三沐之②。
注云：以身涂香曰衅，衅或为熏（《齐语》③）
魏武令云：天下初定，吾便禁家内不得熏香。（《三国志》④）

【注释】

①庄公束缚管仲：鲁庄公听从谋臣建议欲杀管仲，齐桓公让使臣对庄公说要带管仲回齐国当众杀之，以报他之前刺杀自己之仇，实则恭敬的迎请管仲为相。

②三衅三沐：三次沐浴和涂香，以示恭敬。

③《齐语》：《国语·齐语》，《国语》是中国最早的一部国别史著作，记录了周朝王室和诸侯国的历史。

④《三国志》：西晋陈寿编写的一部主要记载魏、蜀、吴三国鼎立时期的纪传体国别史。陈寿，字承祚，西晋巴西安汉（今四川南充北）人。

【译文】

鲁庄公用绳子将管仲捆绑起来，交给齐国使者，齐国使者接收了管仲，带着他回到齐国。等到回到国内，让他在身体上涂抹香料三次，沐浴三次。（《国语·齐语》）

魏武帝曹操曾下令说："天下刚刚安定，命令家中不许熏香。"（《三国志》）

西施异香

西施举体异香。沐浴竟，宫人争取其水积之罂瓮，用洒帷幄，满室皆香。瓮中积久，下有浊滓，凝结如膏，宫人取以晒干，锦囊盛之，佩于宝①，香踰于水。（《采兰杂志》②）

【注释】

①宝：此处读 mò，指抹胸，肚兜。

②《采兰杂志》：宋代笔记，作者不详。一说为元代作品。

【译文】

西施周身带有异香，她沐浴之后，宫人争相取用她沐浴过的残水储藏在瓶瓮之中。将这种水洒在帷帐上，整个房间便充满了香气。瓮中的水如果放久了，下面会沉淀出浑浊的渣滓，凝结成膏状，宫人将这种物质取出来晒干，用锦囊装好，佩戴在抹胸上，比西施沐浴之后的残水还要香。（《采兰杂志》）

迫驾香

戚夫人有迫驾香①。

【注释】

①戚夫人：一称戚姬，名懿，下邳（今江苏邳州）人，是汉高帝刘邦的宠妃，后被吕后折磨致死。

【译文】

汉高祖的宠妃戚夫人有一种香，名字叫作迫驾香。

烧香礼神

昆邪王杀休屠王来降①，得金人之神②，置之甘泉宫。金人者皆长丈余，其祭不用牛羊，惟烧香礼拜。（《汉武故事》③）

金人即佛，武帝时已崇事之，不始于成帝也④。

【注释】

①昆邪王杀休屠王：昆邪王、休屠王，皆是汉武时代匈奴在陇西一带的部落首领。

②金人之神：此处指佛像。

③《汉武故事》：又名《汉武帝故事》，共一卷，是一本杂史杂传

类志怪小说。

④成帝：汉成帝刘骜，西汉第十二位皇帝。

【译文】

《汉武故事》上说，昆邪王杀了休屠王，前来归降大汉，休屠王的金人神像也为汉武帝所得，将其供奉在甘泉宫中。这些金人都有一丈多长，祭祀的时候不使用牛羊，只用烧香礼拜。

金人就是佛像，在汉武帝的时候就已经受到尊崇。佛教进入中原并非开始于汉成帝的时候。

龙华香

汉武帝时海国献龙华香。（《汉武故事》）

【译文】

汉武帝的时候，海上某国家贡献了龙华香入朝。（《汉武故事》）

百蕴香

赵后浴五蕴七香汤①，婕妤浴荳蔻汤②。帝曰：后不如婕体自香。后乃燎百蕴香，婕妤传露华百英粉。（《赵后外传》③）

【注释】

①赵后：指赵飞燕，汉成帝皇后原名宜主，精通音乐，吴县（今江苏省苏州市）人。

②婕妤：婕妤是汉代宫廷嫔妃等级较高的一种。此处指赵飞燕之妹赵合德。

③《赵后外传》：亦称《飞燕外传》，讲赵飞燕姐妹的传闻逸事。

【译文】

汉成帝的皇后赵飞燕用五蕴七香来沐浴，她的妹妹赵合德则用豆蔻来进行沐浴。汉成帝说："皇后不如婕妤，身体自然带有香味。"皇后就焚熏百蕴香，赵合德则擦露华百英粉。（《赵后外传》）

九回香

婕妤又沐以九回香膏发，为薄眉，号远山黛；施小朱，号慵来妆。（《汉武故事》）

【译文】

婕妤赵合德用九回香沐浴，用香脂来养护秀发。还把眉毛画得很淡，称为"远山黛"；在脸上擦浅浅的胭脂，称为"慵来妆"。（《汉武故事》）

坐处余香不歇

赵飞燕杂熏诸香，坐处则余香百日不歇。（《汉武故事》）

【译文】

赵飞燕熏焚各种香料，因此她所坐过的地方留下的香气能够百日不散。（《汉武故事》）

昭仪上飞燕香物

飞燕为皇后，其女弟在昭阳殿，遗飞燕书曰：今日嘉辰，贵姊懋膺洪册[1]，谨上襚三十五条以陈踊跃之心[2]，中有五层金博山炉、青木香、沉水香、香螺卮、九真、雄麝香等物[3]。（《西京杂记》[4]）

【注释】

①懋膺（mào yīng）：荣膺。

②襚：赠送衣物。

③香螺卮（zhī）：酒器。

④《西京杂记》：笔记小说集，"西京"指的是西汉的首都长安，该书写的是西汉的杂史。

【译文】

赵飞燕被册封为皇后的那天，她的妹妹赵合德居住在昭阳殿。赵合德写给赵飞燕的贺信上说："今天是吉祥的日子，贵人姐姐您喜悦地接受了皇后的宝册，小妹谨献上贺礼三十五件，以此来表达我对此事的欣喜之情。"赵合德的三十五件贺礼中，就有五层的金博山炉、青木香、沉水香、香螺卮、九真、雄麝香等物。(《西京杂记》)

绿熊席熏香

飞燕女弟昭阳殿卧内有绿熊席①，其中杂熏诸香，一坐此席，余香百日不歇。(《西京杂记》)

【注释】

①绿熊席：《西京杂记》一："绿熊席，毛长二尺余，人眠而拥毛而蔽，望之者不能见，坐则没膝其中。"

【译文】

赵飞燕的妹妹赵合德在昭阳殿的卧室里有一床绿熊席，此席杂熏过各种香料，人一旦坐过它，香气就会残留在身上，历经百日也不会散去。(《西京杂记》)

余香可分

魏王操《临终遗令》曰：余香可分与诸夫人，诸舍中无所为，学作履组卖也①。(《三国志》)

【注释】

①履组：鞋带，或鞋和鞋带。

【译文】

魏王曹操临终之际留有遗言道："我所剩余的香料可以分赠给各位夫人。各房平日里没什么事情做，不如学着去做些鞋子拿去卖。"(《三国志》)

香闻十里

隋炀帝自大梁至淮口,锦帆过处,香闻十里。(《炀帝开河记》①)

【注释】

①《炀帝开河记》:唐代笔记小说,作者不详。

【译文】

隋炀帝从大梁到淮口去,龙舟所经过的地方,香飘十里。(《炀帝开河记》)

夜酣香

炀帝建迷楼,楼上设四宝帐,有夜酣香,皆杂宝所成。(《南部烟花记》①)

【注释】

①《南部烟花记》:又名《南部烟花录》《大业拾遗记》《隋遗录》,唐代笔记小说,记录炀帝幸广陵江都时宫中秘事。

【译文】

隋炀帝在宫中建造迷楼,楼上设有四顶宝帐,其中一顶宝帐的名字叫"夜酣香",帐上缀着各种宝物。(《南部烟花记》)

五方香床

隋炀帝观文殿前,两厢为堂,各十二间,于十二间堂每间十二宝橱,前设五方香床,缀贴金玉珠翠,每驾至则宫人擎香炉在辇前行。(《锦绣万花谷》①)

【注释】

①《锦绣万花谷》:宋代所编大型类书之一,共计一百二十卷,作者姓名不详。

　　隋炀帝的观文殿前，将两厢设置为堂室，各有十二间房子。在十二间房子之中，每间房子里又有十二个宝橱，前面设有无方香床，上面缀贴着金玉珠翠之类。隋炀帝圣驾到来的时候，宫人手持香炉在御辇前导引行进。(《锦绣万花谷》)

拘物头花香

　　大唐贞观十一年，罽宾国献拘物头花[①]，丹紫相间，其香远闻。(《唐太宗实录》[②])

【注释】

　　①拘物头花：莲花之一种，属睡莲科。

　　②《唐太宗实录》：记录贞观历史和李世民事迹最详的史籍，原书亡佚。

191

【译文】

　　大唐贞观十一年，罽宾国进献拘物头花，花朵是红紫两色相间的，香气在很远的地方就能闻到。(《唐太宗实录》)

敕贡杜若

　　唐贞观敕下度支求杜若[①]，省郎以谢晖诗云[②]："芳洲生杜若"，乃责坊州贡之[③]。(《通志》[④])

【注释】

　　①度支：官署名，掌管财政收支。

　　②谢晖：谢朓，字玄晖，陈郡夏阳（今河南太康）人，南齐诗人，著有《谢宣城集》。

　　③责坊州贡之：此处讲因为度支的官员不学无术，因为听说谢朓的诗"芳州生杜若"，以为杜若出产在坊州（今陕西黄陵县），令坊州贡之，闹了笑话，后来被太宗免职。

④《通志》：纪传体中国通史，亦是百科全书，作者郑樵，字渔仲，宋兴化军莆田（今福建莆田）人，宋代著名学者。

【译文】

大唐贞观年间，唐太宗李世民敕令度支征收杜若，省郎以谢玄晖诗句上奏道："芳洲生杜若"，于是就责令坊州供奉杜若。(《通志》)

助情香

唐明皇正宠妃子，不视朝政。安禄山初承圣睠①，因进助情花香百粒，大小如粳米，而色红，每当寝之际则含香一粒助情发兴，筋力不倦。帝秘之曰：此亦汉之慎恤胶也。(《天宝遗事》)

【注释】

①睠（juàn）：通"眷"，器重。

【译文】

唐明皇宠爱杨贵妃，终日不理朝政。安禄山刚刚获得皇帝的宠信，所以进献了百粒助情香，像粳米那么大，红色的。每当临寝的时候就含服香丸一粒，能助发情兴，保持体力。唐明皇秘藏此香，认为这是汉代的慎恤胶。(《天宝遗事》)

叠香为山

华清温泉汤中叠香为方丈、瀛洲①。(《明皇杂录》②)

【注释】

①方丈、瀛洲：传说海中的仙山。

②《明皇杂录》：唐代笔记，郑处诲撰，记录玄宗一代的杂事。

【译文】

华清池温泉的泉水内，用香料垒叠成方丈、瀛洲等山。(《明皇杂录》)

碧芬香裘

玄宗与贵妃避暑于兴庆宫，饮宴于灵阴树下，寒甚，玄宗命进碧芬之裘。碧芬出林氏国①，乃驺虞与豹交而生②，此兽大如犬，毛碧于黛，香闻数里。太宗时国人致贡上名之曰："鲜渠上沮。"鲜渠，华言碧，上沮，华言芬芳也。(《明皇杂录》)

【注释】

①林氏国：《山海经》作"林氏国"。

②驺虞：传说中的义兽。毛传："驺虞，义兽也。白虎，黑文，不食生物，有至信之德则应之。"

【译文】

唐玄宗和杨贵妃在兴庆宫里避暑，坐在灵阴树下宴饮，感到十分寒冷。唐玄宗就命令随从把碧芬制成的裘服进献上来。碧芬出自林氏国，是驺虞和豹子交配所生的一种兽类，这种兽像狗一般大小，毛色比女子画眉的颜料更为青绿，身上所带有的香味，在数里之外都能闻到。林氏国的人把它进献给大唐，圣上称其为"鲜渠上沮"。"鲜渠"翻译过来就是"碧"的意思，"上沮"翻译过来就是"芬"的意思。(《明皇杂录》)

浓香触体

宝历中，帝造纸箭、竹皮弓①。纸间蜜贮龙麝末香，每宫嫔群聚，帝躬射之，中者浓香触体，了无痛楚，宫中名"风流箭"，为之语曰"风流箭中人人愿"。(《清异录》)

【注释】

①帝：指唐敬宗，宝历是唐敬宗的年号。

【译文】

宝历年间，唐敬宗制造了一种纸质的箭，还有竹皮制的弓，并且在纸里秘密藏了龙麝香末。每当宫中的嫔妃们聚会时，唐敬宗就搭弓射箭，中箭的嫔妃就会遍体生香，而且没有疼痛的感觉。宫中的人把这种箭称为"风流箭"，流传的俗语是"被风流箭射中是每个人的心愿"。(《清异录》)

月麟香

玄宗为太子时爱妾号鸾儿，多从中贵董逍遥微行①，以轻罗造梨花散蕊，裹以月麟香，号袖里春，所至暗遗之。(《史讳录》②)

【注释】

①中贵：有权势的太监。

②《史讳录》：唐笔记，原书已佚，作者不详。

【译文】

当唐玄宗还是太子的时候，他有一名爱妾鸾儿，时常跟着太监董逍遥微服出行。她将轻罗制成梨花散蕊的样子，并且用月麟香包裹着，称其为"袖里春"，在所经过的地方都悄悄留下了这种香。(《史讳录》)

凤脑香

穆宗思玄解①，每诘旦于藏真岛焚凤脑香以崇礼敬②。后旬日，青州奏云：玄解乘黄牝马过海矣。(《杜阳杂编》)

【注释】

①唐穆宗：李恒，原名宥，820~824年在位。玄解：此处指处士伊祁玄解。《太平广记》："时又有处士伊祁玄解，缜发童颜，气息香洁。"

②诘旦：清晨。

【译文】

唐穆宗思念处士伊祁玄解，每到清晨的时候，他就在藏真岛焚烧凤脑香，以此来表达推崇礼敬之意。十天之后，青州上奏说："处士伊祁玄解乘着黄牝马在海面上行进。"(《杜阳杂编》)

194

百品香

上崇奉释氏，每春百品香，和银粉以涂佛室，又置万佛山，则雕沉檀珠玉以成之。(《杜阳杂编》)

【译文】

唐代宗信奉佛教，常常捣制百种香品，再掺入银粉混合，用来涂抹佛堂。他又设有万佛山，是用沉香、檀香和珠玉雕刻而成的。(《杜阳杂编》)

龙火香

武宗好神仙术①，起望仙台以崇朝礼。复修降真台，焚龙火香，荐无忧酒。《杜阳杂编》

【注释】

①武宗：唐武宗李炎，840～846年在位。

【译文】

唐武宗喜好求仙之术，建造了一座望仙台终日礼拜，又修造了一座降真台，焚烧龙火香，进献无忧酒。(《杜阳杂编》)

焚香读章奏

唐宣宗每得大臣章奏①，必盥手焚香，然后读之。(《本传》)

【注释】

①宣宗：唐宣宗李忱，847～859年在位。

【译文】

每当唐玄宗得到大臣的奏章时，都要洗手焚香，然后才打开阅读。(《本传》)

步辇缀五色香囊

咸通九年①，同昌公主出降②，宅于广化里，公主乘七宝步辇，四面缀五色玉香囊，囊中贮辟寒香、辟邪香、瑞麟香、金凤香，此香异国所献也。仍杂以龙脑、金屑、刻镂水晶、玛瑙、辟尘犀为龙凤花，其上仍络以真珠、玳瑁，又金丝为流苏，雕轻玉为浮动，每一出游，则芬馥满路，晶荧昭灼，观者眩惑其目。是时中贵人买酒于广化旗亭，忽相谓曰："坐来香气何太异也。"同席曰："岂非龙脑耶？"曰："非也，余幼给事于嫔御宫故常闻此香，未知由何而致？"因顾问当垆者，遂云"宫主步辇夫以锦衣换酒于此也"，中贵人共视之，益叹其异。（《杜阳杂编》）

【注释】

①咸通：唐懿宗李漼的年号。

②同昌公主：唐懿宗之女，极受唐懿宗宠爱，下嫁时的陪嫁极为丰厚。后同昌病死，懿宗大怒，受驸马韦保衡蛊惑，杀御医，流放大臣，酿成同昌之案。出降：皇帝之女出嫁。

【译文】

唐咸通九年，同昌公主出嫁，住在广化里。公主乘坐的是七宝步辇，辇的四周都装饰着五彩玉香囊，香囊里是辟寒香、辟邪香、瑞麟香、金凤香。这些香料都是异国进贡的，其中还混杂这龙脑和金屑等物。辇上还镂刻着水晶、玛瑙和辟尘犀制成的龙凤花。花上串着珍珠、玳瑁等宝物。还有金丝制成的流苏，轻玉雕制的浮动装饰。每当公主出游的时候，芬芳馥郁的香气就会充斥在道路中，步辇明亮闪耀，让围观的人都目眩。当时有太监在广化楼上饮酒，忽然议论说："好端端地坐在这里，哪儿来的香味？未免有些奇怪。"同坐的说："难道不是龙脑的香气吗？"那太监说道："不是，我自幼在妃嫔身边伺候，常常能闻到这种香味，不知为什么香味会飘到这里。"所以回头问卖酒的小二，小二说，这是给公主抬步辇的轿夫，用身上的锦衣放在这儿换酒喝。太监

们一起看了锦衣，越发感叹香味的神奇。(《杜阳杂编》)

玉髓香

上迎佛骨^①，焚玉髓之香，香乃诃陵国所贡献也^②。(《杜阳杂编》)

【注释】

①上：指唐懿宗，后一则也讲的是懿宗。

②诃陵国：南海古国名，故地或以为在今印度尼西亚爪哇岛。

【译文】

唐懿宗迎奉佛骨舍利的时候，焚烧玉髓香。这种香是诃陵国进贡的物品。(《杜阳杂编》)

沉檀为座

上敬天竺教^①，制二高座赐新安国寺。一为讲座，一为唱经座，各高二丈，斫沉檀为骨，以漆涂之。(《杜阳杂编》)

【注释】

①天竺教：指佛教。

【译文】

唐懿宗信奉佛教，曾经制造了两尊高座赐给新安国寺。一尊是讲座，一尊是唱经座。两尊高座各有二丈高，用沉香、檀香木压制成骨架，外面再刷上油漆。(《杜阳杂编》)

刻香檀为飞帘

诏迎佛骨，以金银为宝刹，以珠玉为宝帐香舁，刻香檀为飞帘、花槛、瓦木、阶砌之类。(《杜阳杂编》)

【译文】

唐懿宗下旨奉迎佛骨，用金银建造庙宇，并且用珠玉制成宝帐、香轿。将檀香雕刻成飞帘、花槛、瓦木、阶砌等景物。(《杜阳杂编》)

含嚼沉麝

宁王骄贵[①]，极于奢侈，每与宾客议论，先含嚼沉麝，方启口发谈，香气喷于席上。(《天宝遗事》)

【注释】

①宁王：李宪，唐睿宗长子，封宁王，李隆基之兄，善音律，让皇位于李隆基，死后玄宗封为让皇帝。

【译文】

宁王一向骄横显贵，在生活上极尽奢靡。每当他跟宾客们交谈时，总要先把沉香、麝香等放在口中咀嚼片刻，方才开口发言，因此说话的时候香气就会喷洒在坐席上面。(《天宝遗事》)

升霄灵香

公主薨[①]，帝哀痛，今赐紫尼及女道冠焚升霄灵之香，击归天紫金之磬，以导灵升。(《天宝遗事》)

【注释】

①公主：指同昌公主。

【译文】

同昌公主薨逝，唐懿宗十分伤心。下令赐给紫尼和女道士引灵所用，焚烧升霄灵香，敲击归天紫金磬，以此引导公主的灵魂飞升。(《天宝遗事》)

灵芳国

后唐龙辉殿安假山水一铺[①]，沉香为山阜[②]，蔷薇水、苏合油为江池，苓藿、丁香为林树，熏陆为城郭，黄紫檀为屋宇，白檀为人物，方围一丈三尺，城门小牌曰："灵芳国"。或云：平蜀得之者。(《清异录》)

【注释】

①铺：在这里是量词，用于陈设品。

②山阜：土山，泛指山岭。

【译文】

后唐龙辉殿中，安置了一座假山水。把沉香铺设成山体，用蔷薇水、苏合油充当江河湖地，用苓藿、丁香充当树木，用熏陆垒造成城郭，将黄紫檀制成房屋，白檀制成人物。这座假山水周长为一丈三尺，城门上挂一小牌子，上面写着"灵芳国"。有人说，构建山水的香料都是评定蜀地时得到的。(《清异录》)

香宴

李璟保大七年①，召大臣宗室赴内香宴，凡中国外夷所出，以至和合煎饮佩戴粉囊共九十二种，江南素所无也。(《清异录》)

【注释】

①李璟：南唐元宗，字伯玉，原名李景通，943～961年在位，好读书，多才艺，保大为其年号。

【译文】

李璟在保大七年时，曾召集大臣、宗室赴内宫的香宴，将中外所产的香料聚集起来，调和熬成汤药来服用，或制成粉囊来佩戴，所用到的香料共有九十二种，都是江南之地从不出产的。(《清异录》)

爇诸香昼夜不绝

蜀主王衍奢纵无度①，常列锦步障②，击球其中，往往远适而

香乘

外人不知。爇诸香昼夜不绝，久而厌之，更爇皂荚以乱香气，结缯为山及宫观楼殿于其上。(《续世说》)

【注释】

①王衍：字化源，王建第十一子，许州舞阳（今属河南）人，前蜀后主，918~925 年在位。

②锦步障：遮蔽风尘或视线的锦制屏幕，古时是豪奢的代表。

【译文】

前蜀后主王衍在生活上极其骄纵奢靡，常常陈列锦制的步障，在内击球玩耍，往往跑到很远的地方而步障外的人还没有察觉。他曾日夜不停地焚烧各种香料，日子久了又觉得厌烦了，于是焚烧皂荚来扰乱香气。他还把丝织品织结成假山，在上面建造道观和宫殿。(《续世说》)

鹅梨香

江南李后主帐中香法①，以鹅梨蒸沉香用之②，号鹅梨香。(洪刍《香谱》)

【注释】

①李后主：五代十国时南唐国君李煜，961~975 年在位，字重光，初名从嘉，号钟隐、莲峰居士，精于书画，以词的成就为高。

②鹅梨：亦作"鹥（é）梨"，梨的一种，皮薄多浆，香味浓郁。

【译文】

南唐后主李煜在主帐中焚香法，把鹅梨制成容器盛放沉香，再在火上蒸成香料，称为"鹅梨香"。(洪刍《香谱》)

焚香祝天

后唐明宗每夕于宫焚香①，祝天曰：某为众所推戴，愿早生圣人为生民主。(《五代史》)

①后唐明宗：李嗣源，五代后唐皇帝。926～933 年在位。

【译文】

后唐时期，明宗每天晚上都要在宫里焚香，向上天祝祷："我被众人推选拥戴成为君主，希望上天早日降生圣人能主宰黎民百姓。"(《五代史》)

香孩儿营

宋太祖匡胤生于夹马营①，赤光满室，营中异香，人谓之香孩儿营。(《稗雅》)

【注释】

①马营：洛阳的一处军营。

【译文】

宋太祖赵匡胤出生在河南洛阳的夹马营。他在降生的时候红光满室，营中充满了奇异的香气，人们称为香孩儿营。(《稗雅》)

201

降香岳渎

国朝每岁分遣驿使斋御香，有事于五岳四渎名山大川①，循旧典也。岁二月，朝廷遣使驰驿，有事于海神，香用沉檀，具牲币②，主者以祝文告于神前。礼毕，使以余香回福于朝。(《清异录》)

【注释】

①四渎：长江、黄河、淮河、济水（今不存）的合称。《尔雅·释水》："江、河、淮、济为四渎。"

②牲币：牺牲和币帛。古代用以祀日月星辰、社稷、五岳等，后泛指一般祭祀供品。

【译文】

大宋每年都要分派驿使，用御用香料祭祀五岳和四渎等名山大川，这是遵循了上古的礼法。每年二月，朝廷会派遣使臣驾乘驿马疾驰奔行，前往祭祀，并向海神祈福。祭祀用的香品选用了沉香、檀香，陈列了牲畜、币帛等祭品，由主持祭祀的人在神前诵念祝祷的文章。祭祀结束，朝廷来使臣把祭祀剩下的香料带回，以求赐福宋朝。(《清异录》)

雕香看果

显德元年，周祖创造供荐之物①，世祖以外姓继统②，凡百物从厚，灵前看果雕香为之。(《清异录》)

【注释】

①周祖：后周太祖郭威，951~954 年在位。

②世祖：后周世宗柴荣，954~959 年在位。

【译文】

后周显德元年，太祖郭威创制了祭祀祖宗的各种物品。世宗柴荣以外姓人的身份继承大统之后，祭祀所用的物品一切从厚，灵前设置的看果都是用香料雕刻成的。(《清异录》)

香药库

宋内香药库在谯门外①，凡二十八库。真宗御赐诗一首为库额，曰："每岁沉檀来远裔，累朝珠玉实皇居。今辰御库初开处，充物尤宜史笔书。"(《石林燕语》)

【注释】

①香药库：宋官署名，属太府寺，掌管外来香药、宝石等物。

【译文】

宋朝设置的内香药库位于宫殿侧门外，合计二十八库。宋真宗赐有御诗一首，题作库房的匾额。诗是这样写的："每岁沉檀来远裔，累朝

珠玉实皇居。今辰御库初开处，充物尤宜史笔书。"（《石林燕语》）

诸品名香

宣政间①，有西主贵妃金香得名，乃蜜剂者，若今之安南香也。光宗万机之暇留意香品②，合和奇香，号"东阁云头香"。其次则"中兴复古香"，以占腊沉香为本，杂以龙脑、麝香、蔷葡之类，香味氤氲，极有清韵。又有刘贵妃"瑶英香"，元总管"胜古香"，韩钤辖"正德香"，韩御带"清观香"，陈司门"木片香"，皆绍兴乾淳间一时之胜耳③。庆元韩平原制"阅古堂香"，气味不减云头。番禺有吴监税"菱角香"，乃不假印，手捏而成，当盛夏烈日中，一日而干，亦一时之绝品，今好事之家有之。（《稗史汇编》）

【注释】

①宣政：此处为宋徽宗年号政和、宣和的并称。

②光宗：宋光宗赵惇，南宋第三位皇帝，1190～1194 年在位。

③绍兴乾淳：泛指宋高宗和宋孝宗的时代。绍兴（1131—1162）是南宋高宗赵构年号；隆兴（1163—1164）、乾道（1165—1173）、淳熙（1174—1189）都是南宋孝宗年号。

【译文】

宋朝宣政年间，有一种西主贵妃金香得以闻名，这种香是蜜剂型的香品，称为东阁云头香。其次有中兴复古香，是用占城、真腊等国的沉香为主要原料，掺杂以龙脑、麝香、郁金花等物调制而成，其香气馥郁，极具清雅之韵。还有诸如刘贵妃"瑶英香"，元总管"胜古香"，韩钤辖"正德香"，韩御带"清观香"，陈司门"木片香"，都是绍兴、乾道、淳熙年间极其流行的名香。庆元年间，韩平原调制的阅古堂香，气味并不比云头香差。番禺还有一种吴监税菱角香，不用印模压制，纯粹用手捏成形状，盛夏时节把它放置在烈日下暴晒，只有一日的时间就能晒干。这种香也算当时的绝品了。如今爱好香品的人家大多存有这种香。（《稗史汇编》）

卷七　宫掖诸香

宣和香

宣和时^①，常造香于睿思东阁，南渡后，如其法制之，所谓东阁云头香也。冯当世在两府使潘谷作墨^②，名曰"福庭东阁"，然则墨亦有东阁云。（《癸辛杂识外集》^③）

宣和间，宫中所焚异香有亚悉香、雪香、褐香、软香、瓠香、猊眼香等。（《癸辛杂识外集》）

【注释】

①宣和：宋徽宗年号。

②潘谷：宋代制墨名家，歙县人，所制之墨当时即为文人所重，世称墨仙。

③《癸辛杂识外集》：《癸辛杂识》六卷，周密寓居癸辛街时所作。主要记载宋元之际的琐事杂言。

【译文】

宣和年间，宫中常在睿思东阁制造香品。宋室南渡之后，还是依照过去的配方调制香品，这就是所谓的东阁云头香。冯当世在两府的时候，曾命令潘谷制墨，名叫"福庭东阁"。墨难道也有出自东阁的配方吗？（《癸辛杂识外集》）

宣和年间，宫中所焚烧的奇异香品有亚悉香、雪香、褐香、软香、瓠香、猊眼香等。（《癸辛杂识外集》）

行香

国初行香^①，本非旧制。祥符二年九月丁亥诏曰^②：宣祖、昭武皇帝、昭宪皇后自今忌前一日不坐朝^③，群臣进名奉慰，寺观行香，禁屠，废务。累朝因之，今惟存行香已。（王栐《燕翼贻谋录》^④）

【注释】

①行香：古代拜佛礼神的一种仪式。始于南北朝。

②祥符：宋真宗年号。

③宣祖昭武皇帝、昭宪皇后：指宋太祖、太宗的父亲赵弘殷、母亲杜氏，这些都是所封的谥号。

④王栐《燕翼贻谋录》：宋笔记，王栐撰。王栐，字叔永，濡须（今安徽无为东北）人。

【译文】

大宋朝初年，行香本来不是旧有制度，直到真宗大中祥符二年九月丁亥日下诏说："从今以后，但逢宣祖、昭武皇帝、昭宪皇后忌日的前一天，不判决罪犯，群臣百官都要进名奉慰，寺观行香，禁止屠杀牲畜，不处理日常事务。"这些制度是历朝历代沿袭下来的，如今只剩下了行香而已。(《燕翼贻谋录》)

斋降御香

元祐癸酉九月一日夜①，开宝寺塔表里通明彻旦②，禁中夜遣中使斋降御香。(《行营杂录》③)

【注释】

①元祐：宋哲宗赵煦年号。

②彻旦：达旦，直至天明。

③《行营杂录》：宋笔记，赵葵撰。赵葵，字南仲，号信庵，一号庸斋，衡山（今属湖南）人。

【译文】

大宋元祐癸酉九月一日的夜里，开宝寺的琉璃塔内外通明直到天亮。宫中深夜派遣宦官，携带御用的香品颁赐给开宝寺。(《行营杂录》)

僧吐御香

艺祖微行至一小院旁①，见一髡大醉②，吐秽于地。艺祖密召

卷七　宫掖诸香

小珰往某所觇此髡在否^③，且以其所吐物状来至御前，视之悉御香也。（《铁围山丛谈》）

【注释】

①艺祖：此处指宋太祖。

②髡（kūn）：剃发曰髡，此处指僧人。

③觇（chān）：窥视。

【译文】

宋太祖微服出行，来到一座小小的院落旁，见到一个僧人喝醉了酒，将污秽之物吐了一地。宋太祖密令小太监前往，探看僧人是否还在那里，并将其吐出的东西全都带回来。宋太祖查看后才发现，僧人吐出来的东西都是御用香料。（《铁围山丛谈》）

麝香小龙团

金章宗宫中以张遇麝香小龙团为画眉墨^①。

【注释】

①金章宗：金章宗完颜璟，金朝第六位皇帝，1189~1208 年在位，在位时为金朝最繁盛时期，极尽奢华风雅。张遇：五代宋初人，制墨名家，"麝香小龙团"为其所制名墨。

【译文】

金代章宗为帝时，后宫把张遇麝香小龙团作画眉之墨。

祈雨香

太祖高皇帝欲戮僧三千余人^①，吴僧永隆请焚身以救免。帝允之，令武士卫其龛，隆书偈一首，取香一瓣，书："风调雨顺"四字，语中侍曰："烦语阶下，遇旱以此香祈雨必验。"乃秉炬自焚，骸骨不倒，异香逼人，群鹤舞于龛顶，上乃宥僧众。时大旱，上命

以所遗香至天禧寺祷雨，夜降大雨。上喜曰："此真永隆雨。"上制诗美之。永隆：苏州尹山寺僧也。（《翦胜野闻》②）

子休氏曰：汉武好道，遐邦慕德，贡献多珍，奇香叠至，乃有辟瘟回生之异。香云起处，百里资灵。然不经史载，或谓非真。固当事秉笔者不欲以怪异使闻于后世人君耳。但汉制贡香不满斤不收，似希多而不冀精，遗笑外使，故使者愦愦③，不再陈异，怀香而返，仅留香豆许，示异一国。明皇风流天子，笃爱助情香。至创作香篆，尤更标新。宣政诸香，极意制造，芳郁昭胜，大都珍异之品，充贡尚方者。应上清、大雄受供之余④，自非万乘之尊，曷能享其熏烈？草野潜夫，犹得于颖楮间挹其芬馥⑤，殊为幸矣！

【注释】

①太祖高皇帝：指明太祖朱元璋，1368年登基。欲戮僧三千余人：《翦胜野闻》载："洪武二十五年下度僧之令，天下诸寺沙弥求度者三千余人，有冒名代请者甚众，帝大怒，悉命锦衣卫将僇之。"

②《翦胜野闻》：一卷，记载明太祖事迹，明徐祯卿撰。徐祯卿，字昌谷，吴县（今江苏苏州）人，明代文学家，吴中四才子之一。

③愦愦：烦闷、忧愁的样子。

④上清、大雄：大雄指佛，上清是道家仙境，合起来泛指佛道二家尊崇的对象。

⑤颖楮：笔和纸。亦指文字、书画。此处指书籍、记载。

【译文】

明太祖朱元璋曾经因故打算杀掉三千多名僧人，吴地的僧人永隆请求自焚，以救脱其余众僧。朱元璋同意了他的请求，并下令让武士们守卫他自焚的龛室。永隆写了一首偈子，又取了一片香，上书"风调雨顺"四个大字，并对宫里派来的侍从官说道："烦请转告陛下，遇到大旱之年，以此香求雨，必定灵验。"永隆手里拿着火炬自焚了，但他的骸骨却并没有倒塌，奇异的香气扑面而来，群鹤在龛顶飞舞。朱元璋也因此饶恕了三千多名僧人。后来遇到大旱，朱元璋命人将永隆留下的那片香送去祈求雨水，当夜就降下大雨。于是朱元璋夸奖道："这是真正的永隆之雨啊！"甚至还写诗赞美了这件事。永隆，是苏州尹山寺的僧人。(《翦胜野闻》)

子休氏说："汉武帝喜好道家之学，各国仰慕天朝之德，贡献了很多珍宝。奇异的香料纷纷而来，因此才有了辟除瘟疫、起死回生这样的异事发生。香云所到之处，百里内都感化灵异。然而，这些事迹没有收入史册。因此，有人说这些都不是真的，肯定是书写史书的人，不想让后世的君主听闻这样怪异的事情。但是，根据汉代的制度规定，外国进贡的香料不满一斤就不收，似乎是在乎数量的多少，而不在乎质量之精，这也让外国使者所笑话。故而使者觉得心烦意乱，不愿意把异香献出来，而是揣着奇异的香品返回本国。只留下少许香豆，像大汉显示其国香料的珍奇。唐明皇果然是风流天子，爱好助情香。至于唐敬宗制造香箭，则更是标新立异的举动了。宋徽宗政和、宣和年间的各种香品，用心调制，香气芬芳馥郁，大多都是奇珍异品。充作御用贡品的香料，应当是供奉给佛寺道观后剩余下来的。如果不是万乘之尊的君主，哪能享受它的熏香馥郁呢？草野之人，还能在稻禾、楮树之间，呼吸它们的芬芳，这实在是一件幸运的事情啊！"

卷八　香异

沉榆香

黄帝使百辟群臣受德教者^①，皆列珪玉于兰蒲席上，燃沉榆之香，舂杂宝为屑，以沉榆之胶和之，为泥以涂地，分别尊卑、华戎之位也。（《封禅记》）

【注释】

①百辟：诸侯，或指百官。

【译文】

黄帝让诸侯、群臣接受德教，把珪玉排列在兰蒲席上，熏燃陈榆香。又把各种珍宝舂成屑状，用陈榆胶黏成泥用来涂地，以区别尊卑、华戎的位次。（《封禅记》）

荼芜香

燕昭王二年^①，波弋国贡荼芜香，焚之着衣则弥月不绝，浸地则土石皆香，着朽木腐草莫不茂蔚，以熏枯骨则肌肉立生。时广延国贡二舞女，帝以荼芜香屑铺地四五寸，使舞女立其上，弥日无迹。（《王子年拾遗记》）

【注释】

①燕昭王：战国时期燕国第三十九任君主，名职，在位时礼贤下士，燕国成为当时强国之一。

【译文】

战国时期燕国君主燕昭王二年，波弋国进贡荼芜香。焚烧此香熏衣，香气经月不散；用此香浸染地面、泥土、石块都会带上香味；朽木腐草碰到它的时候，也都重新焕发了生机；用它来熏染枯骨，肌肉都会立即生出。当时，广延国进贡了两名舞女，昭王在地面撒上约

四五寸厚的茶芜香屑，舞女站在上面一整天都没有痕迹。（《王子年拾遗记》）

恒春香

方丈山有恒春之树，叶如莲花，芬芳若桂，花随四时之色。昭王之末，仙人贡焉，列国咸贺。王曰："寡人得恒春矣，何忧太清不一？"恒春，一名沉生，如今之沉香也。

【译文】

方丈山上生长着恒春树，树叶形似莲花，香气宛若桂花，花朵的颜色随四季而变化。燕昭王末年。仙人进贡此树，各国为此都来恭贺。燕昭王说："寡人我得到了恒春香，何愁天下不能一统？"恒春又叫"沉生"，也就是现在的沉香。

遏草香

齐桓公伐山戎①，得闻遏草，带者耳聪，香如桂，茎如兰。

【注释】

①齐桓公：姜姓，名小白，春秋五霸之首。山戎：古代北方民族名，又称北戎，匈奴的一支，活动地区在今河北省北部。

【译文】

春秋时齐恒公讨伐山戎，得到了闻暇草。佩戴这种草的人听力灵敏。这种草的香气像桂花，茎条又像兰花。

西国献香

汉武帝时弱水西国有人乘毛车以渡弱水来献香者，帝谓是常香，非中国之所乏，不礼，其使留久之。帝幸上林苑①，西使至乘舆间，并奏其香。帝取之看，大如燕卵三枚，与枣相似。帝不悦，以付外库。后长安中大疫，宫中皆疫病，卒不举乐。西使乞见，请烧所贡香一枚，以辟疫气。帝不得已听之，宫中病者登日并瘥，长安百里咸闻香气，芳积九十余日，香犹不歇。帝乃厚礼发遣钱送。（张华《博物志》）

【注释】

①上林苑：古宫苑名。秦旧苑，汉初荒废，至汉武帝时重新扩建。故址在今西安市西及周至、户县界。

【译文】

汉武帝时期，弱水西国有人乘坐着撬车渡过弱水来进献香料。汉武帝以为是平常的香料，不是中原缺乏的，因此没用应有的礼节接待使者，让使者滞留了很长时间。汉武帝驾临上林苑的时候，西国使者在乘舆间奏报了进献的香料。汉武帝拿过来一看，是三枚燕子卵那么大的香，形状和枣子相似。汉武帝不怎么喜欢，就交给外库收藏。后来，长安城中流行疫病，宫中人也沾染上了疫病，汉武帝停止了歌舞活动。西国使者请求觐见，并请求焚烧一枚他进贡的香料，用来辟除疫气。汉武帝也没有别的更好的方法，就听从了他的请求。没想到宫中患病的人都痊愈了。长安城中，方圆百里之内都能闻到浓厚的香气，九十多天后，香气还是没有退散。汉武帝专门置办了厚礼给使臣践行，让他风光回国。（张华《博物志》）

返魂香

聚窟州有大山①，形如人鸟之象，因名为人鸟山。山多大树，与枫木相类而花叶香闻数百里，名为返魂树。扣其树亦能自作声，声如群牛吼，闻之者皆心震神骇。伐其木根心，于玉釜中煮取汁，更微火煎，如黑饧状②。令可丸之，名曰惊精香，或名震灵香，或名返生香，或名震檀香，或名人鸟精，或名却死香，一种六名。斯灵物也，香气闻数百里，死者在地，闻香气即活，不复亡也。以香熏死人，更加神验。延和三年③，武帝幸安定，西胡月支国王遣使

212

献香四两，大如雀卵，黑如桑椹。帝以香非中国所有，以付外库。使者曰：臣国去此三十万里，国有常占：东风入律④，百旬不休；青云干吕⑤，连月不散者，当知中国时有好道之君。我王固将贱百家而好道儒，薄金玉而厚灵物也，故搜奇蕴而贡神香，步天林而请猛兽，乘毳车而济弱渊，策骥足以度飞沙，契阔途遥，辛劳蹊路，于今已十三年矣，神香起夭残之死疾猛兽，却百邪之魅鬼。又曰：灵香虽少，斯更生之，神丸疫病灾，死者将能起之，及闻气者即活也。芳又特甚，故难歇也。后建元元年⑥，长安城内病者数百，亡者大半。帝试取月支神香烧于城内，其死未三月者皆活，芳气经三月不歇，于是信知其神物也。乃更秘录余香，后一旦又失，捡函封印如故，无复香也。（《十州记》⑦）

永乐初⑧，传闻太仓刘家河天妃宫有鹳卵⑨，为寺沙弥窃烹。将熟，老僧见鹳哀鸣不已，急令取还。经时雏出，僧异之，探其巢，得香木尺许，五彩若锦，持以供佛。后有外国使者见之，以数百金易去，云是神香也，焚之死人可生，即返魂香木也。盖太仓近海，鹳自海外负至者。

【注释】

①聚窟洲：《十州记》载：在西海中未申地，地方三千里，北接昆仑二十六万里，离东岸二十四万里。上多真仙灵官，宫第比门，不可胜数。

②饧（xíng）：用麦芽或谷芽熬成的饴糖。

③延和：此处指汉武帝年号，又作征和。

④入律：古代以律管候气，节候至，则律管中的葭灰飞动。"入律"犹言节气已到。

⑤干吕：犹入吕。古称律为阳，吕为阴，故以"干吕"谓阴气调和。

⑥建元：此处指汉武帝年号（前140—前135）。

⑦《十州记》：《十州记》又名《海内十洲记》《十州三岛记》《十州三岛》等，志怪小说集，传汉东方朔作。

⑧永乐：明成祖年号（1403—1424）。

⑨太仓刘家河：今江苏太仓刘家港。天妃宫：天妃，亦称天后。
海神，为我国东南沿海地区所信仰。

【译文】

聚窟州有一座大山，山的形状如同人鸟，因而得名人鸟山。山中
生有许多大树，树形于枫树相似，而花叶所散发出来的香气，几百里
之外都能闻到，名为返魂树。敲击此树，能发出声响，就像牛群的吼
叫，听到这种声音的人没有不心惊神摇。砍伐此树，把树木的根心放
在玉釜中煎煮出汁液，再用文火煎制成黑糖状。将它搓成香丸，名叫
惊精香，又叫震灵香，或者叫返生香，或者叫震檀香，或者叫人鸟精，
或者叫却死香。一种香有六种名字，这实在是灵异之物啊！这种香的
气息在数百里之内都能闻到，地下的死人闻到香气都能复活，不用再
死亡。用这种香来熏死人，更加神奇灵验。延和三年，汉武帝前去安
定西胡月支国，国王派遣使者献上香料四两，像鸟蛋那么大，桑葚那
么黑。汉武帝因为这种香不是中原缺乏的东西，就交给外库保管。使
者说："微臣的国家据此三十万里，国内常常春风和畅，律吕调协，百
旬不休；青云干吕，数月不散。知道中原现在有好道的君主。我国国
王一向轻视百家，崇好道儒，鄙薄金玉，珍惜灵物，故而搜求奇蕴，
进贡神香。走过天林，捕获猛兽；乘坐撬车，渡过弱水；策马飞驰，
穿过沙漠。路途遥远，道路多艰，至今已走了十三年。神香能治愈各
种能置人于死地的疾病，能驱散妖魔鬼怪。"又说："神香的分量虽然
少，但用它制成神奇的药丸，能让因疫病死去的人们起死回生，闻到
香气的人就能活过来。香气又特别浓，故而难以歇散。"后来，到建元
元年，长安城内有数百人染上疫病，死掉了一大半。汉武帝试着取来
月支国进贡的神香，在城内焚烧，死亡时间在三个月之内的人全都复
活了，芬芳的香气历经了三个月都没有散去，汉武帝才知道这确实是
神物。于是更加妥善地秘密藏起剩余的香料。后来由于一时失于检点，
香函上的封印依然，香却没有了。（《十州记》）

明成祖永乐初年，传闻太仓刘家河的天妃宫内有鹳卵，被寺中的

214

沙弥偷偷烹煮。快要煮熟了，老僧见到鹳哀鸣不已，急忙让沙弥将鹳卵还回到窝中，过了一段时间，雏鹳孵化出来。僧人觉得很怪异，探究鹳巢，得到一尺多长的香木，上有五彩，就像锦绣一样，僧人们用它来供佛。后来有外国使者见到此香木，用数百金换走，说："这是神香啊，焚烧它，死人可以复活。"这种香木就是返魂香木。因为太仓靠近大海，鹳从海外衔来了这块香木。

庄姬藏返魂香

袁运字子先，尝以奇香一丸与庄姬，藏于笥①，终岁润泽，香达于外。其冬阁中诸虫不死，冒寒而鸣。姬以告袁，袁曰：此香制自宫中，当有返魂乎。

【注释】

①笥（sì）：一种装饭食或衣物的竹器。

【译文】

215

袁运，字子先，他曾经把一丸奇异的香料送给庄姬。庄姬将香藏在箱内，终年保持润泽，香气弥漫出来。到了冬天，阁中的各种虫子都没有死，因畏惧寒冷而鸣叫起来。庄姬把这件事告诉了袁运，袁运说："这种香是宫中所制，里面应当含有返魂香的成分吧。"

返魂香引见先灵

大同主簿徐肇遇苏氏子德哥者，自言善为返魂香。手持香炉，怀中以一贴如白檀香末撮于炉中，烟气袅袅直上，甚于龙脑。德哥微吟曰：东海徐肇欲见先灵，愿此香烟用为引导，尽见其父母、曾、高。德哥曰：但死经八十年以上者则不可返矣。（洪刍《香谱》）

【译文】

司天监主簿徐肇，遇到苏氏之子德哥。德哥自称擅长制造返魂香，他手持香炉，从怀中取出一撮像白檀香末的东西放进香炉里，烟气袅袅直上，胜过龙脑。德哥微微沉吟道："东海徐肇想见到先人的灵魂，愿用此香烟引导，见到其父母、曾祖、高祖。"德哥说："但凡死了有八十年以上的人，则不能复见。"（洪刍《香谱》）

明天发日香

汉武帝尝夕望，东边有云起，俄见双白鹄集台上，化为幻女，舞于台，握凤管之箫，抚落霞之琴，歌青吴春波之曲。帝开暗海玄落之席，散明天发日之香。香出胥池寒国，有发日树，日从云出，云来掩日，风吹树枝，即拂云开日光。

【译文】

汉武帝曾在黄昏时分远望，见东方云层涌起，既而见到一对天鹅飞集到台上，幻化成少女，在台上舞蹈，握着凤管箫，抚着落霞琴，唱着青吴春波的歌曲。开设暗海玄落之席，散发天明发日之香。此香出产自胥池寒国，该国有发日树，太阳从云中出来，云又来遮掩太阳，风吹树枝，拨云见日。

百和香

武帝尝修除宫掖，爇百和之香，张云锦之帷，燃九光之灯，列玉门之枣，酌葡萄之酒，以候王母降。（《汉武外传》[①]）

【注释】

①《汉武外传》：内容为汉武故事，大概魏晋时成书，作者不详。

【译文】

汉武帝命人洒扫宫掖，焚熏百和香，张开云锦帷幕，点燃九光灯，陈列玉门枣。汉武帝饮用葡萄美酒，等待王母降临。（《汉武外传》）

乾陀罗耶香

西国使献香，名"乾陀罗耶香"。汉制，不满斤不得受，使乃私去，着香如大豆许在宫门上，香自长安四面十里经月乃歇。

【译文】

西域使者进献香料，名叫"乾陀罗耶香"。汉朝制度规定，不满一斤的香料不接受进献。于是使者就悄悄离开了，并且把大豆大小的香料放在宫门上，香气自长安向四周弥散，十里之内都能闻到，过了一个月，香气才渐渐散去。

兜木香

兜木香，烧之去恶气、除病疫。汉武帝时，西王母降，上烧兜木香末。兜木香，兜渠国所献，如豆大，涂宫门上，香闻百里。关中大疾疫，死者相扰，藉烧此香，疫则止。《内传》云：死者皆起，此则灵香。非中国所致，标其功用，为众草之首焉。（《本草》）

217

西国献香、返魂香、乾陀罗耶香、兜木香，其论形似，功效神异略同，或即一香，诸家载录有异耳，姑并录之，以俟博采。

【译文】

焚烧兜木香可以祛除恶气，使疾病消除。汉武帝时期，西王母降临，汉武帝焚烧兜木香末。兜木香，是兜渠国进献的香料，像豆子那么大，涂抹在宫门上，香气远播，能达到数百里。关中暴发疾病，染病而死亡的人尸体层层相叠。焚烧此香后，疾病便止住了。《内传》中说："死者都可以复活，这是灵异之香才能达到的功效，非中原所有，标榜其功效，为众草之首。"（《本草》）

西域进献的香料：返魂香、乾陀罗耶香、兜木香，它们的形状都相似，功效神异也大略相同，或者原本就是一种香，只是各家载录不同罢了，姑且一并收录于此，以待博采之人。

龙文香

龙文香，武帝时所献，忘其国名。（《杜阳杂编》）

【译文】

龙文香，是汉武帝时期外国所进献的香料，但其国名已经失去记载。（《杜阳杂编》）

方山馆烧诸异香

武帝元封中[1]，起方山馆招诸灵异，乃烧天下异香。有沉光香、祇精香、明庭香、金磾香、涂魂香。帝张青檀之灯，青檀有膏如淳漆，削置器中，以蜡和之，香燃数里。（《汉武内传》[2]）

沉光香，涂魂国贡，暗中烧之有光，故名。性坚实难碎，以铁杵舂如粉而烧之。祇精香亦出涂魂国，烧之魑魅畏避。明庭香出胥池寒国。金磾香，金日磾[3]所制，见下。涂魂香以所出国名之。

【注释】

①元封：汉武帝年号（前110—前105）。

②《汉武内传》：一卷，亦名《汉武帝内传》，传为班固或葛洪所作，大概为魏晋间成书。

③金日磾（jīn mì dī）：字翁叔。本为匈奴休屠王太子，休屠王被昆邪王杀，金日磾及其家人沦汉室官奴，因其忠义持重为汉武帝所重，后为西汉名臣。

【译文】

汉武帝元封年间，起造方山馆，用来吸引各种灵异的事情。馆内焚烧天下神异的香料。有沉光香、祇精香、明庭香、金磾香、涂魂香。汉武帝张挂青檀灯，青檀中有厚漆一般的膏液，削取放置到器物中，用蜡来调和，香气熏燃，远播数里。（《汉武内传》）

沉光香，是涂魂国进献的贡品，在黑暗的地方焚烧它能产生光亮，因而得名。此香性坚实，难以切碎，用铁杵春制成粉末状，用作焚烧。祇精香也出产自涂魂国，焚烧此香，能让魑魅魍魉畏避。明庭香，出产自骨池寒国。金碑香，是金日碑所制，详情见下文。涂魂香，以其所出产的国家名称命名。

金碑香

金日碑既入侍，欲衣服香洁，变胡虏之气，特合此香，帝果悦之，日碑尝以自熏，宫人见之，益增其媚。(《洞冥记》)

【译文】

汉武帝的亲近侍臣金日碑要入宫侍候，想要衣服清香洁净，以变更胡人之气，就自己调制了这种香。武帝果然很喜欢。金日碑曾经给自己熏香，宫中人见了，也更喜欢他。(《洞冥记》)

熏肌香

熏人肌骨，至老不病。(《洞冥记》)

【译文】

此香熏人肌骨，直到年老也不会感染疾病。(《洞冥记》)

天仙椒香彻数里

虏苏割刺在答鲁之右大泽中，高百寻，然无草木，石皆赭色。山产椒，椒大如弹丸，然之香彻数里。每然椒，则有鸟自云际蹁跹而下，五色辉映，名赭尔鸟，盖凤凰种也。昔汉武帝遣将军赵破奴逐匈奴[1]，得其椒，不能解，诏问东方朔[2]。朔曰："此天仙椒也。塞外千里有之，能致凤。"武帝植之太液池。至元帝时，椒生果，有异鸟翔集。(《敦煌新录》[3])

卷八 香异

【注释】

①赵破奴：西汉将领，原籍太原（今山西太原市附近）。幼时流浪于匈奴地区，后归汉从军，在对匈奴战争中屡立战功被封侯。后因巫蛊案被杀。

②东方朔：字曼倩，平原厌次县人，西汉辞赋家，博学诙谐，著述颇丰。

③《敦煌新录》：后唐李延范所著，叙张义潮本末及彼土风物，一卷。

【译文】

虏苏割剌山，位于答鲁右面的大湖之中，高达百寻，却没有草木生长。山石皆呈赭色，山中出产椒，椒像弹丸一般大小，然而这种香气却能遍布数里。每次焚熏此椒，就有鸟儿从云间翩然而至。鸟儿身披五色羽毛，名为赭尔鸟，是凤凰的同类。昔日汉武帝命令将军赵破奴逐击匈奴，得到这种椒，当时不能辨认，就问东方朔。东方朔说："此乃天仙椒，塞外千里之地有这种椒，能招引凤凰。"汉武帝将其种植在太液池。到了汉元帝时期，椒生长出果实，有神异的鸟儿翔集而来。（《敦煌新录》）

神精香

光和元年波岐国献神精香①，一名荃蘼草，亦名春芜草。一根而百条，其枝间如竹节柔软，其皮如丝可为布，所谓"春芜布"，又名"白香荃"。布坚密如冰纨也②，握之一片，满宫皆香，妇人带之，弥年芬馥也。（《鸡跖集》③）

【注释】

①光和：东汉皇帝汉灵帝刘宏年号。

②冰纨：洁白的细绢。

③《鸡跖集》：宋痒撰，一作王子韶撰，二者俱北宋时人。古人以鸡跖为美味。

【译文】

光和元年，波岐国进献了神精香，一名荃蘼草，也叫春芜草。这种草一根茎上有上百个枝条，枝条上有竹节一样的间隔，很柔软，表皮像丝一样，可以织成布。这就是所谓的"春芜布"，又叫"白香荃"。这种布的质地坚实，如同冰纨，在手上握一片，整个宫中都带有香气。妇人将其佩戴在身上，历经一年，香气仍然芳香馥郁。(《鸡跖集》)

辟寒香

丹丹国所出①，汉武帝时入贡。每至大寒，于室焚之，暖气翕然自外而入，人皆减衣。(任昉《述异记》)

【注释】

①丹丹国：古国名。故地或以为在今马来西亚马来东北岸的吉兰丹，或以为在其西岸的天定，或以为在今新加坡附近。

【译文】

这种香由丹丹国所生产，汉武帝时期贡入。每到大寒时节，在室内焚烧这种香，暖气同时自外而入，人们纷纷减除衣物。(任昉《述异记》)

寄辟寒香

齐凌波以藕丝连锦作囊，四角以凤毛金饰之，实以辟寒香，为寄钟观玉。观玉方寒夜读书，一佩而遍室俱暖，芳香袭人。(《瑯嬛记》①)

【注释】

①《瑯嬛记》：元伊世珍著，为记载神异传说的笔记小说。

【译文】

齐凌波用藕丝连锦制作成香囊，四角用凤毛金装饰，内装辟寒香。他把这只香囊送给钟观玉，观玉寒夜读书，佩戴此香囊，整个房间都很温暖。芳香之气，袭人口鼻。(《瑯嬛记》)

飞气香

飞气之香、玄脂朱陵、返生之香、真檀之香，皆真人所烧之香。(《三洞珠囊隐诀》)

【译文】

飞气香、玄脂朱陵、返生香、真檀香，都是真人所焚烧的香。(《三洞珠囊隐诀》)

蔷薇香

汉光武建武十年，张道陵生于天目山[1]。其母初梦大人自北魁星中降至地，长丈余，衣绣衣，以蔷薇香授之。既觉，衣服居室皆有异香，经月不散，感而有孕。及生日，黄云笼室，紫气盈庭，室中光气如日月，复闻昔日之香，浃日方散[2]。(《列仙传》)

【注释】

①张道陵：道教祖师，降妖除魔，世称张天师。

②浃（jiā）：整整，浃日，整整一天。

【译文】

汉光武帝建武十年，道教天师张道陵出生于天目山，他的母亲最初梦见先人从北魁星中降临地面。仙人长约数丈，身披锦绣衣裳，将蔷薇香送给她。她醒来之后，衣服和房内都有奇异的香气，过了一个月，仍然不会散去，之后她便感觉怀了身孕。到了生产的那日，黄云笼罩在产室，紫气充盈在庭内，室中光亮如同日月，又闻到之前的那种香味，整整一天，香味方才散去。(《列仙传》)

蘅芜香

汉武帝息延凉室，梦李夫人授帝蘅芜香。帝梦中惊起，香气犹着衣枕间，历月不歇，帝谓为遗芳梦。(《拾遗记》)

汉武帝在延凉室中歇息，梦到李夫人将蘅芜香赠送给他。汉武帝从梦中惊醒，起来后，香气犹然附着于衣枕之间，历经一月也不清散。汉武帝称为"遗芳梦"。(《拾遗记》)

平露金香

右司命君王易度游于东板广昌之城长乐之乡，天女灌以平露金香、八会之汤、琼凤玄脯。(《三洞珠囊》)

【译文】

右司命王易度游历东板广昌之城、长乐之乡，天女请他享用平露金香、八会之汤和琼凤玄脯。(《三洞珠囊》)

诃黎勒香

高仙芝伐大树①，得诃黎勒香五六寸，置抹肚中，觉腹痛。仙芝以为祟，欲弃之，问大食长老，长老云：此香人带，一切病消，其作痛者，吐故纳新也。

223

【注释】

①高仙芝：唐玄宗时期高句丽族名将。

【译文】

唐代名将高仙芝砍伐大树，得到了诃黎勒香，此香大约有五六寸长。他把这种香放在肚兜上，感觉腹中疼痛，以为是怪异作祟，于是想把诃黎勒香给丢掉。他向大食国的长老询问此事，长老说："人带有这种香，一切病症都会消除，感觉疼痛是因为身体在吐故纳新。"

李少君奇香

帝事仙灵惟谨，甲帐前置灵珑十宝紫金之炉，李少君取彩蜃之血①，丹虹之涎，灵龟之膏，阿紫之丹，捣幅罗香草，和成奇香。

卷八　香异

每帝至坛前，辄烧一颗，烟绕梁栋间，久之不散。其形渐如水纹，顷之，蛟龙鱼鳖百怪出没其间，仰视股栗。又然灵音之烛，众乐迭奏于火光中，不知何术。幅罗香草出贾超山。（《奚囊橘柚》②）

【注释】

①李少君：汉武帝时著名方士，传说有种种法术，为汉武帝所信敬。

②《奚囊橘柚》：宋笔记，作者不详。

【译文】

汉武帝事奉神仙灵异，非常谨慎，在帐幕前放灵珑十宝紫金炉。李少君选取大蛤的血液、丹虹的唾液、灵龟之膏，阿紫之丹，捣制而成幅罗香草，调制成一种奇异的香料。汉武帝每次来到坛前，就焚烧一颗香，香烟环绕在梁柱之间，过了许久也不散去，其形状渐渐如同水波纹，顷刻之间，蛟龙鱼鳖及百怪之类出没于其间，人们仰视此景，莫不两腿瑟瑟发抖。又点燃灵音之烛。各种音乐不断在火光之中奏响，不知道是什么仙术。幅罗香草出产于贾超山。（《奚囊橘柚》）

如香草

如香草出繁缛，妇女佩之则香闻数里，男子佩之则臭。海上有奇丈夫拾得此香，嫌其臭弃之。有女子拾去，其人迹之香甚，欲夺之，女子疾走，其人逐之不及，乃止。故语曰：欲知女子强，转臭得成香。《吕氏春秋》云"海上有逐臭之夫"，疑即此事。（《奚囊橘柚》）

【译文】

如香草出产于繁缛山。妇女佩戴此香草，香气远播，数里之外也能闻到；男子佩戴此香草，则带臭味。海上有位奇男子，拾得此香，嫌其味臭就扔掉了。此香被一名女子捡到后，男子觉得非常香，于是就想把香草抢回来。女子见状迅速逃走，男子追不上她，这才作罢。故而说："欲知女子强，转臭得成香。"《吕氏春秋》中说："海上有逐

臭之夫",可能就是说的这件事。(《奚囊橘柚》)

石叶香

魏文帝以文车十乘迎薛灵芸①,道侧烧石叶之香。其香重叠,状如云母。其香气辟恶厉之疾,此香腹题国所进也。(《拾遗记》)

【注释】

①文车:彩绘马车。薛灵芸:三国魏人,常山真定人(今河北正定人),魏文帝曹丕妃子,妙于针工,宫中号为针神。

【译文】

魏文帝用安车十辆迎接他的宠妃薛灵芸,并在道旁燃烧石叶香。其香烟重叠,像云母一样,香气能辟除恶厉之疾。这种香是腹题国所进献的。(《拾遗记》)

都夷香

香如枣核,食一颗历月不饥,以粟许投水中,俄满大盂也。(《洞冥记》)

【译文】

这种香像枣核一样,每次吃一颗一个月都不感到饥饿。在水中投入粟子大的那么一点香,过了一会儿就会装满一大盆。(《洞冥记》)

茵墀香

汉灵帝熹平三年①,西域国献茵墀香。煮为汤,辟疠。宫人以之沐浴,余汁入渠,名曰流香渠。(《拾遗记》)

【注释】

①汉灵帝:刘宏,东汉第十一位皇帝。熹平:汉灵帝刘宏的第二个年号。

【译文】

汉灵帝熹平三年，西域国进献茵墀香。这种香煮制成汤之后，可以辟除邪气。宫人用这种汤来沐浴，把剩余的汤汁倒进渠中，名为"流香渠"。(《拾遗记》)

九和香

天人玉女捣和天香，持擎玉炉，烧九和之香。(《三洞珠囊》)

【译文】

天人和玉女捣制天香，手持玉炉，焚烧九和之香。(《三洞珠囊》)

五色香烟

许远游烧香皆五色香烟①。(《三洞珠囊》)

【注释】

①许远游：许迈，东晋丹阳句容（今属江苏）人，字叔玄，小名映。出身士族，采药修道时改名玄，字远游，后被道教奉为地仙。

【译文】

许远游焚烧香料，都生出了五色香烟。(《三洞珠囊》)

千步香

南海山出千步香，佩之香开千步。今海隅有千步草，是其种也，叶似杜若而红碧间杂。《贡藉》：日南郡贡千步香。(《述异记》)

【译文】

南海山中出产千步香，将其佩戴在身上，香气在千步之外也能闻到。如今海边生长着的千步草，就是这一品种。叶子像杜若，红色与绿色间杂，《贡藉》中说："日南郡进贡千步香。"(《述异记》)

百濯香

孙亮作绿琉璃屏风①，甚薄而莹彻，每于月下清夜舒之。常宠四姬，皆振古绝色，一名朝姝，二名丽居，三名洛珍，四名洁华。使四人坐屏风内，而外望之了无隔碍，惟香气不通于外。为四人合四气香，殊方异国所出，凡经践蹑、宴息之处，香气沾衣，历年弥盛，百浣不歇，因名曰百濯香。或以人名香，故有朝姝香、丽居香、洛珍香、洁华香。亮每游，此四人皆同与席来侍，皆以香名前后为次，不得乱之，所居室名"思香媚寝"。(《拾遗记》)

【注释】

①孙亮：三国吴废帝孙亮，孙权少子，孙权死后继位，在位七年。为臣下孙琳废黜，自杀身亡。

【译文】

孙亮制作的绿琉璃屏风非常薄，晶莹剔透。孙亮经常在清雅的月夜张开屏风。他素日所宠爱的四名姬妾，都是自古一来少有的绝色佳人。第一个叫作朝姝，第二个叫作丽居，第三个叫作洛珍，第四个叫作洁华。孙亮让四名姬妾都坐在屏风内，从外面观望，就像没有屏风隔着一样，只是香气不与外面流通。孙亮为这四名姬妾调制的四合香，是出自异国的特殊香方。凡是四人经过或休息的地方，都能沾染上香气。一旦沾衣，经过多年还能闻到，数次洗涤，香味也不会散去，因而名为"百濯香"。也有人说，孙亮用姬妾的名字来给香料命名，所以有朝姝香、丽居香、洛珍香、洁华香。孙亮每次出游，四名姬妾都跟他同席侍奉，全用香料的名字决定座位的前后，不能混乱。四人所居的地方，名字叫作"思香媚寝"。(《拾遗记》)

西域奇香

韩寿为贾充司空掾①，充女窥见寿而悦焉，因婢通殷勤，寿踰垣而至。时西域有贡奇香，一着人经月不歇，帝以赐充。其女密盗以遗寿。后充与寿宴，闻其芬馥，意知女与寿通，遂秘之，以女妻寿。(《晋书·贾充传》)

【注释】

①贾充：字公闾，魏晋时平阳郡襄陵（今山西襄汾）人，是西晋王朝的开国元勋。

【译文】

韩寿做贾充的司空掾时，贾充的女儿偷偷见到了韩寿，内心十分爱慕他，于是就借婢女来表达自己的爱意，让韩寿翻墙来和她幽会。当时西域进贡奇香，这种香一旦碰到人，香气历经数月也不散去。皇帝将此香赐给贾充，贾充的女儿悄悄盗取来送给韩寿。后来贾充和韩寿一起赴宴，闻到韩寿身上芳香馥郁的气味，便猜到女儿和他通好。贾充隐瞒了这件事，将自己的女儿许配给韩寿为妻。

韩寿余香

唐晅妻亡，悼念殊甚，一夕复来，相接如平生，欢至天明。诀别整衣，闻香郁然，不与世同。晅问：此香何方得？答言：韩寿余香。(《广艳异编》)

【译文】

唐晅丧妻后，十分思念她。一天夜里，妻子重新来与唐晅相会，就如同生前一样欢愉。到了天明，二人诀别之际，妻子整理衣裳，唐晅闻到了芳香馥郁的香气，与世间的香气不同。唐晅问妻子，这种香是从哪里来的？唐妻："这是韩寿余香。"(《广艳异编》)

罽宾国香

咸通中，崔安潜以清德峻望为镇时风①，宰相杨收师重焉②。

杨召崔饮宴，见厅馆铺陈华焕，左右执事皆双鬟环珠翠。前置香一炉，烟出成楼台之状。崔别闻一香气，似非炉烟及珠翠所有者。心异之，时时四顾，终不谕香气。移时，杨曰："相公意似别有所瞩。"崔公曰："某觉一香气异常酷烈。"杨顾左右，令于厅东间阁子内缕金案上取一白角碟子盛一漆球子呈崔曰："此是罽宾国香。"崔大奇之。(《卢氏杂记》③)

【注释】

①崔安潜：字进之，河南人，唐懿宗、僖宗朝为忠武军节度使，著名大臣。

②杨收：字藏之，同州冯翊人，懿宗朝宰相。

③《卢氏杂记》：唐笔记，卢言撰。

【译文】

唐咸通年间，崔安潜以其高洁的品德、崇高的声望威震一时。宰相杨收十分敬重他，以其为学习榜样，召请他来宴饮。只见厅馆内铺陈华丽，左右执事人都双鬟珠翠，前面放置一个香炉，香烟幻化成楼台的形状。崔安潜闻到了一种特别的香气，似乎不是香炉中的烟气，也不是珠翠侍者所有的香气，心中感到诧异，时时四下打量，却始终不明白香气的来处。过了一会儿，杨收说："相公心中似乎另有所注意的事情？"崔安潜说："我总觉得有一股特别酷烈的香气。"杨收环顾左右，令人从厅东间阁子内的镂金案上取来一个白角碟子，碟子内盛放着一枚漆球子，送到崔安潜面前说："这就是罽宾国香。"崔安潜大感惊奇。(《卢氏杂记》)

西国异香

僧守亮通《周易》，李衡公礼敬之。亮终时，卫国率宾客致祭。适有南海使送西国异香，公于龛前焚之。其烟如弦，穿屋而上，观者悲敬。(《语林》①)

【注释】

①《语林》：东晋裴启撰，成书于晋哀帝年间，内容为魏晋间名士的言谈容止和逸闻，已佚。

【译文】

唐代僧人守亮精通《周易》，李卫公对他十分礼敬。守亮在临终之时，卫国公率领宾客前往致哀。碰巧遇到南海使者送来西国异香。李卫公在龛前焚烧此香，香烟如弦，穿屋而上，观看的人都感到悲伤礼敬。(《语林》)

香玉辟邪

唐肃宗赐李辅国香玉辟邪二①，各高一尺五寸，奇巧殆非人间所有。其玉之香可闻于数百步，虽锁于金函石匮，终不能掩其气。或以衣裾误拂，则芬馥经年，纵浣濯数四，亦不消歇。辅国尝置于座侧，一日方巾栉②，而辟邪忽一大笑一悲号。辅国惊愕失据，而辴然者不已③，悲号者更涕泗交下。辅国恶其怪，碎之如粉。其辅国所居里巷酷烈，弥月犹在，盖舂之为粉而愈香故也。不周岁而辅国死焉。初碎辟邪时，辅国嬖孥慕容宫人知异④，尝私隐屑二合，鱼朝恩以钱三十万买之⑤。及朝恩将伏诛，其香化为白蝶，升天而去。(《唐书》)

【注释】

①辟邪：古代传说中的神兽。似鹿而长尾，有两角。唐肃宗：李亨，玄宗第三子，马嵬驿兵变继位，在位五年。李辅国：唐肃宗、代宗时当权宦官，代宗朝遇刺身亡。

②巾栉：巾和梳篦。泛指盥洗用具，引申指盥洗。

③辴（chǎn）：笑。

④嬖孥（bì nú）：宠爱的奴婢。

⑤鱼朝恩：唐代肃宗代宗朝擅权宦官，代宗朝被诛。

唐肃宗曾经赐给李辅国两尊香玉辟邪，各高一尺五寸，工艺奇巧，绝非人间所有。香玉的气息在数百步之外就能闻到，虽然收藏在金函石匣之中，但始终不能掩盖它的香气。衣角如果不慎沾染上此香，芬芳馥郁的气息经久不散，纵然洗涤多次，香气也不会消失。李辅国曾把两尊香玉放置在座位两侧，一日他刚刚梳洗，两尊辟邪突然一个大笑，一个大声悲号。李辅国惊愕失态，而大笑的那个更加大笑不止，悲号的那个更加涕泪横流。李辅国厌恶其怪异，将其打得粉碎。于是李辅国居住的里巷里，香气酷烈，过了一个月还有，因为舂成粉末，所以香气更加馥郁了。不到一年李辅国死了。刚刚打碎辟邪的时候，李辅国宠幸的慕容宫人知道其不平常，曾经私藏了两盒玉屑，被鱼朝恩用三十万钱买下来。等到鱼朝恩将要伏诛的时候，香玉屑化作白蝶，升天而去。(《唐书》)

刀圭第一香

唐昭宗尝赐崔允香一黄绫角①，约二两，御题曰：刀圭第一香②。酷烈清妙，焚豆大许，亦终日旖旎。盖咸通中所制赐同昌公主者。(《清异录》)

【注释】

①唐昭宗：李晔，原名杰，又名敏，在位十六年，后为朱温所杀。崔允：唐昭宗时宰相。

②刀圭：中药的量器，引申指药物。

【译文】

唐昭宗曾经赐给崔允一黄绫角香，约有二两，御题为"刀圭第一香"。其香味酷烈清妙，焚烧豆大的香，香气也能终日旖旎。此香是咸通年间所制，曾经赐给了同昌公主。(《清异录》)

一国香

赤土国在海南①，出异香。每烧一丸，香闻数百里，号一国香。（《诸番记》②）

【注释】

①赤土国：古国名。故地有在今巨港、马六甲或宋卡等说。

②《诸番记》：宋赵汝适撰。

【译文】

赤土国在海南，出产奇异的香料。每次焚烧一丸，香气远播，能达到数百里，号称"一国香"。（《诸番记》）

鹰嘴香（一名吉罗香）

番禺牙侩徐审与舶主何吉罗洽密①，不忍分判②，临岐出如鸟嘴尖者三枚赠审曰③："此鹰嘴香也，价不可言。当时疫，于中夜焚一颗，则举家无恙。"后八年，番禺大疫，审焚香，阖户独免。余者供事之，呼为"吉罗香"。（《清异录》）

【注释】

①牙侩：牙人，旧时居于买卖双方之间，从中撮合，以获取佣金的人。有时泛指商人市侩。

②分判：分别。

③临岐：意为赠别。

【译文】

番禺牙僧人徐审和舶主何吉罗交情十分深厚，不忍心分离，临分手之时，拿出像鸟嘴尖一样的三枚香赠给徐审，说："这是鹰嘴香，其价高不可言。每当暴发疾病，半夜焚烧一颗，则全家无恙。"过了八年，番禺爆发大疫，徐审焚烧此香，全家独能幸免。他就将剩余的香供奉起来，称为吉罗香。（《清异录》）

特迦香

马愈云[1]："余谒西域使臣，乃西域钵露国人也。坐卧尊严，言语不苟，饮食精洁，遇人有礼。茶叙毕，余以天蚕丝所缝折叠葵叶扇奉之，彼把玩再四，拱手笑谢。因命侍者，移熏炉在地中，枕内取出一黑小盒，启香爇之。香虽不多，芬芳满室，即以小盒盛香一枚见酬。云：'此特迦香也，所爇者即是，佩服之，身体常香，神鬼畏服，其香经百年不坏。今以相酬，祇宜收藏护体，勿轻焚爇。国语特迦，唐言辟邪香也。'余缔视之，香细腻淡白，形如雀卵，嗅之甚香，连盒受之，拜手相谢。辞退间，使臣复降床蹑履，再揖而出。归家爇香米许，其香闻于邻屋，经四五日不歇。连盒奉于先母，先母纳箧中，衣服皆香。十余年后，余尚见之。先母即世[2]，箧中惟盒存，而香已失矣。"（《马氏日抄》[3]）

【注释】

①马愈：字抑之。号华发仙人，人号马清痴，嘉定（今属上海市）人，明代书画家、诗人。

②即世：去世。

③《马氏日抄》：明代笔记，马愈撰。

【译文】

马愈说："我拜谒过一位西域使臣，他是西域钵露国人。此人坐卧尊严，言语不苟，饮食精洁，待人有礼。喝茶叙谈之后，我把天蚕丝所缝制的折叠葵叶扇敬献给他。他把玩再三，拱手笑着称谢。继而命侍者从一个黑色的小盒子里取出香料放入熏炉中点燃焚烧。香虽然不多，但却芬芳满屋。他用小盒子盛放一枚香作为酬谢。对我说：'这是特迦香。炉子中焚烧的就是这种香。把它佩戴在身上，身体就会常常带着香气，神鬼都会敬畏，此香历经百年也不会损坏。今日相赠，只宜收藏护体，不要轻易焚烧。我国语言称其为特迦，大唐称为辟邪香。'我仔细观看，只见香品细腻，色泽淡白，形状如同雀卵，闻起来

卷八 香异

很香，就连同盒子一起接受，拱手称谢。我告辞退出时，使臣又从床上起身，拖着鞋子与我对着作揖，送我出来。我回到家中，焚烧了米粒大小的香，连邻居家都闻到了，经过了四五日香气也没有消散。我连着盒子一起奉给先母，先母将其放在箱内，衣服都带上了香气。十余年后，我还见过。先母去世之后，箱子内只有盒子，香料已经消失了。"（《马氏日抄》）

▲明　朱三松款竹香筒

▶清　香筒

▲元　黑面剔犀香草纹香盒

明　剔黑高仕拜月图香盒

明　剔红荔枝纹香盒

▲唐　银香毬

天文香

香风

瀛洲时有香风，冷然而起，张袖受之则历年不歇，着肌肤必软滑。(《拾遗记》)

【译文】

瀛洲偶尔会有香风。这种风轻飘的时候，如果人张开袖子接纳它，即便历经多年，香味也不会从衣袖上散尽。这种风一旦吹到人的身上，皮肤就必然会变得柔软而顺滑。(《拾遗记》)

香云

员峤山西有星池①，池有烂石常浮于水边。其色红，质虚似肺，烧之有烟，香闻数百里。烟气升天则成香云，遍润则成香雨。(《物类相感志》)

【注释】

①员峤：神话中的仙山名。《列子·汤问》："渤海之东不知几亿万里，有大壑焉……其中有五山焉：一曰岱舆，二曰员峤，三曰方壶，四曰瀛洲，五曰蓬莱。"

【译文】

员峤山的西面有一座星池，池子里有一种烂石。这种石头常常会漂浮在水边。石头是红色的，质地空虚，就像肺泡一样。石头燃烧的时候会产生一种香烟，香气在数百里内都能闻到。香烟上升到天空中的时候就会变成香云，等香云彻底湿润了就会形成香雨。(《物类相感志》)

香雨

萧总遇神女①。后逢雨，认得香气，曰："此从巫山来。"（《穷怪录》②）

【注释】

①萧总：据《穷怪录》所载，萧总是南朝宋齐间人，字彦先，书中记载其艳遇巫山神女的故事。

②《穷怪录》：又称《八朝穷怪录》，成书于隋，志怪笔记，一卷，作者不详。

【译文】

南齐萧总曾经和巫山神女相遇。后来有一次遇到了下雨天气，他闻到空中有一股熟悉的香味，于是便说："这雨是从巫山飘过来的。"（《穷怪录》）

香露

炎帝时百谷滋阜，神芝发其异色，灵苗擢其嘉颖，陆地丹蕖骈生如盖，香露滴沥下流成池。（《拾遗记》）

【译文】

炎帝时，各种谷物都开始繁盛起来，神奇的灵芝发出奇异的色泽，仙草抽出美好的穗子，大地之上丹药丛生，形状像华盖一般，香露滴下汇流成池。（《拾遗记》）

神女擎香露

孔子当生之夜，二苍龙亘天而下来附徵在之房①，因而生夫子。有二神女擎香，灵空中而来，以沐浴徵在。（《穷怪录》）

【注释】

①徵在：颜徵在，孔子的母亲。

【译文】

孔子出生的那天夜里，有两条苍龙从天而降，攀附在孔子的母亲颜徵在的房内，于是降生了孔子。其后又有两位神女手持香露，从空中降下，为颜徵在沐浴。(《穷怪录》)

地理香

香山

广东德庆州有香山①，上多香草。(《一统志》)

【注释】

①德庆州：今广东肇庆市德庆县。

【译文】

广州德庆州境内有一座香山，山上生长着很多香草。(《一统志》)

香水

香水在并州①，其水香洁，浴之去病。吴故宫亦有香水溪，俗云西施浴处，呼为脂粉塘。吴王宫人濯妆于此溪，上源至今馨香。古诗云："安得香水泉，濯郎衣上尘。"俗说魏武帝陵中亦有泉，谓之香水。(《述异记》)

【注释】

①并州：一般来说历史上的并州指山西太原或阳曲。

【译文】

在并州境内有一种香水，这种香水气味馨香洁净，用它来沐浴身体，可以驱除疾病。吴国故宫中有一条香水溪，民间传说是美女西施的沐浴之地，称为脂粉塘。吴王宫的女子在香水溪的上游源头处卸妆，所以香水溪到今天还是很馨香的。古诗中说道："安得香水泉，濯郎衣上尘。"民间传说，魏武帝曹操的陵墓中也有泉水，称为香水。(《述异记》)

香溪

归州有昭君村^①，下有香溪。俗传因昭君草木皆香。(《唐书》)

明妃^②，秭归人。临水而居，恒于溪中盥手，溪水尽香，今名香溪。(《下帷短牒》^③)

【注释】

①归州：指昭君故里湖北秭归，唐时称归州。

②明妃：即王昭君，晋朝时为避司马昭讳，故称"明妃"。

③《下帷短牒》：笔记，一卷，作者不详。

240

【译文】

归州镇有一座昭君村，村里有一条香水溪，民间传说，因为美人王昭君曾居住在这里，所以村里生长的草木都带有香气。(《唐书》)

明妃昭君是秭归人，她就住在小溪边，总在溪水里洗手，因此溪水也被沾染上馨香的气味，现在人们称这条小溪为"香溪"。(《下帷短牒》)

曹溪香

梁天监元年^①，有僧智乐泛舶至韶州曹溪水口^②，闻其香，尝其味，曰：此水上流有胜水。遂开山立名宝林。乃云：此去百七十年当有无上法宝在此演法。今六祖南华是也。(《五车韵瑞》^③)

【注释】

①天监：梁武帝萧衍的第一个年号。

②韶州：今广东韶关。

③《五车韵瑞》：明代经学家、文字学家凌稚隆所著。

梁朝天监元年的时候，僧人智药大师乘船来到曹溪水口，闻到了溪水中的香气，又尝了尝溪水的味道，说道："这条溪水的上游应当有圣水。"于是开山建寺，命名为宝林寺。智药大师还说："此后的一百七十年，应当有无上法宝在这里兴演。"这里就是后来六祖惠能的南华寺。(《五车韵瑞》)

香井

卓文君闺中一井[①]，文君手自汲则甘香，沐浴则滑泽鲜好；他人汲之则与常井等。(《采兰杂志》)

泰山有上中下三庙，庙前有大井，水极香冷，异于凡井，不知何代所掘。(《从征记》[②])

【注释】

①卓文君：西汉才女，临邛（属今四川邛崃）人，她与司马相如的传奇爱情故事为世人所传颂，有传为其所作的诗文传世。

②《从征记》：刘宋戴延之著，又名《从刘武王西征记》《西征记》。记载作者随宋武帝刘裕征讨北朝时从南京至洛阳一路上实地考察所得的河山风景、风土人情，此书已佚。

【译文】

西汉才女卓文君待字闺中，家里有一口井。卓文君亲手从这口井中打上来的水甘甜芳香，用来洗浴能让人的肌肤润滑、光泽美好。其他人从这口井里打上来的水则与寻常井水没有什么区别。(《采兰杂志》)

泰山有上、中、下三座庙宇，庙前有一口大井，井水极其甘香清冷，和普通的井水不一样，不知道是什么朝代挖的井。(《从征记》)

浴汤泉异香

利州平痫镇汤泉胜他处，云是朱砂汤，他则硫黄也。昔有两美人来浴，既去，异香馥郁，累日不散。

241

卷九　香事分类（上）

【译文】

利州平痾镇的汤泉比别的地方更好，人们说是朱砂汤，别的地方的汤泉则是硫黄泉。从前曾有两位美女前来沐浴，美人离去后，奇异的香气芳香馥郁，好几天都没有消散。

香石

卞山在湖州[①]，山下有无价香，有老母拾得一文石，光彩可爱，偶堕火中，异香闻于远近，收而宝之。每投火中，异香如初。（《洪谱》）

【注释】

①卞山：即今湖州卞山。

【译文】

卞山位于湖州，山下有无价的宝贵香品。有一位老妈妈曾经捡到了一块"文石"，石头光亮多彩，晶莹可爱。老人无意间把石头掉进火中，石头发出了奇异的香味，远近都能闻到。老妈妈把香石当作宝贝一样收藏起来。每次把它放进火里，香味都还是跟原来的一样。（《洪谱》）

湖石炷香

观州倅武伯英尝得宣和湖石一颗，窍穿漏殆，若神鬼凿。炷香其下，则烟气四起散布，盘旋石上，浓淡霏拂，有烟江叠嶂之韵。（《元遗山集》[①]）

【注释】

①《元遗山集》：四十卷，元遗山撰。元遗山：元好问，字裕之，号遗山，金朝人，诗词成就皆高。

【译文】

观州倅武伯英曾经得到了一块儿宣和年间的湖石。这块湖石上孔洞穿漏，仿佛是鬼斧神工一般。在石头下面点燃一炷香，香烟在湖石

242

的空隙之间四处弥散，漫布在盘曲的树木之间，或者浓郁，或者清淡，清气霏拂，有烟江叠嶂的神韵。(《元遗山集》)

灵璧石收香

灵璧石能收香，齐阁之中置之，香云终日不散。(《格古要论》①)

【注释】

①《格古要论》：文物鉴定专著，明曹昭撰，曹昭，字明仲，江苏松江人。书成于洪武二十一年(1388)。

【译文】

灵璧石能吸收香气，斋阁之中放置了这种石头，香云终日不散。(《格古要论》)

张香桥

张香桥，昔有女子名香，与所欢会此故名。一曰：女子姓张、名香。(《荻楼杂抄》①)。

【注释】

①《荻楼杂抄》：一卷，宋笔记，作者不详。

【译文】

张香桥，因为昔日有一位名叫香的女子，和她心爱的人在这座桥上幽会，故而得名。还有一种说法：这位女子姓张名香。(《荻楼杂抄》)

香木梁

拂林国王都城八十里，门高二十丈，以香木为梁，黄金为地。

【译文】

拂林国的都城方圆八十里，城门有二十丈高，城中梁柱是用香木做成的，地面是用黄金铺的。

香城

香城金简①，龙宫玉牒②。(《三教论》③)

【注释】

①香城:《般若经》法涌菩萨住处,常啼菩萨于此舍身求《般若经》。

②龙宫：龙树菩萨自视阅尽阎浮提佛经,后入龙宫见到龙宫所藏《华严经》如此广大,认为自己所读过的不过只是皮毛。此两句言天上世间佛经之浩繁。

③《三教论》：此处有误,应为《二教论》,北周道安所作。

【译文】

香城之中使用金简,龙宫之内使用玉牒。(《三教论》)

香柏城

孟养之地名香柏城①。(《一统志》)

【注释】

①孟养：在今缅甸。

【译文】

孟养这地方，名叫香柏城。(《一统志》)

沉香洞

新都白岳山有沉香洞①。(《本志》)

【注释】

①白岳山：或指今徽州齐云山,古称白岳山,道教名山之一。

【译文】

新都的白岳山有一个洞叫沉香洞。(《本志》)

香洲

香洲在朱崖郡①，洲中出诸异香，往往不知名焉。(《述异记》)

【注释】

①朱崖郡：指今雷州半岛的徐闻县西，有时也指海南。

【译文】

香洲位于朱崖郡境内，洲中出产各种奇异的香料，但往往不知道它们的名字。(《述异记》)

香林

日南郡有千亩香林，名香往往出其中。(《述异记》)

【译文】

日南郡境内有一千亩香林，名贵的香品往往产自林中。(《述异记》)

香户

南海郡有采香户。(《述异记》)

【译文】

南海郡有专门采香的人家。(《述异记》)

香市

日南有香市，商人交易诸香处。(《述异记》)
海南俗以贸香为业。(《东坡集》)
成都府十二月中皆有市，六月为香市。(《成都记》①)

【注释】

①《成都记》：唐卢求撰，记成都风物，已佚。

【译文】

日南郡有香市，是商人们交易各种香品的地方。(《述异记》)

海南当地人以从事香品买卖为生。(《东坡集》)

成都府一年中十二个月，每个月都有市集，其中六月是香市。《成都记》

香界

佛寺曰香界，亦曰香阜，因香所生，以香为界。(《楞严经》)

【译文】

佛寺称为香界，也称香阜，因香而生，以香为界。(《楞严经》)

众香国

米元章临逝端坐合掌曰[1]：众香国里来，众香国里去。(《米襄阳志林》[2])

【注释】

[1]米元章：米芾，太原人，字元章，宋代书法家、画家、收藏家。

[2]《米襄阳志林》：明代范明泰辑，收集、记录米芾生平逸事。

【译文】

北宋书画家米芾临死之时，端坐在地上，合上双掌，说："众香国里来，众香国里去。"(《米襄阳志林》)

草木香

遥香草

岱舆山有遥香草[1]，其花如丹，光耀如月，叶细长而白，如忘

忧之草。其花叶俱香，扇馥数里，故名曰遥香草。(《拾遗记》)

【注释】

①岱舆山：传说中的海上仙山。

【译文】

岱舆山中有一种遥香草，它的花很红，光泽如月光耀眼，叶子细长，呈白色，仿佛忘忧草一般。遥香草的花和叶子都带有香气，香气能传到数里之外，故而名叫遥香草。(《拾遗记》)

家孽香

家孽叶大而长，开红花，作穗，俗呼草荳蔻。其叶甚香，俗以蒸米粿①。(《本草》)

【注释】

①粿：米食。

【译文】

家孽香的叶子长得又大又长，开出的花朵是红色的，结有穗子，俗名叫草豆蔻。它的叶子非常香，民间用来蒸米粿。(《本草》)

兰香

一名水香，生大吴池泽。叶似兰，尖长有岐，花红白而香，俗呼为鼠尾香。煮水浴以治风。(《香谱》)

【译文】

兰香又叫作水香，生长在吴国的湿地，叶子像兰草一样，长而分裂。花朵有红色和白色两种，带有香味，俗称鼠尾香。用这种香草煮水沐浴能治疗麻风病。(《香谱》)

葱香

《广志》云：葱花紫茎绿叶，魏文帝以为香，烧之。

右兰香、蕙香乃都梁之属，非幽兰芳蕙也。

【译文】

《广志》里说：葱花生有紫色茎条，绿色的叶子。魏文帝把它当作香料来焚熏。

以上兰香、葱香，都是都梁香之类的，不是幽兰和方蕙。

兰为香祖

兰虽吐一花室中，亦馥郁袭人，弥旬不歇，故江南人以兰为香祖。（《清异录》）

【译文】

兰花虽然只开一朵花，但房中的香气也十分馥郁，袭人口鼻，数十日都不消散。故而江南人士把兰花视作众香之祖。（《清异录》）

兰汤

五月五日以兰汤沐浴。（《大戴礼》）①

浴兰汤兮沐芳。（《楚辞》）

【注释】

①《大戴礼》：《大戴礼记》，多谓其书成于西汉礼学家戴德（世称大戴）之手。

【译文】

五月五日，用兰花煎出来的水沐浴。（《大戴礼》）

浴兰汤兮沐芳。（《楚辞》）

兰佩

纫秋兰以为佩。(《楚辞》)

记曰：佩帨茝兰①。

【注释】

①帨（shuì）：佩巾。茝：香草，指白芷。

【译文】

纫秋兰以为佩。(《楚辞》)

《礼记》中说："将茝兰戴在佩巾上。"

兰畹

既滋兰之九畹兮①，又树蕙之百亩。(《楚辞》)

【注释】

①畹：古代地积单位。

【译文】

既滋兰之九畹兮，又树蕙之百亩。(《楚辞》)

兰操

孔子自卫反鲁，隐谷之中见香兰独茂，喟然叹曰："夫兰当为王者香，今乃独茂，与众草为伍。"乃止车援琴鼓之，自伤不逢时，托辞于幽兰云。(《琴操序》)

【译文】

孔子从魏国返回鲁国，在隐谷之中看到香兰最为茂盛，喟然叹息道："兰花应该是香之王者，如今虽然开得最为茂盛，却只能和众草作伴。"于是，孔子让车驾停下来，抚琴弹奏，感伤自己生不逢时，把感慨寄托在幽兰上抒发出来。(《琴操序》)

蘼芜香

　　蘼芜香草，一名薇芜，似蛇床而香①，骚人借以为譬。魏武以藏衣中。

【注释】

①蛇床：一种草本植物，可入药，称蛇床子。

【译文】

　　蘼芜香草，又叫薇芜，形状像蛇床，而且带有香气，诗人们常常用它来打比方。魏武帝曹操还把它放在衣服里。

三花香

　　三花香，嵩山仙花也①。一年三花，色白美，道士所植也。

【注释】

①嵩山：五岳中之中岳，在河南西部。

【译文】

　　三花香，是嵩山的仙花，一年开三次花，色彩纯白美丽，是道士们种植的。

五色香草

　　济阴园客种五色香草①，服其实，忽有五色蛾集，生华蚕，蚕食香草，得茧，大如瓮，有女来助缫，缫讫女与客俱仙。(《述异记》)

【注释】

①济阴园客：仙人。

【译文】

　　济阴园客种植了无色香草，服用它的果实。忽然有一种五色飞蛾聚集而来，生下华蚕，蚕吃下了香草之后，结成的茧子有瓮那么大。后来，有女子帮助济阴园客缫丝，缫丝之后，女子和济阴园客都成了仙人。(《述异记》)

八芳草

宋艮岳八芳草①，曰金娥，曰玉蝉，曰虎耳，曰凤尾，曰素馨，曰渠，曰茉莉，曰含笑。(《艮岳记》②)

【注释】

①艮岳：山名，宋徽宗时的一处皇家园林，集天下奇花美石，在河南开封城内东北隅。

②《艮岳记》：宋徽宗曾亲自写过一篇《艮岳记》，宋人张淏亦写过《艮岳记》，此八芳草最早见于宋徽宗的《艮岳记》，被张淏所引。

【译文】

宋代的著名宫苑艮岳宫内种植了八种芳草，分别是：金娥、玉蝉、虎耳、凤尾、素馨、渠、茉莉、含笑。(《艮岳记》)

聚香草

独角仙人居渝州仙池①，池边起楼，聚香草植楼下。(《渝州图经》②)

【注释】

①独角仙人：据《蜀中广记》卷七十五，在初唐以前，巴郡有一位神仙，因其头顶上生有一角，故称独角仙。渝州：即今重庆市。

②《渝州图经》：方志，作者不详。

【译文】

有一位独角仙人居住在渝州的仙池之中，池边建起楼阁。仙人聚集香草，将其种植在楼下。(《渝州图经》)

卷九 香事分类（上）

芸薇香

芸薇一名芸芝，宫人采带其茎叶，香气历月不散。(《拾遗记》)

【译文】

芸薇的别名叫作芸芝。宫女们采摘其茎叶佩戴在身上，历经数月香气也不会消失。(《拾遗记》)

钟火山香草

钟火山有香草①，汉武思李夫人，东方朔献之，帝怀之梦见，因名怀梦草。

【注释】

①钟火山：记载中之仙山。《洞冥记》："东方朔游北极钟火山，日月不照，有青龙衔烛，照山四极。"

【译文】

钟火山有一种香草。汉武帝思念李夫人时，东方朔献上这种香草。汉武帝怀揣着这种香草入眠，梦见了李夫人。这种草也因此得名为怀梦草。

蜜香花

生天台山，一名土常香。苗茎甚甘，人用为药，香甜如蜜。

【译文】

这种花生长在天台山，又叫土常香，其苗茎非常甘甜。人们将它入药，味道像蜜一般香甜。

百草皆香

于阗国其地百草皆香①。

【注释】

①于阗：西域古国，今新疆和田一带，中国唐代安西四镇之一。

【译文】

于阗国境内生长的各种植物都带有香气。

威香

威香，瑞草。一名葳蕤。王者礼备则生于殿前。又云王者爱人命则生。（《孙氏瑞应图》①）

【注释】

①《孙氏瑞应图》：南朝梁孙柔之所撰，专记述各种祥瑞的著作，并附有图画。

【译文】

威香，是一种代表祥瑞的芳草，又叫作葳蕤。王者礼仪周备的时候，它就生长在宫殿的前面。也有一种说法认为，只有当王者爱惜人民生命的时候，这种草才会生长出来。（《孙氏瑞应图》）

真香茗

巴东有真香茗①。其花白，色如蔷薇，煎服令人不眠，能诵无忘。（《述异记》）

【注释】

①巴东：在今重庆东部。

【译文】

巴东地区生长着一种叫真香茗的植物，它的花是白色的，外形像蔷薇一样。把这种花煎水服下，能让人不产生睡意，诵读过的文字也不会忘记。（《述异记》）

人参香

邵化及为高丽国王治药云[1]：人参极坚，用斧断之，香馥一殿。（《孔平仲谈苑》）

【注释】

①邵化及：宋代医官，受朝廷派遣去高丽国为国王王徽治病。

【译文】

邵化及曾经给高丽国的国王配药，他说："人参很坚硬，用斧子劈开之后，芳香馥郁的味道就会充满整个宫殿。"（《孔平仲谈苑》）

睡香

庐山瑞香花，始缘一比丘昼寝盘石上，梦中闻香气酷烈，不可名。既觉，寻香求之，因名睡香。四方奇之，谓乃花中祥瑞，遂以瑞易睡。（《清异录》）

【译文】

庐山瑞香花，最早起源于一位僧人。这个僧人白天躺在盘石上睡觉，晚上做梦闻到了一股香气，气息十分浓烈，说不出香名。僧人醒来以后，循着香气找到了这种花，因而命名为睡香。四方的人纷纷称奇，说这是花中的祥瑞，就用"瑞"字更换了睡香的"睡"字。（《清异录》）

牡丹香名

庆天香　西天香　丁香紫　莲香玉　玉兔天香

【译文】

牡丹香名为庆天香、西天香、丁香紫、莲香玉、玉兔天香。

芍药香名

蘸金香　叠英香　掬香琼　拟香英　聚香丝

【译文】

芍药香名为蘸金香、叠英香、掬香琼、拟香英、聚香丝。

御蝉香

御蝉香，瓜名。

【译文】

御蝉香，是一种瓜的名字。

万岁枣木香

三佛齐产万岁枣木香树，类丝瓜，冬取根晒干则香。(《一统志》)

【译文】

三佛齐国出产一种万岁枣木香，树的形状像丝瓜。冬天选用它的根部晒干后制成香料。(《一统志》)

金荆榴木香

隋炀帝令朱宽等征琉球[①]，得金荆榴木数十斤，色如真金，密致而文彩，盘蹙如美锦，甚香，极细，可以为枕及案面，虽沉檀不能及。(《朝野佥载》)

【注释】

①朱宽：隋炀帝时的将领，官任羽骑尉。

【译文】

隋炀帝命令朱宽等人征讨琉球，得到了几十斤金荆榴木香。这种香的色泽像纯金一样，质地密致，纹理盘簇，宛如美丽的织锦，气息芳香馥郁，又很精致，可以用来制作枕头和桌面，即便是沉香和檀香也比不上它。(《朝野金载》)

素松香

密县有白松树一株①，神物也。松枯枝极香，名素松香。然不敢妄取，取则不利。县令每祭祷取之，制带甚香。(《密县志》)

【注释】

①密县：在今河南新密市。

【译文】

密县有一棵白松树，人们认为它是神物。这棵松树的枯枝很香，被人们称为素松香。但是人们不敢妄自摘取，害怕妄自摘取而产生不详的事情。每次当地的县令都要祷告一番才摘取枯枝。将它制成香品佩戴在身上非常香。(《密县志》)

水松香

水松叶如桧而细长，出南海。土产众香而此木不大香，故彼人无佩服者。岭北人极爱之。然爱其香殊胜在南方时。植物，无情者也，不香于彼而香于此，岂屈于不知已而伸于知己者欤？物类之难穷者如此。(《南方草木状》)

【译文】

水松的叶子像桧树叶一样，细细长长的。在出产于海南的各种土生香料中，这种香木并不怎么香，故而当地没有人佩戴它。岭北的人特别喜欢水松，只因为它的香味比在南方生长的水松更加芳香馥郁。植物本来也是无情之物，可在南方不香，在北方却很香，这难道是在不欣赏自己的人的面前委屈，而在欣赏自己的人的面前充分展示自己的特性吗？万物的奥妙是无穷无尽的，竟然能达到如此境界。(《南方

草木状》）

女香树

　　影娥池有女香树①，细枝叶。妇人戴之，香终年不减；男子戴之则不香。（《华夷草木考》）

　　水松，异地则香。女香，因人而馥。草木无情之物，乃征异如此。八卷内"如香草"亦然。

【注释】

①影娥池：汉代未央宫中池名。

【译文】

　　汉代未央宫内的影娥池中有一棵女香树，其枝叶纤细。妇女们将枝叶佩戴在身上，香气终年也不会散去。男子们如果把它佩戴在身上，则没有香气。（《华夷草木考》）

　　水松的香气因地而异，女香的芬芳则因人而异。草木本来就是无情之物，却有如此奇异的征兆。本书第八卷的"如香草"也是这样。

七里香

　　树婆娑，略似紫薇，蕊如碎珠，红色，花开如蜜，色清香袭人，置发间，久而益馥。其叶捣可染甲，色颇鲜红。（《仙游县志》）

【译文】

　　七里香的树形婆娑多姿，有些像紫薇。它的花蕊好像是破碎了的红色珠子；花开的时候，呈现蜂蜜般的淡黄色，气息清香袭人。将此花装饰在发髻之间，时间越长，香气越发芳香馥郁。用它的叶子捣成碎泥，可以用来把指甲染成鲜红的颜色。（《仙游县志》）

君迁香

　　君迁子生海南，树高丈余，其实中有乳汁，甘美香好。

257

香乘

【译文】

君迁子生长在海南岛上，树高一丈多，果实里含有乳汁一样的液体，味道甘香美妙。

香艳各异

明皇沉香亭前牡丹一枝二头，朝深碧、暮深黄，夜粉白，香艳各异。帝曰："此花木之妖。"赐杨国忠，以百宝为栏。(《华夷花木考》)

【译文】

唐明皇宫中的沉香亭前有一株牡丹，一根枝条上绽开两朵花。清晨时是深绿色，黄昏的时候深黄色，夜晚变成粉白色，香艳各异。唐明皇说："这是花木之妖。"将它赐给杨国忠，并用百宝装饰围栏。(《华夷花木考》)

258

木犀香

采花阴干以合香，甚奇。

方载十八卷内

【译文】

采摘木犀的花朵阴干调制混合香料，其香气非常清奇。

其配方收录在本书的第十八卷里。

木兰香

生零陵山谷及泰山，一名林兰，一名杜兰。状如楠，皮似桂而甚薄，味辛香，道家用以合香。

【译文】

这种香生长在零陵山谷及泰山中，又叫林兰，也叫杜兰。其形状像楠木，表皮像桂树，非常的薄，气味辛香。道家常常用它来制作合香。

月桂子香

月桂子，今江东诸处至四五月后每于衢路得之①。大如狸豆，破之辛香，古老相传，是月中下也。(《本草》)

【注释】

①衢（qú）：大路。

【译文】

月桂子，如今在江东各处，每年四、五月之后，在大路两旁能够采到，大的像黎豆，剖开后气息辛香。古代传说，它是月宫中落下的桂子。(《本草》)

海棠香国

海棠故无香，独昌州地产者香①，乃号海棠香国。有香霏亭。

【注释】

①昌州：唐代置，大致在重庆的永川、大足、荣昌和四川隆昌一带。

【译文】

海棠本来没有香气，只有昌州这地方出产的才有香气。因此昌州号称海棠香国，当地建有香霏亭。

桑椹甘香

张天锡云①：北方桑椹甘香，鸱鹗革响，醇酪养性，人无妒心。(《世说新语》)

【注释】

①张天锡：字纯嘏，是十六国时期前凉政权的最后一位君主。

卷九 香事分类（上）

【译文】

张天赐说："北方的桑葚味道甘香，鸱鸮吃了之后能改变嗓音。醇美的汁液能滋养人生，让人们不生忌妒之心。"(《世说新语》)

栗有异香

殷七七游行天下①，人言久见之不测其年寿。偶于酒间以二栗为令，接者皆闻异香。(《续仙传》②)

【注释】

①殷七七：唐代道士，名天祥，又名道筌，自称七七，以善幻术著名。

②《续仙传》：道教神仙传记，题溧水县令沈汾撰，分为上、中、下三卷，成书于五代时期。

【译文】

唐代道人殷七七游行于天下，人们传说，见过他很多年了，但无法猜测他的年寿。一次，他在饮酒的时候，用两个栗子行酒令，接到栗子的人都能闻到一股奇异的香味。(《续仙传》)

必栗香

内典云：必栗香为花木香，又名詹香，生高山中。叶如老椿，叶落水中，鱼暴死。木取为书轴，辟蠹鱼①，不损书。(《本草》)

【注释】

①蠹鱼：虫名，即蟫。又称衣鱼，蛀蚀书籍、衣服。

【译文】

《内典》中说："必栗香属于花木香，又叫詹香。它生长在高山之中，叶子像老椿叶。这种叶子一旦落入水中，水里的鱼儿会立刻死去。选取必栗木料制成的书轴，能保护书籍，使之不受蛀虫的侵害。"(《本草》)

桃香

史论出猎至一县界，憩兰若中，觉香气异常，访其僧。僧云：是桃香。因出桃啖。论仍共至一处，奇泉怪石，非人境也。有桃数百株，枝干拂地，高二三尺，异于常桃，其香破鼻。(《酉阳杂俎》)

【译文】

史论外出打猎，行至某县境内，在一座寺院中休憩，觉得寺中香气非同寻常，故而向寺中的僧人打听。僧人说这是桃香，之后就拿出桃子来给他吃。他和僧人一起来到某个地方，四周奇泉怪石，不是人间景致。有数百棵桃树，枝干拂地，约有两三尺高，和普通桃树不同，其香气馥郁扑鼻。(《酉阳杂俎》)

桧香蜜

亳州太清宫桧至多①，桧花开时蜂飞集其间，作蜜极香，谓之桧香蜜。欧阳公守亳州时有诗云②："蜂采桧花村落香。"(《老学庵笔记》)

【注释】

①亳州：今安徽省亳州市。
②欧阳公：指欧阳修，曾任亳州太守。

【译文】

亳州的太清宫中桧树最多，桧花开的时候蜜蜂纷飞绕集于花间。桧花制成的蜂蜜极其香甜，人们称为桧香蜜。北宋欧阳修任亳州太守的时候曾经写下这样的诗句："蜂采桧花村落香。"(《老学庵笔记》)

三名香

千年松香闻十里，谓之十里香，亦谓之三名香。(《述异记》)

【译文】

千年松树的香气在十里之外就能闻到，故而称为十里香，也称其为三名香。(《述异记》)

杉香

宋淳熙年间，古杉生花在九座山，其香如兰。(《华夷草木考》)

【译文】

宋朝淳熙年间，古杉树忽然开花，在九座山中，其香气像兰花一样。(《华夷草木考》)

槟榔苔宜合香

西南海岛生槟榔木上，如松身之艾蒳，单爇不佳，交趾人用以合泥香，则能成温馧之气。功用如甲香。(《桂海虞衡志》)

【译文】

西海南岛上生长着许多槟榔树。槟榔的树干像松树，上面生长着艾纳。此物单独焚熏，气息不怎么好。交趾人用它来调制香泥，则能生成一种温暖芬芳的气息，其功效和甲香差不多。(《桂海虞衡志》)

苔香

太和初改葬基法师①。初开冢，香气袭人，侧卧砖台上，形如生。砖上苔厚二寸，余作金色，气如旃檀。(《酉阳杂俎》)

【注释】

①基法师：窥基大师，唐代京兆长安（今陕西西安）人，俗姓尉迟，字洪道，又称慈恩大师。

【译文】

唐文宗太和初年，改葬窥基大师，刚开启坟冢的时候，香气袭人

口鼻。只见窥基大师侧卧在砖台之上，样貌像活着的人。砖上生有两寸多厚的苔藓，呈金黄色，气味宛如旃檀。（《酉阳杂俎》）

鸟兽香

闻香倒挂鸟

爪哇国有倒挂鸟，形如雀而羽五色。日间焚好香则收而藏之羽翼，夜间则张翼尾而倒挂以放香。（《星槎胜览》）

【译文】

爪哇国有一种倒挂鸟，外形像雀鸟一样，羽毛有五种颜色。白天的时候焚熏上好的香料，这种鸟就会藏起羽翼收纳香气。到了夜里它便会张开翼尾倒挂起来，释放白天吸纳的香气。（《星槎胜览》）

越王鸟粪香

越王鸟，状似鸢，口勾末可受二升许，南人以为酒器，珍于文螺。此鸟不践地，不饮江湖，不唼百草①，不饵虫鱼，惟嗽木叶，粪似熏陆香。南人遇之既以为香，又治杂疮。（竺法真《登罗山疏》②）

【注释】

①唼（shà）：水鸟或鱼吃食。

②竺法真《登罗山疏》：亦作《登罗浮山疏》，记录了一些当地动植物的知识，已佚。竺法真为南朝时人。

【译文】

越王鸟，外形像鸢一般，嘴末带钩，可以承受两升多的重量。南方人一般用它的嘴来制作酒器，比文螺还要珍贵。这种鸟足不踏地，

263

卷九　香事分类（上）

也不饮用江湖里的水，不啄食百草，不捕食虫鱼，只吃树木的叶子。它的粪便像熏陆香，南方居民偶然得到这种粪便用来制作香料，还能治疗各种疮病。（竺法真《登罗山疏》）

香象

百丈禅师曰[1]："如香象渡河，截流而过，无有滞疑。"慧忠国师[2]云："如世大匠斤斧，不伤其手，香象所负，非驴能堪。"

【注释】

[1]百丈禅师：百丈怀海，唐代禅宗大师。

[2]慧忠国师：唐代禅师，浙江诸暨人，俗姓冉，受玄宗、肃宗、代宗三朝礼遇，世称南阳慧忠国师。

【译文】

唐代高僧百丈禅师说："如香象渡河，截流而过，没有堵塞。"另一位高僧慧忠国师也说："宛如这个世界上有名的工匠，运用斧头而从来不伤害自己的手；又如香象，所承载的重量绝非普通的驴子所能忍受。"

牛脂香

《周礼》云：春膳膏香。注：牛脂香。

【译文】

《周礼》说："春膳使用膏香。"注：就是牛脂香。

骨咄犀香

骨咄犀以手摸之，作岩桂香。若摩之无香者，为伪物也。（《云烟过眼录》）

骨咄犀，碧犀也。色如淡碧玉，稍有黄色，其文理似角，扣之，声清越如玉，磨刮嗅之有香。（《格古论》）

用手抚摸骨咄犀，发出香味的是岩桂香；如果抚摸后没有产生香味，则是伪造的。(《云烟过眼录》)

骨咄犀，就是碧犀。色泽就像淡淡的碧玉，略微带点黄色，其纹理和牛角相似。叩击时，所产生的声响清越如玉。磨刮后能闻到其香味。(《格古论》)

灵犀香

通天犀角镑少末与沉香爇[1]，烟气袅袅直上，能抉阴云而睹青天。故《抱朴子》云[2]：通天犀角有白理如线，置米中，群鸡往啄米，见犀则惊却，故南人呼为骇鸡犀也。

【注释】

①镑：削。

②《抱朴子》：东晋道家理论著作，整理晋之前道家神仙体系，集魏晋炼丹术之大成，东晋葛洪撰。葛洪，字稚川，两晋时学者、文学家，丹阳句容（今属江苏）人。

【译文】

选用通天犀的角，切削少许粉末，再将其与沉香一同焚烧，烟气袅袅直上，能驱走眼前的乌云，让人看到青天。故而《抱朴子》中说："通天犀角有线条状的白色纹理，把米放到鸡群里，鸡群就纷纷去啄食米粒。一旦见到通天犀角，鸡群就会受惊退却，所以南方人称其为骇鸡香。"

香猪

香猪，建昌、松潘俱出[1]，小而肥，其肉香。(《益都谈资》)

【注释】

①建昌：今四川西昌东。

265

卷九 香事分类（上）

【译文】

建昌和松潘两地都出产香猪，这种猪又小又肥，肉质很香。(《益都谈资》)

香猫

契丹国产香猫①，似土豹，粪溺皆香如麝。(《西使记》②)

【注释】

①契丹国：此处的契丹国为西辽，是契丹人建立的国家，由辽代贵族耶律大石在1124年率部西迁建立，后扩张到中亚，首都虎思斡鲁朵，并非是辽国前身的契丹国。

②《西使记》：一卷，元代刘郁作，成书于中统四年（1263）。

【译文】

契丹国出产一种香猫，外形和土豹一样，其粪便和尿液都很香，就像麝一样。(《西使记》)

香狸

香狸一名灵狸，一名灵猫，生南海山谷。状如狸，自为牝牡①，其阴如麝，功亦相似。

灵狸一体，自为阴阳，刳其水道，连囊以酒洒，阴干，其气如麝。若人入麝香中，罕能分别。用之亦如麝焉。(《异物志》)

【注释】

①自为牝牡：牝为雌，牡为雄，自为牝牡，雌雄同体。

【译文】

香狸又叫灵狸，也叫灵猫，生长在南海的山谷之中，外形像狸。这种动物雌雄同体，其生殖器像麝一样带香，功用也与之相似。灵狸这种动物是雌雄同体的。挖下它肛门下部的分泌腺，再将酒洒在上面，继而阴干，香气就如同麝香一般。如果把它混进麝香里，很少有人能

分辨出来。其使用也和麝香一样。(《异物志》)

狐足香囊

习凿齿从桓温出猎[①]。时大雪于江陵城西，见草上有气出，向一物射之，应弦而毙。往取之，乃老雄狐，足上带绛缯香囊。(《渚宫故事》[②])

【注释】

①习凿齿：字彦威，东晋著名文学家、史学家。襄阳（今湖北襄樊）人。桓温：字元子，谯国龙亢（今安徽省怀远县西龙亢镇）人。东晋明帝时任荆州刺史，剿灭成汉，三次北伐，颇有军功，欲废帝自立，未果而死。

②《渚宫故事》：唐余知古撰，记荆楚史事，上起鬻熊，下迄唐代，成书于文宗朝时期。渚宫为楚国旧宫之名。

267

【译文】

东晋文学家、史学家习凿齿跟随大将桓温出猎。当时天降大雪，他们走到江陵城的西面，看见草上有气冒出，就向那个方向射箭，随后那里便传出动物中箭而亡的声音。习凿齿走过去拿起来一看，原来是只老雄狐，脚上还带着绛缯香囊。(《渚宫故事》)

狐以名香自防

胡道洽体有臊气，恒以名香自防。临绝，戒弟子曰："勿令犬见。"敛毕棺空，时人咸谓狐也。(《异苑》)

【译文】

胡道洽的身上带着一股臊气，他总是用各种名贵的香料来掩盖这种气味。他临绝的时候，告诉弟子说："不要让狗看见我的遗体。"等胡道洽殓葬结束，人们发现他的棺材竟然是空的，当时的人都说胡道洽是狐狸变的。(《异苑》)

卷九　香事分类（上）

猿穴名香数斛

梁大同末，欧阳纥探一猿穴[1]，得名香数斛，宝剑一双，美妇人三十辈，皆绝色，凡世所珍，靡不充备。（《续江氏传》[2]）

【注释】

①欧阳纥：南朝人，长沙豪族，梁时为蔺钦帐下别将，陈时为广州刺史，因谋反被诛。欧阳纥是唐初书法名家欧阳询的父亲。

②《续江氏传》：又名《补江总白猿传》，唐初传奇，未署作者。

【译文】

梁朝大同末年，欧阳纥曾经探到一处猿穴，得到数斤名贵的香料，一对宝剑，三十几名美丽的女子，都是绝色美女。凡是世间珍视的宝物，猿穴中无不收藏丰富。（《续江氏传》）

獭掬鸡舌香

宋永兴县吏钟道得重疾[1]，初瘥，情欲倍常。先悦白鹤墟中女子，至是犹存想焉。忽见此女振衣而来，即与燕好。后数至，道曰："吾甚欲鸡舌香。"女曰："何难。"乃掬满手以授道。道邀女同含咀之，女曰："我气素芳，不假此。"女子出户，犬忽见随，咋杀之[2]，乃是老獭。（《广艳异编》）

【注释】

①永兴县：宋代永兴县即今湖南永兴县。

②咋：啮咬。

【译文】

宋朝时期，永兴县的县吏钟道得了重病，刚刚痊愈，情欲是平日的数倍。原来，他曾经喜欢上白鹤墟中的女子，对她一直念念不忘心存妄想。忽然有一天，他看见这名女子抖着衣裳翩翩而来，便与之发生了关系。后来，这女子又来过很多次。钟道对她说："我很想要鸡舌香。"女子说道："这有什么难的？"说完双手就捧着满满的鸡舌香交给钟道。钟道请女子跟他一同嚼鸡舌香，女子回答道："我本就气息芳香馥郁，不需要借助此物来沾染香气。"某天，这名女子从钟道家出来，被一只狗看见了，尾随扑杀。原来这名女子是一只老獭。(《广艳异编》)

香鼠

中州产香鼠，身小而极香。

香鼠至小，仅如擘指大①，穴于柱中，行地上，疾如激箭。(《桂海虞衡志》)

蜜县间出香鼠，阴干为末，合香甚妙。乡人捕得，售制香者。(《蜜县志》)

【注释】

①擘指：大拇指。

【译文】

中州地区出产香鼠，身体极小，但气味却极香。

香鼠这种动物，其中最小的只有人的拇指那么大。它在柱子里修建巢穴，奔行在地面上，速度快得仿佛飞射而出的箭。(《桂海虞衡志》)

蜜县偶尔出现香鼠，将它阴干后研磨成粉末，用来制作合香最妙。乡下人一旦捕捉到这种香鼠，就会出售给那些制作香料的人。(《蜜县志》)

蚯蚓一夜香

孟州王双，宋文帝元嘉初忽不欲见明①。常取水沃地，以菰蒲覆上②，眠息饮食悉入其中。云：恒有女着青裙白帮来就其寝。每听荐下历历有声，发之，见一青色白缨蚯蚓，长二尺许。云：此女常以一夜香见遗，气甚清芬，夜乃螺壳，香则菖蒲根。于时咸以双渐同皁蘁矣③。(《异苑》)

【注释】

①宋文帝：刘义隆，南北朝时期的刘宋皇帝。元嘉：是刘义隆的年号。

②菰蒲：菰和蒲，皆水生植物。

③阜螽：蚱蜢，蝗虫。

【译文】

宋文帝元嘉初年，孟州有一个叫王双的人，忽然有一天，他不想再看到光亮。于是常常汲水来浇灌土地，将菱白叶子盖在土地之上，吃饭睡觉都躲在里面。据说，总是有一位身着青色裙子、白色缨带的女子来和他一起就寝。人们常常能听到草席下有淅淅沥沥的声音发出，还看见一条青色而带着白缨的蚯蚓，大约有两尺多长。人们说，这女子送给他一匣子香料，香料的气息极其芬芳馥郁，装香料的匣子是螺壳，香料则是菖蒲根。当时人们都认为是一种叫双渐的小型昆虫，就是蝗虫的幼虫。(《异苑》)

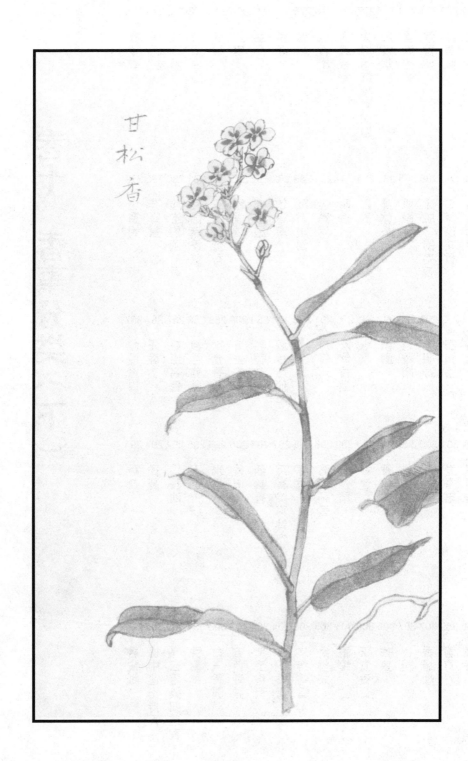

甘
松
香

宫室香

采香径

吴王阖间起响屧廊、采香径①。（《郡国志》②）

【注释】

①阖间：又作阖庐，姬姓，吴氏，名光，春秋末期吴国国君，在位期间吴国逐渐强大。

②《郡国志》：概指晋司马彪所撰《续汉书·郡国志》，后被补入后汉书，亦称作《后汉书·郡国志》。司马彪，西晋史学家，字绍统，河内温县（今河南温县西）人。

【译文】

吴王阖间建起了屧廊和采香径。（《郡国志》）

披香殿

汉宫阙名，长安有合欢殿、披香殿。（《郡国志》）

【译文】

披香殿是汉代的宫阙名称，当时长安城中有合欢殿、披香殿。（《郡国志》）

柏梁台

汉武帝作柏梁台，以柏为之，香闻数里。

【译文】

汉武帝时建造柏梁台，台梁全部采用柏木，香气在数里之外都能闻到。

桂柱

武帝时，昆明池中有灵波殿七间①，皆以桂为柱，风来自香。
（《洞冥记》）

【注释】

①昆明池：汉武帝元狩三年于长安西南郊所凿，以习水战。

【译文】

汉武帝时期，昆明池中建有灵波殿七间，柱子全部采用桂木，清
风吹过自然生香。（《洞冥记》）

兰室

黄帝传岐伯之术①，书于玉版，藏诸灵兰之室。

【注释】

①岐伯：中国上古最富有声望的医学家，《黄帝内经》的内容大多
为黄帝问，岐伯答，故中医被称为"岐黄之术"。

【译文】

黄帝传授给岐伯的医术，被书写在珍贵的玉版上，宝藏于灵兰之
室中。

兰台

楚襄王游于兰台之宫①。（《风赋》②）
龙朔中改秘书省曰兰台③。

【注释】

①楚襄王：楚怀王之子，芈姓，熊氏，名横。
②《风赋》：战国时楚国宋玉所作。宋玉，又名子渊，战国时鄢

（今襄樊宜城）人，辞赋家，传为屈原学生。

③龙朔：唐高宗年号。

【译文】

楚襄王在兰台宫中巡游。（《风赋》）

唐高宗的龙朔年间，朝廷将秘书省改名为兰台。

兰亭

王右军诸贤修禊①，会于会稽山阴之兰亭。

【注释】

①王右军：王羲之，东晋书法家，字逸少，号澹斋，祖籍琅琊临沂（今属山东）。曾为会稽内史，领右将军，人称"王右军""王会稽"，作《兰亭集序》。修禊：古代民俗于农历三月上旬的巳日（三国魏以后始固定为三月初三）到水边嬉戏，以祓除不祥，称为修禊。

【译文】

王羲之曾与诸位贤士一起依照农历巳日修禊习俗，在会稽山阴的兰亭聚会。

温室

温室以椒涂壁，被之文绣，香桂为柱，设火齐屏风①，鸿羽帐，规地以罽宾氍毹②。（《西京杂记》）

【注释】

①火齐：宝珠之名。

②氍毹（qú shū）：毛织的布或地毯。

【译文】

温室中用花椒泥来涂抹墙壁，再用华美的丝织品覆盖表面，用香桂建造成柱子，设置用珠宝制成的屏风、鸿羽帐幔，地上则铺着产自

蜀宾的地毯。(《西京杂记》)

温香渠

石虎为四时浴室，用瑜石珷玞为堤岸[1]，或以琥珀为瓶杓。夏则引渠水以为池，池中皆以纱縠为囊[2]，盛百杂香药，渍于水中。严冰之时作铜屈龙数十枚，各重数十斤，烧如火色，投于水中，则池水恒温，名曰焦龙温池。引凤文锦步障萦蔽浴所，共宫人宠嬖者解襟服宴戏弥于日夜，名曰清娱浴室。浴罢泄水于宫外，水流之所，名曰温香渠。渠外之人争来汲取，得升合以归其家，人莫不怡悦。(《拾遗记》)

【注释】

①瑜石珷玞：瑜，美玉。珷玞（wǔ fū），像玉的美石。

②縠（hú）：有皱纹的纱。

276

【译文】

后赵皇帝石虎修建了在四季都可以用的浴室，用玉石或类似玉石的石材砌造了堤岸，用琥珀制成装水的器具。盛夏时节引来渠水灌入浴池，池内用纱制的囊装着各种各样的香料，浸泡在水中。寒冬时分自造数十枚铜制屈龙，各重数十斤，烧至红色投入水中，则池水恒温，名字叫作"焦龙温池"。用凤凰锦绣或遮挡风尘的屏幕环绕浴所，和宫人宠妃脱去内衣在水中游戏，日夜不停，名为"清娱浴室"。沐浴之后将水倒在宫外，水流之所，名为"温香渠"。渠边的人争相来汲水，能够得到一升多回家，家人都很开心。(《拾遗记》)

宫殿皆香

西域有报达国[1]，其国俗富庶，为西域冠。宫殿皆以沉檀、乌木、降真为之，四壁皆饰以黑白玉、金珠、珍贝，不可胜计。(《西使记》)

【注释】

①报达国：即今巴格达，伊斯兰文化中心之一。

【译文】

西域有个国家叫报达国，这个国家风俗豪奢，堪称西域各国之冠。国中宫殿全部采用沉檀、乌木、降真等原料，四周的墙壁则用不计其数的黑白玉、金珠、珍贝等宝物来装饰。(《西使记》)

大殿用沉檀香贴遍

隋开皇十五年①，黔州刺史田宗显造大殿一十三间②，以沉香贴遍。中安十三宝帐，并以金宝庄严。又东西二殿，瑞像所居，并用檀贴，中有宝帐花距，并用真金贴成。穷极宏丽，天下第一。(《三宝感通录》)

【注释】

①开皇：隋文帝杨坚的年号。

②田宗显：字辉先，号跃华，古庸州（今贵州东北一带）人，隋朝被授黔中刺史。

【译文】

隋朝开皇十五年，黔州刺史田宗显建造了一座十三间的大殿，用沉香贴满宫室。室内设有十三座宝帐，全用黄金和珠宝装点。又因为东西两殿是供奉佛像的地方，因此全用檀木来贴饰，其中所点缀的宝帐、花炬，都是用真金制成的。气势极尽恢宏壮观，堪称天下第一。(《三宝感通录》)

沉香堂

杨素东都起宅①，穷极奢巧，中起沉香堂。(《隋书》②)

【注释】

①杨素：字处道，弘农华阴（今陕西华阴）人，隋代大臣、诗人、

军事家，官至尚书令。东都：洛阳。

②《隋书》：唐初官修隋代史书，共八十五卷，其中帝纪五卷，列传五十卷，志三十卷。

【译文】

隋朝名将杨素在东都洛阳建造了家宅，极尽奢华精巧，还在宅中建造了一座沉香堂。(《隋书》)

香涂粉壁

秦王俊盛治宫室[1]，穷极侈丽。又为水殿，香涂粉壁，玉砌金阶，梁柱楣栋之间周以明镜，间以宝珠，极荣饰之矣。每与宾客妓女弦歌于其上。(《隋书》)

【注释】

①秦王俊：杨俊，字阿祇，隋文帝第三子，性好奢华。

278

【译文】

隋文帝第三子秦王俊大肆修造宫殿，极尽奢华豪侈。又建造了一座水殿，用香料涂抹墙壁，用玉石砌墙，用黄金做台阶，在梁柱之间围起镜子，点缀着珠宝，装饰极其奢侈华丽。秦王俊常常与宾客、妓女在水殿上听歌奏曲。(《隋书》)

沉香亭

唐明皇与杨贵妃于沉香亭赏木芍药，不用旧乐府，召李白为新词，白献清平调三章[1]。(《天宝遗事》)

【注释】

①清平调三章：即"云想衣裳花想容，春风拂槛露华浓。若非群玉山头见，会向瑶台月下逢。""一枝红艳露凝香，云雨巫山枉断肠。借问汉宫谁得似，可怜飞燕倚新妆。""名花倾国两相欢，长得君王带笑看。解释春风无限恨，沉香亭北倚阑干。"

唐明皇和杨贵妃曾在沉香亭观赏木芍药花，因为不想听旧乐府，故而召来李白来写作新词，李白为此献上了《清平调》三章。(《天宝遗事》)

四香阁

杨国忠用沉香为阁，檀香为栏，以麝香乳香筛土和为泥饰壁。每于春时木芍药盛开之际，聚宾友于此阁上赏花焉，禁中沉香亭远不侔此壮丽也。(《天宝遗事》)

【译文】

杨国忠用沉香建造楼阁，用檀香制作围栏，把麝香、乳香和筛土混合成香泥来装饰墙壁。每年春天木芍药花盛开的时候，杨国忠都要和宾客、亲友在这座四香阁上聚会观赏木芍药花。宫中的沉香亭远远不如杨家的四香阁壮丽。(《天宝遗事》)

四香亭

四香亭在州治，淳熙间赵公建。自题云：永嘉何希深之言曰①：荼蘼香春，芙蕖香夏，木犀香秋，梅花香冬。(《华夷续考》)

【注释】

①永嘉：在今浙江温州。何希深：何逢原，字希深，永嘉人，南宋大臣，理学家，永嘉学派代表人物之一。

【译文】

四香亭在州府所在地，宋淳熙年间，赵公建自题云："永嘉何希深说：'荼蘼香春，芙蕖香夏，木犀香秋，梅花香冬。'"(《华夷续考》)

含熏阁

王元宝起高楼①，以银镂三棱屏风代篱落②，密置香槽，香自

花镂中出，号含熏阁。(《清异录》)

【注释】

①王元宝：唐代巨富，玄宗时人。

②篱落：篱笆。

【译文】

王元宝建造了一座高楼，用银子镂刻成三棱屏风来代替篱笆，屏风里秘密设置有香槽，香气从镂花中浸出，称为含熏阁。(《清异录》)

芸辉堂

元载末年①，造芸辉堂于私第。芸辉者，草名也，出于阗国。其香洁白如玉，入土不朽烂，舂之为屑，以涂其壁，故号芸辉焉。而更构沉檀为梁栋，饰金银为户牖。(《杜阳杂编》)

【注释】

①元载：字公辅，凤翔岐山（今陕西凤翔县）人，唐代宗时宰相，后因贪腐过甚被抄家正法。

【译文】

唐代名臣元载晚年在私宅修造了一座芸辉堂。芸辉，是香草的名字，出产于阗国。这种香的色泽洁白如玉，入土不会朽烂。"芸辉堂"名字的由来，就是因为将芸辉香研磨成粉末，然后用来涂抹堂壁。这座芸辉堂还把沉香、檀木构建成梁柱，用金银制成门窗。(《杜阳杂编》)

起宅刷酒散香

莲花巷王珊起宅毕，其门刷以醇酒，更散香末，盖礼神之至。(《宣武盛事》①)

【注释】

①《宣武盛事》：唐笔记，原书已佚，作者不详。

莲花巷王珊的宅子修建完工之后，在大门上刷以醇酒，并且把香料的碎末洒在上面，用来礼敬神明。（《宣武盛事》）

礼佛寺香壁

天方^①，古筠冲地，一名天堂国。内有礼佛寺，遍寺墙壁皆蔷薇露、龙涎香和水为之，馨香不绝。（《方舆胜览》^②）

【注释】

①天方：在中国古籍中指麦加。

②《方舆胜览》：南宋祝穆编撰的地理类书籍，全书共七十卷，成书于南宋理宗嘉熙年间。祝穆，字和甫，建阳人。

【译文】

天方，古筠冲地，又被称作天堂国。国内有礼佛寺，遍寺墙壁都是用蔷薇露、龙涎香和水涂抹，馨香不绝。（《方舆胜览》）

281

三清台焚香

王审知之孙昶袭为闽王^①，起三清台三层^②，以黄金铸像，日焚龙脑、熏陆诸香数斤。（《五代史》）

【注释】

①王审知：字信通，又字详卿，光州固始（今河南省固始县分水亭乡王堂村）人。唐末五代时开闽封闽王。昶：王昶，原名王继鹏，弑父杀弟得王位，933年称帝，荒淫腐败，后被杀。

②三清：道教所指玉清、上清、太清三清境。又指玉清境洞真教主元始天尊、上清境洞玄教主灵宝天尊、太清境洞神教主道德天尊。

【译文】

五代时，汉人王审知的孙子王昶按祖袭被封为闽王，修建起一座三层高的三清台。台上用黄金铸造成神像，每天焚烧龙脑香和熏陆香

等香料，重达数斤之多。(《五代史》)

绣香堂

汴废宫有绣香堂、清香堂。(《汴故宫记》)[①]

【注释】

①《汴故宫记》：元代杨奂著，记载宋都汴京宫殿的著作。杨奂又名知章，字焕然，乾州奉天人，元代诗人，著名学者，著述颇丰，世称紫阳先生。

【译文】

金代的故宫中有绣春堂和清香堂。(《汴故宫记》)

郁金屋

戴延之《西征记》云：雒阳城有郁金屋[①]。

【注释】

①雒（luò）阳：洛阳，三国时改称雒阳。

【译文】

东晋戴延之的《西征记》里说："洛阳城里有一座郁金屋。"

饮香亭

保大二年，国主幸饮香亭[①]，赏新兰，诏苑令取沪溪美土为馨烈侯拥培之具[②]。(《清异录》)

【注释】

①国主：南唐元宗李璟。
②馨烈侯：指一种兰花，被李璟封为"馨烈侯"。

【译文】

南唐保大二年，国主李璟驾临饮香亭，观赏新开的兰花，下诏让

管理御苑的官员选取沪溪出产的美玉作为栽培馨烈侯的器具。(《清异录》)

沉香暖阁

沉香连三暖阁，窗槅皆镂花①，其下替板亦然②。下用抽打篆香在内则气芬郁，终日不散。前后皆施锦绣，帘后挂屏，皆官窑，其妆饰侈靡，举世未有，后归之福邸。(《烟云过眼录》)

【注释】

①槅：门窗上用木条做成的格子。

②替：抽屉。

【译文】

用沉香来连接三间暖阁，窗槅上都装饰着镂空的花纹，下面的抽屉板也有一样的装饰。把篆香放在下面的抽屉里，香气芬芳馥郁，终日不散。暖阁的前后都装饰着锦绣，帘后挂屏，都出自官窑。装饰奢靡，举世罕见。这沉香暖阁后来归入福邸。(《烟云过眼录》)

迷香洞

史凤，宣城美妓也①。待客以等差甚异者。有迷香洞、神鸡枕、锁莲灯。次则交红被、传香枕、八分羊。下列不相见，以闭门羹待之②，使人致语曰：请公梦中来。冯垂客于凤，罄囊有铜钱三十万，尽纳得至迷香洞，题九迷诗于照春屏而归。(《常新录》③)

【注释】

①宣城：今安徽宣城。

②闭门羹：此即闭门羹这一俗语的来源。

③《常新录》：唐笔记，原书已佚，作者不详。

【译文】

史凤，是宣城美妓。她待客的时候，按照等级来设定差别。特别优遇的客人，能住在迷香洞中，枕着神鸡枕，点上锁莲灯；次等的客人则盖着交红被，枕着传香枕，吃八分羹；下等的客人，则拒不相见，以闭门羹相待。并命人对客人说："请您梦中来相会。"有个叫冯垂的客人，倾其所有，将铜钱三十万都交给她，才享用了迷香洞，并且在照春屏上题写了一首《九迷诗》才回去。（《常新录》）

厨香

唐驸马宠于太后，所赐厨料甚盛，乃开回仙厨。厨极馨香，使仙人闻之亦当驻也，故名回仙。（《解醒录》）

【译文】

唐朝驸马得到太后的宠爱，在他得到的赏赐中厨房的原料繁多，于是驸马回到府上开设了"回仙厨"。厨房内的气息极其馨香，即便仙人闻到了也会驻足，因而得名为"回仙厨"。（《解醒录》）

厕香

刘寔诣石崇①，如厕见有绛纱帐、茵褥甚丽，两婢持锦香囊。寔遽走即谓崇曰："向误入卿室内。"崇曰："是厕耳。"（《世说》）

又王敦至石季伦厕②，十余婢侍列，皆丽服藻饰，置甲煎粉、沉香汁之属，无不毕备。（《癸辛杂识外集》）

【注释】

①刘寔（shí）：西晋重臣，字子真，今高唐人。

②王敦：字处仲，东晋初权臣，在叛乱时病死。

【译文】

西晋时期，刘寔去石崇家里拜谒。在石崇家的厕所里，刘寔看到了绛纱帐和异常华丽的茵褥，还有两名婢女捧着锦绣制成的香囊伫立在一旁。刘寔心中大惊，连忙退了出来，抱歉地对石崇说："刚才误走到您家的内室中了。"石崇说："那是厕所啊。"（《世说》）

东晋大将军王敦到石崇家，他在上厕所的时候，有十几名婢女列队等候，这些女子全都身穿华丽的服装，佩戴着繁多的饰物。石崇家的厕所里还放置着甲煎粉、沉香汁之类的物品，各样东西都准备得很齐全。(《癸辛杂识外集》)

身体香

肌香

旋波、移光，越之美女，与西施、郑旦同进于吴王，肌香体轻，饰以珠幌，若双鸾之在烟雾。

【译文】

旋波和移光都是越国的美女，和西施、郑旦一起被进献给吴王。她们的肌肤馨香，体态轻盈。其所居之处又用珠帘装饰，仿佛身在烟雾中的一对鸳鸯鸟。

涂肌、拂手香

二香俱出真腊、占城国，土人以脑麝诸香捣和成，或以涂肌，或以拂手，其香经数宿不歇，惟五羊至今用之[1]，他国不尚焉。(《叶谱》)

【注释】

①五羊：五羊城，广州别名。

【译文】

这两种香料都产自真腊国和占城国，是当地的土人用脑香、麝香等各种香料捣碎混合而成的香品。可以用来涂抹肌肤，也可以用来擦手。其香气经历数日也不会消散。只有广州到现在还在使用这两种香

品，其他地方都不时兴了。(《叶谱》)

口气莲花香

颍州一异僧能知人宿命①。时欧阳永叔领郡事，见一妓口气常作青莲花香，心颇异之，举以问僧。僧曰："此妓前生为尼，好转《妙法莲华经》，三十年不废，以一念之差失身至此。"后公命取经令妓读，一阅如流，宛如素习。(《乐善录》)

【注释】

①颍州：今安徽阜阳市治。

【译文】

颍州有一位神奇的僧人，能预知人的宿命。那时，欧阳修担任当地郡守，看见一名妓女口中吐出的气息，常常带有青莲花的香气，心中感到十分怪异，就拿这件事来向僧人请教。僧人说："这名妓女前生是个尼姑，喜欢诵读《妙法莲华经》，三十年不曾废除这个爱好，偶然因为一念之差，失身沦落到今天的地步。"后来欧阳修命人来取经疏让这名妓女诵读，她只看了一眼就诵读如流，宛如平常时时习读一般。(《乐善录》)

口香七日

白居易在翰林，赐防风粥一瓯①，剔取防风，得五合余，食之口香七日。(《金銮密记》②)

【注释】

①防风：药草名，有镇痛祛痰的功效。

②《金銮密记》：一卷，唐笔记，韩偓撰。

【译文】

唐代诗人白居易在翰林院供职的时候，曾经得到了一盆御赐的防风粥。他从中提取出来的防风，总共有五盒之多，食用此物后一连七

天口中都带有香气。(《金銮密记》)

橄榄香口

橄榄子香口，绝胜鸡舌香。疏梅含而香口，广州廉姜亦可香口[1]。(《北户录》)

【注释】

[1]廉姜：为姜科植物华良姜的根茎，多年生草本，别称蔟；一种香菜。

【译文】

橄榄子能够让人口中生香，效果也比鸡舌香还要好，注疏说："含着梅子能让人口中生香，广州有一种叫作廉姜的，也能让人口中生香。"(《北户录》)

汗香

贵妃每有汗出，红腻而多香，或拭之于巾帕之上，其色如桃花。(《杨妃外传》)

【译文】

杨贵妃每次流出的汗水，色泽红腻而富有香气，擦拭在巾帕上面，颜色美好像桃花一般。(《杨妃外传》)

身出名香

印度有妇人身婴恶癞[1]，窃至窣堵波，责躬礼忏，见其庭宇有诸秽集，掬除洒扫，涂香散花，更采青莲，重布其地，恶疾除愈，形貌增妍，身出名香，青莲同馥。(《大唐西域记》)

【注释】

[1]婴：遭受。

【译文】

印度有一名妇人，身染严重的癫病。她悄悄前往佛塔，跪拜忏悔。妇人见佛殿周遭堆集了各种污秽之物，于是她就清除污秽，洒扫庭院，在各处涂上香料、撒上香花，又采来青莲花，重新装饰地面。后来，她的病得以痊愈，身形容貌比之前更为娇艳，周身发出名贵香品的气息，如同青莲花一般馥郁。(《大唐西域记》)

椒兰养鼻

椒兰芬苾，所以养鼻也。又前有兰芷以养鼻，兰槐之根为芷。注云：兰槐香草也，其根名芷。

【译文】

椒和兰气息芬芳，所以能滋养人的鼻子。前文中我们介绍了兰芷能滋养鼻子。兰槐的根被称为芷。注解说："兰槐是香草，它的根部名为芷。"

288

饮食香

五香饮

隋仁寿间①，筹禅师常在内供养，造五香饮。第一沉香饮，次檀香饮，次泽兰香饮，次丁香饮，次甘松香饮，皆有别法，以香为主。

又隋大业五年②，吴郡进扶芳二树③。其叶蔓生，缠绕他树，叶圆而厚，凌冬不凋。夏月取叶微火炙使香，煮以饮，深碧色，香甚美，令人不渴。筹禅师造五色香饮，以扶芳叶为青饮。(《大业杂记》④)

【注释】

①仁寿：隋文帝杨坚年号。

②大业：隋炀帝杨广年号。

③吴郡：治所在今苏州市。

④《大业杂记》：唐杜宝撰，记隋末唐初诸事。

【译文】

隋朝仁寿年间，有一位筹禅师，常常被供养在宫廷之内。他调制过五香饮。第一种是沉香饮，第二种是檀香饮，第三种是泽兰香饮，第四种是丁香饮，第五种是甘松香饮。调制的方法虽然各有不同，但主要原料都是香料。

隋炀帝大业五年，吴郡进献了两株扶芳，其茎叶为蔓生，缠绕在其他植物上面，叶片又圆又厚，即便是在寒冬时节也不会凋谢。夏季的时候，用微火熏烤扶芳的叶子，使其发出香味后，再煮水饮用。这种饮品呈深绿色，味道芳香馥郁。服用之后，能让人不再口渴。筹禅师所制造的五色香饮，就是用扶芳叶制成的香饮。(《大业杂记》)

289

名香杂茶

宋初团茶多用名香杂之①，蒸以成饼，至大观宣和间始制三色芽茶②。漕臣郑可间制银丝冰茶，始不用香，名为胜雪，茶品之精绝也。

【注释】

①团茶：宋代用圆模制成的茶饼。

②大观宣和：皆是宋徽宗赵佶年号。

【译文】

宋朝初年的小茶饼大多掺杂着名贵的香料，蒸制成茶饼。到了大观、宣和年间开始制造三色芽茶。漕臣郑可简创制银丝冰芽贡茶，才开始不在团茶中使用香料，这种团茶名为"龙团胜雪"，是团茶中精妙的绝品。

卷十　香事分类（下）

酒香山仙酒

岳阳有酒香山，相传古有仙酒，饮者不死。汉武帝得之，东方朔窃饮焉，帝怒欲诛之。方朔曰："陛下杀臣，臣亦不死；臣死，酒亦不验。"遂得免。(《鹤林玉露》)

【译文】

岳阳有一座酒香山，相传此山自古藏有仙酒。饮用仙酒的人能长生不死。汉武帝曾经得到了这种仙酒，却被东方朔偷喝了。汉武帝大怒，打算诛杀东方朔。东方朔对汉武帝说："陛下即便杀了微臣，微臣也不会死去。如果微臣死了，仙酒也就不灵验了。"东方朔因此被免罪。(《鹤林玉露》)

酒令骨香

会昌元年扶余国贡三宝①，曰火玉，曰风松石，及澄明酒。酒色紫，如膏，饮之令人骨香。(《宣室志》②)

【注释】

①会昌：唐武宗李炎的年号。扶余国：古国名。扶余，亦作夫余、夫于，中国古代东北部族，起源于松花江流域。3世纪前后于长春、农安一带建国，中唐时覆灭，存在八百余年。

②《宣室志》：唐代笔记小说，内容多为鬼神灵异，以劝善戒杀，张读撰。张读，字圣用，一作圣朋，深州陆泽（今河北深县西）人。取汉文帝在宣室召见贾谊问鬼神之事，故名为《宣室志》。

【译文】

唐武宗会昌元年，扶余国进贡了三件宝贝，一为火玉，一为风松石，一位澄明酒。澄明酒散发出紫色的光泽，如同膏状，饮用后能让人骨中带香。(《宣室志》)

流香酒

周必大以待制侍讲赐流香酒四斗①。（《玉堂杂记》②）

【注释】

①周必大：字子充，一字洪道，自号平园老叟，庐陵（今江西吉安）人，中国南宋政治家、文学家，系南宋名相。待制侍讲：待制，官名；侍讲，为皇帝或太子讲课。

②《玉堂杂记》：记载南宋翰林故事的笔记，周必大撰。

【译文】

南宋时，周必大以待制的职位侍讲宫廷，得到御赐的流香酒四斗。（《玉堂杂记》）

糜钦香酒

真陵山有糜钦枣，食其一，大醉经年。东方朔游其地，以一斤归进上。上和诸香作丸，大如芥子，每集群臣，取一丸入水一石，顷刻成酒，味逾醇醪①，谓之糜饮酒，又谓真陵酒。饮者香经月不散。（《清赏录》②）

【注释】

①醇醪：淳厚的美酒。

②《清赏录》：明张翼、包衡同撰。张翼字二星，余杭人。包衡字彦平，秀水人。收录古今典故逸事辑录成书。

【译文】

真陵山生长着一种糜钦枣，人只要吃一颗糜钦枣就会大醉，一年不醒。东方朔曾经游经此山，带了一斛糜钦枣回朝进献给汉武帝。汉武帝命人把这种枣和各种香料混合起来制成丸药，每丸有芥子那么大。汉武帝曾经召集群臣，拿一丸放进一石水里，片刻之间水就会化成酒，味道比醇厚的美酒还要好。此酒被称作糜钦酒，又叫真陵酒。饮用过

这种酒的人口中带有香气，数月也不消散。(《清赏录》)

椒浆

桂醑兮椒浆①。(《离骚》②)

【注释】

①醑（xǔ）：美酒。椒浆：以椒浸制的酒浆。古代多用以祭神。

②《离骚》:《离骚》无此句，误。此句原作"奠桂酒兮椒浆"，出《楚辞·九歌·东皇太一》。

【译文】

桂花酒啊，你是用有香味的椒浸泡过后的美酒。(《楚辞》)

椒酒

元日上椒酒于家长，举觞称寿。椒，玉衡之精①，服之令人却老。(崔寔《月令》②)

【注释】

①玉衡：北斗星中第五星，泛指北斗。

②崔寔《月令》：即《四民月令》，后汉大尚书崔寔模仿古时月令所著的农业著作，记载一年中各个时间所从事的农业活动。崔寔东汉后期政论家、农学家。字子真，又名台，字元始，涿郡安平（今河北安平）人。

【译文】

正月初一，是为一家之长献上椒酒，举杯祝福的日子。椒是玉衡之精，服用椒酒，可以让人长生不老。(崔寔《月令》)

聚香团

扬州太守仲端唉客以聚香团①。(《扬州事迹》②)

①聚香团：此段文字原委是，仲端因为惧内不敢宴请客人，看客人坐着实在饿得慌，就去厨房偷偷拿了几个点心"聚香团"给客人吃。

②《扬州事迹》：唐代笔记，记扬州风物逸闻，今已佚失，作者不详。

【译文】

扬州太守仲端，请客人吃聚香团。（《扬州事迹》）

赤明香

赤明香，世传仇士良家脯名也①。（《清异录》）

【注释】

①仇士良：字匡美，循州兴宁（今广东兴宁）人，唐朝宦官。擅权二十余年，前后共杀二王、一妃、四宰相。文宗本欲除之，甘露之变败露，仇士良反而权力更加强大，武宗朝才有所抑制。脯：干肉，又指熟肉。

【译文】

赤明香，世传是唐代宦官仇士良家肉铺的名字。（《清异录》）

玉角香

松子有数等，惟玉角香最奇。（《清异录》）

【译文】

松子有不同的种类品第，其中只有玉角香这一品种最为珍奇。（《清异录》）

香葱

天门山上有葱，奇异辛香。所畦陇，悉成行，人拔取者悉绝，若请神而求，即不拔自出。（《春秋元命苞》①）

293

卷十 香事分类（下）

【注释】

①《春秋元命苞》：纬书中影响较大的一种，作者不详。纬书为依托儒家经义宣扬符箓瑞应占验之书。

【译文】

天门山上种植着一种葱，气味奇异而辛香。把它种植在田里，都各自成行。人们来拔取的时候又都没有了。如果向神灵祈求，则不经拔取，它又自然生长出来。（《春秋元命苞》）

香盐

天竺有水，其名恒源，一号新陶。水特甘香，下有石盐①，状如石英，白如水精，味过香卤，万国毕仰。（《南州异物志》）

【注释】

①石盐：即岩盐，也称矿盐。

【译文】

天竺国有一条水系，名字叫恒源，又叫新陶水。水质特别甘香，水下生有石盐，形状像石英，色泽纯白如同水晶，味道比香卤还要好。各国都羡慕该国有这种盐。（《南州异物志》）

香酱

十二香酱，以沉香等油煎成，服之。（《神仙食经》）

【译文】

十二香酱，用沉香等油煎成而成，适合食用。（《神仙食经》）

黑香油

伽蓝北岭傍有窣堵坡，高百余尺，石隙间流出黑香油①。（《大唐西域记》）

①按，此条摘录有误，应为"大城东南三十余里至曷逻怙罗僧伽蓝，傍有窣堵波，高百余尺，或至斋日，时烛光明，覆钵势上，石隙间流出黑香油。

【译文】

伽蓝北岭旁边有一座佛塔，高达一百多尺，待到斋日，燃起烛光，如覆钵的塔身上，石块的缝隙之间流出黑色的香油。(《大唐西域记》)

丁香竹汤

荆南判官刘彧弃官游秦陇闽粤，箧中收大竹十余颗，每有客，则斫取少许煎饮，其辛香如鸡舌汤，人坚叩其名①，曰："丁香竹，非中国所产也。"(《清异录》)

【注释】

①叩：询问。

【译文】

荆南判官刘彧放弃官位游历秦、陇、闽、粤等地。随身的箱中收藏着十几颗大竹，每当有客人来访的时候，就砍取少许大竹煎水饮用，其气息辛香如同鸡舌汤一样。人们追问其名。刘彧回答说："这是丁香竹，并不是中原出产的。"(《清异录》)

米香

淡洋与阿鲁山地连接①，去满剌加三日程②，田肥禾盛，米粒尖小，炊饭甚香，其地产诸香。(《星槎胜览》)

【注释】

①淡洋：古地名。故址在今印度尼西亚苏门答腊岛塔米昂一带。

②满剌加：即马六甲。其港口在新加坡开埠前，为东西方船舶在

马六甲海峡中的主要泊所。

【译文】

淡洋与阿鲁山接壤，离满剌加大约三天的路程。当地田地肥沃，稻禾茂盛，米粒尖小，煮出来的饭非常香美。此地还出产各种香料。（《星槎胜览》）

香饭

香积如来以众香钵盛香饭[①]。

又：西域长者子施尊者香饭而归[②]，其饭香气遍王舍城。（《大唐西域记》）

又：时化菩萨以满钵香饭与维摩诘[③]，饭香普熏毗耶离城及三千大千世界。时维摩诘语舍利佛诸大声闻[④]：仁者可食如来甘露味饭，大悲所熏，无以限意食之使不消。（《维摩诘经》[⑤]）

296

【注释】

①香积如来：《维摩诘经》里提到的众香国的佛祖。

②长者：为家主、居士之意。一般则通称富豪或年高劭者为长者。

③维摩诘：佛在世毗耶离城之居士。委身在俗，辅释迦之教化，法身大士。《维摩诘经》的主要说法者。

④舍利佛：舍利弗，佛陀上首弟子，十大弟子之一，佛弟子中智慧第一。

⑤《维摩诘经》：此处为三藏法师鸠摩罗什所译《维摩诘所说经》。

【译文】

上方众香世界的佛陀——香积如来用众香钵盛香饭。

西域长者施舍尊者香饭，他回去之后，饭的香气遍布王舍城中。（《大唐西域记》）

当时菩萨用满钵香饭给维摩诘，饭的香气遍布毗耶离城及三千大千世界中。那时，维摩诘对舍利佛诸大弟子说："仁德的人，可以食用如来带有甘露气味的饭。此饭是大悲所熏制，有无限意味，吃了它，不会饿。"（《维摩诘经》）

器具香

沉香降真钵木香匙箸

后唐福庆公主下降孟知祥[①]。长兴四年明宗晏驾[②]，唐室避乱，庄宗诸儿削发为苾刍[③]，间道走蜀。时知祥新称帝，为公主厚待犹子，赐予千计。敕器用局以沉香降真为钵，木香为匙箸锡之。常食堂展钵，众僧私相谓曰："我辈谓渠顶项衣服均是金轮王孙[④]，但面前四奇寒具有无不等耳"。（《清异录》）

【注释】

①福庆公主：晋王李克用的长女，后唐庄宗李存勖之姊。孟知祥：字保胤，邢州龙冈（今河北邢台西南）人，原为后唐重臣，934年开始于蜀地称帝，半年后死，时年61岁。

②明宗：后唐明宗李嗣源，五代十国时期后唐第二位皇帝，李克用养子。

③苾刍：即比丘，原指佛教受比丘戒之出家人，亦泛指僧人。

④金轮王：古印度传说中圣王，以金轮宝统摄四洲，为四种轮王中最尊贵者。

【译文】

后唐庄宗的长女福庆公主下嫁给后蜀建立者孟知祥。长兴四年明宗晏驾，唐室为躲避祸乱，庄宗的儿子们削发为僧，从小路逃往蜀地。当时孟知祥刚刚称帝，因为福庆公主的缘故厚待庄宗的儿子，把他们看作自己的孩子一样，赐给数千种宝物。敕令将沉香、降真香等制成

297

卷十 香事分类（下）

钵，将木香制成汤匙和筷子，并在上面镀锡。庄宗的儿子们常常在食堂展示沉香、降真香钵，众僧侣私下讨论说："我们常说他们顶项衣服都是金轮王孙。只看眼前这些奇异的器具，有与无，真是不一样啊。"（《清异录》）

杯香

关关赠俞本明以青华酒杯，酌酒有异香，或桂花、或梅、或兰、视之宛然，取之若影，酒干不见矣。（《清赏录》）

【译文】

关关将青华酒杯赠送给俞本明。用这种杯子喝酒的时候会闻到奇异的香味，香味或像桂花，或像梅花，或像兰花。看杯子里面的花，就像真花一样，用手勾取则如同幻影一般，酒喝干之后花也不见了。（《清赏录》）

藤实杯香

藤实杯出西域，味如荳蔻，香美消酒，国人宝之，不传于中土。张骞入宛得之①。（《炙毂子》②）

【注释】

①宛：大宛（dà yuān），古代中亚国名，位于帕米尔西麓，锡尔河上中游，在今乌兹别克斯坦费尔干纳盆地。

②《炙毂子》：《炙毂子》三卷，今已佚，唐笔记，王叡著。王叡，号炙毂子，有《聊珠集》《炙毂子诗格》等书传世。

【译文】

藤实杯出产于西域，香味像豆蔻，气息香美，还能解酒。该国人将此杯视作珍宝，不肯将它传到中原。张骞到大宛的时候得到了藤实杯。（《炙毂子》）

雪香扇

孟昶夏日水调龙脑末涂白扇上[1]，用以挥风。一夜与花蕊夫人登楼望月[2]，坠其扇，为人所得，外有效者，名雪香扇。(《清异录》)

【注释】

①孟昶：字保元，后蜀末代皇帝，后为宋所灭。

②花蕊夫人：后蜀主孟昶的费贵妃，青城（今都江堰市东南）人，幼能文，尤长于宫词。得幸蜀主孟昶，赐号花蕊夫人，后入宋太祖宫中。有很多孟昶与花蕊夫人奢靡浪漫故事流传。

【译文】

后蜀皇帝孟昶每年夏天用水调和龙脑末涂抹在白扇之上，用来扇风。一天夜晚，他和其妃花蕊夫人登楼望月，失手将扇子跌落，被人捡到。此后宫外有人便效仿其法泡制，并将其命名为雪香扇。

299

香奁

孙仲奇妹临终授书云[1]：镜与粉盘与郎，香奁与若[2]，欲其行身如明镜，纯如粉，誉如香。(《太平御览》)

又：韩偓《香奁序》云：咀五色之灵芝，香生九窍；饮三危之瑞露[3]，美动七情。古诗云：开奁集香苏。

【注释】

①孙仲奇妹：或云三国吴时人，此临终授书，简短而显其贤德，因以传世。

②香奁：放梳妆用品的器具。

③三危：古代西部边疆山名。

【译文】

孙仲奇的妹妹在临终之际在遗书中写道："镜子与粉盒赠予郎君，

香奁也赠给你，希望你行身如同明镜，纯洁如同白粉，声誉如香一般美好。"（《太平御览》）

韩偓在《香奁序》中说："咀嚼五色灵芝，香生九窍；饮用三危瑞露，美动七情。"古诗说："开奁集香苏。"

香如意

僧继颙住五台山。手执香如意，紫檀镂成，芬馨满室，名为握君。（《清异录》）

【译文】

僧人继颙居住在五台山上，手里拿着一柄香如意，用紫檀镂刻而成，香气芬芳，充溢满室，被称作"握君"。（《清异录》）

名香礼笔

郗诜射策第一[1]，拜笔为龙须友，云：犹当令子孙以名香礼之。（《龙须志》[2]）

【注释】

[1]郗诜（qiè shēn）：字广基，晋代济阴单父人，官至尚书左丞雍州刺史。射策：汉考试取士的一种方法。

[2]《龙须志》：笔记，与笔相关的各种故事。

【译文】

郗诜应试取得第一名，拜所用之笔为龙须友，说："应当让子孙用名香来礼敬它。"（《龙须志》）

香璧

蜀人景焕志尚静隐，卜筑玉垒山下[1]，茅堂花圃足以自娱。常得墨材，甚精，止造五十团，曰：以此终身。墨印文曰香璧，阴篆曰墨副子[2]。

①卜筑：择地建筑住宅。

②墨副子：或为"副墨子"之误。副墨子，指文字、诗文。

【译文】

蜀人景焕向往宁静的隐居生活，在玉垒山下修建了住宅，茅屋、花圃，足以自娱。他曾经得到了一方十分精致的墨材，用它制造出五十团墨。景焕说："这些墨可以伴我终身了。"墨上印有"香璧"二字，阴篆文为"墨副子"。

龙香剂

元宗御案墨曰龙香剂①。（《陶家瓶余事》）

【注释】

①元宗：指唐玄宗。

【译文】

元宗御案所使用的墨称为"龙香剂"。（《陶家瓶余事》）

墨用香

制墨香用甘松、藿香、零陵香、白檀、丁香、龙脑、麝香。（李孝美《墨谱》）

【译文】

制墨用的香用甘松、藿香、零陵香、白檀、丁香、龙脑、麝香。（李孝美《墨谱》）

香皮纸

广管罗州多栈香树①，其叶如橘皮，堪作纸，名为香皮纸，灰白色有纹，如鱼子笺②。（刘恂《岭表异录》③）

【注释】

①罗州：今广东廉江。

②鱼子笺：古代一种布目纸，产于蜀地。

③刘恂《岭表异录》：通常作刘恂《岭表录异》，唐末五代时广州司马刘恂作，记录当时岭南一带风物。

【译文】

广管罗州有许多栈香树，叶子像橘皮，可以用来造纸，名为香皮纸。这种纸为灰白色，上面有花纹，像鱼子笺。（刘恂《岭表异录》）

枕中道士持香

海外一国贡重明枕，长一尺二寸，高六寸，洁白类水晶，中有楼台之形，四面有十道士持香执简，循环无已。

【译文】

海外有个国家进献了重明枕，枕长一尺二寸，高六寸，色泽洁白像水晶一样。枕中有楼台的形状，四面有十名道士捧着香、手拿简，循环不止。

飞云履染四选香

白乐天作飞云履，染以四选香，振履则如烟雾。曰：吾足下生云，计不久上升朱府矣①。（《樵人直说》）

【注释】

①朱府：道教里面指神仙的住所。

【译文】

白居易制作的飞云履，用四选香熏染，抬脚迈步，如生烟雾。他说："我脚下生云，估计不久就会飞升到仙人所居住的地方了。"（《樵人直说》）

香囊

帏谓之縢①，即香囊也。(《楚辞注》②)

【注释】

①縢（téng）：香囊。

②《楚辞注》：《楚辞章句》，《楚辞》权威的注释本，王逸著。王逸，字叔师，南郡宜城（今湖北宜城）人，东汉文学家。

【译文】

帏又被称作縢，也就是香囊。(《楚辞注》)

白玉香囊

元先生赠韦丹尚书绞绡缕白玉香囊。(《松窗杂录》①)

【注释】

①《松窗杂录》:唐笔记，李浚撰。所记多逸闻秘事，以玄宗时为多。

【译文】

元先生赠给韦丹尚书绞绡和白玉镂刻而成的香囊。(《松窗杂录》)

五色香囊

后蜀文澹生五岁谓母曰：有五色香囊在吾床下。往取得之，乃澹前生五岁失足落井，今再生也。(《本传》)

【译文】

后蜀文澹五岁的时候对其母亲说："在我的床底下有一个五色香囊。"他的母亲前去取出来看，才知道原来文澹前生五岁的时候失足落井，现在是再生。(《本传》)

紫罗香囊

谢遏年少时好佩紫罗香囊垂里①，子叔父安石患之②，而不欲伤其意，乃谲与赌棋，赌得烧之。（《小名录》③）

【注释】

①谢遏：即东晋名将谢玄，字幼度，小字遏，陈郡阳夏（今河南太康）人，宰相谢安侄子。拜建武将军，组建北府兵，在淝水之战中立下奇功。

②安石：谢安，字安石，号东山，东晋宰相、政治家、军事家、名士。患之：谢安认为谢玄年少就染上这些奢侈的生活习惯不好。

③《小名录》：唐陆龟蒙撰，记载自秦至南北朝间知名人物的小名。陆龟蒙，长洲（今江苏吴县）人，唐代农学家、文学家，字鲁望，别号天随子、江湖散人、甫里先生，著有农具专著《耒耜经》，有作品集《甫里先生文集》传世。

【译文】

东晋时期，谢遏年少，喜欢佩戴紫罗香囊，香囊的飘带垂下来正好盖住谢遏的手。谢遏的叔父谢安石很讨厌他这样，但又不想伤他的心，就假装和他打赌。谢安石打赌一赢，就把香囊烧掉了。（《小名录》）

贵妃香囊

明皇还蜀，过贵妃葬所，乃密遣棺椁葬焉。启瘗①，故香囊犹在，帝视流涕。

【注释】

①瘗（yì）：坟墓。

【译文】

唐明皇返回蜀地的途中，经过掩埋杨贵妃的地方，悄悄让人用棺椁重新安葬贵妃。开启掩埋贵妃的地穴后，发现贵妃过去佩戴的香囊还在那里。唐明皇触景伤情，一面看着香囊，一面流下眼泪。

连蝉锦香囊

武公崇爱妾步非烟①，贻赵象连蝉锦香囊。附诗云：无力妍妆倚绣栊，暗题蝉锦思难穷，近来赢得伤春病，柳弱花欹怯晓风。（《非烟传》②）

【注释】

①步非烟：唐传奇《非烟传》的主人公。

②《非烟传》：唐代传奇，皇甫枚著。皇甫枚，字遵美，安定三水人，晚唐文学家。

【译文】

武公崇的爱妾步非烟把一个连蝉锦香囊送给赵象，并附有一首诗，诗中写道："无力妍妆倚绣栊，暗题蝉锦思难穷，近来赢得伤春病，柳弱花欹怯晓风。"（《非烟传》）

305

绣香袋

腊日赐银合子、驻颜膏、牙香筹、绣香袋。（《韩偓集》）

【译文】

腊日赐给银合子、驻颜膏、牙香筹、绣香袋。（《韩偓集》）

香缨

《诗》①："亲结其缡②。"注曰：香缨也，女将嫁，母结缡而戒之。

【注释】

①《诗》：《诗经》，此句出《诗经·东山》。

②缡（lí）：亦作"褵"，古时妇女系在身前的大佩巾，女子出嫁，

母亲结褵告诫她婚后为人妻的责任。

【译文】

《诗经》云："亲结其褵。"注解说：褵就是香缨，女子将出嫁，其母将五彩丝绳和佩巾结在她身上，以示对她的告诫。

玉盒香膏

"章台柳"以轻素结玉盒①，实以香膏，投韩君平②。(《柳氏传》③)

【注释】

①"章台柳"：本为韩翃的诗作，讲述其与妻子柳氏失散，想到妻子可能改嫁了，心情怅惘。"章台柳，章台柳，昔日青青今在否，纵使长条似旧垂，也应攀折他人手。"柳氏亦有《章台柳》和之。章台柳在这里代指柳氏。《柳氏传》又名《章台柳传》，此处《章台柳》抑或指《章台柳传》而言。

②韩君平：韩翃，字君平，南阳人。中唐诗人，大历十才子之一。

③《柳氏传》：唐传奇，许尧佐著。许尧佐，德宗朝进士，官至谏议大夫。

【译文】

章台柳氏用薄薄的绸子系着玉盒，盒子里装着香膏，交给韩君平。(《柳氏传》)

香兽

香兽，以涂金为狻猊、麒麟、凫鸭之状①，空中以燃香，使烟自口出，以为玩好，复有雕木埏土为之者②。

又：故都紫宸殿有二金狻猊，盖香兽也。晏公《冬宴诗》云③："狻猊对立香烟度，鹭鹭交飞组绣明。"(《老学庵笔记》)

①狻猊（suān ní）：狮子。

②埏（shān）：用水和土制作陶器。

③晏公：指晏殊。晏殊，字同叔，北宋临川文港沙河（今属江西省南昌市进贤县）人。著名词人、诗人、散文家，官至宰相。

【译文】

香兽，一般是铜、银材质，外表鎏金，制成狻猊、麒麟、凫鸭的形状，腹内中空用来燃香。香烟自香兽口中吐出来，以此为趣。也有采用木雕和陶瓷制成的。

故都紫宸殿的两尊金狻猊，是香兽。北宋词人晏公《冬宴诗》上记载："狻猊对立香烟度，鹭鸶交飞组绣明。"（《老学庵笔记》）

香炭

杨国忠家以炭屑用蜜捏塑成双凤，至冬月燃炉，乃先以白香末铺于炉底，余炭不能参杂也。（《天宝遗事》）

【译文】

杨国忠家里用蜂蜜调和炭屑捏塑成双凤的形状。到了冬月生炉子的时候，先将白檀香末铺在炉底，再放入香炭，就不会和别的炭掺杂了。（《天宝遗事》）

香蜡烛

公主始有疾①，召术士米宾为灯法，乃以香蜡烛遗之。米氏之邻人觉香气异常，或诣门诘其故，宾具以事对。其烛方二寸，上被五色文，卷而爇之，竟夕不尽，郁烈之气可闻于百步。余烟出其上，即成楼阁台殿之状。或云：蜡中有蠡脂故也。（《杜阳杂编》）

又：秦桧当国，四方馈遗日至。方滋德帅广东，为蜡炬，以众香实其中，遣驶卒持诣相府，厚遗主藏吏，期必达，吏使俟命②。

一日宴客，吏曰：烛尽，适广东方经略送烛一奁，未敢启。乃取而用之。俄而异香满座，察之则自烛中出也，亟命藏其余枚，数之适得四十九。呼驶问故，则曰：经略专造此烛供献，仅五十条，既成恐不佳，试其一，不敢以他烛充数。秦大喜，以为奉已之专也，待方益厚。（《群谈采余》③）

又：宋宣政宫中用龙涎沉脑和蜡为烛，两行列数百枝，艳明而香溢，钧天所无也④。（《闻见录》）

又：桦桃皮可为烛而香，唐人所谓朝天桦烛香是也。

【注释】

①公主：指同昌公主。

②俟命：等待命令。

③《群谈采余》：十卷，明代倪绾辑。

④钧天：天的中央，古代神话传说中天帝住的地方，引申指帝王。

【译文】

公主刚刚染病的时候，召术士米寶前来施行灯法，并给予他香蜡烛。米术士的邻居觉得香气很特别，就登门诘问缘故，他就老老实实地把事情告诉别人了。香蜡烛有二寸见方，上面覆盖着五色的纹饰，卷起来点燃，终夜不熄。其香气芬芳馥郁，即便在百步之外也能闻到。余烟袅袅飘然直上，幻化成楼阁殿台的形状。有人说，这是蜡烛里掺有大蛤油脂的缘故。（《杜阳杂编》）

秦桧当权主政的时候，每天都收到各地进献给他的东西。当时方滋德任广东经略使，他制造蜡烛，便将各种香料包裹在内，派人专门捧着这包蜡烛前往相府拜谒，并给秦府主管收藏礼物的仆人送了厚礼，希望仆人一定将蜡烛送到秦桧面前。仆人让方滋德派来的人等候消息。一天秦桧宴请宾客之际，仆人上前禀报："蜡烛用完了，碰巧广东的方经略送来一盒蜡烛，还没敢开启。"秦桧便让仆人取来蜡烛使用。一会儿，奇异的香气充满了席间。人们发现，这香气是从蜡烛里散发出来的。秦桧下令好好收藏剩下的蜡烛，一数正好是四十九支。秦桧将方滋德派来的人喊来一问缘故。来人禀告说："方经略专门制造此蜡烛送给您，只造得五十支，造成之后恐怕效果不好，就点了一支试试，不敢用其他的蜡烛来充数。"秦桧大喜，因为蜡烛是专门供奉自己而制造的，因此对方滋德格外优待。(《群谈采余》)

宋朝政和、宣和年间，宫中用龙涎、沉香、龙脑和蜡混合制成香烛，点燃两行，排列有数百支，烛火明艳，香气四溢。即便是天宫，也没有这样的蜡烛。(《闻见录》)

桦桃皮可以制成带有香味的蜡烛，唐代人所谓的"朝天桦烛香"，说的就是它。

香灯

《援神契》曰①：古者祭祀有燔燎②，至汉武帝祀太乙始用香灯。

【注释】

①《援神契》：道家的经典。

②燔燎：烧柴祭天。

【译文】

《援神契》中说："古代祭祀有烧柴祭天，到了汉武帝祭祀太乙的时候才开始使用香灯。"

烧香器

张伯雨有金铜舍利匣，上刻云："维梁贞明二年岁次丙子八月癸未朔二十日壬寅。随使都教练使右厢马步都虞侯亲军左卫营都知兵马使捡校尚书右仆射守崖州刺史御史大夫上柱国谢崇勋舍灵寿禅院"。盖有四窍出烟，有环若含锁者，是烧香器。李商隐诗云"金蟾啮锁烧香入"，又云"锁香金屈戌"。是则烧香为验，此盖烧香器之有锁者。(《研北杂志》①)

【注释】

①《研北杂志》：二卷，元陆友撰，内容为一些逸文琐事，精于考证。陆友，字友仁，自号研北生，吴（今江苏苏州）人，博雅好古。

【译文】

张伯雨有一个金铜舍利匣，上面刻着以下文字："后梁贞明二年，丙子岁，八月二十日，随使都教练、使右厢马步都虞侯、亲军左卫营都知兵马使检校尚书右仆射、崖州刺史、御史大夫、上柱国谢崇勋，敬赠与灵寿禅院。"匣盖上有四个孔，可以溢出香烟。上面有环，像是可以挂锁具的，是烧香器。李商隐有诗说"金蟾啮锁烧香入"，又有"锁香金屈戌"。于是，烧香来验证，果然是带锁的烧香器。（《研北杂志》）

杜仲

香尉

汉雍仲子进南海香物，拜涪阳尉①，人谓之香尉。(《述异录》)

【注释】

①涪阳：误，据《述异录》《太平广记》应为涪阳。

【译文】

汉代的雍仲子因为进献南海香物而被拜为涪阳尉，人们称他为香尉。(《述异录》)

含嚼荷香

昭帝元始元年①，穿淋池，植分枝荷。一茎四叶，状如骈盖，日照则叶低荫根茎，若葵之卫足，名"低光荷"。实如玄珠，可以饰佩。芬馥之气，彻十余里。食之令人口气常香，益人肌理。宫人贵之，每游宴出入必皆含嚼。(《拾遗记》)

【注释】

①昭帝：指汉昭帝。元始：误，应为始元。始元，汉昭帝年号。

【译文】

汉昭帝始元元年，开掘淋池，池内种植有分枝荷。这种荷花一条根茎上生长着四片叶子，形状像并列的盖子。在日光的照射下，叶子低下来荫护根茎，就像葵花保护自己的根部一样，被称为"低光荷"。莲子像黑色的明珠一样，可以作为饰物来佩戴。芬芳馥郁的香气，可以飘到十余里的范围。食用这种莲子，能让人的口气常常带有香味，对皮肤也很好。宫里的人十分珍视这种莲子，每次游宴出入必定都要含服或嚼服这种莲子。(《拾遗记》)

含异香行

石季伦使数十艳姬各含异香而行，笑语之际，则口气从风而飏。(《拾遗记》)

【译文】

石崇命令几十名艳丽的姬妾各自含着奇异的香料前行，她们欢声笑语之间，清新的口气随风飘扬。(《拾遗记》)

好香四种

秦嘉贻妻好香四种[①]，泊宝钗、素琴、明镜。云：明镜可以鉴形，宝钗可以耀首，芳香可以馥身，素琴可以娱耳。妻答云：素琴之作当须君归，明镜之鉴当待君还，未睹光仪则宝钗不列也，未侍帷帐则芳香不发也。(《书记洞荃》)

【注释】

①秦嘉：东汉诗人，桓帝时为郡上计吏，离开家乡陇西远赴洛阳，和妻子徐淑互以诗文赠答，诗文皆传世。

【译文】

汉代秦嘉曾经把四种好香和宝钗、素琴、明镜等物赠送给他的妻子，并对她说："明镜可以用来照映人的形态，宝钗可以用来光耀头面，芳香可以用来香润身体，素琴可以用来愉悦心灵。"秦嘉的妻子答道："素琴奏响，应当等待郎君归来；明镜照映着我的容颜，也要等待夫君还家；没有见到您光彩的仪容，我不会插上宝钗；未曾与您在帷帐间两两相对，我也不会使用香料。"(《书记洞荃》)

芳尘

石虎于大武殿前造楼高四十丈。以珠为帘，五色玉为佩，每风至即惊触，似音乐高空中，过者皆仰视爱之。又屑诸异香如粉，撒

楼上，风吹四散，谓之芳尘。（《独异记》^①）

【注释】

①《独异记》：亦称《独异志》，唐笔记，十卷，李亢撰。内容大多为神怪异闻之类。

【译文】

石虎让人在大武殿前建造起高楼，楼高四十丈，串珠为帘，下面用五色玉作为配饰。每当有风吹过来，珠帘相互敲击，仿佛在高空中奏响音乐。来来往往的人都要仰着头观看，十分喜爱它。石虎又令人将各种各样奇异的香料研磨成粉末，撒在高楼上，风吹过去香粉四散开来，称为"芳尘"。（《独异记》）

逆风香

竺法深、孙兴公共听北来道人与支道林瓦官寺讲《小品》^①，北道屡设问疑林，辩答俱爽，北道每屈。孙问深公："上人当是逆风家，何以都不言？"深笑而不答。林曰："白旃檀非不馥，焉能逆风？"深夷然不屑。波利质国多香树^②，其香逆风而闻。今反之云：白旃檀非不香，岂能逆风？言深非不能难之，正不必难也。（《世说新语》）

【注释】

①竺法深：应为竺法琛，东晋僧人，琅琊（山东临沂）人，俗姓王，字法琛，丞相王敦之弟，善解玄义，为东晋王臣所重。孙兴公：东晋名士孙绰，字兴公，中都（今山西平遥）人，为廷尉卿，领著作，善书博学。支道林：支遁，东晋学僧，陈留（河南开封）人，或谓河东林虑（河南彰德）人，俗姓关，字道林，后从师改姓，世称支道人、支道林。善讲般若，为名士所激赏。瓦官寺：佛教著名讲寺，东晋时建，在今南京。《小品》：《小品般若波罗蜜经》。

②波利质国多香树："波利质多"乃香树名，非"波利质国"之多

香树，此处为误。

【译文】

竺法深和孙兴公一起在瓦官寺听北来道人与高僧支道林讲说小品。这位北来道人屡次设立疑问，然而支道林的辩答却十分清楚明朗。北来道人常常理屈。孙兴公问竺法深："上人，您原本该是学识渊博的逆风家，为什么从来都不发表议论呢？"竺法深笑着却不答话。支道林说："白旃檀并非香气不浓郁，但不是天树，哪里能逆风呢？"竺法深轻蔑地不屑于回答。

波利质多香树，其香即便逆风也能闻到。如今反而说："白旃檀并非香气不浓郁，但不是天树，哪里能逆风呢？"竺法深并非不能诘难这些言语，只是不必诘难。（《世说新语》）

奁中香尽

宗超尝露坛祷神，奁中香尽，自然溢满香烟，炉中无火烟自出。洪刍（《香谱》）

【译文】

宗超曾经在露坛施行道术，匣中香已燃尽，还能自然溢满香烟；炉子中已经没有火，烟气却独自升起来。（洪刍《香谱》）

令公香

荀彧为中书令①，好熏香。其坐处常三日香，人称令公香，亦曰令君香。（《襄阳记》②）

【注释】

①荀彧：字文若，颍川郡颍阴县（今河南许昌）人，东汉末年曹操帐下最重要的谋臣。

②《襄阳记》：本名《襄阳耆旧记》，五卷，记载襄阳有关的人文典故，东晋习凿齿撰。习凿齿，东晋史学家。

316

【译文】

曹操部下荀彧官居中书令，喜好熏香。他坐过的地方，三日之内都有香气，人称令公香，也称令君香。(《襄阳记》)

刘季和爱香

刘季和性爱香①，尝如厕还，辄过香炉上熏。主簿张坦曰："人言名公作俗人，不虚也。"季和曰："荀令君至人家坐，席三日香。"坦曰："丑妇效矉，见者必走，公欲坦遁去邪？"季和大笑。(《襄阳记》)

【注释】

①刘季和：应为刘和季之误，刘弘字和季，沛国相（今安徽濉溪）人，西晋著名大臣。

【译文】

刘和季喜好香料，有一次他上完厕所回来，马上就到香炉边去熏香。主簿张坦说："人们说名公做了俗人，此言不虚啊。"刘和季说："荀令君去别人家拜访，他坐过的地方，三日之内都有香气。"张坦说："丑妇效矉，见者必走。您难道也想让张坦逃走吗？"刘和季大笑。(《襄阳记》)

媚香

张说携丽正文章谒友生①，时正行宫中媚香号"化楼台"，友生焚以待说，说出文置香上曰：吾文享是香无忝②。(《征文玉井》③)

【注释】

①张说：唐代文学家、诗人、政治家，字道济，一字说之。原籍范阳（今河北涿县），世居河东（今山西永济），徙家洛阳。丽正：绚丽雅正。友生：朋友，亦用作师长对门生自称的谦辞，此处为朋友之义。

②无忝：无愧。

317

卷十一 香事别录（上）

③《征文玉井》：唐笔记，作者不详，所记多为文才典故。

【译文】

唐代文士张说携带着绚丽雅正的文章去拜谒友生。当时正流行宫中的媚香称为"化楼台"。友生焚熏此香来招待张说，张说捧出文章放置在香上，说："我的文章享受这种香，是当之无愧的。"（《征文玉井》）

玉蕤香

柳宗元得韩愈所寄诗，先以蔷薇露灌手，熏玉蕤香①，后发读曰："大雅之文，正当如是。"（《好事集》②）

【注释】

①玉蕤：玉的精华，道家谓食之可以成仙。

②《好事集》：唐笔记，作者不详。

318

【译文】

柳宗元得到韩愈寄来的诗，先用蔷薇露灌洗双手，焚熏玉蕤香，然后才打开诗来读。柳宗元说："大雅之文，正当如此对待。"（《好事集》）

桂蠹香

温庭筠有丹瘤枕、桂蠹香。

【译文】

温庭筠有丹瘤枕、桂蠹香。

九和握香

郭元振落梅妆阁①，有婢数十人，客至则拖鸳鸯撷裙衫，一曲终则赏以糖鸡卵，取明其声也。宴罢散九和握香。（《叙闻录》②）

①郭元振：中国唐朝将领，名震，字元振，魏州贵乡（今河北大名）人。

②《叙闻录》：唐笔记，作者不详。

【译文】

唐代名将郭元振家中的落梅妆阁，有婢女十人。凡有客人来访，就让婢女身披鸳鸯褶裙衫，为客人歌唱。一曲歌谣唱罢，赏给婢女一枚糖鸡蛋，用来让嗓音清亮。宴会结束，又将九和握香分发给她们。（《叙闻录》）

四和香

有侈盛家月给焙笙炭五十斤①，用锦熏笼，藉笙于上，复以四和香熏之。（《癸辛杂识》）

【注释】

①侈盛：非常骄纵。焙笙炭：古代熏焙笙簧的炭，熏焙是为了乐器声音更好听。

【译文】

有奢侈富贵的人家，每月使用五十斤专门熏焙笙簧的炭。将笙簧放在锦熏笼上，再加上四和香来熏制。（《癸辛杂识》）

千和香

峨嵋山孙真人然千和之香①。（《三洞珠囊》）

【注释】

①孙真人：指唐代医学大师孙思邈。

【译文】

峨眉山孙真人，焚熏千和之香。（《三洞珠囊》）

百蕴香

远条馆祈子焚以降神①。

【注释】

①远条馆：赵飞燕后宫，飞燕祈子心切。

【译文】

赵飞燕祈求能得子，焚熏此香，以求神明显灵。

香童

元载好宾客，务于华侈，器玩服用僭于王公①，而四方之士尽仰归焉。常于寝帐前雕矮童二人，捧七宝博山炉，自暝焚香彻曙，其骄贵如此。(《天宝遗事》)

【注释】

①僭：超越身份。

【译文】

元宝喜欢招待客人，每当有客人来时，他就务必要穿得华丽奢靡，器玩服用都远胜王公贵族。四方之士全都归附于他。他曾经在寝帐前雕刻了两尊矮童，手里捧着七宝博山炉，炉中焚香直到清晨。其骄横显贵竟然达到了这样的地步。(《天宝遗事》)

曝衣焚香

元载妻韫秀安置闲院①，忽因天晴之景以青紫丝绦四十条，各长三十丈，皆施罗纨绮绣之服，每条绦下排金银炉二十枚，皆焚异香，香至其服。乃命诸亲戚西院闲步，韫秀问："是何物？"侍婢对曰："今日相公与夫人晒曝衣服。"②(《杜阳杂编》)

①韫秀：王韫秀，唐代名媛诗人，祖籍祁县，后移居华州郑县（今陕西华县）。她是河西节度使王忠的嗣女，宰相元载之妻。

②此段故事原委：元载未出仕时，甚为贫穷，王韫秀的亲戚都很瞧不起他们夫妻，韫秀此夸富之举意使亲戚们羞愧。

【译文】

元载的妻子韫秀安居在闲院中。一天，因天气晴好，侍婢用青紫丝带四十条，各长三十丈，上面都挂着罗纨绮绣的华美衣服，每条带子下面排列着金银香炉二十个，全都焚熏着奇异的香料，香气飘到衣服上。恰逢各位亲戚都受邀来到西苑散步。韫秀问："那是什么东西？"侍婢回答说："今天在晒相公和夫人的衣服。"（《杜阳杂编》）

瑶英啖香

元载宠姬薛瑶英攻诗书，善歌舞，仙姿玉质，肌香体轻，虽旋波、摇光、飞燕、绿珠不能过也。瑶英之母赵娟亦本岐王之爱妾①，后出为薛氏之妻，生瑶英而幼以香啖之，故肌香也。元载处以金丝之帐、却尘之褥。（《杜阳杂编》）

321

【注释】

①岐王：李范，唐睿宗第四子，唐玄宗弟，好学工书，礼贤下士。

【译文】

元载的宠姬薛瑶英攻读诗书，擅长歌舞，仙姿玉质，肌肤香润，体态轻盈，即便是旋波、摇光、飞燕、绿珠等人也比不过她。瑶英的母亲赵娟本来也是岐王的爱妾，后来出府做了薛氏的妻子，并且生下了瑶英。赵娟从小就给瑶英吃香料，故而其肌肤生香。元载让瑶英住在金丝制成的帐幔中，享用却尘褥（一种不生灰尘的褥子）。（《杜阳杂编》）

蜂蝶慕香

都下名妓楚莲者①，国色无及，每出则蜂蝶相随慕其香。(《天宝遗事》)

【注释】

①都下：京都、京城。

【译文】

都中名妓楚莲香，国色天香，无人能及。她每次出游的时候就有蜂蝶相随，追随她的香气。(《天宝遗事》)

佩香非世所闻

萧总遇巫山神女，谓所衣之服非世所有，所佩之香非世所闻。(《八朝穷怪录》)

【译文】

萧总曾经遇到巫山的神女，据他所言，神女所穿的衣服人间不曾有过，所佩戴的香品俗世间也不曾听闻过。

贵香

牛僧孺作《周秦行记》①，云：忽闻有异气如贵香，又云：衣上香经十余日不散。

【注释】

①牛僧孺：唐穆宗、唐文宗时宰相，字思黯，安定鹑觚（今甘肃灵台）人，在牛李党争中是牛党的领袖，著有《玄怪录》等。《周秦行记》：唐传奇，以自述的方式写牛僧孺误入汉文帝母薄太后庙，与历史上诸位皇后美女饮酒作乐之事。虽署名为牛僧孺，但应为党争构陷之作，不应为牛所作。

唐穆宗、唐文宗时期宰相牛僧孺所作《周秦行记》说："忽然闻到了一股奇异的香味，如同名贵的香料。"又说："衣服上带有香气，历经十余日也不曾消散。"

降仙香

上都安业坊唐昌观有玉蕊花甚繁[①]，每发若瑶林琼树。元和中有女仙降，以白角扇障面，直造花前，异香芬馥，闻于数十步之外，余香不散者月余。（《华夷花木考》）

【注释】

①上都：古代对京都的统称，此处指长安。安业坊：长安地名，在今西安朱雀大街中段之西。唐昌观：唐道观名，在长安安业坊南，以玄宗女唐昌公主而得名。观中有玉蕊花，传为公主手植，唐宋诗人多有吟咏。

【译文】

京都安业坊唐昌观中种植的玉蕊花极其繁茂。每年花开的时候，就如同瑶池玉林，琼楼仙树。元和年间有仙女降临，用白角扇遮掩着面部，直接来到花前，奇异的花香芳香馥郁，数十步之外都能闻到，余香不散，有一月之久。（《华夷花木考》）

仙有遗香

吴兴沈彬少而好道[①]，及致仕，恒以朝修服饵为事。尝游郁木洞观，忽闻空中乐声，仰视云际，见女仙数十冉冉而下，径之观中，遍至像前，焚香良久乃去。彬匿室中不敢出。仙既去，彬入殿视之，几案上有遗香，悉取置炉中。已而自悔曰：吾平生好道，今见神仙而不能礼谒，得仙香而不能食之，是其无分欤？（《稽神录》）

【注释】

①吴兴：今浙江湖州。沈彬：唐末，诗人，筠州高安人。

【译文】

吴兴沈彬，少年时喜欢道教。仕途之后，便以清修服丹为业。他曾经游览郁木洞观，忽然听到空中飘来乐声。仰望云中，只见数十名仙女，冉冉而下，径直来到观中，到神像面前焚香祷告，过了很长时间才离去。沈彬隐藏在屋里不敢出来，直到仙女走后，沈彬才入殿，看到桌案上有仙女遗留下来的香料，就全都放到了香炉中。后来，他自己后悔地说："我生平好道，如今见到神仙却不能施礼拜谒，得到仙香却不曾使用，莫非是与仙家无缘吗？"（《稽神录》）

山水香

道士谈紫霄有异术①，闽王昶奉之为师，月给山水香焚之。香用精沉，上火半炽则沃以苏合香油。（《清异录》）

【注释】

①谈紫霄：一作谭紫霄，五代末北宋初人，字子雷，著名道士，赐号"金门羽客正一先生"。

【译文】

道士谈紫霄，身怀异术，闽王昶尊奉他为老师，每月给他供给山水香焚熏。选用精品沉香，如果火烧得太旺，就浇上苏合香油。（《清异录》）

三匀煎

长安宋清以鬻药致富①。尝以香剂遗中朝缙绅，题识器曰三匀煎②，焚之富贵清妙，其法止龙脑、麝末、精沉等耳。（《清异录》）

【注释】

①宋清：唐代京城药商，因为善于经营而致大富，柳宗元有《宋

清传》，称赞其诚信大度。

②三匀煎："煎"此处的读声为去声。

【译文】

长安宋清因为卖药得以致富。他曾经把香剂送给朝中官员，并且在装香剂的容器上写着"三匀煎"。这种香料焚烧起来，气息富贵清妙。配制这种香，只用龙脑、麝末、精品沉香等原料。(《清异录》)

异香剂

林邑、占城、阇婆、交趾以杂出异香剂①，和而焚之气韵不凡，谓中国三匀四绝为乞儿香。(《清异录》)

【注释】

①阇婆：古国名。故地在今印度尼西亚爪哇岛或苏门答腊岛，或兼称此两岛。

【译文】

林邑、占城、阇婆、交趾等国，出产各种珍奇的香料，调和焚熏，气韵不凡。这些国家的三匀煎、四绝香等称为乞儿香。(《清异录》)

灵香膏

南海奇女卢眉娘煎灵香膏①。(《杜阳杂编》)

【注释】

①卢眉娘：女，唐代南海人，幼而慧悟，工刺绣，伶巧无比。

【译文】

南海奇女卢媚娘煎制有灵香膏。(《杜阳杂编》)

暗香

陈郡庄氏女精于女红。好弄琴，每弄梅花曲，闻者皆云有暗

香，人遂称女曰"庄暗香"，女因以暗香名琴。(《清赏录》)

【译文】

陈郡庄氏的女儿精于女红，喜欢弹琴。每当她弹奏《梅花曲》的时候，听到的人都说："有暗香浮动。"人们就称这名女子为"庄暗香"。庄家女儿就给自己的琴取名为"暗香"。(《清赏录》)

花宜香

韩熙载云："花宜香故，对花焚香，风味相和，其妙不可言者。木犀宜龙脑，酴醾宜沉水，兰宜四绝，含笑宜麝，蔷卜宜檀。"

【译文】

韩熙载说："花与香相宜，故而对花焚香，风味调和，妙不可言。木犀和龙脑相得益彰，酴醾和沉水香很配，兰和四绝香相宜，含笑和麝香相宜，蔷卜和檀香也很适合。"

透云香

陈茂为尚书郎，每书信，印记曰玄山典记，又曰玄山印。捣朱矾，浇麝酒，闲则匣以镇犀，养以透云香。印书达数十里，香不断。印刻胭脂木为之。(《玄山记》)

【译文】

陈茂官居尚书郎，常在书信上加盖名为"玄山典记"的印章，又称为"玄山印"。捣以朱矾，浇上麝酒。不使用此印的时候，则用犀牛角制成的匣子装好，用透云香滋养。这种印加盖在书信上，香气远达数十里。印章是用胭脂木雕刻而成的。(《玄山记》)

暖香

宝云溪有僧舍，盛冬若客至，则然薪火①，暖香一炷，满室如

春。人归更取余烬。(《云林异景志》②)

【注释】

①则然:《云仙杂记》作"则不然"。从上下文来看,"不然"更为合理。

②《云林异景志》:唐笔记,作者不详。

【译文】

宝云溪有僧人的房舍,隆冬时节,倘若有客人来访,就不烧柴火,点燃一炷暖香,满室温暖如春。人们离开的时候取走余烬。(《云林异景志》)

伴月香

徐铉每遇月夜①,露坐中庭,但爇佳香一炷,其所亲私,别号"伴月香"。(《清异录》)

【注释】

①徐铉:字鼎臣,广陵(今江苏扬州)人。五代宋初文学家、书法家。

【译文】

每当月夜,徐铉就坐在中庭的露天之下,熏燃一炷上好的香。此香是他素日里特别喜爱的,别号"伴月香"。(《清异录》)

平等香

清泰中①,荆南有僧货平等香②,贫富不二价,不见市香和合。疑其仙者。(《清异录》)

【注释】

①清泰:是后唐末帝李从珂的年号。

②荆南：又称南平、北楚，是五代时十国之一。高季兴所建，在今湖北荆州、宜昌、秭归一带。

【译文】

后唐清泰年间，荆南有僧人售卖平等香，无论贫穷还是富贵，都不能议价。人们没见过僧人卖香料合香，怀疑他是仙家。（《清异录》）

烧异香被草负笈而进

宋景公烧异香于台上①，有野人被草负笈扣门而进，是为子韦②，世司天都。（《洪谱》）

【注释】

①宋景公：春秋时代宋国君主。

②子韦：当时宋国的太史兼司星官。

【译文】

328

宋景公在高台上焚烧异香，有一村野之人披着草、背着书箱敲门进来。来人是子韦，后来成为观察天象的国师。（《洪谱》）

魏公香

张邦基云①：余在扬州游石塔寺，见一高僧坐小室中，于骨董袋取香如芡实许，注之，觉香韵不凡，似道家婴香而清烈过之。僧笑曰：此魏公香也，韩魏公喜焚此香②，乃传其法。（《墨庄漫录》）

【注释】

①张邦基：北宋末南宋初人，《墨庄漫录》的作者。

②韩魏公：韩琦字稚圭，自号赣叟，泉州（后迁安阳）人，北宋名臣，"相三朝，立二帝"，称贤相。

【译文】

张邦基："我在扬州石塔寺游玩的时候，见到一位高僧坐在小室中，他从古董袋里取出芡实那么大小的香料，点燃后，顿时让人觉得香气非凡，仿佛道家的婴香，却比婴香要清新浓烈。高僧笑着对我说：'这是魏公香，韩魏公喜欢焚熏此香，故而传下了调制之法。'"

汉宫香

其法传自郑康成①，魏道辅于相国寺庭中得之②。（《墨庄漫录》）

【注释】

①郑康成：即东汉经学家郑玄。

②魏道辅：即魏泰，字道辅，北宋襄州邓城县人，诗人。相国寺：河南开封著名古寺，北宋时为皇家寺院，佛教中心。

【译文】

其制法传自郑康成，魏道辅在相国寺的庭中得到了配制方法。（《墨庄漫录》）

僧作笑兰香

吴僧罄宜作笑兰香，即韩魏公所谓浓梅，山谷所谓藏春香也①，其法以沉为君，鸡舌为臣，北苑之鹿粗邕、十二叶之英、铅华之粉、柏麝之脐为佐②，以百花之液为使，一炷如芡子许，焚之油然，郁然，若嗅九畹之兰、百亩之蕙也。

【注释】

①山谷：黄庭坚。

②鹿粗邕：一种酒。

【译文】

吴僧罄宜制作笑兰香，也就是韩魏公所谓的浓梅香、黄山谷所谓的藏春香。其调制之法是以沉香为主，鸡舌香为辅，取北苑的鹿粗邕酒，十二叶的精华，铅华的粉末，柏麝的肚脐为作料，再用百花的汁液为使。制成的香，每一炷都如同芡实大小。焚香的时候，香气舒缓而繁盛，如同闻到九畹兰花、百亩蕙草一样。

斗香会

《中宗朝宗纪》：韦武间为雅会[1]，各携名香，比试优劣，曰"斗香会"。惟韦温挟椒涂所赐[2]，常获魁。

【注释】

①韦武：唐中宗时期，韦、武两大家族是朝中最有势力的家族。

②韦温：唐中宗韦后的从父兄弟，景龙三年拜封宰相。椒涂：指皇后居住的宫室，因用椒和泥涂壁。此处指香为韦后所赐。

【译文】

唐中宗的时候，韦、武两家偶尔雅会，各自携带名香，比较优劣，后人称为"斗香会"。韦温会带韦后赐的香，常常获得胜利。

闻思香

黄涪翁所取有"闻思香"[1]，盖指内典中"从闻思修"之义[2]。

【注释】

①黄涪翁：涪翁为黄庭坚晚年之号。

②内典：佛经，黄庭坚信仰佛教，多所研修。

【译文】

黄涪翁取"闻思香"之名，隐含《内典》中"从闻思修"的含义。

狄香

狄香，外国之香，谓以香熏履也。张衡《同声歌》[1]："鞮芬以狄香"。鞮，履也。

【注释】

①张衡，东汉科学家、文学家，字平子，南阳西鄂（今河南南阳

人。《同声歌》：张衡所作五言诗，生动地描绘了一个新婚女子对丈夫的表白。

【译文】

狄香，是从外国来的香料，被人称为香熏履。张衡《同声歌》中载有"鞮芬以狄香"。鞮，指的就是鞋。

香钱

三班院所领使臣八千余人莅事于外①，其罢而在院者常数百人，每岁乾元节醵钱饭僧进香以祝圣寿②，谓之香钱。京师语曰："三班吃香。"（《归田录》③）

【注释】

①三班：宋代官制，以供奉官、左右班殿直为三班，后亦以东西供奉、左右侍禁及承旨借职为三班。莅事：视事，处理公务。

②乾元节：指皇帝生日，历代有多种不同叫法。醵（jù）：凑钱，集资。

③《归田录》：宋笔记，二卷，欧阳修著，多记朝廷旧事和士大夫琐事，大多系亲身经历、见闻。

【译文】

北宋前期的人事管理机构三班院，掌管了八千多名使臣。放往外地担任地方官员，候补官员常有数百人。每到乾元节，众人便凑钱用于向僧人施舍斋饭、进香，以此祝贺皇上寿辰，称为香钱。京师俗语说："三班吃香（借喻令人美慕的职业）。"（《归田录》）

筘香

苏文忠云：今日于叔静家饮官法酒①，烹团茶，烧筘香②，皆北归喜事。（《苏集》）

【注释】

①叔静：孙叔静，苏轼好友。

②衙香：香名，角香的俗称。

【译文】

苏轼说："今日在叔静家饮用官法所制的酒，烹煮团茶，焚熏衙香，都是北归后的喜事。"（《苏集》）

异香自内出

客来赴张功甫牡丹会①。云众宾既集，坐一虚室②，寂无所闻。有顷，问左右云："香已发未？"答曰："已发。"命卷帘，则异香自内出，郁然满座。（《癸辛杂识外集》）

【注释】

①张功甫：张镃，字功甫，一字时可，号约斋，南宋临安（今浙江杭州）人，能诗善画。

②虚室：空室。

【译文】

有客人赴张功甫的牡丹会，宾客云集，坐在一间空屋子里，屋子里寂静无声。过了一会儿，张功甫问左右的侍者："香发了没有？"侍者答道："已经发了。"张功甫命人卷起帘子，奇特的香气由内而外散发出来，芬芳满座。（《癸辛杂识外集》）

小鬟持香毬

京师承平时，宗室戚里岁时入禁中①，妇女上犊车皆用二小鬟持香毬在傍②，而车中又自持两小香毬，车驰过香烟如云，数里不绝，尘土皆香。（《老学庵笔记》）

【注释】

①戚里：帝王外戚聚居的地方，借指外戚。岁时：一年，四季。

332

②小鬟：小婢。

【译文】

京师承平之日，宗室外戚每逢节令之时都要进宫朝拜。妇女都坐在牛车上，派两名婢女手持香毬侍立而行，而车中又自持两柄小香毬。牛车驰过，香烟如云，数里不绝，连尘土都带有香气。(《老学庵笔记》)

香有气势

蔡京每焚香，先令小鬟密闭户牖①，以数十香炉烧之，俟香烟满室，即卷正北一帘，其香蓬勃，如雾缭绕庭际。京语客曰：香须如此烧，方有气势。

【注释】

①牖（yǒu）：窗户。

【译文】

宋徽宗时期的宰相蔡京每次焚香，先命令小丫鬟封闭门窗，用数十尊香炉在室内焚熏香料。等到香烟充满整个房间，就卷起正北方向的帘子，香气蓬勃如雾，缭绕在庭际之间。蔡京对客人说："香料必须这样焚烧，才有气势。"

留神香事

长安大兴善寺徐理男楚琳①，平生留神香事。庄严饼子，供佛之品也；峭儿，延宾之用也；旖旎丸，自奉之等也。檀那概之曰②："琳和尚品字香。"(《清异录》)

【注释】

①大兴善寺：长安名寺，始建于晋，唐朝时开元三大士译经场。

②檀那：施主。

【译文】

长安大兴善寺的楚琳是徐理的儿子，他平生留意香事。庄严饼子，是供佛的用品；哨儿，是延请宾客所用的；骑旋丸，是自己所用的东西。施主们将这些香品统称为"琳和尚品字香"。（《清异录》）

癖于焚香

袁象先判衢州①，时幕客谢平子癖于焚香，至忘形废事。同僚苏收戏刺一札②，伺其忘也而投之，云："鼎炷郎守馥州百和参军谢平子。"（《清异录》）

【注释】

①袁象先：宋州下邑（今安徽砀山）人，后梁大将，拜镇南军节度使，宣武军节度使，后投靠李存勖。衢州：今浙江衢州。

②扎：古人写字的小木片。

334

【译文】

袁象先担任衢州判官的时候，他的幕僚谢平子喜欢焚香，以至于忘记形骸，不理世事。同僚苏收戏写了一份书礼，等他焚香到忘形时投递过去，上面写着："鼎炷郎守馥州百和参军谢平子。"（《清异录》）

性喜焚香

梅学士询在真宗时已为名臣①，至庆历中为翰林侍读以卒②。性喜焚香。其在官所，每晨起，将视事，必焚香两炉，以公服罩之，撮其袖以出，坐定撒开两袖，郁然满室浓香。（《归田录》）

【注释】

①梅学士询：梅询，字昌言，北宋宣州宣城（今属安徽）人，太宗、真宗、仁宗朝大臣，诗人。

②庆历：是北宋时宋仁宗赵祯的年号。

学士梅询在宋真宗朝就已经身居名臣之列。庆历年间，卒于翰林侍读任上。他性喜焚香，居住在官所中时，每天清晨起床，处理公事之前，必须焚香两炉。将工服放在炉子上，捏着袖子出来，坐定后，撒开两袖，顿时浓香充满了整个房间。(《归田录》)

燕集焚香

今人燕集①，往往焚香以娱客，不惟相悦，然亦有谓也。《黄帝》云②：五气各有所主，惟香气凑脾。汉以前无烧香者，自佛入中国，然后有之。《楞严经》云：所谓纯烧沉水，无令见火。此佛烧香法也。(《癸辛杂识外集》)

【注释】

①燕集：宴饮聚会。

②《黄帝》：《黄帝内经》，我国中医学的奠基经典，中医的理论源泉。香气入脾的说法出自《素问·金匮真言论篇》。

【译文】

如今人们燕集之际，往往焚香以让宾客高兴。这不只是让宾客喜悦，也是有说法的。黄帝说："五气各有所主，只有香气于脾脏相合。"汉代之前，没有人焚烧香料，直到佛教传入中原之后，才有烧香之事。《楞严经》说："所谓纯烧沉水，是指不要让它见到明火。"这是佛家烧香的方法。(《癸辛杂识外集》)

焚香读孝经

岑文敬淳谨有孝行①，五岁读孝经，必焚香正坐。(《南史》②)

【注释】

①岑文敬：误，据《南史·文学·岑之敬传》应为岑之敬。岑之敬，字思礼，南阳棘阳人，南朝梁、陈时文学家。

②《南史》：唐朝李延寿撰，二十四史之一，纪传体，共八十卷，记载南朝宋、齐、梁、陈四国一百七十年史事。

【译文】

岑之敬淳谨很有孝行，五岁的时候读《孝经》，必定焚香正坐。（《南史》）

烧香读道书

《江表传》①：有道士于吉来吴会立精舍②，烧香读道书，制作符水以疗病。（《三国志注》③）

【注释】

①《江表传》：作者西晋人虞溥，内容为三国时故事，原书已佚。

②于吉：东汉末期的道士，以符咒治病，极富声望，琅琊（今山东胶南）人。

③《三国志注》：南朝刘宋史学家裴松之注，旁征博引，史料丰富，是史书注中的精品。裴松之，字世期，南朝宋河东闻喜（今山西闻喜）人。

【译文】

《江表传》说："道士于谷来到吴地，建立了僧舍，焚烧香料，诵读道书，制作符水以治疗疾病。"（《三国志注》）

焚香告天

赵清献公平生日所为事①，夜必焚香告天。其不敢告者，不敢为也。（《言行录》②）

【注释】

①赵清献：赵抃，字阅道，号知非子，衢州西安（今浙江衢县）人。北宋时期大臣，为人正直无私，官至资政殿大学士，以太子少保致仕，谥号清献，其佛教修养很高，为宋代著名居士。

336

②《言行录》：《宋八朝名臣言行录》之略称，亦称《名臣言行录》，朱熹编著，记录宋朝大臣的言行，前五朝五十五人，后三朝四十二人。朱熹，字元晦，一字仲晦，号晦庵、晦翁、考亭先生、云谷老人、逆翁。南宋江南东路徽州府婺源县（今江西省婺源）人，儒学大师、理学家、思想家、教育家、文学家。

【译文】

赵清献公平生白天行事，夜里焚香后禀告苍天。夜里不敢向苍天禀告的，白天也不敢做。(《言行录》)

焚香熏衣

清献好焚香，尤喜熏衣，所取既去，辄数日香不灭。尝置笼设熏炉，其下不绝烟，多解衣投其上。公既清端，妙解禅理，宜其熏习如此也。(《淑清录》①)

【注释】

①《淑清录》：明丁明登辑。丁明登为明代医家、佛教居士，师从莲池大师。

【译文】

赵清献喜好焚香，尤其喜欢给衣服熏香。他所待过的地方，即便他离开了很多天，香气也不会完全消失。他曾经在熏笼下设置熏炉，炉内香烟缭绕，再脱下衣服放在熏笼上。清献公行事清正端方，又妙解禅理，适合这样熏香。(《淑清录》)

烧香左右

屡烧香左右令人魄正。(《真诰》①)

【注释】

①《真诰》：道教洞玄部经书，二十卷，内容繁杂，为南朝陶弘景所著。

【译文】

常常在左右烧香，可令人气魄纯正。(《真诰》)

夏月烧香

陶隐居云①：沉香、熏陆，夏月常烧此二物。①

【注释】

①陶隐居：即陶弘景。

【译文】

陶隐居说："沉香、熏陆，是夏月时节经常焚烧的两种香料。"

焚香勿返顾

南岳夫人云①：烧香勿返顾，忤真气，致邪应也。(《真诰》)

【注释】

①南岳夫人：道家所称女仙名。姓魏，名华存，字贤安，自幼好道，至晋成帝咸和九年卒，享年八十三岁。道家谓之飞升成仙，位为紫虚元君，称为"南岳夫人"。

【译文】

晋代道姑南岳夫人说："烧香的时候不要回头看，不然会让真神震怒，招来邪气。"(《真诰》)

焚香静坐

人在家及外行，卒遇飘风、暴雨、震电、昏暗、大雾，皆诸龙经过，入室闭户，焚香静坐，避之不尔损人。(《真诰》)

【译文】

人们在家里居住或者外出旅行的时候，遇到刮风下雨、暴雨、雷电、天色昏暗、大雾弥漫的时候，都是有龙经过的征兆，应当进入室

内，关闭门户，焚香静坐以躲避龙。如果不这样做，就会对人产生损伤。（《真诰》）

焚香告祖

戴弘正每得密友一人则书于简编，焚香告祖，号为"金兰簿"。（《宣武盛事》）

【译文】

戴弘正每次结交一位亲密的朋友，就会在简册上写下来，焚香对祖先禀告，并且将这个简册称为"金兰簿"。（《宣武盛事》）

烧香拒邪

地上魔邪之气直上冲天四十里，人烧青木香、熏陆、安息胶香于寝所，拒浊臭之气，却邪秽之雾，故天人、玉女、太乙随香气而来。（《洪谱》）

【译文】

地上有魔邪之气，直冲青天，可高达四十里。人们在寝室中焚烧青木香、熏陆香、安息胶香，以此拒阻浊臭之气，抵挡污秽的雾气。因此，天上的仙人、玉女、太乙追随着香气而来。（《洪谱》）

买香浴仙公

葛尚书年八十始有仙公一子①。时有天竺僧于市大买香。市人怪问，僧曰："我昨夜梦见善思菩萨下生葛尚书家，吾将此香浴之。"到生时，僧至，烧香右绕七匝，礼拜恭敬，沐浴而止。（《仙公起居注》②）

【注释】

①仙公：葛玄，字孝先，丹阳郡句容县（今江苏句容县）人，汉

末三国时方士，阁皂宗祖师，道教尊为葛仙翁，又称太极仙翁。

②《仙公起居注》：道教之书，著者不详。

【译文】

葛尚书八十岁的时候才得到仙公这么一个儿子。当时有一位天竺僧人在集市上大肆购买香料，商人感到很奇怪，就问其缘由。僧人说："我昨天夜里梦到善思菩萨下凡，投生到葛尚书家里，我要用这些香料来给他洗浴。"仙公出生的时候，僧人前来烧香，右绕七圈，恭敬礼拜，为他沐浴之后才作罢。（《仙公起居注》）

仙诞异香

吕洞宾初母就蓐时①，异香满室，天乐浮空。（《仙佛奇踪》）

【注释】

①吕洞宾：著名的道教仙人，八仙之一、全真派北五祖之一，全真道祖师，钟吕内丹派代表人物。就蓐：临蓐，分娩。

【译文】

吕洞宾的母亲在临产之际，奇异的香气充满了整间产室，仙乐在空中浮响。（《仙佛奇踪》）

升天异香

许真君白日拔宅升天①，百里之内异香芬馥，经月不散。（《仙佛奇踪》）

【注释】

①拔宅升天：全家飞升成仙。据《太平广记》中载，许真君全家四十二口一同升天成仙。

【译文】

许真君全家在白天成仙，百里之内奇特的香气芬芳馥郁，香气经历了数月也不曾消散。（《仙佛奇踪》）

空中有异香之气

李泌少时能屏风上立①，熏笼上行②。道者云：十五岁必白日升天。一旦，空中有异香之气，音乐之声，李氏之亲爱以巨杓扬浓蒜泼之③，香乐遂散。（《邺侯外传》④）

【注释】

①李泌：字长源，唐陕西京兆（今陕西省西安市）人。历仕玄宗、肃宗、代宗、德宗四朝，德宗时，官至宰相，封邺县侯，信奉道家思想。

②熏笼：覆盖于火炉上供熏香、烘物和取暖用的器物。

③亲爱：亲近喜爱的人。

④《邺侯外传》：唐笔记小说，李繁撰。李繁为李泌之子。

【译文】

唐代名臣李泌小时候能够在屏风上站立，在熏笼上行走。修道的人说，他十五岁的时候必定会在白日升天成仙。自那时候起，一旦空中有奇异的香气和音乐声响，李家的亲友就用大勺扬起浓蒜泼洒，香气和音乐顿时就消散了。（《邺侯外传》）

市香媚妇

昔王池国有民面奇丑①，妇国色鼻齆②。婿乃求媚此妇③，终不肯迎顾，遂往西域市无价名香而熏之，还入其室，妇既齆，岂知分香臭哉？（《金楼子》④）

【注释】

①王池国：误，据四库全书《金楼子》应为玉池国。其国不详，或以为乃作者假托的国名。

②齆（wèng）：鼻道阻塞。

③婿：古时女子称丈夫为婿。

④《金楼子》：南北朝时期一部重要的杂家著作。内容十分丰富庞

杂，记事志奇，品评论议皆有。作者为梁元帝萧绎，字世诚，小字七符，自号金楼子，南兰陵（即今江苏省常州市）人。

【译文】

从前玉池国有个面貌极其丑陋的人，他的妻子长得很美，只是嗅觉失灵了。这个人想取悦自己的妻子，但妻子始终不肯迎合他。他就到西域去购买了天价的名贵香料，用来熏染身体，再回到家中。可是，他的妻子嗅觉失灵了，又怎么能区别他的香臭呢？

张俊上高宗香食香物

香圆、香莲、木香、丁香、水龙脑、镂金香药一行、香药木瓜、香药藤花、砌香樱桃、砌香萱草拂儿、紫苏奈香、砌香葡萄、香莲事件念珠、甘蔗奈香、砌香果子、香螺煠肚、玉香鼎二盖全、香炉一、香盒二、香毯一、出香一对。（《武林旧事》①）

342

【注释】

①《武林旧事》：武林即南宋临安（今杭州），全面介绍临安宫廷和城市生活的笔记全书，史料十分丰富。作者周密，宋末人。本篇是张俊送给宋高宗赵构的香食、香物。

【译文】

香圆、香莲、木香、丁香、水龙脑、镂金香药一行、香药木瓜、香药藤花、砌香樱桃、砌香萱草拂儿、紫苏奈香、砌香葡萄、香莲事件念珠、甘蔗奈香、砌香果子、香螺煠肚、玉香鼎二盖全、香炉一、香盒二、香毯一、出香一对。（《武林旧事》）

贡奉香物

忠懿钱尚甫自国初至归朝①，其贡奉之物有：乳香、金器、香龙、香象、香囊、酒瓮，诸什器等物。（《春明退朝录》②）

【注释】

①忠懿钱尚甫：钱俶，五代吴越国末代之王，后归于宋室，谥号忠懿。尚甫，亦作尚父，为极重要大臣的尊号。

②《春明退朝录》：北宋宋敏求著，内容为宋代官诰礼仪、仕宦进拟、差除制度等。宋敏求，字次道，赵州平棘（今河北赵县）人，北宋文学家、史学家。

【译文】

忠懿公钱尚甫国朝初年来归附朝拜。贡品中有乳香、金器、香龙、香象、香囊、酒瓮等器具物品。（《春明退朝录》）

香价踊贵

元城先生在宋①。杜门屏迹，不妄交游，人罕见其面。及没，耆老士庶妇人持香诵佛经而哭。父老曰数千人至，填塞不得其门而入，家人因设数大炉于厅下，争以香炷之，香价踊贵。（《自警编》②）

【注释】

①元城先生：刘安世，北宋官吏。字器之，号读易老人，学者称元城先生，直言敢谏，有诗文传世。

②《自警编》：五卷，南宋赵善璙撰，内容为北宋名臣大儒的嘉言懿行。

【译文】

元城先生是宋朝人。他杜门不出，屏藏行迹，不轻易与人交游，人们很少能和他会面。他去世的时候，老人、妇女、士人、庶民都手持香诵经哭泣。父老传说，来了有数千人之多，以至于他的家门堵塞，不能出入。家人在厅下设有几个大香炉，人们争先点香，香的价格也因此飞涨。（《自警编》）

343

卷十一　香事别录（上）

卒时香气

陶弘景卒时颜色不变，屈伸如常，香气累日，氤氲满山。（《仙佛奇踪》）

【译文】

陶弘景去世的时候，脸上的颜色不变，身体屈伸如常，香气积累数日，芬芳馥郁的气息充满山中。（《仙佛奇踪》）

烧香辟瘟

枢密王博文每于正旦四更烧丁香以辟瘟气[①]。（《琐碎录》）

【注释】

①王博文：字仲明，曹州济阴人，北宋初期名臣，累官给事中、同知枢密院，故称枢密。

344

【译文】

枢密使王博文每到正月初一四更天都要焚烧丁香以辟除瘟气。（《琐碎录》）

烧香引鼠

印香五文，狼粪少许，为细末，同和匀，于净室内以炉烧之，其鼠自至，不得杀，杀则不验。

【译文】

印香五文，狼粪少许，研磨成细碎的粉末，混合搅匀。在净室内，用香炉焚烧，老鼠自然会被吸引过来，但是不能杀害它，否则就不灵验了。

茶墨俱香

司马温公与苏子瞻论奇茶妙墨俱香①，是其德同也。（《高斋漫录》②）

【注释】

①司马温公：北宋时期著名史学家、名臣司马光，字君实，夏县涑水乡人，封温国公，世称涑水先生。

②《高斋漫录》：宋代笔记，记各类杂事，曾慥撰。曾慥，南宋初道教学者，字端伯，号至游子，晋江（今福建泉州）人，有《道枢》《类说》等著作传世。

【译文】

司马光和苏轼议论说："奇茶、妙墨都带有香气，是因为它们的德行相同。"（《高斋漫录》）

香与墨同关纽

邵安与朱万初帖云①："深山高居，炉香不可缺。退休之久，佳品乏绝，野人惟取老松柏之根枝叶实共捣治之，斫枫肪屬和之②，每焚一丸亦足以助清苦。今年大雨时行土润，溽暑特甚③，万初至石鼎，清昼燃香，空斋萧寒，遂为一日之乐，良可喜也。"万初本墨妙，又兼香癖，盖墨之于香同一关纽④，亦犹书之与画，谜之与禅也。

【注释】

①朱万初：元代制墨名家。

②枫肪：枫脂，枫树上分泌的胶状液体，有香味，可入药。屬和：把不同的东西混合在一起。

③溽暑：潮湿闷热。

④关纽：关键枢纽。

【译文】

邵安《与朱万初帖》说："深山高居，炉香是不能缺少的。退休许久，上好的香料没有了，山野之人只好摘取古松柏的根枝、叶子、果实，一同捣碎，斫取枫树树脂掺和起来，每焚烧一丸这种香，也足够安慰我清苦之乐了。今年经常下大雨，土地湿润，天气特别热，万初送了我一个石鼎，清冷的白昼时在石鼎中焚烧香品，空斋萧寒，遂为一日之乐，真是可喜可贺啊！"万初本来喜欢墨，又兼有好香之癖，大概是因为墨与香大致相同，就像书和画、谜和禅一样吧。

水炙香

吴茱萸、艾叶、川椒、杜仲、干木瓜、木鳖肉、瓦上松花，仙家谓之水炙香。

【译文】

吴茱萸、艾叶、川椒、杜仲、干木瓜、木鳖肉、瓦上松花，仙家称这些为水炙香。

山林穷四和香

以荔枝壳、甘蔗滓、干柏叶、黄连和焚，又或加松球、枣核、梨，皆妙。

【译文】

把荔枝壳、甘蔗滓、干柏叶和黄连放在一起焚熏，又或加入松球、枣核和梨，效果十分精妙。

焚香写图

至正辛卯九月三日①，与陈征君同宿愚庵师房，焚香烹茗，图石梁秋瀑，翛然有出尘之趣，黄鹤山人写其逸态云。（《王蒙题画②》）

【注释】

①至正辛卯：至正是元惠宗的第三个年号。辛卯年为至正十一年，即 1351 年。

②王蒙：元代画家，元四家之一。字叔明，号黄鹤山樵，一号香光居士，吴兴（今浙江省湖州市）人。工诗文、书法，善画山水。

【译文】

至正辛卯九月三日，与陈征君一同在愚庵师房中留宿。焚香烹茶，画石梁秋瀑，飘飘然有超越凡尘的乐趣。王蒙用图画记录下了他飘逸的姿态。（《王蒙题画》）

卷十一　香事别录（上）

卷十二　香事别录（下）

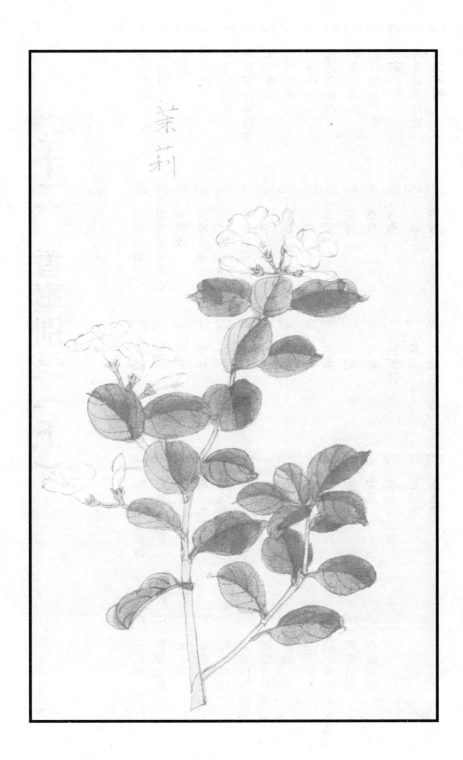
茉莉

南方产香

凡香品皆产自南方，南离位，离主火，火为土母，火盛则土得养，故沉水、旃檀、熏陆之类多产自岭南海表，土气所钟也。内典云香气凑脾，火阳也，故气芬烈。（《清暑笔谈》^①）

【注释】

①《清暑笔谈》：笔记，明代陆树声著。陆树声，字与吉，别号平泉，华亭朱家角（今上海市朱家角镇）人，德行高尚，明代著名大臣，有多种著作传世。

【译文】

香品都产自南方，南方居于八卦中的离位。离位主火，火是土之母，火盛，土壤才能获得养分。故而沉水、旃檀、熏陆之类的香料大多产自岭南海边，是土气聚集之处。《黄帝内经》中说："香气和脾脏相凑合，禀性火阳，故而气息芬芳浓烈。"（《清暑笔谈》）

351

南蛮香

诃陵国亦曰阇婆，在南海。贞观时遣使献婆律膏。又骠^①，古朱波也，有川名思利毗离芮，土多异香，王宫设金银二钟，寇至焚香击之以占吉凶。有巨白象，高百尺，讼者焚香自跽象前^②，自思是非而退。有灾疫，王亦焚香对象跽自咎，无膏油以蜡杂香代炷。又真蜡国客至，屑槟榔、龙脑、香蛤以进，不饮酒。（《唐书南蛮传》^③）

【注释】

①骠：古国名，古代缅甸骠人（后同化于缅人）在今伊洛瓦底江流域一带所建的国家。

②跽：长跪。

③《唐书南蛮传》：指欧阳修等编的《新唐书·南蛮传》。

【译文】

诃陵国，又被称作阇婆，位于南海。贞观年间，此国曾派使者进献婆律膏。骠国就是唐朝时期的缅甸，又叫古朱波，也称思利毗离芮。当地出产各种奇异的香料。王宫设有金、银二尊香炉，有敌人来犯就焚香来测试吉凶。有巨型白象，高达百尺，人们在打官司的时候就跪在白象前焚香，自己思考是非然后退下。一旦有灾祸，国王都对着白象跪下，检讨自己的得失。焚香的时候没有油脂，用蜡和各种香料混合，以此替代蜡烛。又有真蜡国，每当有客人来访时，就把槟榔、龙脑、香蛤研磨成碎屑，以此招待客人，不饮酒。（《唐书南蛮传》）

香槎

番禺民忽于海傍得古槎，长丈余，阔六七尺，木理甚坚，取为溪桥。数年后有僧识之，谓众曰："此非久计，愿舍衣钵资，易为石桥。"即求枯槎为薪。众许之。得栈数千两①。（《洪谱》）

【注释】

①栈：此处指栈香。

【译文】

有个番禺人偶然在海边捡到一块古木。古木有一丈多长，六七尺宽，木质很坚硬，这个人就用它在溪水上建造了一座小桥。多年之后有一名僧人认出了古木，对众人说道："这样不是长久之计，我愿意舍弃衣钵给大家更换石桥，把这块古木拿回去做柴。"众人答应了。后来僧人从古木中获得了数千两栈香。（《洪谱》）

天竺产香

獠人古称天竺，地产沉水、龙涎。（《炎徼纪闻》①）

①《炎徼纪闻》：记录我国古代西南地区各民族风土人情及明朝土司制度的著作，明代田汝成著。田汝成，字叔禾，别号豫阳，田汝成在明嘉靖年间到贵州、广西任官，辑录见闻和前代资料而成书。

【译文】

獠人，就是古代的天竺。当地出产沉水香和龙涎香。（《炎徼纪闻》）

九里山采香①

其山与满剌加近，产沉香、黄熟香，林木蓊生，枝叶茂翠。永乐七年②，郑和等差官兵入山采香③，得径，有香树，长六七丈者六株④，香味清远，黑花细纹，山中人张目吐舌言：我天朝之兵，威力若神。（《星槎胜览》）

【注释】

①九里山：误，据四库本《星槎胜览》应为"九州山"。

②永乐七年：1409 年。

③郑和：原名马三宝，云南昆阳州（今昆明市晋宁县）人，回族，中国明代航海家、外交家，被钦封为三保太监。郑和七下西洋为中文文化交流做出了重要贡献。

④长六七丈者六株：此段《星槎胜览》作"得茎八九尺长者六株"。从沉香香材大小来考证，似乎不大可能有六七丈的沉香，八九尺倒是可能。此处或为传抄之误。

【译文】

九州山距离满剌加很近，出产沉香和黄熟香。当地树木丛生，枝繁叶茂十分青翠。永乐七年，郑和等差遣官兵进山采香，遇到六棵长约八九尺的香树，香味清远，有黑花细纹。居住在山里的人听闻后，不由得瞠目结舌。传说是我天朝的士兵，威力如神。（《星槎胜览》）

阿鲁国采香为生

其国与九州山相望，自满剌加顺风三昼夜可至。国人常驾独木舟入海捕鱼，入山采冰脑香物为生。(《星槎胜览》)

【译文】

该国和九州山遥遥相对，从满剌加出发，顺风驾船行驶三天三夜就能到达。国人常常驾独木船进海捕鱼，入山采取冰脑等香料为生。(《星槎胜览》)

喃哑哩香

喃哑哩国名所产之降真香也。(《星槎胜览》)

【译文】

喃哑哩是国名，也以此来命名该国所产的降真香。(《星槎胜览》)

旧港产香

旧港，古名三佛齐国，地产沉香、降香、黄熟香、速香。(《星槎胜览》)

【译文】

旧港，古代名称为三佛齐国，当地出产沉香、降香、黄熟香、速香。(《星槎胜览》)

万佛山香

新罗国献万佛山①，雕沉檀珠玉以为之。

【注释】

①新罗国：朝鲜半岛三国之一，公元503年始定国号为新罗，7世纪统一三国，包括朝鲜半岛大同江以南的全部地区，935年为高丽所灭。

【译文】

新罗尽显得万佛山，用沉香、檀香和珠玉等雕刻而成。

瓦矢实香草

撒马儿罕产瓦矢实香草①，可辟蠹。

【注释】

①瓦矢实：一种类野蒿的植物，实甚香，可以防虫。

【译文】

撒马儿罕出产瓦矢实香草，可以用来驱赶蛀虫。

刻香木为人

彭坑在暹罗之西石崖①，周匝崎岖，远望山平，四寨田沃，米谷丰足，气候温和。风俗尚怪，刻香木为人，杀人血祭祷，求福禳灾。地产黄熟、沉香、片脑、降香。(《星槎胜览》)

【注释】

①彭坑：古国名，即今马来西亚马来亚的彭亨。

【译文】

彭坑在暹罗国的西面，四周都是崎岖的山路，远远望去，山谷地势平缓，而且四寨的田地都很肥沃，米谷充足，气候也很温和。当地的风俗很怪异，把香木刻成人形，用血祭的方式祷告，求福去灾。此地出产黄熟、沉香、片脑、降香。(《星槎胜览》)

龙牙加猊产香

龙牙加猊其地离麻逸冻顺风三昼夜程①，地产沉、速、降香。

【注释】

①龙牙加猊：古岛屿名。即今马来西亚马来亚西北海上的凌加卫

岛。麻逸冻：不详，或即麻逸国，故地或以为在今菲律宾群岛的民都洛岛，或以为兼指吕宋岛等地。

【译文】

龙牙加猊距离麻逸冻，顺风行船只需要三天三夜的行程。当地出产沉香、速香和降香。

安南产香

安南国产苏合油、都梁香、沉香、鸡舌香，及酿花而成香者。（《方舆胜略》）

【译文】

安南国产苏合油、都梁香、沉香、鸡舌香，还有用花酿制而成的香料。（《方舆胜略》）

敏真诚国产香

敏真诚国，其俗日中为市，产诸异香。（《方舆胜略》）

【译文】

敏真诚国，当地的风俗是中午为集市，出产各种奇异的香料。（《方舆胜略》）

回鹘产香

回鹘产乳香、安息香[1]。（《松漠纪闻》[2]）

【注释】

①回鹘：中国古代北方及西北民族。

②《松漠纪闻》：南宋洪皓著，作者出使金国被扣，本书记载的是作者羁留金国时的见闻。

【译文】

回鹘出产乳香和安息香。(《松漠纪闻》)

安南贡香

安南贡熏衣香、降真香、沉香、速香、木香、黑线香。(《一统志》)

【译文】

安南进贡熏衣香、降真香、沉香、速香、木香、黑线香。(《一统志》)

瓜哇国贡香

瓜哇国贡香有：蔷薇露、琪楠香、檀香、麻藤香、速香、降香、木香、乳香、龙脑香、乌香、黄熟香、安息香。(《一统志》)

【译文】

瓜哇国进贡的香料有：蔷薇露、琪楠香、檀香、麻藤香、速香、降香、木香、乳香、龙脑香、乌香、黄熟香、安息香。(《一统志》)

和香饮

卜哇剌国戒饮酒，恐乱性。以诸花露和香蜜为饮。(《一统志》)

【译文】

卜哇剌国禁止饮酒，恐怕酒会迷乱人性，他们把各种花露和香蜜调制成饮品。(《一统志》)

香味若莲

花面国产香[①]，味若青莲花。(《一统志》)

357

卷十二 香事别录 (下)

【注释】

①花面国：古国名。故地在今印度尼西亚苏门答腊岛北部，同苏木都刺国接界。因其民有在面上刺花的风俗，故而得名。

【译文】

花面国出产的香料，气味如同青莲花一般。(《一统志》)

香代爨

黎洞之人以香代爨①。(《一统志》)

【注释】

①爨：烧火做饭。

【译文】

黎洞居民用香木来烧火做饭。

涂香礼寺

祖法儿国其民如遇礼拜日，必先沐浴，用蔷薇露或沉香油涂其面。(《方舆胜览》)

【译文】

祖法儿国，当地居民遇到礼拜寺庙的日子，一定要先行沐浴，用蔷薇露或者沉香油涂抹面部。(《方舆胜览》)

脑麝涂体

占城祭天地以脑麝涂体。(《方舆胜览》)

【译文】

占城国人祭祀天地的时候，用龙脑香和麝香涂抹身体。(《方舆胜览》)

身上涂香

真腊国或称占腊，其国自称曰甘孛智，男女身上常涂香药，以檀麝等香合成，家家皆修佛事。(《真腊风土记》)

【译文】

真腊国也叫占腊国，国人自称为甘孛智。当地居民不管男女，常在身上涂抹香料。这种香料是用檀香和麝香等香料调合而成。这个国家的每户人家都修行佛事。(《真腊风土记》)

涂香为奇

缅甸为古西南夷，不知何种。男女皆和白檀、麝香、当归、姜黄末涂于身及头面以为奇。(《一统志》)

【译文】

缅甸是古代西南夷国，不知道其人种的来历。当地居民无论男女，都将白檀、麝香、当归、姜黄末涂抹在身上和脸上，以此为标志。(《一统志》)

偷香

僰人偶意者奔之①，谓之偷香②。(《炎徼纪闻》)

【注释】

①僰(bó)：中国古代西南地区少数民族。明万历后受朝廷围剿致使人数骤减，所余亦渐分化消融。奔：私奔，中国古代女子没有通过正当礼节仪式而私去与男子结合。

②按，此条为误记。《炎徼纪闻》中，私奔偷香记于"峒人"条下。

【译文】

峒人，男女之间生出爱意，双双私奔的行为，称为偷香。(《炎徼

纪闻》)

寻香人

西域称娼妓曰寻香人。(《均藻》①)

【注释】

①《均藻》：四卷，明代杨慎撰，韵书。杨慎，字用修，号升庵，四川新都（今成都市新都区）人，明代文学家，思想家。

【译文】

西域把娼妓称作寻香人。(《均藻》)

香婆

宋都杭时，诸酒楼歌妓阗集①，必有老姬以小炉炷香为供者，谓之香婆。(《武林旧事》)

【注释】

①阗集：很多人聚集。

【译文】

宋朝定都杭州的时候，各种酒楼、歌妓云集。有老妇人用小炉点香供应市井，称为"香婆"。(《武林旧事》)

白香

化州产白香。(《一统志》)

【译文】

化州出产白香。(《一统志》)

红香

前辈戏笔云：有西湖风月不如东华软红香土①。

①东华软红香土：宫廷内泥土的美称。东华：指东华门，百官入朝所从出入之门。

【译文】

前辈开玩笑地写道："有西湖风月，不如有东华软红香土。"

碧香

碧香，王晋卿家酒名①。(《诗注》)

【注释】

①王晋卿：王诜，字晋卿，以字行，太原（今属山西）人，北宋画家、书法家、词人。

【译文】

碧香，是王晋卿家酒的名字。(《诗注》)

361

玄香

薛稷封墨为"玄香太守"①。(《纂异记》②)

【注释】

①薛稷：中国唐代画家、书法家，字嗣通，蒲州汾阴（今山西万荣）人。

②《纂异记》：唐代传奇，李玫著。

【译文】

薛稷把墨封为"玄香太守"。(《纂异记》)

观香

王子乔妹名观香①。(《小名录》)

【注释】

①王子乔：东周人，王氏的始祖。王子乔是黄帝的第四十二代后人，本名姬晋，字子乔，周灵王的太子，人称太子晋。

【译文】

王子乔的妹妹名叫观香。(《小名录》)

闻香

入芝兰之室，久而不闻其香。(《国语》)

【译文】

进入芝兰之室时间久了，就闻不到其中的香味了。(《国语》)

馨香

其德足以昭其馨香。(《国语》)

至治馨香，感于神明。(《尚书》)

【译文】

其德政，足以昭其馨香，上达神明。(《国语》)

德政的馨香可以上达神明。(《尚书》)

飶香

有飶其香，邦家之光。(《诗经》)

【译文】

祭祀的饮食香气浓郁，这是我国的光荣啊！(《诗经》)

国香

兰有国香，人服媚之。(《左传》)

兰有国香，人们被它的美好馨香所征服。(《左传》)

夕香

同琼佩之晨照，共金炉之夕香。(《江淹集》①)

【注释】

①江淹：字文通，中国南朝文学家。晚年作品才思大不及前，故有"江郎才尽"的典故。

【译文】

晨光之中，陪伴着玉佩的风采；黄昏之时，伴随着金炉中的残香。(《江淹集》)

熏烬

香烟也，熏歇烬灭。(《卓氏藻林》①)

363

【注释】

①《卓氏藻林》：明代卓明卿辑。

【译文】

香烟，就是熏烬。熏香结束，熏烬也会消失。(《卓氏藻林》)

芬熏

花香也，花芬熏而媚秀。(《卓氏藻林》)

【译文】

芬熏就是花香，花香芬芳而妩媚秀丽。(《卓氏藻林》)

宝熏

宝熏，帐巾香也。(《卓氏藻林》)

卷十二 香事别录（下）

【译文】

宝熏，就是帐巾香。(《卓氏藻林》)

桂烟

桂烟起而清溢。(《卓氏藻林》)

【译文】

桂烟升起，清香的气息四处飘散。(《卓氏藻林》)

兰烟

麝火埋珠，兰烟致熏①。(《初学记》②)

【注释】

①兰烟：芳香的烟气。

②《初学记》：唐玄宗时官修的类书，取材于群经诸子、历代诗赋及唐初诸家作。

【译文】

麝火埋珠，兰烟熏香。(《初学记》)

兰苏香

兰苏香，美人香带也。兰苏眄蠁云。(《藻林》)

【译文】

兰苏香，是美人所用的香带。有诗说："兰苏眄蠁云。"(《藻林》)

绘馨

绘花者不能绘其馨。(《鹤林玉露》)

【译文】

描绘花朵的人，不能描绘出其馨香的气息。(《鹤林玉露》)

旃檀片片香

琼枝寸寸是玉，旃檀片片皆香。(《鹤林玉露》)

【译文】

琼枝每一寸都是玉，旃檀每一片都很芳香。(《鹤林玉露》)

前人不及花香

木犀、山矾、素馨、茉莉，其花之清婉皆不出兰芷下，而自唐以前墨客椠人曾未有一话及之者何也^①？(《鹤林玉露》)

【注释】

①椠人：谓读书而有见识之人。

【译文】

木犀、山矾、素馨、茉莉，这些花清婉的香气，都不在兰、芷之下。而在唐代以前，文人墨客们都不曾有只言片语提及这些花，这是为什么呢？(《鹤林玉露》)

焫萧无香

古人之祭焫萧，酌郁鬯，取其香，而今之萧与焫何尝有香？盖离骚已指萧艾为恶草矣。(《鹤林玉露》)

【译文】

古人在祭祀天地的时候，需要点燃焫萧，引用郁金酒，取其香气。但是现在的焫萧和郁金又何尝有香气呢？《离骚》中都指斥焫萧是恶草了。(《鹤林玉露》)

香令松枯

朝真观九星院有三贤松三株，如古君子。梁阁老妓英奴以丽水囊贮香游之[1]，不数日松皆半枯。（《事略》[2]）

【注释】

①阁老：唐代对中书舍人中年资深久者及中书省、门下省属官的敬称。

②《事略》：唐代笔记。

【译文】

朝真观里的九星院，有三棵三贤松，如同上古的君子。梁阁的老妓英奴，用丽水囊装着香料去院中游玩，不到几天，松树大半枯死。（《事略》）

辩一木五香

异国所传言，皆无根柢。如云：一木五香，根旃檀，节沉香，花鸡舌，叶藿香，胶熏陆。此甚谬！旃檀与沉水两木无异。鸡舌即今丁香耳。今药品中所用者亦非藿香，自是草叶，南方至今熏陆，小木而大叶，海南亦有熏陆，乃其谬也，今谓之乳头香。五物互殊，元非同类也。（《墨客挥犀》）

又：梁元帝《金楼子》谓一木五香，根檀，节沉，花鸡舌，胶熏陆，叶藿香，并误也。五香各自有种。所谓五香一木，即沉香部所列沉栈、鸡骨、青桂、马蹄是矣。

【译文】

异国所传言的东西，都是没有根据的。比如说，一木五香，根为旃檀，节为沉香，花是鸡舌香，叶是藿香，树胶是熏陆香。这种说法是极其荒谬的。旃檀香和沉水香是两种不同的树木。鸡舌香也就是现在的丁香。如今药品中使用的不是藿香，而是草叶。南方至今有熏陆香，其树形矮小，叶片阔大。海南也生长着熏陆香，这是一种误称。其实是如今称为乳头香的香料。这五种香料各不相同，本来就不是同类。（《墨客挥犀》）

梁元帝在《金镂子》里说：“一木五香，根为檀香，节为沉香，花为鸡舌香，树胶为熏陆香，叶为藿香，这种说法是错误的。”这五种香各自是不同的品种，所谓一木五香，应该是沉香部所陈列的沉香、栈香、鸡骨香、青桂香和马蹄香。

辩烧香

昔人于祭前焚柴升烟，今世烧香，于迎神之前用炉炭爇之。近人多崇释氏，盖西方出香。释氏动辄烧香，取其清净，故作法事则焚香诵咒。道家亦烧香解秽，与吾教极不同。今人祀夫子祭社稷，于迎神之后，奠帛之前，三上香，古礼无此，郡邑或用之。（《云麓漫抄》①）

【注释】

①《云麓漫抄》：笔记集，记宋时杂事，南宋赵彦卫撰。彦卫，字景安，浚仪（今河南开封）人。

【译文】

古代的人在祭祀之前要焚烧柴木升起烟气，如今的人烧香，在迎神之前用香炉焚香。近世的人多崇信佛教，因为西方出产香料，佛教动不动就烧香，取其清净的意思。实施法事前就会焚香诵经。道教也烧香驱除邪恶污秽之事，和儒教是极不相同的。如今的人在祭祀孔子、祭祀社稷时，都要在迎神之后、奠帛之前上香三次。古礼没有这样的做法，郡邑之中或许有人使用这样的礼法。（《云麓漫抄》）

意和香有富贵气

贾天锡宣事作意和香①，清丽闲远，自然有富贵气，觉诸人家香殊寒。乞天锡屡惠此香，惟要作诗，因以“兵卫森画戟，燕寝凝清香"韵作十小诗赠之^②，犹恨诗语未工，未称此香尔。然余甚宝此香，未尝妄以与人。城西张仲谋为我作寒计^③，惠骐院马通薪二百^④，因以香二十饼报之。或笑曰："不与公诗为地耶？"应之曰："人或能为人作祟^⑤，岂若马通薪，使冰雪之辰铃下马走皆有挟纩之温耶^⑥？"学诗三十年，今乃大觉，然见事亦太晚也。（《山谷集》）

【注释】

①贾天锡：黄庭坚的好友，精于香事。

②十小诗：指黄庭坚《贾天锡宝薰乞诗予以兵卫森画戟燕寝凝清香十字作诗报之》，见本书后面香诗部分。

③张仲谋：黄庭坚好友，山谷很多诗作和他有关。

④马通薪：类桂，可作薪柴。

⑤人或能为人作祟：误，据《山谷集》，应为"诗或能为人作祟"。

⑥挟纩：披着棉衣。

【译文】

贾天锡宣事制作意和香，香气清丽闲远，自然有富贵之气，让人觉得别家的香料格外透出贫寒的气息。贾天锡屡次把意和香赐给我，只要我写诗相报。因此，我以"兵卫森画戟，燕寝凝清香"为韵写了十首小诗相送。只恨我诗语未工，配不上这种香。但是我极其珍视这种香，未尝轻易赠与他人。城西张仲谋为我考虑驱寒的事情，送了我骐院马通薪二百块，因此我将二十枚意和香回赠给他。有人笑着说："不给您的诗留下余地？"我回答："诗或许能给人带来温暖，但哪能像骐院马通薪那样，即便在冰雪之日下马行走都有身着棉衣一样的温暖？"我学诗三十年，如今方才觉悟，然而觉悟得太晚了。（《山谷集》）

绝尘香

沉檀脑麝四合，加以奇楠、苏合滴、乳蠹甲，数味相合，分两相

匀炼，蔗浆合之，其香绝尘境，而助清逸之兴。(《洞天清录》^①)

【注释】

①《洞天清录》：亦作《洞天清禄集》，宋代赵希鹄撰，一卷，为书画文物辨识鉴赏之书。赵希鹄，南宋袁州宜春人。

【译文】

沉香、檀香、龙脑香和麝香四者相混合，再加入分量相等的奇楠、罗合、滴乳，蟹甲等数味原料，和炼蔗浆混合成香。其香气超凡脱俗，能助清逸之兴。(《洞天清录》)

心字香

番禺人作心字香。用素馨、茉莉半开者，着净器，薄劈沉水香，层层相间，封日一易，不待花萎，花过香成。蒋捷词云^①："银字筝调，心字香烧。"(范石湖《骖鸾录》^②)

【注释】

①蒋捷：字胜欲，号竹山，宋末元初阳羡（今江苏宜兴）人。咸淳十年（1274）进士。南宋亡，隐居不仕，人称"竹山先生""樱桃进士"。按，末后一句蒋捷词为作者旁引以说明心字香，并非出自范成大《骖鸾录》，范成大去世时，蒋捷尚未出生。

②范石湖《骖鸾录》：范石湖，南宋诗人范成大。《骖鸾录》，为作者自中书舍人出知静江府时，记录途中所见的笔记。

【译文】

番禺人制作心字香，把半开的素馨花和茉莉花放进干净的容器之中，把沉水香劈成薄片，一层一层间隔密封。每天更换以此，不等花萎。花萎了之后，香料就制作完成了。宋末词人蒋捷的词中写道："银字筝调，心字香烧。"(范石湖《骖鸾录》)

卷十二　香事别录（下）

清泉香饼

　　蔡君谟既为余书《集古录序》刻石①，其字尤精劲，为世所珍。余以鼠须栗尾笔、铜丝笔格、大小龙茶、惠山泉等物为润笔。君谟大笑，以为太清而不俗。后月余有人遗余以清泉香饼一箧者②，君谟闻之叹曰："香饼来迟，使我润笔，独无此一种佳物"，兹又可笑也。清泉，地名。香饼，石炭也，用以焚香一饼，火可终日不绝。（《欧阳文忠集》）

【注释】

　　①蔡君谟：蔡襄，字君谟，仙游人，后迁居莆田，为官清正，深得民心。蔡襄书法，楷、行、草皆佳，为书法宋四家之一。

　　②香饼：此处的香饼指炭饼。

【译文】

370

　　蔡君谟为我书写《集古录序》刻石，其字体尤其精劲，为世人所珍视。我用鼠须栗尾笔、铜丝笔格、大小龙茶、惠山泉等物作为润笔来酬谢他。蔡君谟大笑，认为这些东西清雅不俗。后来过了一个多月，有人送了我一箱清泉香饼，蔡君谟听说之后叹息说："香饼送来的迟了，让我的润笔中独独没有这样一件佳品。"这实在是很好笑。清泉是地名，香饼是石炭，用清泉香饼来焚香，只用一饼，炭火就可以终日不绝。（《欧阳文忠集》）

苏文忠论香

　　古者以芸为香，以兰为芬，以郁鬯为祼，以萧脂为樊，以椒为涂，以蕙为熏，杜蘅带屈，菖蒲荐文，麝多忌而本膻，苏合若芗而实荤。（《本集》①）

　　右与范蔚宗《和香序》意同②。

①《本集》：误。此段文字出自《苏轼集》中《沉香山子赋：子由生日作》，见本书后面香文部分。

②范蔚宗：范晔，字蔚宗，南朝宋国政治家，历史学家，《后汉书》作者。《和香序》：指《和香方》一书的序，范晔在此序中借香比喻时事，影射当朝权贵，因此遭人嫉恨。《和香方》，今已佚。

【译文】

古人以芸为芳香，以兰为芬芳，以郁鬯为祼，以萧脂为樊，以椒为涂，以蕙为熏，杜蘅带屈，菖蒲荐文。其中麝香的忌讳比较多，且本身就带有膻气。苏合香看着很香，实际上有荤腥气。（《本集》）

以上与范蔚宗《和香序》的意思相同。

香药

坡公与张质夫札云①：公会用香药，皆珍物，极为行商坐贾之苦，盖近造此例，若奏免之，于阴德非小补。予考绍圣元年广东舶出香药②，时好事创例，他处未必然也。（《本集》）

371

【注释】

①坡公：指苏轼。张质夫：张质夫应作章质夫，即章楶，苏轼好友，二人多有唱和。章楶在宋对西夏的作战中表现出极高的军事才能，堪称北宋一代名将。

②绍圣：宋哲宗赵煦的第二个年号。

【译文】

苏东坡在写给章质夫的信中说："您用的香药，都是珍奇的东西。这让行商、坐贾莫不深受其苦。这都是您近来新调合的。倘若可以奏请免除，则阴德不小。"经我考证，绍圣元年，广东商船运来香药，好事者创制成例，其他地方未必这样。（《本集》）

香秉

沉檀罗縠①，脑麝之香，郁烈芬芳，苾茀绷缊②。螺甲龙涎腥极反馨。荳蔻胡椒，荜拨丁香，杀恶诛臊。(《郁离子》③)

【注释】

①罗縠：一种疏细的丝织品。

②绷缊：亦作氤氲。烟气、烟云弥漫的样子。

③《郁离子》：杂文集，元末刘基著。刘基，字伯温，浙江青田人，元末进士，朱元璋开国功臣之一，诗文皆可观。

【译文】

沉檀罗縠、脑香、麝香的气息芬芳馥郁，浓烈中却又含蓄；螺甲、龙涎香，带有腥味反而馨香；荳蔻、胡椒、荜拨和丁香，能辟除邪气，诛杀臊气。(《郁离子》)

求名如烧香

人随俗求名，譬如烧香，众人皆闻其芳，不知熏以自焚，焚尽则气灭，名立则身绝。(《夏诗》)

【译文】

人们随俗求名，譬如烧香一样。众人都闻到芳香，却不知道是香料自焚所发出的气息。香料焚尽香味也随之散去，名声建立身体却已经死去。(《夏诗》)

香鹤喻

鹤为媒而香为饵也。鹤之贵，香之重，其宝于世以高洁清远，舍是为媒饵于人间，鹤与香奚宝焉？(《王百谷集》①)

【注释】

①《王百谷集》：王百谷，指王稺登，字伯谷，百谷，号半偈长者、青羊君、广长庵主、广长暗主、松坛道人、松坛道士、长生馆主、解嘲客卿，江阴（今江苏江阴）人，明代诗人，书法家。

【译文】

以鹤为媒，以香为食。鹤是珍贵的，香是珍重的，它们被世人视作瑰宝，是因为品质高洁清远。像这样在人世为媒饵，鹤和香哪里能算是宝贵呢？（《王百谷集》）

四戒香

不乱财手香，不淫色体香，不诳讼口香，不嫉害心香，常奉四香戒，于世得安乐。（《玉茗堂集》①）

【注释】

①《玉茗堂集》：汤显祖作品集，汤显祖去世后五年，韩敬辑录而成。

373

【译文】

不乱财则手香，不淫色则体香，不诳讼则口香，不嫉害则心香。常奉这四香戒，便能享受世间的安乐。（《玉茗堂集》）

五名香

梁萧抇诗云①："烟霞四照叶，风月五名香。"不知五名为何香？

【注释】

①萧抇：南北朝时期文学家、诗人，字智遐，南兰陵（治今江苏常州西北）人，梁武帝萧衍侄。

【译文】

梁萧有诗说："烟霞四照叶，风月五名香。"不知道五名香是什么香料？

解脱知见香

解脱知见香即西天苾刍草，体性柔软，引蔓傍布，馨香远闻。黄山谷诗云："不念真富贵，自熏知见香[①]。"

【注释】

①不念真富贵，自熏知见香：此句出黄庭坚《贾天锡惠宝薰乞诗多以兵卫森画戟燕寝凝清香》，原诗为"当念真富贵，自薰知见香。"

【译文】

解脱知见香，就是西天苾刍草。这种香体性柔软，藤蔓密布。馨香之气息不管远近都能闻到。黄庭坚有诗说："不念真富贵，自熏知见香。"

太乙香

香为冷谦真人所制[①]，制甚虔甚严。择日炼香，按向和剂，配天合地，四气五行各有所属。鸡犬妇女不经闻见，厥功甚大。焚之助清气、益神明，万善攸归，百邪远遁，盖道成翅升举秘妙，匪寻常焚爇具也。其方藏金陵一家，前有真人自序，后有罗文恭、洪先跋。余屡虔求，秘不肯出，聊纪其功用如此，以待后之有仙缘者采访得之。

【注释】

①冷谦：元朝人，字启敬，道号龙阳子，出入儒释，晚年入道家，音乐丹青俱佳，修道有成。

【译文】

这种香是由冷谦真人所制，其自发甚为虔诚严谨。选择吉日炼香，依照方向调配香剂，配天、合地，使四气、五行各有所属，不能使之与鸡、犬、妇女接触，制法极其复杂，焚烧此香，能助清香之气，有益精神明朗，使身心归善，百邪远遁，仙道修成，即飞升仙境，不是寻常薰香能比的。这种香方藏在金陵的一户人家，香方前面有冷真人的自序，后面有罗文恭的跋。每次我虔诚地请求，人家都不肯拿出来，只得将这种香的功用记载在这里，以待日后有缘人访求采录。

香愈弱疾

玄参一斤，甘松六两，为末；炼蜜一斤，和匀入瓶封闭。地中埋窨十日取出①，更用炭末六两、炼蜜六两同和入瓶，更窨五日。取出烧之，常令闻香，弱疾自愈。又曰：初入瓶中封固煮一伏时②，破瓶取捣入蜜，别以瓶盛埋地中窨过用，亦可熏衣。（《本草纲目》）

【注释】

①窨：藏于地下。

②一伏时：一昼夜。

【译文】

用玄参一斤、甘松六两，研磨成粉末，加入一斤炼蜜，调和均匀，放置在密封的瓶子里，窨藏于地下。十日后取出，将炭末六两、炼蜜六两加入瓶中，再放进地窨，五天后才能取出来。焚烧此香，让人常常闻到香气，能让弱疾自然痊愈。还有人说：先把原料放进瓶中密封煮一昼夜，打开瓶子取出香料，加入蜂蜜，再用其他瓶子装好埋进地窨里待用。这种香也可以用来熏衣服。（《本草纲目》）

香治异病

孙兆治一人满面黑色①，相者断其死。孙诊之曰：非病也，乃因登溷②，感非常臭气。而得治臭，无如至香。今用沉檀碎劈，焚于炉中，安帐内以熏之。明日面色渐别，旬日如故。（《证治准绳》③）

【注释】

①孙兆：11 世纪北宋医家，河阳（今河南孟阳）人，其父为尚药奉御孙用和，其弟孙奇，皆为当时名医。进士出身，官至殿中丞。著

有《伤寒方》《伤寒脉诀》，修订林亿、高保衡等校补的《黄帝内经素问》，名为《重广补注黄帝内经素问》。

②溷（hùn）：厕所。

③《证治准绳》：明代王肯堂著，是一部医学全书性质的巨著，共44卷，记载各种疾病的症候和治法。王肯堂，字宇泰，一字损仲，号损庵，自号念西居士，江苏金坛人。

【译文】

孙兆曾经治疗过一个病人，这个人满脸都是黑色，看相的人推断他会死掉。孙兆替他诊脉后，说道："他其实没有得病，是因为上厕所的时候，闻到了非同一般的臭气而造成的。治疗臭疾，不如用最香的东西。"于是，就把沉香和檀香劈开捣碎，放在炉中焚烧，将香炉放在帐内焚烧。第二天病人的脸色就有所变化，十天后恢复如初。（《证治准绳》）

卖香好施受报

凌途卖香好施。一日旦有僧负布囊、携木杖至，谓曰："龙钟步多蹇，寄店憩歇可否？"途乃设榻。僧寝移时起曰："略到近郊，权寄囊杖。"僧去月余不来取，途潜启囊，有异香末二包，氛氲扑鼻。其杖三尺，本是黄金。途得其香，和众香而货人，不远千里来售①，乃致家富。（《葆光录》②）

【注释】

①售：售有买卖二义，此处为买的意思。

②《葆光录》：三卷，陈纂撰。陈纂自号袭明子，五代末宋初人。此书所载多为唐末五代吴越一带奇闻逸事。

【译文】

凌途贩卖香料，乐善好施。有一天早上，一个僧人背着布袋子、带着木杖来到他面前，对他说："我岁数大了，路又难走，想借您的店铺歇息一下，可以吗？"凌途就安排床铺，请僧人休息。过了一段时间，僧人说："我要到近郊去一下，暂且把布袋和木杖放在您这儿。"僧人走了一个多月也不回来取寄放的东西。凌途悄悄打开布袋，发现有两包奇异的香末，气味芳香扑鼻。而那根木杖有三尺多长，是黄金制成的。凌途得到这种香料，和各种香料混合在一起出售，人们不远千里前来购买，凌途也因此发家致富。(《葆光录》)

卖假香受报

华亭黄翁徙居东湖^①，世以卖香为生。每往临安江下，收买甜头。甜头，香行俚语，乃海南贩到柏皮及藤头是也。归家修治为香，货卖。黄翁一日驾舟欲归，夜泊湖口。湖口有金山庙，灵感人敬畏之。是夜忽一人扯起黄翁，速拳殴之曰："汝何作业造假香？"时许得苏，月余而毙。(《闲窗搜异》^②)

又：海盐倪生每用杂木屑伪作印香货卖^③，一夜熏蚊虫，移火入印香内，傍及诸物，遍室烟迷，而不能出，人屋俱为灰烬。(《闲窗搜异》)

又：嘉兴府周大郎每卖香时，才与人评值，或疑其不中，周即誓曰："此香如不佳，出门当为恶神扑死。"淳佑间^④，一日过府后桥，如逢一物绊倒，即扶持，气已绝矣。(《闲窗搜异》)

377

【注释】

①华亭：上海松江。

②《闲窗搜异》：《闲窗括异志》，宋笔记，鲁应龙撰。鲁应龙，字子谦，海盐（今属浙江）人，理宗时布衣。

③海盐：浙江省海盐县。

④淳佑：是宋理宗赵昀的年号。

【译文】

华亭有一位黄翁迁居到东湖，世代以卖香为生。他常常到临安江下收购甜头。甜头是香行中的暗语，指海南贩来的柏皮和藤头。黄翁回到家中，把甜头修造成香料出售。一天黄翁驾舟前行打算回家，夜

卷十二 香事别录（下）

里将舟船停泊在湖口。湖口有一座金山庙，极其灵验，人们十分敬畏。当天夜里，有一个人忽然拉起黄翁，用拳头殴打他，说道："你造的什么孽，制造假香？"过了一段时间黄翁才醒过来，过了一个月就死去了。(《闲窗搜异》)

海盐倪生常用杂木屑伪造印香出售给别人涂抹身体。一天夜里他熏香驱赶蚊虫，不慎将火递进印香中，又点燃了其他物品，满屋子都是烟气，他没办法逃出来，人和屋子都被烧成了灰烬。(《闲窗搜异》)

嘉兴府的周大郎每次卖香的时候，都要和人争论价钱。有人怀疑他的香品和价格不符，周大郎就起誓说："这香如果不好，我一出门就被恶神扑死。"宋理宗淳祐年间，一天周大郎经过府后桥，像被某种东西绊倒在地一样躺在地上，人们将他扶起来，发现他已经气绝身亡了。(《闲窗搜异》)

阿香

有人宿道傍一女子家，一更时有人唤"阿香"，忽骤雷雨。明日视之，乃一新冢。(《韵府群玉》[①])

【注释】

①《韵府群玉》：是一部韵书，也是一部类书。所辑资料广博，成书于元初。作者阴幼遇，字时夫，一作时遇，奉新县人。

【译文】

有人在路旁一个女子家中借宿，一更时分听到有人喊"阿香"，忽然间电闪雷鸣。第二天早上他起床一看，发现借宿的地方竟然是一座新坟。(《韵府群玉》)

埋香

孟蜀时筑城获瓦棺[①]，有石刻隋刺史张崇妻王氏铭曰：深深瘗玉[②]，郁郁埋香。(《韵府群玉》)

①孟蜀：孟知祥所建之后蜀，五代十国之一。

②瘗：埋葬。

【译文】

后蜀时期筑造城防时获得一具瓦棺，上面刻着文字："隋刺史张崇妻王氏"，铭文写道："深深瘗玉，郁郁埋香。"（《韵府群玉》）

墓中有非常香气

陈金少为军士，私与其徒发一大冢，见一白髯老人，面如生，通身白罗衣，衣皆如新开棺，即有白气冲天，墓中有非常香气。金视棺盖上有物如粉，微作硫黄气，金掬取怀，归至营中。人皆惊云：今日那得有香气？金知硫黄之异，且辄汲水服之，至尽后，复视棺中，惟衣尚存，如蝉蜕之状。（《稽神录》）

【译文】

陈金年轻的时候做过军士，他曾经私自和伙伴挖了一座大墓，在墓中见到一位白胡子老人，老人面色如生，通身穿着白罗衣，衣服全像新的一样。打开棺木的时候，白气冲天而出，墓中有非同一般的香气溢出。陈金发现棺材盖上有粉状的物质，微微带有硫黄气，就掬一把粉末藏在怀里带回兵营。人们都惊奇地问："你今天从哪儿带来的香气？"陈金知道是硫黄的缘故，常经以水服用，用了后，陈金又去看了墓中的棺材，发现只剩下罗衣，像蝉蜕一样。（《稽神录》）

死者燔香

堕波登国人死者乃以金缸贯于四肢，然后加以波律膏及沉檀龙脑积薪燔之。（《神异记》）

【译文】

堕波登国人将金缸套在死者的四肢上，然后加入波律膏、沉香、

檀香和龙脑香，架火焚烧它。(《神异记》)

香起卒殓

嘉靖戊午①，倭寇闽中死亡无数，林龙江先生鬻田得若千金②，办棺取葬。时夏月秽气逆鼻，役从难前，请命龙江。龙江云："汝到尸前高唱：'三教先生来了'。"如语往，香风四起，一时卒殓。亦异事也。

【注释】

①嘉靖戊午：1558 年。

②林龙江：林兆恩，字懋勋，号龙江，世称"三教先生"。

【译文】

嘉靖戊午年，倭寇滋扰闽中，死者无数。林龙江先生变卖自家田产，所得约有千金，置办棺木，安葬死者。当时正值夏月，死尸发出的污秽气息直扑口鼻，让仆人难以上前掩埋尸体。仆人便去请示龙江先生。龙江先生说："你们到尸体前，高唱'三教先生来了'。"仆人依照龙江先生的话行事，一时间香风四起，仆人很快就把尸体收敛完毕。这也成为一桩异事。

香字义

《说文》曰："气芬芳也，篆从黍从甘。"徐铉曰："稼穑作甘，黍甘作香。隶作，又芗与香同。"《春秋传》曰："黍稷馨香。"凡香之属皆从香。

香之远闻曰馨，香之美曰馩（音使），香之气曰馦（火兼反），曰馣（音淹），曰馧（于云反），曰馥（扶福反），曰馤（音爱），曰馪（方灭反），曰馪（音宾），曰馢（音笺），曰馛（步末反），曰馝（音弼），曰馡（同上），曰馞（音悖），曰馠（天含反），曰馩（音焚），曰馚（上同），曰馩（奴昆反），曰馪（音彭，馪馪大香），曰馟（他胡反），曰馪（音倚），曰馜（音你），曰馝（普没反），曰馪（满结反），曰馧（普灭反），曰馩（乌孔反），曰馪（音瓢），曰馞（甫微切），曰馤（音饺），曰馠（音含，馠馠香也），曰馪（毗招切），曰馨（鱼胃切）。

【译文】

《说文解字》中说："香，指气味芬芳，篆文从黍从甘。"徐铉说："稼穑作甘，黍甘作香。隶作香，又芗与香同。"《春秋左氏传》说："黍稷馨香。"大凡跟香有关系的字，都从香。

香气远闻的称作馨，香气美妙的称作馩，香的气息称作馦，称作馣（音淹），称作馧（于云反），称作馥（扶福反），称作馤（音爱），称作馪（方灭反），称作馪（音宾），称作馢（音笺），称作馛（步末反），称作馝（音弼），称作馡（音弼），称作馞（音悖），称作馠（天含反），称作馩（音焚），称作馚（上同），称作馩（奴昆反），称作馪（音彭，大香），称作馟（他胡反），称作馪（音倚），称作馜（音你），称作馝（普没反），称作馪（满结反），称作馧（普灭反），称作馩（乌孔反），称作馪（音瓢），称作馞（甫微切），称作馤（音饺），称作馠（音含，馠馠香也），称作馪（毗招切），称作馨（鱼胃切）。

383

卷十三 香绪余

十二香名义

吴门于永锡专好梅花，吟十二香诗，今录香名。（《清异录》）

万选香	拔枝剪折，遴拣繁种	水玉香	清水玉缸，参差如雪
二色香	帷幔深置，脂粉同妍	自得香	帘幕窥蔽，独享馥然
扑凸香	巧插鸦鬓，妙丽无比	笄来香	采折凑然，计多受赏
富贵香	簪组共赏，金玉辉映	混沌香	夜室映灯，暗中拂鼻
盗跖香	就树临瓶，至诚窃取	君子香	不假风力，芳誉远闻
一寸香	醉藏怀袖，馨闻断续	使者香	专使贡待，临门远送

【译文】

吴门于永锡特别喜爱梅花，吟十二香诗，以下收录十二香名。（《清异录》）

万选香	拔枝剪折，遴拣繁种	水玉香	清水玉缸，参差如雪
二色香	帷幔深置，脂粉同妍	自得香	帘幕窥蔽，独享馥然
扑凸香	巧插鸦鬓，妙丽无比	笄来香	采折凑然，计多受赏
富贵香	簪组共赏，金玉辉映	混沌香	夜室映灯，暗中拂鼻
盗跖香	就树临瓶，至诚窃取	君子香	不假风力，芳誉远闻
一寸香	醉藏怀袖，馨闻断续	使者香	专使贡待，临门远送

384

十八香喻士

王十朋有十八香词，广其义以喻士。

异香牡丹称国士	温香芍药称冶士
国香兰称芳士	天香桂称名士
暗香梅称高士	冷香菊称傲士
韵香荼蘼称逸士	妙香薝卜称开士
雪香梨称爽士	细香竹称旷士
嘉香海棠称隽士	清香莲称洁士
梵香茉莉称贞士	和香含笑称粲士

奇香腊梅称异士	寒香水仙称奇士
柔香丁香称佳士	阐香瑞香称胜士

【译文】

王十朋有十八香词，用来以喻士：

异香牡丹称国士	温香芍药称冶士
国香兰称芳士	天香桂称名士
暗香梅称高士	冷香菊称傲士
韵香荼蘼称逸士	妙香蒨卜称开士
雪香梨称爽士	细香竹称旷士
嘉香海棠称隽士	清香莲称洁士
梵香茉莉称贞士	和香含笑称粲士
奇香腊梅称异士	寒香水仙称奇士
柔香丁香称佳士	阐香瑞香称胜士

385

南方花香

南方花皆可合香。如茉莉、阇提、佛桑。渠那花本出西域，佛书所载，其后传本来闽岭，至今遂盛。又有大含笑花、素馨花，就中小含笑花，香尤酷烈，其花常若菡萏之未放者，故有含笑之名。又有麝香花，夏开与真麝香无异。又有麝香木，亦类麝香气。此等皆畏寒，故北地莫能植也。或传美家香用此诸花合香。

温子皮云：素馨、茉莉，摘下花蕊，香才过，即以酒噀之，复香。凡是生香，蒸过为佳。每四时遇花之香者，皆以次蒸之，如梅花、瑞香、酴醾、栀子、茉莉、木犀及橙橘花之类，皆可蒸。他日爇之，则群花之香毕备。

【译文】

南方的花，都可以用来调配香品。如茉莉、阇提、佛桑。渠那花本来就出自西域，佛经中都有记载。后来，这些话传入福建北部的山岭，传至今日，花开繁盛。还有大含笑花、素馨花。其中以小含笑花的香气尤为强烈。其花朵常常像尚未开放的荷花，故而有含笑之名。还有麝香花，在夏季开放，气息和真正的麝香毫无差异。还有一种麝香木，香气也和麝香的气息相近。以上这些花都畏惧寒冷，故而在北方无法种植。也有传说，美家香是用以上各种花朵调制合成的。

温子皮说："将素馨、茉莉的花蕊摘下，香气就都散了，如果把酒喷在上面，就又有香气。"大凡香料，以蒸过的为佳，一年四季中，但凡遇到能制成香料的花朵，依照其开放的时间顺次蒸制，如梅花、瑞香、酴醾、栀子、茉莉、木犀及橙橘花之类，都可以蒸。日后焚熏香品的时候，各种花制成的香品就都备齐了。

花熏香诀

用好降真香结实者，截断约一寸许，利刀劈作薄片，以豆腐浆煮之，俟水香去水，又以水煮至香味去尽，取出，再以末茶或叶茶煮百沸，滤出阴干。随意用诸花熏之，其法用净瓦缶一个，先铺花一层，铺香片一层，又铺花片及香片，如此重重铺盖，了以油纸封口，饭甑上蒸少时取起，不可解开。待过数日，以烧之则香气全美。或以旧竹壁簪依上煮制代降真，采橘叶捣烂代诸花熏之，其香清古，若春时晓行山径，所谓草木真天香者，殆此之谓与？

386

【译文】

选取质地坚实，品质上乘的降真香，把它截成约一寸长短的小段，再用锋利的小刀劈成薄片；把它放在豆浆里煎煮，等到豆浆发出香味后把豆浆倒掉，再加入水煮到香味全消散，将降真香取出来。再用末茶或叶茶煎煮，让它多次沸腾，过滤出降真香，阴干。随意用各种花熏制。具体方法为：取一个干净的瓦罐，在里面放一层花片，再铺一层香片，如此层层覆盖，用油纸把口封严，在饭甑上蒸煮一会儿拿起来，不要揭开密封的油纸。放置几天后，拿出来焚烧，香气就会十全十美。或者用旧竹筐代替降真香，按照上面的方法煮制；摘橘树叶子捣烂代替各种花朵。焚熏此香，气息清古，仿佛是春天的早晨行进在山间小路上的感觉。所谓草木真天香，大约说的就是它吧？

橙柚蒸香

橙柚为蒸香，皆以降香为骨，去其凤性，而重入焉。各有法而素馨之熏最佳。(《稗史汇编》)

【译文】

把橙柚制成蒸香，全以降香为骨，除去其凤性后再加入。制法虽然各不相同，但用素馨熏香效果是最好的。(《稗史汇编》)

香草名释

《遁斋闲览》云：《楚辞》所咏香草，曰兰、曰荪、曰茝、曰药、曰蘭、曰芷、曰荃。曰蕙、曰蘪芜、曰茳蓠、曰杜若、曰杜蘅、曰藁车、曰蕄荑，其类不一，不能尽识其名状，识者但一谓之香草而已。其间亦有一物而备数名，亦有举今人所呼不同者。如兰一物，传谓其有国香，而诸家之说但各以已见自相非毁，莫辨其真。或以为都梁，或以为泽兰，或以为兰草，今当以泽兰为正。山中又有一种叶大如麦门冬，春开花极香，此别名幽兰也。荪则溪涧中所生，今人所谓石菖蒲者，然实非菖蒲，叶柔脆易折，不若兰，荪叶坚韧。杂小石，清水植之盆中，久而愈郁茂可爱。茝、药、蘭、芷，虽有四名，止是一物，今所谓白芷是也。蕙即零陵草也。蘪芜即芎藭苗也，一名茳蓠。杜若即山姜也。杜蘅今人呼为马蹄香。惟荃与藁车、蕄荑终莫穷识。骚人类以香草比君子耳，他日求田问舍，当遍求其本，刈植栏槛，以为焚香亭，欲使芬芳满前，终日幽对，想见骚人之雅趣，以寓意耳。

【译文】

《遁斋闲览》中说：《楚辞》中歌咏的香草，有兰、荪、茝、药、蘭、芷、荃。蕙、蘪芜、茳蓠、杜若、杜蘅、藁车、蕄荑，其类别各不相同，不能一一指认其名状。认识香草的人，只统一称为香草而已。其中也有一种植物而有数种名称的，也有与今人称呼不同的。比如兰这种植物，传说它有国香，而各家的说法不一，互相诋毁，难辨真假。有人认为是都梁，有人认为是泽兰，有人认为是兰草，如今都以泽兰为正宗。山中还有一种植物，叶片宽大，如同麦门冬，春季开花，气息极为芳香，别名幽兰。荪生长在山涧中，有人称为石菖蒲。然而它并不是菖蒲，其叶片柔脆，容易折碎，不像兰荪的叶子，质地坚硬。把它放在小石头中，用清水种植在盆内，时间长了，就会生长得茂盛可爱。而茝、药、蘺、芷虽有四种名字，却是同一件东西，也就是人们说的白芷。蕙，就是零陵草。蘼芜，就是芎䓖苗，又叫茳蓠。杜若就是山姜。杜蘅，被今人称作马蹄香。只有荃与藕车、茵蔉，始终不知道是什么东西。诗人用香草来类比君子。以后我要向田舍之人请教，遍求这些香草的本源，将它们移植到栏中，修造成楚香亭，让我能在每天的幽居之日面对这些芬芳的植物，以此可以想见那是人们的雅趣，因此意义深刻。

《通志·草木略》云：兰即蕙，蕙即薰，薰即零陵香。《楚辞》云：滋兰九畹，植蕙百亩。互言也。古方谓之薰草，故《名医别录》出薰草条近方，谓之零陵香，故《开宝本草》出零陵香条，《神农本经》谓之兰。余昔修之《本草》以二条贯于兰后，明一物也。且兰旧名煎泽草，妇人和油泽头故名焉。《南越志》云：零陵香，一名燕草，又名薰草，即香草。生零陵山谷，今湖岭诸州皆有。

又《别录》云：薰草，一名蕙草。名薰，蕙之为兰也。以其质香，故可以为膏泽，可以涂宫室。近世一种草如茅香而嫩，其根谓之土续断，其花馥郁故得名，误为人所赋咏。泽芬，曰白芷，曰白茝，曰蘺，曰茫，曰苻蓠，楚人谓之药，其叶谓之蒿，与兰同德，俱生下湿。

泽兰，曰虎兰，曰龙枣兰，曰虎蒲，曰水香，曰都梁香。如兰而茎方，叶不润，生于水中，名曰水香。

茈胡，曰地薰、曰山菜、曰茹草叶、曰芸蒿，味卒可食，生于银夏者，芬馨之气射于云霄间，多白鹤青鸾翔其上。

《琐碎录》云：古人藏书辟蠹用芸。芸，香草也，今七里香是也。南人采置席下，能去蚤虱。香草之类，大率异名。所谓兰荪即菖蒲也。蕙，今零陵香也。茝，白芷也。

朱文公《离骚注》云：兰、蕙二物，《本草》言之甚详，大抵古之所谓香草，必其花叶皆香而燥湿不变故，可刈而为佩。今之所谓兰蕙，则其花虽香，而叶乃无气，其香虽美，而质弱易萎，非可刈佩也。

四卷"都梁香"内，兰草、泽兰余辩之审矣，今复捃拾诸论似赘，而欲其该备自不避其繁琐也。

【译文】

《通志·草木略》中说：兰就是蕙，蕙就是熏，熏就是零陵香。《楚辞》中说：滋兰九畹，植蕙百亩。使用了互文见意的修辞手法。古代医方中称之为熏草，故而《名医别录》列出了熏草条目；近代医方中称之为零陵香。故而《开宝本草》列有零陵香条目；《神农本经》中称为兰。过去我们修撰《本草》将以上两则条目列于兰之后，以表明二者是同一种植物。而且，兰旧名煎泽草，妇女们将它和油调和用来泽养头发，故而得名。《南越志》中说：零陵香，一名燕草，即香草，生长在零陵山谷中。现在，湖岭各州都有此草。

《别录》上说：熏草，又叫蕙草。称熏为蕙，是兰的意思。因其品质香美，故而可以用作膏泽，可以用来涂抹装饰宫室。近世有一种草，叶子像茅香，且比较细嫩，其根称为土续断，其花香气馥郁，故而得名，误被人们所咏赋。泽芬，又叫白芷、白茝、蒚、茝，苻蓠，楚人称为药，其叶称为蒿，其品性与兰相同，都生长在低凹湿润之地。

泽兰，又叫虎兰、龙枣兰、虎蒲、水香、都梁。香气如同兰，叶茎为方形，叶片不湿润，生长在水中，名为水香。

茈胡，又叫地熏、山菜、菇草叶、芸蒿，味道辛香，可以食用。生长在银夏的，芬芳馨香之气直射云霄之间，多有白鹤、青鹭飞翔于其上。

《琐碎录》中说：古人藏书时，用芸来除去蛀虫。芸是一种香草，也就是如今的七里香。南方人采摘此草放在席子下面，能驱除虫虱。香草之类，大都有很多别名。所谓兰荪，也就是菖蒲。蕙，就是如今的零陵香。茝，就是白芷。

朱文公对《离骚》的注解说：兰、蕙这两种植物，《本草》中叙述得极为详尽。大概古代所谓香草，一定是花叶都有香气，无论干燥还是湿润，香气都不变，故而可以割取下来作为佩饰。而如今所谓的兰、蕙，虽然花有香气，但叶子不香。其香气虽然美妙，却性质柔弱，容易枯萎，故不能割取作为佩饰。

本书第四卷所述"都梁香"一则中，兰草、泽兰我已经分辨审察，现在又重新整理各家议论似乎庸赘，但想要议论周备自然不避其繁。

修制诸香

飞樟脑

樟脑一两，两盏合之，以湿纸糊缝，文武火炒半时取起，候冷用之。次将樟脑，不拘多少，研细筛过，细劈拌匀。捩薄荷汁、少许酒，土上以净碗相合定，湿纸条固四缝，甑上蒸之，脑子尽飞，上碗底皆成冰片。

樟脑石灰等分，共研极细，用无油铫子贮之，磁碗盖，定四面以纸封固如法，勿令透气。底下用木炭火煅，少时取开，其脑子已飞在碗盖上。用鸡翎扫下，称，再与石灰等分，如前煅之，凡六七次。至第七次可用慢火，一日而止，扫下。脑用杉木盒子铺在内，以乳汁浸二宿，封固口不令透气，掘地四五尺，窨一月，不可入药。又樟脑一两，滑石二两，一处同研，入新铫子内，文武火煅之，上用一瓷器册盖之，自然飞在盖上，其味夺真。

【译文】

取樟脑一两，放入两只杯盖中，将它们扣合起来，用湿纸将缝隙糊严，用文火和武火各烤半个时辰后取出，放凉待用。取樟脑，不拘多少，研磨细筛过，切细拌匀。取薄荷汁，酒少许，洒在樟脑泥上，把两个干净的碗扣起来。将樟脑泥放在碗里，用湿纸条封住碗沿的缝隙，把碗放到甑上蒸，樟脑全部飞到上面那只碗的底部，成为冰片。

取相等分量的樟脑、石灰，研磨成极细的粉末，选用没有沾过油的铫子储藏起来，用瓷盘将铫子口封好，四周用纸固封，使之密不透气。下面用木炭生旺火加热，过一会儿拿出来打开，樟脑就已经飞到盘盖上。用鸡毛扫下来称重，再将它跟同重量的石灰混合，如同前法烧制，约有六七次。到第七次，可以使用慢火加热，用一天的时间才会停止，从盘盖上扫下樟脑。把樟脑铺在杉木盒子里，用乳汁浸泡两天，封严盒口，不让它透气，在地上挖四五尺深的洞，将盒子窖藏一个月，不能入药。将樟脑一两，滑石二两，一起研磨，放入新铫子里，用文火和武火加热。铫子口用一件瓷器盖住，樟脑自然飞到盖上，其味夺真。

制笃耨

笃耨白黑相杂者用盏盛，上饭甑蒸之，白浮于面，黑沉于下。（《琐碎录》）

【译文】

制作笃耨时，选取黑白相间的装在酒盏里，放到饭甑上蒸制，白色的浮在面上，黑色的沉在下面。（《琐碎录》）

制乳香

乳香寻常用指甲、灯草、糯米之类同研，及水浸钵研之，皆费力，惟纸裹置壁隙中，良久取研，即粉碎矣。

又法：于乳钵下着水轻研，自然成末。或于火上纸裹略烘。（《琐碎录》）

【译文】

制作乳香时，通常用指甲、灯草、糯米之类的一起研磨。在钵中加入水，浸泡香料，研磨起来很费力。只要将香料用纸包裹起来，在墙缝中放置一段时间，取出来再研磨，就可以粉碎了。

还有一种制法，在乳钵下加水轻轻研磨，自然能成粉末。或者用纸裹好，在火上略略烘过。（《琐碎录》）

制麝香

研麝香须着少水，自然细，不必罗也，入香不宜多用，及供神佛者去之。

【译文】

研磨麝香的时候，需要加入少量的水，自然能研磨成细末，不必筛制。制作合香的时候不宜多用，供奉神佛的时候不能使用。

制龙脑

龙脑须别器研细，不可多用，多则掩夺众香。（《沈谱》）

【译文】

龙脑必须用单独的器皿研磨成细末。配制香品的时候不能多用龙脑，使用过多会掩夺其他香料的香气。（《沈谱》）

制檀香

须拣真者剉如米粒许，慢火炒，令烟出，紫色断腥气即止。每紫檀一斤，薄作片子，好酒二升，以慢火煮干，略炒。檀香劈作小片，腊茶清浸一宿，控出焙干，以蜜酒同拌令匀，再浸，慢火炙干。

檀香细剉，水一升，白蜜半斤，同入锅内，煮五七十沸，控出焙干。檀香砍作薄片子，入蜜拌之，净器炒，如干，旋旋入蜜，不住手搅动，勿令炒焦，以黑褐色为度。（俱《沈谱》）

【译文】

必须选取真品檀香，切成米粒大小，用慢火炒制，直到冒出紫色的烟，等腥气消失就可以了。选取紫檀一斤，剖成细片，放到两升好酒中，用慢火煮干，略经炒制。把檀香劈成小片，用腊茶浸泡一夜，捞出来控水，烘干。将其与蜜酒一同搅拌均匀，再浸泡，然后在慢火中煨干。

把切细的檀香和一升水、半斤白蜜一起加入锅中，煮沸几十次，控水，烘干。把檀香剖成薄片，加入蜂蜜搅拌，用干净的器皿炒制，如果炒干了，就再加入蜂蜜，不停用手搅动，不能炒焦，炒制成黑褐色。（俱《沈谱》）

制沉香

沉香细剉，以绢袋盛，悬于铫子当中，勿令着底，蜜水浸，慢火煮一日，水尽更添。今多生用。

【译文】

沉香切细，用绢袋盛放，悬挂在铫子中。不要让它挨着铫子底，把它浸泡在蜜水中，用慢火熬煮一天，水煮干的时候加水继续。现今大多使用生沉香。

制藿香

凡藿香、甘草、零陵之类，须拣去枝梗杂草，曝令干燥，揉碎扬去尘土，不可用水煎，损香。

【译文】

大凡藿香、甘草、零陵香之类，需要择去杂草，让它暴晒至干燥，揉成碎粉扬去尘土。不要用水煎制，那样会损耗其香气。

制茅香

茅香须拣好者剉细，以酒蜜水润一夜，炒令黄燥为度。

【译文】

　　茅香，需要拣选上好的品种切细，用酒和蜜水浸润一夜，炒制金黄干燥为准。

制甲香

　　甲香如龙耳者好，其余小者次也。取一二两，先用炭汁一碗煮尽，后用泥水煮，方同好酒一盏煮尽，入蜜半匙，炒如金色。

　　黄泥水煮令透明，遂片净洗焙干。

　　炭灰煮两日净洗，以蜜汤煮干。

　　甲香以米泔水浸三宿后，煮煎至赤沫频沸，令尽泔清为度。入好酒一盏，同煎良久，取出，用火炮色赤，更以好酒一盏泼地，安香于泼地上，盆盖一宿，取出用之。甲香以浆水泥一块同浸三日，取出候干，刷去泥，更入浆水一碗，煮干为度。入好酒一盏煮干。于银器内炒，令黄色。

　　甲香以水煮去膜，好酒煮干。

　　甲香磨去龃龉，以胡麻膏熬之，色正黄，则用蜜汤洗净。入香宜少许。

394

【译文】

　　甲香以像龙耳的为上品，略小一些的次之。取一二两甲香，先把它浸泡在一碗炭汁中煮干，后用沉香煮制，再加入一杯好酒，煮干，加入半匙蜂蜜，炒到金黄色。

　　用黄泥水煮甲香，让它呈透明状，将其剖成片状，洗干净，烘干。

　　用炭灰煮两天，洗干净之后，放入蜂蜜水，煮干。

　　把甲香用淘米水浸泡三夜之后，煎煮出红色的沫，让它一直沸腾，以水清为准，加入一盏好酒，长时间煎制，再取出来，用火炮制成红色。再把一盏好酒泼在地上，把甲香放在被酒泼过的地上，用盆子盖上，一夜之后，就可以拿出来使用了。把甲香和浆水泥一起浸泡三天后取出，等它干了后，刷去泥。再加入一碗浆水，以浆水煮干为准，加入一盏好酒，煮干。放在银器中，炒制成黄色。

甲香煮去膜，放入好酒中，煮干。

把甲香筛去渣滓，调入胡麻膏煎熬，让它呈现纯黄色，用蜜汁洗净。加入香品中时宜少许。

炼蜜

白沙蜜若干，绵滤入磁罐，油纸重叠密封罐口，大釜内重汤煮一日，取出。就罐于炭火上煨煎数沸，使出尽水气，则经年不变。若每斤加苏合油二两更妙，或少入朴硝，除去蜜气尤佳。不可太过，过即浓厚，和香多不匀。

【译文】

选用白沙蜜若干，用丝绵滤入瓷罐中，将油纸重叠密封住罐口，放进大锅里，隔水蒸煮一天后取出，把瓷罐放在炭灰上煨煎多次沸腾，水汽去尽，则此蜜能历经多年也不变质。如果在每斤蜜中加入二两苏合油，效果会更好。或者加入少许朴硝，除去蜜气，品质尤佳。制作合香时不能加入太多，太多会让料剂过于浓厚，调制成的香品品质多半不均匀。

煅炭

凡治香用炭，不拘黑白，熏煅作火，罨于密器令定，一则去炭中生薪，二则去炭中杂秽之物。

【译文】

治香用的炭，不拘于黑白，熏煅去火后，覆于容器里让它自然冷却，一是为了去除炭中的生薪，二是为了去除炭中的杂质。

炒香

炒香宜慢火，如火紧则焦气。（俱《沈谱》）

【译文】

炒制香品宜用慢火，如果火太旺，就会让香品杂有焦气。（俱《沈谱》)

合香

合香之法，贵于使众香咸为一体。麝滋而散，挠之使匀。沉实而腴，碎之使和。檀坚而燥，揉之使腻。比其性，等其物，而高下之。如医者之用药，使气味各不相掩。(《香史》)

【译文】

合香的方法，贵在使用各种香料融为一体。麝香质地滋润而散乱，搅拌使之均匀；沉香质地紧实而丰腴，研碎使之融合；檀香质地坚实而干燥，揉搓使之细腻。比照香品的性质，加入相等的香物，使之高下合适。如同医生用药，要让各种香料的气味不要互相掩盖。(《香史》)

捣香

香不用罗，量其精粗，捣之使匀。太细则烟不永，太粗则气不和，若冰麝、波律、硝，别器研之。(《香史》)

【译文】

香不用过筛，考量其粗细，一一捣碎，使之形态均匀。香品颗粒太细，则烟气不绵长；香品颗粒太粗，则香气不柔和。如果是冰麝、波律、硝等香品，则要用单独的器具研磨。(《香史》)

收香

冰麝忌暑，波律忌湿，尤宜护持。香虽多，须置之一器，贵时得开阖，可以诊视。(《香史》)

【译文】

水麝忌讳暑气，波律忌讳潮湿，尤其要加以护持。香品虽然繁多，但必须用一个容器装好，以便于时时开合，能够查看香品收藏的情况。
(《香史》)

窨香

香非一体，湿者易和，燥者难调；轻软者然速，重实者化迟。火炼结之，则走泄其气，故必用净器拭极干贮窨，令密掘地藏之，则香性相入，不复离群。新和香必须入窨，贵其燥湿得宜也。每约香多少，贮以不津磁器，蜡纸密封，于净室中掘地窨，深三五尺，瘗月余逐旋取出，其香尤馣也。(《沈谱》)

【译文】

香品并非一种，品质湿润的易于调和，品质干燥的难以调制；质地轻柔的香气消失太快，质地厚重的香气融化较慢。用火来调制香，会让香气泄漏。故而要选择干净的容器，将其擦拭干燥。储藏香品，可以放入地窨中，即在地下深挖洞储藏，这样就能让各种香的品性相互融入，不再分解。新制的合香必须放入地窨收藏，贵在使其不干不湿，正好合适。根据香品的多少，用不吸水的瓷器重新储藏，用蜡纸密封，放置在净室中，开掘三五寸深的地穴，将香放入。过一个月再取出来，其香气尤为芳香迷人。(《沈谱》)

焚香

焚香必于深房曲室，用矮桌置炉，与人膝平，火上设银叶，或云母，制如盘形，以之衬香，香不及火，自然舒慢，无烟燥气。(《香史》)

【译文】

焚香必须在深幽的房间内，用矮桌放置香炉，使之与人的膝盖持平。在火上放置银叶，或者云母片，制造成盘形，用来盛放香品，使之不与火直接接触，那样会使香气自然舒缓，没有烟瘴之气。(《香史》)

熏香

凡欲熏衣，置热汤于笼下，衣覆其上，使之沾润，取去，则以炉蓺香熏毕，叠衣入笥箧隔宿，衣之余香，数日不歇。（《洪谱》）

【译文】

大凡打算用香熏染衣服，先把热水放在熏笼下，再把衣服放在上面，让衣服沾上湿润之气，取出热汤，用香炉焚香。熏染结束，叠好衣服，放入竹制的小箱中，隔一天再穿它，余香数日不散。（《洪谱》）

烧香器

香炉

香炉不拘金、银、铜、玉、锡、瓦、石，各取其便用。或作狻猊、獬、象、凫鸭之类，随其人之意。作顶贵穿窟，可泄火气，置窍不用太多，使香气回薄，则能耐久。

【译文】

香炉不论金、银、铜、玉、锡、瓦、石所制，各取其便，拿来使用。有做成狻猊、獬、象、凫鸭形状的，可以按照使用者的喜好来制作。炉顶最好开有窟窿，可以泄出炉火之气。开设的孔窍不要太多，才能让香气在炉内回环往复，绵长耐久。

香盛

盛即盒也，其所盛之物与炉等，以不生涩枯燥者皆可，仍不用生铜之器，易腥溃。

【译文】

盛，就是盒子。盛香之物的选择，和选香炉差不多，只要不生枯燥之气就可以。不能使用生铜器皿，容易生腥溃之气。

香盘

用深中者，以沸汤泻中，令其翁郁，然后置炉其上，使香易着物。

【译文】

选用中部较深的盘子，把沸腾的热水倒在上面，使之密实，然后放在炉子焚烧，让香容易附着。

香匕

平灰置火，则必用圆者，取香抄末则必用锐者。

【译文】

平放在火上烤炙香品的箅子，必须选用圆的。用于将各种香料切成细末的匕子，则必须选用尖的。

香箸

拨火取香，总宜用著。

【译文】

制作合香时取用香料，使用筷子比较好。

香壺

或范金，或埏土为之，用藏匕箸。

【译文】

或用金属浇铸，或用陶土烧制而成，用来收藏香匕、香箸。

香罂

窨香用之，深中而掩土。

【译文】

在窨藏香品时使用，中间较深，上面有盖。

香范

镂木以为之，以范香尘，为篆文，燃于饮席或佛像前。往往有至二三尺者。

右颜史所载，当时尚自草草，若国朝宣炉、敞盒、匕筋等器，精妙绝伦，惜不令云龛居士赏之。

古人茶用香料，印作龙凤团。香炉制狻猊、凫鸭形，以口出香。古今去取若此之不侔也。

400

【译文】

用木材雕刻而成，装入香尘，压印成为字型、花样，在筵席或佛像前焚烧，往往有径围达到二三尺的。

以上是颜氏《香史》所载。当时所用器具还很简陋，像我朝使用的宣德炉、敞盒、矮箸等器物，精美绝伦。可惜不能让云龛居士赏鉴了。

古人在茶中加入香料，印成龙凤团。又把香炉制成狻猊、凫鸭的形状，让香气从兽口中溢出。古今对器具的取舍都像这样各不相同。

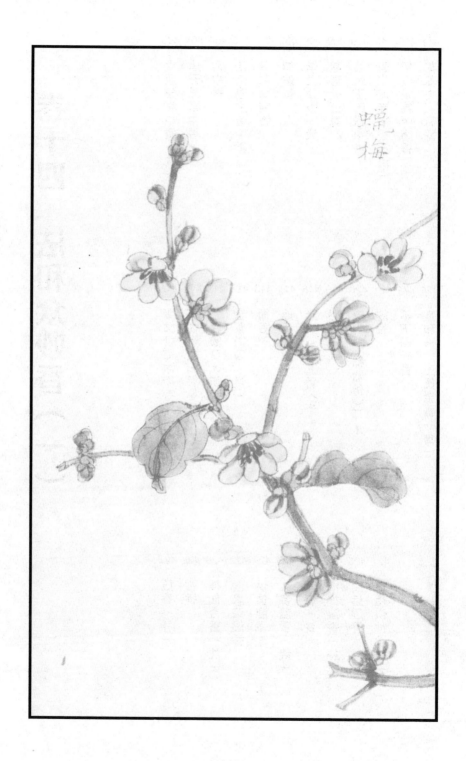

蠟梅

汉建宁宫中香（沈①）

　　黄熟香（四斤）　白附子（二斤）　丁香皮（五两）　藿香叶（四两）　零陵香（四两）　檀香（四两）　白芷（四两）　茅香（二斤）　茴香（二斤）　甘松（半斤）　乳香（一两，另研）　生结香（四两）　枣（半斤，焙干）　又方入苏合油一两②

　　右为细末③，炼蜜和匀④，窨月余，作丸或饼爇之。

【注释】

①沈：此节从沈立《香谱》之中辑出，后文有此标注者皆同。

②苏合油：为金缕梅科植物苏合香树所分泌的树脂。具有通窍，辟秽杀虫，开郁化痰，行气活血，利水消肿等功效。

③右：古人在书写方剂或药方时，习惯于从右写起，写到最后为左边。一般古人会将材料写在右边，所以右为细末的意思就是将右边所记载的研磨为粉末。

④炼蜜：指熬炼成蜜。制作中药蜜丸所用蜂蜜须经炼制后方能使用。其目的是除去其中的杂质，蒸发部分水分，破坏酵素，杀死微生物，增强黏合力。

【译文】

　　黄熟香四斤，白附子二斤，丁香皮五两，藿香叶四两，零陵香四两，檀香四两，白芷四两，茅香二斤，茴香二斤，甘松半斤，乳香一两单独研磨成粉末，生结香四两，枣半斤烘干，还有一个方子需要加入苏合油一两。

　　将上面的香料研磨成粉末，加入熬制的蜂蜜调和均匀，窨藏一个多月取出，搓制成丸状，或者用印模压制成为饼状加以焚熏。

唐开元宫中香

沉香（二两细剉，以绢袋盛，悬于铫子当中，勿令着底，蜜水浸，慢火煮一日） 檀香（二两清茶浸一宿，炒令无檀香气） 龙脑（二钱另研） 麝香（二钱） 甲香（一钱） 马牙硝①（一钱）

右为细末，炼蜜和匀，窨月余取出，旋入脑麝，丸之，爇如常法。

【注释】

①马牙硝：马牙硝指的是结晶后晶体较大的含有结晶水的芒硝，无色晶体，易溶于水。

【译文】

沉香二两切碎，用绢袋盛装起来，然后将绢袋悬挂在铫子之中，不要让它接触铫子的底部，同时加入蜂蜜水浸泡，然后用慢火煮一天，檀香二两用清茶浸泡一晚，炒炙到没有檀香的气味，龙脑二钱单独研磨成粉末，麝香二钱，甲香一钱，马牙硝一钱。

将上面的香料研磨成细末，然后加入熬制的蜂蜜，调和均匀，窨藏一段时间，再取出来，随后加入脑香、麝香，搓制成丸状，再用寻常方法加以焚熏。

宫中香

宫中香一

檀香（八两劈作小片，将茶清浸一宿，取出焙干，再以酒蜜浸一宿，慢火炙干） 沉香（三两） 生结香（四两） 甲香（一两） 龙、麝（各半两，另研）

右为细末，生蜜和匀，贮磁器①，地窨一月，旋丸爇之。

宫中香二

檀香（十二两，细剉，水一升，白蜜半斤，同煮，五七十沸②，控出焙干）零陵香（三两） 藿香（三两） 甘松（三两） 茅香（三两） 生结香（四两） 甲香（三两，法制） 黄熟香（五两，炼蜜一两，拌浸一宿焙干） 龙、麝（各一钱）

右为细末，炼蜜和匀，磁器封，窨二十日，旋爇之。

【注释】

①磁器：即瓷器。

②沸：在这里指煎至的程度。

【译文】

宫中香一

檀香八两切成小片，用茶浸泡一晚，取出之后烘干，然后再用酒和蜜浸泡一晚，取出后再用慢火烧干，沉香三两，生结香四两，甲香一两，龙脑和麝香各半两单独研磨成粉末。

将上面的香料研磨成细末，加入生蜜，调和均匀，然后用瓷器盛放，窨藏一个月，取出后立即搓制成丸状加以焚熏。

宫中香二

檀香十二两切碎之后，与一斤水、半斤白蜜一同煮至五七十沸，捞出来控水，然后烘干，零陵香三两，藿香三两，甘松三两，茅香三两，生结香四两，甲香三两如法炮制，黄熟香五两加炼蜜一两，放入水中浸渍一晚，然后烘干，龙脑、麝香各一钱。

将上面的香料研磨成细末，加入炼蜜，调和均匀，用瓷器盛放，密封窨藏二十天，便可焚熏。

江南李主帐中香

方一

沉香（一两，剉如炷大） 苏合油（以不津磁器盛）

右以香投油，封浸百日爇之，入蔷薇水更佳。

405

又方一

沉香（一两，剉如炷大）　鹅梨（一个，切碎取汁）

右用银器盛蒸三次，梨汁干即可爇。

又方二

沉香（四两）　檀香（一两）　麝香（一两）　苍龙脑（半两）

马牙香（一分）

研右细剉，不用罗①，炼蜜拌和，烧之。

又方补遗

沉香末（一两）　檀香末（一钱）　鹅梨（十枚）

右以鹅梨刻去穰核如瓮子状②，入香末，仍将梨顶签盖，蒸三
溜，去梨皮，研和令匀，久窨可爇。

【注释】

①罗：指用罗筛东西。

②穰（ráng）：通"攘"。排除；排斥。瓮子：指陶制盛器。

【译文】

方一

沉香一两切成线香大小，苏合油用不吸水的瓷器盛放。

投入油中，封渍百日后便可焚烧，加入蔷薇水效果会更好。

又方一

沉香一两切成线香大小，鹅梨一个切碎之后保留梨汁。

以上原料用银器盛放蒸煮三次，到梨汁收干便可焚烧。

又方二

沉香四两，檀香一两，麝香一两，龙脑半两，马牙硝一分研磨成
细末。

将以上原料切碎，不必过筛，用炼蜜搅拌调和后，便可以焚烧了。

又方补遗

沉香粉末一两，檀香粉末一钱，鹅梨十个。

上面的原料，鹅梨挖去梨核，制成瓮状，将香料的粉末填入其中，

然后将鹅梨顶部盖好，蒸煮三次，削去梨皮，研细之后再调和均匀，放窖中久藏后便可以焚烧了。

宣和御制香

沉香（七钱，剉如麻豆大） 檀香（三钱，剉如麻豆大，炒黄色） 金颜香（二钱，另研） 背阴草①（不近土者，如无则用浮萍） 朱砂（各二钱半，飞） 龙脑（一钱，另研） 麝香（另研） 丁香（各半钱） 甲香（一钱制）

右用皂儿白水浸软，以定碗一只慢火熬令极软，和香得所，次入金颜脑麝研匀，用香脱印，以朱砂为衣，置于不见风日处窖干，烧如常法。

【注释】

①背阴草：即凤尾草，是一种蕨类植物，属于凤尾蕨科、凤尾蕨属。

【译文】

407

沉香七钱切碎成麻豆那么大，檀香三钱切碎成麻豆那么大，炒成黄色，金颜香二钱单独研磨，背阴草选用不靠近土壤的，如果没有，便选用浮藻，朱砂各二钱飞细，龙脑一钱单独研磨，麝香单独研磨，与丁香各半钱，已经制好的甲香一钱。

将上面的原料用皂荚煮的水浸泡变软，放入一只定碗中用慢火熬制使其变得极软。调制香品时，在其中依次放入金颜香、龙脑、麝香研磨成粉末，调和均匀，然后用香脱印制，在外面用朱砂包裹，放置在避风、避光的地方窖藏使之阴干，焚烧的方法和平常一样。

御炉香

沉香（二两，剉细，以绢袋盛之，悬于铫中，勿着底，蜜水浸一碗，慢火煮一日，水尽更添） 檀香（一两，切片，以腊茶清浸一宿①，稍焙干） 甲香（一两，制） 生梅花龙脑（二钱，另研） 麝香（一钱，另研） 马牙硝（一钱）

右捣罗取细末，以苏合油拌和令匀，磁盒封窖一月许，入脑麝作饼爇之。

【注释】

①腊茶：茶的一种，腊，取早春之义，因其汁泛乳色，与溶蜡相似，故也称蜡茶。

【译文】

沉香二两切成小块之后，用绢袋盛装，将袋子悬挂在铫子之中，不让其与铫底相接触，加入一碗蜂蜜水浸泡，用慢火煮一天，水干之后继续添加，檀香一两切成片后，用茶浸泡一晚，然后稍稍烘干，已经制成的甲香一两，生梅花龙脑二钱单独研磨，麝香一钱单独研磨，马牙硝一钱。

将上面的原料捣碎筛出细末，用苏合油搅拌调和均匀，用瓷盒盛放窖藏一个多月，然后加入脑香、麝香制作成香饼，便可以焚烧了。

李次公香（武①）

栈香（不拘多少，剉如米粒大）　脑、麝（各少许）

右用酒蜜同和，入磁罐蜜封，重汤煮一日②，窖一月。

【注释】

①武：这里是指此节文章是从武冈公库《香谱》之中辑录而来，后文有此标注者皆同。

②重汤：指隔水蒸煮。

【译文】

栈香不论多少切成米粒般大小，龙脑香和麝香各少许。

将上面的原料用酒和蜜一起调和，装入瓷器之中密封，隔水蒸煮一天，窖藏一个月。

赵清献公香

白檀香（四两，劈碎）　乳香缠末（半两，研细）　元参（六两，温汤浸洗，慢火煮软，薄切作片焙干）

右碾取细末以熟蜜拌匀，令入新磁罐内，封窨十日，爇如常法。

【译文】

白檀香四两切成碎片，乳香缠末半两研磨成细末，元参六两温水浸泡之后用慢火煮软，切成薄片烘干。

将上面的原料碾成细末后用熟蜜搅拌均匀，放入新的瓷器中，封入地窨储存十天，焚烧的方法与往常一样。

苏州王氏帐中香

檀香（一两，直剉如米豆大，不可斜剉，以清茶清浸令没，过一日取出窨干，慢火炒紫）　沉香（二钱，直剉）　乳香（一钱，另研）　龙脑、麝香（各一字①，另研，清茶化开）

右为末净蜜六两同浸檀茶清，更入水半盏，熬百沸，复秤如蜜数为度，候冷入麸炭末三两②，与脑麝和匀，贮磁器，封窨如常法，旋丸爇之。

【注释】

①一字：此为中医药剂量，用唐代"开元通宝"钱币（币上有"开元通宝"四字分列四周）抄取药末，填去一字之量。即一钱匕的四分之一量。

②麸（fū）炭：即木炭。

【译文】

檀香一两直切成米豆大小，不能斜切，然后用清茶浸泡，茶水必须没过香粒，一天之后取出阴干，然后用慢火炒成紫色，沉香二钱直切成段，乳香一钱单独研磨，龙脑、麝香各一字单独研磨，然后用清茶化开。

将上面的原料碾成细末，与六两净蜜一同浸泡，在清檀茶中加入半盏水，熬至百沸，重新称量重量，以与蜜的重量相等为准，放凉之后加入木炭末三两，然后与脑香和麝香调和均匀，存放在瓷器之中，按照寻常方法封存到地窖之中，而后搓制成丸状焚烧即可。

唐化度寺衙香（洪①）

沉香（一两半）　白檀香（五两）　苏合香（一两）　甲香（一两，煮）　龙脑（半两）　麝香（半两）

右香细剉，捣为末，用马尾筛罗②，炼蜜拌匀，得所用之。

【注释】

①洪：洪刍《香谱》。

②马尾筛罗：指用马尾或马鬃尾为筛绢的筛子筛。

410

【译文】

沉香一两半，白檀香五两，苏合香一两，甲香一两煮制，龙脑半两，麝香半两。

将以上香料切细，捣成碎末，然后用马尾筛过筛，再加入炼蜜调和，制成香品后即可使用。

杨贵妃帏中衙香

沉香（七两二钱）　栈香（五两）　鸡舌香（四两）　檀香（二两）　麝香（八钱，另研）　藿香（六钱）　零陵香（四钱）　甲香（二钱，法制）　龙脑香（少许）

右捣罗细末，炼蜜和匀，丸如豆大，爇之。

【译文】

沉香七两二钱，栈香五两，鸡舌香四两，檀香二两，麝香八钱单独研磨，藿香六钱，零陵香四钱，甲香二钱如法炮制，龙脑香少许。

　　将以上的原料捣碎筛出细末，然后用炼蜜调和均匀，搓制成豆大的香丸，即可焚烧。

花蕊夫人衙香

　　沉香（三两）　栈香（三两）　檀香（一两）　乳香（一两）龙脑（半钱，另研，香成旋入①）　甲香（一两，法制）　麝香（一钱，另研，香成旋入）

　　右除脑、麝外同捣末，入炭皮末、朴硝各一钱，生蜜拌匀，入磁盒，重汤煮十数沸，取出，窨七日，作饼爇之。

【注释】

　　①旋入：这里指快速放入。

【译文】

　　沉香三两，栈香三两，檀香一两，乳香一两，龙脑半钱单独研磨，香品制成后立即加入，甲香一两如法炮制，麝香一钱单独研磨，香品制成后立即加入。

　　以上原料，除了龙脑、麝香外，其余一并捣成粉末。加入炭皮末、朴硝各一钱，用生蜜搅拌均匀，然后放入瓷盒之中，隔水蒸煮十数沸再取出。窨藏七天之后，制成香饼便能焚烧。

雍文彻郎中衙香（洪）

　　沉香、檀香、甲香、栈香（各一两）　黄熟香（一两半）　龙脑、麝香（各半两）

　　右件捣罗为末，炼蜜拌和匀，入新磁器中，贮之密封地中，一月取出用。

【译文】

　　沉香、檀香、甲香、栈香各一两，黄熟香一两半，龙脑、麝香各半两。

　　将以上原料捣碎，筛成细末。加入炼蜜搅拌调和均匀，放入新瓷器之中，密封封存在地下，一个月之后取出使用。

苏内翰贫衙香①（沈）

　　白檀（四两，砍作薄片，以蜜拌之，净器内炒如干，旋入蜜，不住手搅，黑褐色止，勿焦） 乳香（五两，皂子大，以生绢裹之，用好酒一钱同煮，候酒干至五七分取出） 麝香（一字）

　　右先将檀香杵粗末，次将麝香细研入檀，又入麸炭细末一两借色，与元乳同研合和令匀，炼蜜作剂，入磁器实按密封，地埋一月用。

【注释】

　　①苏内翰：指苏轼，其曾任翰林学士。

【译文】

412

　　白檀四两切成薄片，用蜂蜜搅拌后，放入干净的容器之中炒制成干块，随即加入蜂蜜，不停地搅拌直至变成黑褐色，但不能炒焦，乳香五两皂子那么大，然后用生绢包裹，加入一钱好酒一同煮制，直到酒还剩五七分时取出，麝香二分半。

　　以上原料，先将檀香捣碎成粗末，再将麝香研磨成细末，加入檀香，然后再加入木炭细末一两用来上色。将以上料剂和初乳一同研磨调和均匀，加入炼蜜，用瓷器密封，放在地窖之中埋藏一个月便能够使用了。

公塘僧日休衙香

　　紫檀（四两） 沉水香（一两） 滴乳香（一两） 麝香（一钱）

　　右捣罗细末，炼蜜拌和令匀，丸如豆大，入磁器，久窨可爇。

【译文】

　　紫檀四两，沉水香一两，滴乳香一两，麝香一钱。

将上面的原料捣碎，筛制成细末，加入炼蜜搅拌，调和均匀，搓制成豆大的香丸，放到瓷器之中，埋入地窖之中长久保存，便能够焚烧了。

金粟衙香（洪）

梅腊香（一两）　檀香（一两，腊茶煮五七沸，二香同取末）黄丹（一两）　乳香（三钱）　片脑（一钱）　麝香（一字，研）　杉木炭（五钱，为末）　净蜜（二两半）

右将蜜于磁器密封，重汤煮，滴水中成珠方可用。与香末拌匀，入臼杵百余①，作剂窨一月，分爇之。

【注释】

①臼（jiù）：臼是一种舂米或捣物用的器具，多用石头或木头制成，中间凹下，样子跟盆相似。

【译文】

腊梅香一两，檀香一两用腊茶煮至五七沸，然后将以上两种香料一并研成粉末，黄丹一两，乳香三钱，片脑一钱，麝香二分半研碎，杉木炭五钱制成炭末，净蜜二两半。

将净蜜放入容器之中密封，隔水蒸煮、熬制，直至滴入水中能够形成蜜珠才能够使用。将其与上面的香料粉末搅拌均匀，放入臼中捣数百下，制成香剂窨藏一个月，然后分多次焚烧。

衙香

衙香一

沉香（半两）　白檀香（半两）　乳香（半两）　青桂香（半两）　降真香（半两）　甲香（半两，制过）　龙脑香（一钱，另研）　麝香（一钱，另研）

右捣罗细末，炼蜜拌匀，次入龙脑麝香溲和得所①，如常爇之。

衙香二

黄熟香（五两） 栈香（五两） 沉香（五两） 檀香（三两）
藿香（三两） 零陵香（三两） 甘松（三两） 丁皮（三两） 丁香
（一两半） 甲香（二两，制） 乳香（半两） 硝石（三分） 龙脑
（三钱） 麝香（一两）

右除硝石、龙脑、乳、麝，同研细，外将诸香捣罗为散②，先
量用苏合香油并炼过好蜜二斤和匀，贮磁器，埋地中一月取爇。

【注释】

①溲（sōu）：指用水调和。

②散：指中药之中的药末。

【译文】

衙香一

沉香半两，白檀香半两，乳香半两，青桂香半两，降真香半两，
已经制成的甲香半两，龙脑香一钱单独研磨，麝香一钱单独研磨。

将上面香料捣碎，筛成细末，然后加入炼蜜搅拌均匀。依次将龙
脑、麝香加入其中搅拌均匀，按照寻常的方法焚烧。

衙香二

黄熟香五两，沉香五两，栈香五两，檀香三两，零陵香三两，甘
松二两，丁皮三两，丁香一两半，已经制过的甲香三两，乳香半两，
硝石三分，龙脑三钱，麝香一两。

以上原料，除了硝石、龙脑、乳香、麝香一同研磨成细微的粉末
以外，将其余各种香料捣碎之后筛出细末，然后制成散剂。取适量苏
合香油和熬制过的好蜜二斤，与香料粉末调和均匀，存储在陶土器皿
之中，埋入地下一个多月，取出之后便可以焚烧使用了。

衙香三

檀香（五两） 沉香（四两） 结香（四两） 藿香（四两） 零

陵香（四两） 甘松（四两） 丁香皮（一两） 甲香（二钱） 茅香
（四两，烧灰） 龙脑（五分） 麝香（五分）

右为细末，炼蜜和匀，烧如常法。

衙香四

生结香（三两） 栈香（三两） 零陵香（三两） 甘松（三
两） 藿香叶（一两） 丁香皮（一两） 甲香（一两，制过） 麝香
（一钱）

右为粗末，炼蜜放冷和匀，依常法窨过爇之。

【译文】

衙香三

檀香五两，沉香四两，结香四两，藿香四两，零陵香四两，甘松
四两，丁香皮一两，甲香二钱，茅香四两烧制，脑香、麝香各五分。

将以上原料研磨成细末，加入炼蜜调和均匀，按照寻常方法焚烧。

衙香四

生结香三两，栈香三两，零陵香三两，甘松三两，藿香叶一两，
丁香皮一两，已经制成的甲香二两，麝香一钱。

将以上原料研磨成粗末，将炼蜜放凉与粉末一起搅拌调和均匀，
按照寻常方法窨藏，取出后便可以焚烧。

衙香五

檀香（三两） 元参（三两） 甘松（二两） 乳香（半斤，另
研） 龙脑（半两，另研） 麝香（半两，另研）

右先将檀参刬细，盛银器内水浸火煎，水尽取出焙干，与甘松
同捣罗为末，次入乳香末等，一处用生蜜和匀，久窨然后爇之。

衙香六

檀香（十二两，刬，茶浸炒） 沉香（六两） 栈香（六两）
马牙硝（六钱） 龙脑（三钱） 麝香（一钱） 甲香（六钱，用炭
灰煮两日，净洗，再以蜜汤煮干） 蜜脾香（片子量用）

右为末研，入龙麝蜜溲令匀，蒸之。

【译文】

衙香五

檀香三两，玄参三两，甘松二两，乳香半斤单独研磨，龙脑半两单独研磨，麝香半两单独研磨。

先将檀香、玄参切成细块，放入银器之中，加水浸泡之后用火煎制。待水干之后，将原料取出烘干，与甘松一同捣碎筛成细末，而后加入乳香末等其他原料，再用生蜜调和均匀。放入地窖之中长久保存，然后才能够焚烧。

衙香六

檀香十二两切碎之后，与茶一同清炒，沉香六两，栈香六两，马牙硝六钱，龙脑三钱，麝香一钱，甲香六钱用炭灰煮两天，洗净之后，再用蜜汤煮，直到熬干，蜜脾香切成片之后适量取用。

将以上原料研磨成粉末，同时研入龙脑、麝蜜，搅拌均匀之后便可焚烧。

衙香七

紫檀香（四两，酒浸一昼夜，焙干） 零陵香（半两） 川大黄（一两，切片，以甘松酒浸煮焙） 甘草（半两） 元参（半两，以甘松同酒焙） 白檀（二钱半） 栈香（二钱半） 酸枣仁（五枚）

右为细末，白蜜十两微炼和匀，入不津磁盆封窖半月①，取出旋丸蒸之。

衙香八

白檀香（八两，细劈作片子，以腊茶清浸一宿，控出焙令干，置蜜酒中拌，令得所，再浸一宿慢火焙干） 沉香（三两） 生结香（四两） 龙脑（半两） 甲香（一两，先用灰煮，次用一生土煮，次用酒蜜煮，沥出用②） 麝香（半两）

右将龙麝另研外，诸香同捣罗，入生蜜拌匀，以磁罐贮窖地中月余取出用。

【注释】

①不津磁盆：这里指瓷器之中没有水，干燥的瓷器。

②沥：过滤。

【译文】

衙香七

紫檀香四两用酒浸润一天一夜之后烘干，零陵香半两，川大黄一两切成片，然后用甘松酒浸泡蒸煮烘干，甘草半两，玄参半两与甘松酒一同烘干，白檀二钱半，栈香二钱半，酸枣仁五枚。

将以上原料研磨成细末，以白蜜十两微微炼制后，与原料调和均匀，再放入不吸水的瓷盆之中，窖藏半个月后取出，随即搓制成丸状便可焚烧。

衙香八

白檀香八两切成细片后，用腊茶浸泡一晚，捞出控干水分后，再烘干，加入蜜酒之中搅拌均匀，再浸泡一晚，用慢火烘干，沉香三两，生结香四两，龙脑半两，甲香一两先用炭灰煮制，再用生土煮制，而后加入酒和蜂蜜一同煮制，捞出后沥干，麝香半两。

以上原料，除了龙脑和麝香单独研磨之外，将其余各种香料一同捣碎过筛，加入生蜜搅拌均匀后，用瓷器储存在地窖之中，一个月之后取出使用。

衙香（武）

茅香（二两，去杂草尘土） 元参（二两，蔗根大者①） 黄丹（四两，细研，以上三味和捣，筛拣过，炭末半斤，令用油纸包裹②，窖一两宿用） 夹沉栈香（四两） 紫檀香（四两） 丁香（一两五钱，去梗，以上三味捣末） 滴乳香（一钱半，细研） 真麝香（一钱半，细研）

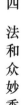

蜜二斤，春夏煮炼十五沸，秋冬煮炼十沸，取出候冷，方入栈香等五味搅和，次以硬炭末二斤拌溲，入臼杵匀，久窨方爇。

【注释】

①蕹根：这里指元参根部。

②油纸：是用较韧的原纸涂上桐油或其他干性油制成的一种加工纸，具有耐折及防水性能，且吸水性好，不反光，也不打滑。

【译文】

茅香二两除去杂草和尘土，元参二两选取根部较大的，黄丹四两细细研磨，将以上三种原料混合之后捣成粉末，取烧过的炭末半斤，用油纸包裹，窨藏一两晚留待使用，夹沉栈香四两，紫檀香四两，丁香一两五钱除去梗，将以上三味原料捣成粉末，滴乳香一钱半研磨成细末，真麝香一钱半细细研磨。

蜜二斤，春夏时节煮炼十五沸，秋冬时节煮炼十沸。取出放凉，然后将栈香等五种原料放入搅拌调和，再加入二斤硬炭末搅拌，放入臼中捣匀，放入地窨之中长久保存之后便可焚烧使用。

延安郡公蕊香（洪）

元参（半斤，净洗去尘土，于银器中水煮令熟，控干，切入铫中，慢火炒，令微烟出） 甘松（四两，细剉，拣去杂草尘土秤） 白檀香（二两，剉） 麝香（二钱，颗者，别研成末，方入药） 滴乳香（二钱，细研，同麝入）

右并用新好者杵罗为末①，炼蜜和匀，丸如鸡豆大，每香末一两入熟蜜一两，未丸前再入白杵百余下，油纸封贮磁器中，旋取烧之，作花香。

【注释】

①新好者：这里指原料都要选用新鲜上好的。

【译文】

玄参半斤去除尘土洗净，放入银器之中，用水煮熟，控干水分后，切成段状，放入铫子中，用慢火炒至有少许烟即可，甘松四两切细之后，挑拣出杂草和尘土后再称重，白檀香二两切碎，麝香二钱等待其他原料研磨成末之后，加入麝香，滴乳香二钱研成细末，与麝香一同加入原料中。

以上原料，一律选用上好新鲜的，捣碎之后筛出粉末，再用炼蜜调和均匀，搓制成鸡头米大的丸子。每一两香末加入熟蜜一两。香末在搓制成丸状之前放入臼中再捣数百下。将香丸用油纸封存在瓷器中，随后取出焚烧，带有花香。

婴香（武）

沉水香（三两）　丁香（四钱）　制甲香（一钱，各末之）　龙脑（七钱，研）　麝香（三钱，去皮毛研）　旃檀香（半两，一方无）

右五味相和令匀①，入炼白蜜六两，去沫，入马牙硝末半两，绵滤过②，极冷乃和诸香，令稍硬，丸如芡子，扁之③，磁盒密封窨半月。

《香谱补遗》云：昔沈推官者，因岭南押香药纲④，覆舟于江上，几丧官香之半，因刮治脱落之余，合为此香，而鬻于京师⑤。豪家贵族争而市之，遂偿值而归，故又名曰偿值香。本出《汉武内传》。

419

【注释】

①相和：指相互协调、相互调和。

②绵：指用蚕丝结成的片或团，一般用作絮衣被、装墨盒等，这里用来过滤。

③扁：这里意为压扁。

④纲：中国从唐代开始实行的转运大批货物的办法。此处香药纲则为运送香料。

卷十四　法和众妙香（一）

⑤鬻（yù）：这里指卖。

【译文】

沉水香三两，丁香四钱，制过的甲香一钱分别研磨成粉末，龙脑七钱研磨成粉末，麝香三钱去除皮毛，研磨成粉末，旃檀香半两一种配方之中并没有这一味原料。

将以上六种原料调和均匀后，加入炼白蜜六两，去掉其中的白沫。加入马牙硝末半两，用绵滤过，全部放凉后再与各种原料调和，使其稍硬，搓制成芡子大小的丸子，压扁，放入瓷器中密封，窖藏半个月后使用。

《香谱补遗》中提到：曾经有个沈推官，因为从岭南押运香药纲，在江上却翻了船，所运载的香料损失了大半。于是他用剩下的香料调制成了这种香品，拿到京城中出售，使得豪门贵族人家争相购买，才补偿了原来的香价归还给朝廷。因此这种香品又被称为偿值香。这一说法原本出自《汉武帝内传》。

420

道香（《神仙传》①）

香附子（四两，去须） 藿香（一两）

右二味用酒一升同煮，候酒干至一半为度，取出阴干为细末，以查子绞汁拌和令匀②，调作膏子，或为薄饼烧之。

【注释】

①《神仙传》：是东晋道教学者葛洪所著的一部古代中国志怪小说集。

②查子：即楂（zhā）子。一种中药。

【译文】

香附子四两去掉茎须，藿香一两。

将以上两种原料加入一升酒同煮，以酒熬干到一半为标准，取出香料后阴干，制成细末，将楂子绞汁，搅拌调和均匀后，制成膏状或薄饼焚烧。

韵香

沉香末（一两）　麝香末（二钱）

稀糊脱成饼子，窖干烧之。

【译文】

沉香末一两，麝香末二钱。

将以上两种原料调和成稀糊状，制成香饼，放入地窖中阴干后焚烧使用。

不下阁新香

栈香（一两）　丁香（一钱）　檀香（一钱）　降真香（一钱）
甲香（一字）　零陵香（一字）　苏合油（半字）

右为细末，白芨末四钱，加减水和作饼，如此"〇"大，作一炷。

【译文】

栈香一两，丁香一钱，檀香一钱，降真香一钱，甲香一字，零陵香一字，苏合油半字。

将以上原料研磨成细末，加入白芨末四钱，而后加减清水调和成香饼，做成直径8毫米的炷香。

宣和贵妃王氏金香（售①）

古腊沉香（八两）　檀香（二两）　牙硝（半两）　甲香（半两，制）　金颜香（半两）　丁香（半两）　麝香（一两）　片白脑子（四两）

右为细末，炼蜜先和前香。后入脑麝，为丸，大小任意，以金箔为衣②，爇如常法。

卷十四　法和众妙香（一）

【注释】

①售：此处内容为作者从《是斋售用录》中摘录，后文有此标注者皆同。

②金箔：指用黄金锤成的薄片。

【译文】

古腊沉香八两，檀香二两，马牙硝半两，甲香半两制过，金颜香半两，丁香半两，麝香一两，片白脑子四两。

将以上原料研磨成细末，用炼蜜先调和，然后加入脑香、麝香，搓制成丸状，大小随意。用金箔作香衣包裹，以寻常方法焚烧。

压香（补①）

沉香（二钱半） 脑子二钱（与沉香同研）麝香一钱（另研）

右为细末，枣儿煎汤和剂，捻饼如常法①，玉钱衬烧②。

【注释】

①补：此文为《新纂香谱》所补入者，后文有此标注者皆同。

②捻：指用手搓转。

③玉钱：指古代的玉制钱币。

【译文】

沉香二钱半，脑子二钱与沉香一同研磨，麝香一钱单独研磨。

将以上原料研磨成细末，再用枣子煎水调制成香剂，以寻常方法捻制成饼状，用银叶隔衬着焚烧。

古香

柏子仁（二两，每个分作四片，去仁，腊茶二钱，沸汤半盏浸一宿，重汤煮焙令干） 甘松蕊（一两） 檀香（半两） 金颜香（三两） 龙脑（二钱）

右为末，入枫香脂少许蜜和①，如常法窨烧。

【注释】

①枫香脂：一种中药名，为金缕梅科植物枫香树的干燥树脂。

【译文】

柏子仁二两每个分为四片，去掉仁，用腊茶二钱煎成半盏汤剂，将柏子仁浸泡在汤中，经过一晚之后，隔水蒸煮并烘干，甘松蕊一两，檀香半两，金颜香三两，龙脑二钱。

将以上原料研磨成粉末，加入枫香脂少许，然后用蜂蜜调和，和寻常制香方法一样，窖藏后焚烧。

神仙合香（沈）

元参（十两）　甘松（十两，去土）　白蜜（加减用）

右为细末，白蜜和令匀，入磁罐内密封，汤釜煮一伏时①，取出放冷，杵数百，如干加蜜和匀，窖地中，旋取，入麝香少许焚之。

【注释】

①一伏时：指同一复时，即二十四小时，出自《本草纲目》。

【译文】

玄参十两，甘松十两去掉尘土，白蜜适量使用。

将以上原料研磨成细末，用白蜜调和均匀，放入瓷器之中封存，用汤锅蒸煮一昼夜。取出放凉后，捣数百下。如果香品太干，便加入蜂蜜调和均匀，放入地窖中储存。取出后加入麝香少许，便可以焚烧使用了。

僧惠深湿香

地榆（一斤）　元参（一斤，米泔浸二宿①）　甘松（半斤）　白茅、白芷（俱一两，蜜四两，河水一碗同煮，水尽为度，切片焙干）

右为细末，入麝香一分，炼蜜和剂，地窖一月，旋丸爇之。

卷十四　法和众妙香（一）

【注释】

①米泔：指淘米水。

【译文】

地榆一斤，玄参一斤用淘米水浸泡两晚，甘松半斤，白茅和白芷各一两加入四两蜂蜜、一盆河水一同煮至水干，切成薄片后烘干。

将以上原料研磨成细末，放入麝香一分，再放入炼蜜调和成香剂。窖藏一个月后取出，随即搓制成丸状，便可焚烧使用。

供佛湿香

檀香（二两）　栈香（一两）　藿香（一两）　白芷（一两）　丁香皮（一两）　甜参（一两）　零陵香（一两）　甘松（半两）　乳香（半两）　硝石（一分）

右件依常法调治，碎剉焙干，捣为细末。别用白茅香八两碎劈①，去泥焙干，火烧之，焰将绝②，急以盆盖手巾围盆口，勿令泄气，放冷，取茅香灰捣末，与前香一处，逐旋入，经炼好蜜相和，重入臼，捣软硬得所，贮不津器中，旋取烧之。

【注释】

①别用：这里指另外用。

②绝：尽、极，这里指火焰将要熄灭。

【译文】

檀香二两，栈香一两，藿香一两，白芷一两，丁香皮一两，甜参一两，零陵香一两，甘松半两，乳香半两，硝石一分。

将以上原料按照寻常方法调制，切碎烘干，捣成细末。另用白茅香八两切碎，去掉泥土后烘干，当火快烧尽时，迅速将盆盖在上面，用毛巾围住盆口四周，不要让空气随意进出。放凉之后，取出烧好的茅香灰捣成粉末，将其与前面的香料混合在一起，随后加入上好的炼蜜调和，重新放入臼中，捣至软硬合适的程度，存储在不吸水的容器之中，便可焚烧使用。

久窨湿香（武）

栈香（四两，生） 乳香（七两，拣净） 甘松（二两半） 茅香（六两，剉） 香附①（一两，拣净） 檀香（一两） 丁香皮（一两） 黄熟香（一两，剉） 藿香（二两） 零陵香（二两） 元参（二两，拣净）

右为粗末，炼蜜和匀，焚如常法。

【注释】

①香附：一种中药名，是莎草科植物莎草的干燥根茎。

【译文】

栈香四两生栈香，乳香七两挑选干净，甘松二两半，茅香六两切碎，香附子一两挑选干净，檀香一两，丁香皮一两，黄熟香一两切碎，藿香二两，零陵香二两，玄参二两挑选干净。

将以上原料研磨成粗末，用炼蜜调和均匀，使用寻常方法焚烧即可。

湿香（沈）

檀香（一两一钱） 乳香（一两一钱） 沉香（半两） 龙脑（一钱） 麝香（一钱） 桑柴灰①（二两）

右为末，铜筒盛蜜，于水锅内煮至赤色，与香末和匀，石板上槌三五十下，以熟麻油少许作丸或饼爇之。

【注释】

①桑柴灰：一种中药名，是桑科植物桑的茎枝烧成的灰。

【译文】

檀香一两一钱，乳香一两一钱，沉香半两，龙脑一钱，麝香一钱，桑柴灰二两。

将以上原料研磨成粉末，用铜筒盛放蜂蜜，放入水锅之中煮成红色。将蜂蜜与香料粉末调和均匀，而后在石板上槌三五十下，再加入少许熟麻油制成香丸或者香饼，便可焚烧使用。

清神湿香（补）

芎须①（半两） 藁本（半两） 羌活（半两） 独活（半两）
甘菊（半两） 麝香（少许）

右同为末，炼蜜和剂，作饼爇之。可愈头风②。

【注释】

①芎须：即川芎须。

②头风：一种病症名，指经久难愈的头痛。

【译文】

芎须半两，藁本半两，羌活半两，独活半两，甘菊半两，麝香少许。

将以上原料研磨成粉末，加入炼蜜调和成混合香剂，制成香饼后焚烧。此香可以治愈头风。

清远湿香

甘松（二两，去枝） 茅香（二两，枣肉研为膏浸焙） 元参（半两，黑细者炒） 降真香（半两） 三奈子①（半两） 白檀香（半两） 龙脑（半两） 丁香（一两） 香附子（半两，去须微炒） 麝香（二钱）

右为细末，炼蜜和匀，磁器封，窨一月取出，捻饼爇之。

【注释】

①三奈子：又名三奈子、三乃子、三赖、山辣、沙姜，是姜科植物山奈的根茎。

【译文】

甘松二两去除枝茎，茅香二两与枣肉一同研磨成膏状，并浸泡烘干，玄参半两选取黑细的炒制，降真香半两，三柰子半两，白檀香半两，龙脑半两，丁香一两，香附子半两去掉茎须，微微炒制，麝香二钱。

将以上原料研磨成细末，加入炼蜜调和均匀，放入瓷器中封存，窖藏一个月后取出，捻成饼状即可焚烧。

日用供神湿香（新①）

乳香（一两，研）　蜜（一斤，炼）　干杉木（烧麸炭细研）

右同和，窖半月许取出，切作小块子，日用无大费②，其清芬胜市货者。

【注释】

①新：指陈敬所撰之《新纂香谱》，本为《陈氏香谱》，相较于宋代洪刍沈立之谱为后，故称为新纂。后文有此标注的也是从此谱辑录。

②日用：指每天使用、每天应用。大费：指大的费用。

【译文】

乳香一两研磨成粉末，蜜一斤炼制，干杉木烧成木炭，细细筛过。

将以上原料一同调和，窖藏半个月后，取出来切成小块。日常使用这种香品，并不需要大的花费，其香气清香芬芳，胜过市场上出售的香品。

白及

丁晋公清真香（武）

歌曰：四两玄参二两松，麝香半分蜜和同，圆如弹子金炉爇^①，还似千花喷晓风。

又清室香减去玄参三两。

【注释】

①弹子：这里指将香料搓成弹丸。

【译文】

香方歌谣说道：四两玄参，二两甘松，麝香半分，与蜜混合，搓制成弹丸形状之后放入金炉中燃烧，就好像万千朵鲜花喷吐芬芳一样。

还有一种清室香，需要从配方之中减去三两玄参。

清真香（新）

麝香檀（一两） 乳香（一两） 干竹炭（四两，带性烧）

右为细末，炼蜜溲成厚片，切作小片子，磁盒封贮土中窨十日，慢火爇之。

【译文】

麝香檀一两，乳香一两，干竹炭四两烧制。

将以上原料研磨成细末，用炼蜜揉和成厚片，切成小片，再用瓷盒封存在土中，十天之后用慢火焚香即可。

清真香（沈）

沉香（二两） 栈香（三两） 檀香（三两） 零陵香（三两）
藿香（三两） 玄参（一两） 甘草（一两） 黄熟香（四两）
甘松（一两半） 脑、麝（各一钱） 甲香（二两半，泔浸二宿

同煮，油尽以清为度，后以酒浇地上，置盖一宿）

右为末，入脑麝拌匀，白蜜六两炼去沫，入焰硝少许，搅和诸香，丸如鸡豆子大，烧如常法，久窨更佳。

【译文】

沉香二两，栈香三两，檀香三两，零陵香三两，藿香三两，玄参一两，甘草一两，黄熟香四两，甘松一两半，脑香、麝香各一钱，甲香二两半用淘米水浸泡两晚后，以油浸水为尺度，然后用酒浇地，将甲香放置在地上，再用器皿遮盖存储一夜。

将上面的原料研磨成粉末，加入脑香和麝香搅拌均匀，炼制白蜜六两去掉沫，然后加入少许焰硝。将各种香料搅拌调和，制成鸡头子大小的香丸。便可以按照寻常方法焚烧了。如果放入地窖之后久藏，效果会更好。

黄太史清真香

柏子仁（二两）　甘松蕊（一两）　白檀香（半两）　桑木麸炭末（三两）

右细末，炼蜜和丸，磁器窨一月，烧如常法。

【译文】

柏子仁二两，甘松蕊一两，白檀香半两，桑木麸炭末三两。

将以上原料研磨成细末，然后用炼蜜调和制成香丸，放入瓷器之中窨藏一个月，按照寻常方法焚烧即可。

清妙香（沈）

沉香（二两，剉）　檀香（二两，剉）　龙脑（一分）　麝香（一分，另研）

右细末，次入脑麝拌匀，白蜜五两重汤煮熟放温，更入焰硝半两同和，磁器窨一月取出爇之。

沉香二两切碎，檀香二两切碎，龙脑一分，麝香一分单独研磨。

将以上原料研磨成细末，再加入脑香和麝香搅拌均匀。加入五两白蜜隔水蒸煮至熟放置到常温。再加入焰硝半两一同调和，用瓷器盛装放入地窖之中，一个月后取出焚烧。

清神香

玄参（一斤）　腊茶（四胯^①）

右为末，以糖水溲之，地下久窖可爇。

【注释】

①胯：茶饼的一种形制。

【译文】

玄参一斤，腊茶四饼。

将以上原料研磨成粉末，用糖水搅拌，放入地窖之中久藏后便可焚烧。

433

清神香（武）

青木香^①（半两，生切，蜜浸）　降真香（一两）　白檀香（一两）　香白芷（一两）

右为细末，用大丁香二个，槌碎，水一盏煎汁，浮萍草一掬^②，择洗净^③，去须，研碎沥汁，同丁香汁和匀，溲拌诸香候匀，入白杵数百下为度，捻作小饼子阴干，如常法爇之。

【注释】

①青木香：一种中药名，为马兜铃科植物马兜铃的干燥根。

②掬：指的是用两手捧水、泥等流性物质的动作。一掬也可理解为一捧。

③择（zhái）：挑选。

卷十五　法和众妙香（二）

【译文】

青木香半两生切，用蜜浸渍，降真香一两，白檀香一两，香白芷一两。

将以上原料研磨成细末，将两个大的丁香敲碎，加入一盏水煎熬成汁。取一把浮萍草，择洗干净、去掉根须，然后研碎沥干，与丁香汁混合在一起，调和其他香料至均匀，然后放到臼中捣数百下，捻成小饼子状阴干，按照寻常方法焚熏即可。

清远香（局①）

甘松（十两） 零陵香（六两） 茅香（七两，局方六两） 麝香木（半两） 玄参（五两，拣净） 丁香皮（五两） 降真香（系紫藤香，以上三味局方六两） 藿香（三两） 香附子（三两，拣净，局方十两） 香白芷（三两）

右为细末，练蜜溲和令匀，捻饼爇之。

【注释】

① 局：《太平惠民和剂局方》，为宋代太平惠民和剂局编写，是全世界第一部由官方主持编撰的成药标准。此篇内容是从《太平惠民和剂局方》中辑录。后文有此标注的也是从此谱辑录。

【译文】

甘松十两，零陵香六两，茅香七两（局方六两），麝香木半两，玄参五两拣选干净，丁香皮五两，降真香（也就是紫藤香）（以上三味原料，局方六两），藿香三两，香附子三两拣选干净（局方十两），香白芷三两。

将以上原料研磨成细末，加入炼蜜搅拌均匀，搓制成香饼或者香末焚烧使用。

清远香（沈）

零陵香 藿香 甘松 茴香 沉香 檀香 丁香（各等分）

434

右为末，炼蜜丸如龙眼核大，加龙脑、麝香各少许尤妙，爇如常法。

【译文】

零陵香、藿香、甘松、茴香、沉香、檀香、丁香各取相等分量。

将以上原料研磨成粉末，用炼蜜调和均匀，搓制成龙眼核大小的香丸，加入龙脑、麝香各少许效果会更好，按照寻常方法焚烧即可。

清远香（补）

甘松（一两）　丁香（半两）　玄参（半两）　番降香（半两）　麝香木（八钱）　茅香（七钱）　零陵香（六钱）　香附子（三钱）　藿香（三钱）　白芷（三分）

右为末，蜜和作饼，烧窨如常法。

【译文】

甘松一两，丁香半两，玄参半两，番降香半两，麝香木八钱，茅香七钱，零陵香六钱，香附子三钱，藿香三钱，白芷三分。

将以上原料研磨成粉末，与蜂蜜调和后制成香饼，按照寻常方法窨藏、烧制。

清远香（新）

甘松（四两）　玄参（二两）

右为细末，入麝香一钱，炼蜜和匀，如常爇之。

【译文】

甘松四两，玄参二两。

将以上原料研磨成细末，放入麝香一钱，用炼蜜调和均匀后，按照寻常方法焚烧。

汴梁太乙宫清远香

柏铃（一斤） 茅香（四两） 甘松（半两） 沥青（二两）

右为细末，以肥枣半斤，蒸熟研如泥，拌和令匀，丸如芡实大①，爇之，或炼蜜和剂亦可。

【注释】

①芡（qiàn）实：一种中药名。为睡莲科植物芡的干燥成熟种仁。

【译文】

柏铃一斤，茅香四两，甘松半两，沥青二两。

将以上原料研磨成细末。再将半斤大枣蒸熟研磨成泥，与原料搅拌均匀，搓制成芡实大小的香丸焚烧。或者用炼蜜调制成香剂也可以。

清远膏子香

甘松（一两，去土） 茅香（一两，去土，炒黄） 藿香（半两） 香附子（半两） 零陵香（半两） 玄参（半两） 麝香（半两，另研） 白芷（七钱半） 丁皮（三钱） 麝香檀（四两，即红兜娄） 大黄（二钱） 乳香（二钱，另研） 栈香（三钱） 米脑（二钱，另研）

右为细末，炼蜜和匀散烧，或捻小饼亦可。

【译文】

除去杂土的甘松一两，除去杂土炒黄的茅香一两，藿香半两，香附子半两，零陵香半两，玄参半两，麝香半两，单独研磨，白芷七钱半，丁皮三钱，麝香檀（即红兜娄）四两，大黄二钱，乳香二钱单独研磨，栈香三钱，米脑二钱单独研磨。

将以上原料研磨成细末，用炼蜜调和均匀散烧，也可以搓制成小饼。

刑太尉韵胜清远香（沈）

沉香（半两）　檀香（二钱）　麝香（半钱）　脑子（三字）

右先将沉檀为末，次入脑、麝钵内研极细，别研入金颜香一钱，次加苏合油少许，仍以皂儿仁二三十个、水二盏熬皂儿水，候粘入白芨末一钱，同上拌香料加成剂再入茶碾，贵得其剂和熟，随意脱造花子香，先用苏合香油或面刷过花脱，然后印剂则易出。

【译文】

沉香半两，檀香二钱，麝香半钱，龙脑三字。

以上原料，先将沉香、檀香研磨成粉末，再将龙脑、麝香放入研钵研磨成非常细的粉末。单独研磨一钱金颜香，再加入少许苏合油。将二三十个皂荚与两盏水熬制成皂荚水，等待其变黏稠，加入白芨末一钱。将以上原料一同放入皂荚水之中，再倒入茶碾研磨调和，随意用花模子压制成花样。先用苏合油或面粉刷过花模，然后再印香，这样香剂就容易从模子中脱出了。

内府龙涎香（补）

沉香　檀香　乳香　丁香　甘松　零陵香　丁香皮　白芷（各等分）　龙脑　麝香（各少许）

右为细末，热汤化雪梨膏和作小饼脱花①，烧如常法。

【注释】

①热汤：又名百沸汤、麻沸汤、太和汤。即多次煮开的白开水。

【译文】

沉香、檀香、乳香、丁香、甘松、零陵香、丁香皮、白芷各取相等分量，龙脑、麝香各少许。

将以上原料研磨成细末，用热水将雪梨膏融化，然后加入香末，揉成小团，用花模印制后，按照寻常方法焚烧使用。

王将明太宰龙涎香（沈）

金颜香（一两，另研）　石脂①（一两，为末，须西出者，食之口涩生津者是）　龙脑（半钱，生）　沉、檀（各一两半，为末，用水磨细，再研）　麝香（半钱，绝好者）

右为末，皂儿膏和入模子脱花样，阴干爇之。

【注释】

①石脂：指石类，性黏，古用涂丹釜，可入药。

【译文】

金颜香一两单独研磨，石脂一两研磨成粉末，必须要西部产出的，食用时使人生津唾的才行，龙脑半钱生龙脑，沉香、檀香各一两半研磨成粉末，用水再磨细后，继续研磨，麝香半钱选用最好的。

将以上原料研磨成粉末，用皂荚膏调和，倒入模子，脱制成花样，阴干后焚烧使用。

杨吉老龙涎香（武）

沉香（一两）　紫檀（即白檀中紫色者，半两）　甘松（一两，去土拣净）　脑、麝（各二分）

右先以沉檀为细末，甘松别碾罗，候研脑麝极细入甘松内，三味再同研分作三分：将一分半入沉香末中和合匀，入磁瓶密封窨一宿。又以一分用白蜜一两半重汤煮干，至一半放冷入药，亦窨一宿。留半分至调合时掺入溲匀。更用苏合油、蔷薇水、龙涎别研，再溲为饼子。或溲匀入磁盒内，掘地坑深三尺余，窨一月取出，方作饼子。若更少入制过甲香，尤清绝①。

【注释】

①清绝：形容美妙至极、清雅至极。

【译文】

沉香一两，紫檀（即白檀中呈紫色的）半两，甘松一两去除杂土，择净，脑香、麝香各二分。

以上原料，先将沉香、檀香研磨成细末。甘松单独碾制，过筛后留待使用。将脑香和麝香研磨成极细的粉末，加入甘松。将三味原料一同研磨后，再分作三份。将一份半加入沉香末，调和均匀后，放入瓷瓶中密封窖藏一晚。再将一份香末加入白蜜一两半隔水蒸煮，熬干到一半的分量，放冷后入药，也窖藏一晚。剩下的半份香末，等到调和香品时再掺入搅拌均匀。将苏合油、蔷薇水、龙涎香单独研磨，再制成饼状，或者搅拌均匀，放入瓷盒之中。挖一个三尺多的深坑，窖藏一个月后取出，才能够制成香饼。如果加入少量制过的甲香，香气更加清雅。

亚里木吃兰脾龙涎香

蜡沉（二两，蔷薇水浸一宿，研细） 龙脑（二钱，另研） 龙涎香（半钱）

共为末，入沉香泥，捻饼子窖干爇。

【译文】

蜡沉二两用蔷薇水浸泡一晚后研磨成细末，龙脑二钱单独研磨，龙涎香半钱。

将以上原料研磨成粉末，加入沉香泥，捏制成香饼后窖藏阴干焚烧使用。

龙涎香

龙涎香一

沉香（十两） 檀香（三两） 金颜香（二两） 麝香（一两）
龙脑（二两）

右为细末，皂子胶脱作饼子，尤宜作带香。

龙涎香二

檀香（二两，紫色好者剉碎，用鹅梨汁并好酒半盏浸三日，取出焙干） 甲香（八十粒，用黄泥煮二三沸，洗净油煎赤，为末） 沉香（半两，切片） 生梅花脑子（一钱） 麝香（一钱，另研）

右为细末，以浸沉梨汁入好蜜少许拌和得所用，瓶盛窨数日于密室无风处，厚灰盖火烧一炷，妙甚。

龙涎香三

沉香（一两） 金颜香（一两） 笃耨皮（一钱半） 龙脑（一钱） 麝香（半钱，研）

右为细末，和白芨末糊作剂，同模范脱成花阴干，以牙齿子去不平处，爇之。

龙涎香四

沉香（一斤） 麝香（五钱） 龙脑（二钱）

以沉香为末，用碾成膏，麝用汤细研化汁入膏内，次入龙脑研匀，捻作饼子烧之。

龙涎香五

丁香（半两） 木香（半两） 肉荳蔻（半两） 官桂（七钱）甘松（七钱） 当归（七钱） 零陵香（三分） 藿香（三分） 麝香（一钱） 龙脑（少许）

右为细末，炼蜜和丸如梧桐子大，磁器收贮，捻扁亦可。

【译文】

龙涎香一

沉香十两，檀香三两，金颜香二两，麝香一两，龙脑二两。

将以上原料研磨成细末，加入皂荚胶，脱制成香饼，尤其适合制作佩戴用的香。

龙涎香二

檀香二两选用紫色且品质上佳的，切碎，然后用鹅梨汁和半盏好酒浸泡三天后，取出烘干，甲香八十粒用黄泥煮二三沸，洗净，然后用油煎制成红色，研磨成粉末，沉香半两切成细片，生梅花脑子一钱，麝香一钱单独研磨。

将以上原料研磨成细末，放入已经备好的梨汁中，加入少许上好的蜂蜜搅拌均匀，用瓶子装好，在避风的密室之中窖藏数日。用厚灰盖住明火焚烧一炷此香，效果极佳。

龙涎香三

沉香一两，金颜香一两，笃耨皮一钱半，龙脑一钱，麝香半钱研磨。

将以上原料研磨成细末，加入白芨末调和成香剂，倒入模子中，脱制成花样后阴干，用牙齿子磨去不平的地方，然后焚烧使用。

龙涎香四

沉香一斤，麝香五钱，龙脑二钱。

将沉香研磨成粉末，碾成膏状。用水将麝香研磨成细汁，加入膏内。再加入龙脑，研磨均匀，捏制成香饼后焚烧使用。

龙涎香五

丁香半两，木香半两，肉豆蔻半两，官桂七钱，甘松七钱，当归七钱，零陵香三分，藿香三分，麝香一钱，龙脑少许。

将以上原料研磨成细末，加入炼蜜调和，搓制成梧桐子大小的香丸，用瓷器储存，捻扁也可以。

南蕃龙涎香（又名胜芬积）

木香（半两）　丁香（半两）　藿香（七钱半，晒干）　零陵香（七钱半）　香附（二钱半，盐水浸一宿焙）　槟榔（二钱半）　白芷（二钱半）　官桂（二钱半）　肉豆蔻（二个）　麝香（三钱）　别本有甘松七钱

右为末，以蜜或皂儿水和剂，丸如芡实大，爇之。

又方（与前颇小异，两存之）

木香（二钱半）　丁香（二钱半）　藿香（半两）　零陵香（半两）　槟榔（二钱半）　香附子（一钱半）　白芷（一钱半）　官桂（一钱）　肉豆蔻（一个）　麝香（一钱）　沉香（一钱）　当归（一

钱）　甘松（半两）

　　右为末，炼蜜和匀，用模子脱花，或捻饼子，慢火焙，稍干带润入磁盒，久窨绝妙。兼可服饼三钱，茶酒任下，大治心腹痛，理气宽中①。

【注释】

　　①宽中：治疗学术语。与疏郁理气义同，是治疗因情志抑郁而引起气滞的方法。

【译文】

　　木香半两，丁香半两，藿香七钱半晒成半干，零陵香七钱半，香附二钱半用盐水浸泡一夜后烘焙，槟榔二钱半，白芷二钱半，官桂二钱半，肉荳蔻二个，麝香三钱，另外一方中有甘松七钱。

　　将以上原料研磨成粉末，用蜜或皂荚水调制成香剂，制作成芡实大小的香丸，焚烧使用。

　　又方（与前颇小异，两存之）

　　木香二钱半，丁香二钱半，藿香半两，零陵香半两，槟榔二钱半，香附子一钱半，白芷一钱半，官桂一钱，肉荳蔻一个，麝香一钱，沉香一钱，当归一钱，甘松半两。

　　将以上原料研磨成粉末，加入炼蜜调和均匀，用模子脱制成花样，或者捻成饼状，用慢火烘干到半干半湿的状态。放入瓷盒中，入窨后久藏，香气十分美妙。同时也可服用三钱，伴随茶、酒送下，能够治疗心腹痛，理气宽中。

442

龙涎香（补）

　　沉香（一两）　檀香（半两，腊茶煮）　金颜香（半两）　笃耨香（一钱）　白芨末（三钱）　脑、麝（各三字）

　　右为细末拌匀，皂儿胶鞭和脱花爇之。

沉香一两，檀香半两用腊茶煮制，金颜香半两，笃耨香一钱，白
芨末三钱，脑香、麝香各三字。

将以上原料研磨成细末搅拌均匀，用皂荚胶调和，用模子制成花
样焚烧使用。

龙涎香（沈）

丁香（半两）　木香（半两）　官桂（二钱半）　白芷（二钱半）
香附（二钱半，盐水浸一宿焙）　槟榔（二钱半）　当归（二钱半）
甘松（七钱）　藿香（七钱）　零陵香（七钱）

右加荳蔻一枚，同为细末，炼蜜丸如绿豆大，兼可服。

【译文】

丁香半两，木香半两，官桂二钱半，白芷二钱半，香附二钱半用
盐水浸泡一晚，烘干，槟榔二钱半，当归二钱半，甘松七钱，藿香七
钱，零陵香七钱。

将以上原料加入豆蔻一枚，一同研磨成细末，加入炼蜜后制成绿
豆大小的香丸，同时也可以服用。

智月龙涎香（补）

沉香（一两）　麝香（一钱，研）　米脑（一钱半）　金颜香
（半钱）　丁香（一钱）　木香（半钱）　苏合油（一钱）　白芨末
（一钱半）

右为细末，皂儿胶鞭和入臼杵千下，花印脱之，窨干，新刷出
光，慢火玉片衬烧。

【译文】

沉香一两，麝香一钱研磨，米脑一钱半，金颜香半钱，丁香一钱，
木香半钱，苏合油一钱，白芨末一钱半。

卷十五　法和众妙香（二）

将以上原料研磨成细末，用皂荚胶调和后加入白中捣千余下，用花模印制，放入地窖阴干，用新刷子刷出光。慢火烧香时用玉片衬隔。

龙涎香（新）

速香①（十两） 泾子香（十两） 沉香（十两） 龙脑（五钱）麝香（五钱） 蔷薇花（不拘多少，阴干）

右为细末，以白芨、琼栀煎汤煮糊为丸②，如常烧法。

【注释】

①速香：即黄熟香。

②琼栀（zhī）：琼脂（琼胶）、冻粉，通称洋粉或洋菜，用海产的石花菜、江蓠等制成，为无色、无固定形状的固体，溶于热水。

【译文】

速香十两，泾子香十两，沉香十两，龙脑五钱，麝香五钱，蔷薇花不论多少阴干。

将以上原料研磨成细末，用白芨、琼栀煎汤后煮制糊状，搓制成香丸，按照寻常方法焚烧即可。

古龙涎香（补）

沉香（六钱） 白檀（三钱） 金颜香（二钱） 苏合油（二钱） 麝香（半钱，另研） 龙脑（三字） 浮萍（半字，阴干） 青苔（半字，阴干，去土）

右为细末拌匀，入苏合油，仍以白芨末二钱冷水调如稠粥，重汤煮成糊，放温，和香入臼杵百余下，模范脱花，用刷子出光，如常法焚之，若供佛则去麝香。

【译文】

沉香六钱，白檀三钱，金颜香二钱，苏合油二钱，麝香半钱单独研磨，龙脑三字，浮萍半字阴干，青苔半字阴干，去除杂土。

将以上原料研磨成细末搅拌均匀后调入苏合油。仍然用白芨末二钱和冷水调成稠粥状，隔水蒸煮成糊状，放温。调和香料，然后放入臼中捣一百多下，用模子印成花样，用刷子刷出光。按照寻常方法焚烧使用。如果用于供佛，则需要去掉麝香。

古龙涎香（沈）

沉香（一两） 丁香（一两） 甘松（二两） 麝香（一钱） 甲香（一钱，制过）

右为细末，炼蜜和剂，脱作花样，窨一月或百日。

【译文】

沉香一两，丁香一两，甘松二两，麝香一钱，制过的甲香一钱。

将以上原料研磨成细末，用炼蜜调和成香剂，用模子制成花样，窨藏一个月或一百天。

古龙涎香

古龙涎香一

沉香（半两） 檀香（半两） 丁香（半两） 金颜香（半两）素馨花（半两，广南有之，最清奇） 木香（三分） 思笃耨（三分） 麝香（一分） 龙脑（二钱） 苏合油（一匙许右）

右各为细末，以皂儿白浓煎成膏，和匀，任意造作花子、佩香及香环之类。如要黑者，入杉木麸炭少许，拌沉檀同研，却以白芨极细末少许热汤调得所，将笃耨、苏合油同研。如要作软香，只以白蜡同白胶香少许熬，放冷，以手搓成铤，酒蜡尤妙。

古龙涎香二

古蜡沉（十两） 拂手香①（十两） 金颜香（三两） 番栀子（二两） 龙涎（一两） 梅花脑（一两半，另研）

右为细末，入麝香二两，炼蜜和匀，捻饼子爇之。

445

【注释】

①拂手香：属唇形花科多年生草本，产于马来西亚和印度，为一般家庭经常栽培的观赏药草，又叫延命草。

【译文】

古龙涎香一

沉香半两，檀香半两，丁香半两，金颜香半两，素馨花半两（广南产出的最为清奇），木香三分，思笃耨三分，麝香一分，龙脑二钱，苏合油一匙许。

将以上原料分别研磨成细末，用皂荚煎浓成膏，调和均匀，随意制成花样、佩香或是香环之类。如果要黑色的，则需要加入杉木炭少许，拌入沉香、檀香后一同研磨。取少许研磨极细的白芨末与热水调和停当，将笃耨、苏合油一同研磨。如果想要制成软香，则需加入白蜡和少许白胶香熬制，放冷之后，用手搓成条状。使用煮酒蜡效果更佳。

古龙涎香二

古蜡沉十两，拂手香十两，金颜香三两，番栀子二两，龙涎香一两，梅花脑一两半，单独研磨。

将以上原料研磨成细末，放入麝香二两，与炼蜜一同调和均匀，捏制成香饼焚烧即可。

白龙涎香

檀香（一两） 乳香（五钱）

右以寒水石四两①，煅过同为细末，梨汁和为饼子。

【注释】

①寒水石：是一种矿石中药材，清热泻火药，又称为凝水石、水石、鹊石，本品为天然沉积矿物单斜晶系硫酸钙或三方晶系碳酸钙矿石。

【译文】

檀香一两，乳香五钱。

将以上原料加寒水石四两，加热后一同制成细末，用梨汁调和之后制成香饼便可焚烧使用。

小龙涎香

小龙涎香一

沉香（半两） 栈香（半两） 檀香（半两） 白芨（二钱半）

白蔹①（二钱半） 龙脑（二钱） 丁香（二钱）

右为细末，以皂儿水和作饼子窨干，刷光，窨土中十日，以锡盆贮之。

小龙涎香二

沉香（二两） 龙脑（五分）

右为细末，以鹅梨汁和作饼子，烧之。

【注释】

①白蔹：一种中药名，又名山地瓜、山葡萄秧、白根、五爪藤等，为葡萄科植物白蔹的干燥块根。

【译文】

小龙涎香一

沉香半两，栈香半两，檀香半两，白芨二钱半，白蔹二钱半，龙脑二钱，丁香二钱。

将以上原料研磨成细末，用皂荚水调和，制成香饼后窨藏阴干，刷光，在土中埋藏十日之后，用锡盆贮藏。

小龙涎香二

沉香二两，龙脑五分。

将以上原料研磨成细末，用鹅梨汁调和制成香饼，便可焚烧使用。

小龙涎香（新）

锦纹大黄（一两） 檀香（五钱） 乳香（五钱） 丁香（五钱） 玄参（五钱） 甘松（五钱）

右以寒水石二钱同为细末，梨汁和作饼子，蒸之。

【译文】

锦纹大黄一两，檀香五钱，乳香五钱，丁香五钱，玄参五钱，甘松五钱。

将以上原料与寒水石二两一起研磨成粉末，用梨汁调和后制成香饼，焚烧使用即可。

小龙涎香（补）

沉香（一两） 乳香（一钱） 龙脑（五分） 麝香（五分，腊茶浸研）

右同为细末，以生麦门冬去心研泥和丸如梧桐子大，入冷石模中脱花，候干，磁器收贮，如常法烧之。

【译文】

沉香一两，乳香一钱看，龙脑五分，用腊茶浸泡研磨的麝香五分。

将以上原料研磨成细末，将生麦门冬去掉心，研磨成泥，与原料一同调和，制成梧桐子大小的香丸，压入冷石模中脱制成花样，放干之后，用瓷盒储藏。按照寻常方法焚烧使用即可。

吴侍中龙涎香（沈）

白檀（五两，细锉，以腊茶清浸半月后，用蜜炒） 沉香（四两） 苦参（半两） 甘松（一两，洗净） 丁香（二两） 水麝（二两） 甘草（半两，炙） 焰硝（三分） 甲香（半两，洗净，先以黄泥水煮，次以蜜水煮，复以酒煮，各一伏时，更以蜜少许炒）龙脑（五钱） 樟脑（一两） 麝香（五钱，并焰硝四味各另研）

右为细末，拌和令匀，炼蜜作剂，掘地窖一月取烧。

【译文】

白檀五两切细之后，用腊茶清浸半月，然后用蜜炒制，沉香四两，苦参半两，甘松一两清洗干净，丁香二两，水麝二两，甘草半两炙制，

448

焰硝三分，甲香半两洗净之后，先用黄泥水煮过，再用蜜水煮制，然后继续用酒煮，煮制时间都为一昼夜，再加入少许蜜炒制，龙脑五钱，樟脑一两，麝香五钱，此三种原料与焰硝各自单独研磨。

将以上原料研磨成细末，搅拌调和均匀后，用炼蜜调制成香剂，窖藏一个月可取出后焚烧使用。

龙泉香（新）

甘松（四两）　玄参（二两）　大黄（一两半）　丁皮（一两半）麝香（半钱）　龙脑（二钱）

右捣罗细末，炼蜜为饼子，如常法爇之。

【译文】

甘松四两，玄参二两，大黄一两半，丁皮一两半，麝香半钱，龙脑二钱。

以上原料捣制后过筛，研磨成细末，再加入炼蜜制成香饼，按照寻常方法焚烧使用。

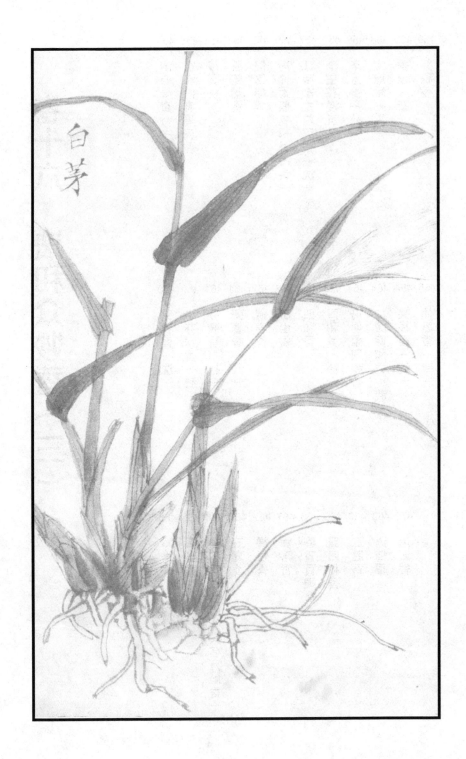
白芧

清心降真香（局）

紫润降真香（四十两，剉碎） 栈香（三十两） 黄熟香（三十两） 丁香皮（十两） 紫檀香（三十两，剉碎，以建茶末一两汤调两碗拌香令湿①，炒三时辰，勿焦黑） 麝香木（十五两） 焰硝（半斤，汤化开，淘去滓，熬成霜） 白茅香（三十两，细剉，以青州枣三十两、新汲水三斗同煮过后，炒令色变，去枣及黑者，用十五两） 拣甘草（五两） 甘松（十两） 藿香（十两） 龙脑（一两，香成旋入）

右为细末，炼蜜溲和令匀，作饼爇之。

【注释】

①建茶：因产于福建建溪流域而得名，历史上所属福建建州，其辖区以建茶、建盏、建本、建版、建木闻名于世。

【译文】

紫润降真香四十两切碎，栈香三十两，黄熟香三十两，丁香皮十两，紫檀香三十两切碎（取建茶末一两，调和成两盘茶汤，用来搅拌香料，使其变湿润后，炒制三个时辰，不要让它变焦黑），麝香木十五两，焰硝半斤用水化开，淘去渣滓，熬制成霜，白茅香三十两切细，与十三两青州枣、新汲水三斗一同熬制后，炒成金色，去除掉枣籽和黑色的部分，留下十五两备用，拣甘草五两，甘松十两，藿香十两，龙脑一两，香品制成时立即加入。

将以上原料研磨成细末，用炼蜜搅拌均匀后，制成香饼焚烧使用。

宣和内府降真香

番降真香（三十两）

右剉作小片子，以腊茶半两末之沸汤同浸一日，汤高香一指为约，来朝取出风干，更以好酒半碗，蜜四两，青州枣五十个，于磁器内同煮，至干为度，取出于不津磁盒内收贮密封，徐徐取烧，其香最清远。

【译文】

番降真香三十两。

将以上原料切成小片，取出半两腊茶，研磨成粉末，制成沸腾的茶汤，与香料一起浸泡一天，以汤高出香料一指为度。第二天取出风干，再将好酒半碗、蜜四两、青州枣五十个放入瓷器之中一同煮制，以汤汁干为度，取出后放置在不吸水的瓷盒之中密封保存，慢慢取出焚烧，其香气最为清远。

降真香

降真香一

番降真香（切作片子）

右以冬青树子布单内绞汁浸香蒸过，窨半月烧。

降真香二

番降真香（一两，劈作平片） 藁本（一两，水二碗，银石器内与香同煮）

右二味同煮干，去藁本不用，慢火衬筠州枫香烧[①]。

【注释】

①筠州：指今江西高安。

【译文】

降真香一

番降真香切成片状。

将冬青树子包在布单之中，绞出汁液用来浸泡香料并蒸制，窨藏半月后焚烧使用。

降真香二

番降真香一两，切成平片，藁本一两，将两碗水倒入银石器之中，与香一同煮制。

将以上两味香料一同煮干，除去藁本，以筠州枫香衬隔用慢火烧。

胜笃耨香

栈香（半两） 黄连香（三钱） 檀香（一钱） 降真香（五分） 龙脑（一字半） 麝香（一钱）

右以蜜和，粗末蓺之。

【译文】

栈香半两，黄连香三钱，檀香一钱，降真香五分，龙脑一字半，麝香一钱。

将以上原料用蜂蜜调和均匀，制成粗末焚烧使用。

假笃耨香

455

假笃耨香一

老柏根（七钱） 黄连（七钱，研置别器） 丁香（半两） 降真香（一两，腊茶煮半日） 紫檀香（一两） 栈香（一两）

右为细末，入米脑少许，炼蜜和剂，蓺之。

假笃耨香二

檀香（一两） 黄连香（二两）

右为末，拌匀，以橄榄汁和湿入磁器收，旋取蓺之。

假笃耨香三

黄连香或白胶香①

以极高煮酒与香同煮，至干为度。

假笃耨香四

枫香乳（一两） 栈香（二两） 檀香（一两） 生香（一两）官桂（三钱） 丁香（随意入）

右为粗末，蜜和令湿，磁盒封窨月余可烧。

【注释】

①白胶香：白胶香，为金缕梅科植物枫香的树脂，树脂为白色，马牙状，为大小不一的椭圆形或球形颗粒，亦有呈块状或厚片状者，具有活血、凉血、解毒、止痛功效。

【译文】

假笃耨香一

老柏根七钱，黄连七钱研磨后放入其他容器中，丁香半两，降真香一两用腊茶煮制半日，紫檀香一两，栈香一两。

将以上原料研磨成细末，加入少许米脑，与炼蜜调和成剂，焚烧使用。

假笃耨香二

檀香一两，黄连香二两。

将以上原料研磨成粉末，搅拌均匀，用橄榄汁和湿放入瓷器之中保存，经过一段时间后取出焚烧使用。

假笃耨香三

黄连香或白胶香。

用度数非常高的酒与香一同煮制，直到煮干，收藏待用。

假笃耨香四

枫香乳一两，栈香二两，檀香一两，生香一两，官桂三钱，丁香随意加入。

将以上原料研磨成粗末，用蜂蜜调和均匀，保持湿润放入瓷盒中，窨藏月余便可焚烧使用。

冯仲柔假笃耨香（售）

枫香（二两，火上熔开）　桂末（一两，入香内搅匀）　白蜜（三两，匙入香内）

> 右以蜜入香搅和令匀，泻于水中冷便可烧，或欲作饼子，乘其热捻成置水中。

【译文】

枫香二两在火上化开，桂末一两放入香内搅匀，白蜜三两掺到香中。

将蜂蜜掺入香中搅拌均匀，倒入水使其冷却便可焚烧。如果想制成香饼，要趁其热时捻制成形放入水中。

江南李主煎沉香（沈）

> 沉香（咬咀） 苏合香油（各不拘多少）
> 右每以沉香一两用鹅梨十枚细研，取汁，银石器盛之，入甗蒸数次[1]，以稀为度。或削沉香作屑，长半寸许，锐其一端，丛刺梨中，炊一饭时，梨熟乃出之。

【注释】

①甗（yǎn）：是中国先秦时期的蒸食用具，可分为两部分，下半部是鬲（lì），用于煮水；上半部是甑（zèng），用来放置食物，可通蒸汽。

【译文】

沉香咬碎，苏合香油各不拘多少。

以上原料，每一两沉香加入十枚鹅梨，研磨细后取出汁液，用银石器盛装，在甑上蒸数次，以稀为度。或者将沉香制成半寸多长的碎屑，将一端削尖，全部插到梨上，然后蒸一顿饭的时间，待梨子熟了取出。

李主花浸沉香

> 沉香不拘多少剉碎，取有香花：若酴醾、木犀、橘花或橘叶亦

457

可，福建茉莉花之类，带露水滴花一碗，以磁盒盛之，纸封盖，入甑蒸食顷取出，去花留汁浸沉香，日中曝干，如是者数次，以沉香透烂为度。或云皆不若蔷薇水浸之最妙。

【译文】

沉香不拘多少，切碎。选取带有香味的花片，如酴醾、木犀、橘花或者橘叶也可以，福建茉莉花之类。带着露水采摘一盘花，用瓷盒盛装，用纸盖上，放入甑中蒸一顿饭的工夫后取出，除去花片，留下花汁浸泡沉香，在正午的阳光下暴晒数次，以沉香烂透为标准。也有人说，这些方法都不如用蔷薇水浸泡的效果好。

华盖香（补）

歌曰：沉檀香附兼山麝，艾纳酸仁分两同，炼蜜拌匀磁器窨，翠烟如盖可中庭。

【译文】

香方歌说：沉檀香附兼山麝，艾纳酸仁分两同，炼蜜拌匀磁器窨，翠烟如盖可中庭。

宝球香（洪）

艾纳（一两，松上青衣是）　酸枣（一升，入水少许，研汁煎成）　丁香皮（半两）　檀香（半两）　茅香（半两）　香附子（半两）　白芷（半两）　栈香（半两）　草荳蔻（一枚，去皮）　梅花龙脑　麝香（各少许）

右除脑、麝别研外，余者皆炒过，捣取细末，以酸枣膏更加少许熟枣，同脑麝合和得中，入臼杵令不粘即止，丸如梧桐子大，每烧一丸，其烟袅袅直上，如线结为球状，经时不散。

艾纳（松树上的青衣）一两，酸枣一升放入水中少许，研磨成汁，丁香皮半两，檀香半两，茅香半两，香附子半两，白芷半两，栈香半两，草豆蔻一枚去掉皮，梅花龙脑、麝香各少许。

以上原料，除了龙脑和麝香单独研磨外，其余都炒制，捣碎取细末，用酸枣膏和少许熟枣、脑香和麝香混合均匀，放入臼中，捣成不黏即可，搓制成梧桐子大小的香丸。每烧一丸，其香烟直上如线，结为球状后，经久不散。

香毬（新）

石芝[①]（一两）　艾纳（一两）　酸枣肉（半两）　沉香（五钱）梅花龙脑（半钱，另研）　甲香（半钱，制）　麝香（少许，另研）

右除脑、麝，同捣细末研，枣肉为膏，入熟蜜少许和匀，捻作饼子，烧如常法。

【注释】

①石芝：石象芝，生石穴中，有枝条似桂树，而实石也。

【译文】

石芝一两，艾纳一两，酸枣肉半两，沉香五钱，梅花龙脑半钱单独研磨，甲香半钱制过，麝香少许单独研磨。

以上原料，除了龙脑和麝香单独研磨外，一同捣成细末研磨，酸枣肉成膏状时，加入少许熟蜜与香末调和均匀，捏制成香饼，按照寻常方法焚烧。

芬积香

丁香皮（二两）　硬木炭（二两，为末）　韶脑（半两，另研）檀香（五钱，末）　麝香（一钱，另研）

右拌匀，炼蜜和剂，实在罐器中，如常法烧之。

卷十六　法和众妙香（三）

【译文】

丁香皮二两，硬木炭二两研磨成粉末，韶脑半两单独研磨，檀香五钱研磨成粉末，麝香一钱单独研磨。

将以上原料搅拌均匀，用炼蜜调和成香剂，装入罐子中，按照寻常方法焚烧。

芬积香（沈）

沉香（一两）　栈香（一两）　藿香叶（一两）　零陵香（一两）　丁香（三钱）　芸香（四分半）　甲香（五分，灰煮去膜，再以好酒煮至干，捣）

右为细末，重汤煮蜜放温，入香末及龙脑、麝香各二钱，拌和令匀，磁盒密封，地坑埋窨一月，取爇之。

【译文】

沉香一两，栈香一两，藿香叶一两，零陵香一两，丁香三钱，芸香四分半，甲香五分用灰煮去膜，再用好酒煮干，捣制。

将以上原料研磨成粉末，将蜂蜜隔水蒸煮后放至常温，加入香末和龙脑、麝香各二钱，搅拌调匀，装入瓷盒之中密封，埋入地坑中窨藏一个月后，取出焚烧。

小芬积香（武）

栈香（一两）　檀香（半两）　樟脑（半两，飞过）　降真香（一钱）　麸炭（三两）

右以生蜜或熟蜜和匀，磁盒盛，地埋一月取烧之。

【译文】

栈香一两，檀香半两，樟脑半两水飞，降真香一钱，木炭三两。

将以上原料用生蜜或熟蜜调和均匀，用瓷盒盛放，埋入地窖中封藏一个月后取出焚烧。

芬馥香（补）

沉香（二两）　紫檀（一两）　丁香（一两）　甘松（三钱）　零陵香（三钱）　制甲香（三分）　龙脑香（一钱）　麝香（一钱）

右为末拌匀，生蜜和作饼剂，磁器窨干爇之。

【译文】

沉香二两，紫檀一两，丁香一两，甘松三钱，零陵香三钱，制过的甲香三分，龙脑香一钱，麝香一钱。

将以上原料研磨成粉末搅拌均匀，用生蜜调和成饼状或香剂，放入瓷器中窨藏阴干后焚烧。

藏春香（武）

沉香（二两）　檀香（二两，酒浸一宿）　乳香（二两）　丁香（二两）　降真（一两，制过者）　榄油（三钱）　龙脑（一分）　麝香（一分）

右各为细末，将蜜入黄甘菊一两四钱、玄参三分剉，同入瓶内，重汤煮半日，滤去菊与玄参不用，以白梅二十个水煮令浮，去核取肉，研入熟蜜，匀拌众香于瓶内，久窨可爇。

【译文】

沉香二两，檀香二两用酒浸泡一晚，乳香二两，丁香二两，降真一两制过，榄油三钱，龙脑一分，麝香一分。

将以上原料研磨成粉末，与切碎的一两四钱黄甘菊、三分玄参一同切碎，倒入瓶中，隔水蒸煮半天，滤去黄甘菊和玄参。取白梅二十个放入水中煮至浮起，将白梅去核取肉，研磨后加入熟蜜，与香末调制均匀放入瓶中，长时间窨藏后取出烧用。

藏春香

降真香（四两，腊茶清浸三日，次以香煮十余沸，取出为末）
丁香（十余粒） 龙脑（一钱） 麝香（一钱）

右为细末，炼蜜和匀，烧如常法。

【译文】

降真香四两用腊茶清浸三天，再将香煮至十余沸，取出后研磨成粉末，丁香十余粒，龙脑一钱，麝香一钱。

将以上原料研磨成细末，用炼蜜调和均匀，按照寻常方法烧用。

出尘香

出尘香一

沉香（四两） 金颜香（四钱） 檀香（三钱） 龙涎香（二钱） 龙脑香（一钱） 麝香（五分）

右先以白芨煎水，捣沉香万杵，别研余品，同拌令匀，微入煎成皂子胶水，再捣万杵，入石模脱作古龙涎花子。

出尘香二

沉香（一两） 栈香（半两，酒煮） 麝香（一钱）

右为末，蜜拌焚之。

【译文】

出尘香一

沉香四两，金颜香四钱，檀香三钱，龙涎香二钱，龙脑香一钱，麝香五分。

先将白芨煎水后待用，再将沉香捣万余下，单独研磨其他香料，一同搅拌均匀。加入少量煎成的皂荚胶水，再捣万余下，倒入石模中研制成古龙涎花子。

出尘香二

沉香一两，栈香半两用酒煮制，麝香一钱。

将以上原料研磨成粉末，用蜂蜜搅拌均匀焚烧使用。

四和香

沉檀（各一两） 脑麝（各一钱，如常法烧）

枨皮、荔枝壳、槟撗核或梨滓、甘蔗滓，等分为末①，名小四和。

【注释】

①枨（chéng）皮：即橙子皮。槟撗（míng shū）：疑为槟楂。是蔷薇科植物木瓜（槟楂）的成熟果实。中医学上入药称"光皮木瓜"，亦称"木瓜"。

【译文】

沉香、檀香各一两，脑香、麝香各一钱，按照寻常方法烧用。

香橙皮、荔枝壳、槟楂核或梨滓、甘蔗滓，各取相等分量，制成香末，这就是小四和香。

四和香（补）

檀香（二两，剉碎，蜜炒褐色，勿焦） 滴乳香（一两，绢袋盛，酒煮，取出研） 麝香（一钱） 腊茶（一两，与麝同研） 松木麸炭末（半两）

右为末，炼蜜和匀，磁器收贮，地窖半月，取出焚之。

【译文】

檀香二两，切碎，用蜂蜜炒至褐色，但别炒焦，滴乳香一两，用绢袋盛好，放入酒中煮制后取出，研细，麝香一钱，腊茶一两，与麝香一同研磨，松木炭末半两。

将以上原料研磨成粉末，加入炼蜜调和均匀，用瓷器储藏，窖藏半月后，取出焚烧使用。

冯仲柔四和香

锦纹大黄（一两） 玄参（一两） 藿香叶（一两） 蜜（一两）

右用水和，慢火煮数时辰许，剉为粗末，入檀香三钱、麝香一钱，更以蜜两匙拌匀，窨过爇之。

【译文】

锦纹大黄一两，玄参一两，藿香叶一两，蜂蜜一两。

将以上原料用水调和，慢火煮制几个时辰，取出后切成粗末。加入三钱檀香、一钱麝香，再加入两匙蜂蜜，搅拌均匀后窨藏，取出可焚烧使用。

加减四和香（武）

沉香（一两） 木香（五钱，沸汤浸） 檀香（五钱，各为末）丁皮（一两） 麝香（一分，另研） 龙脑（一分，另研）

右以余香别为细末，木香水和，捻成饼子，如常爇。

【译文】

沉香一两，木香五钱用沸水浸泡，檀香五钱分别研磨成粉末，丁皮一两，麝香一分单独研磨，龙脑一分单独研磨。

以上原料加入其他香料研磨成细末，加入木香水，调和后捻制成香饼，按照寻常方法焚烧。

夹栈香（沈）

栈香（半两） 甘松（半两） 甘草（半两） 沉香（半两） 白茅香（二两） 栈香（二两） 梅花片脑（二钱，另研） 藿香（三钱） 麝香（一钱） 甲香（二钱，制）

右为细末，炼蜜拌和令匀，贮磁器密封，地窨半月，逐旋取出，捻作饼子，如常法烧。

栈香半两，甘松半两，甘草半两，沉香半两，白茅香二两，栈香二两，梅花片脑二钱，单独研磨，藿香三钱，麝香一钱，制过的甲香二钱。

将以上原料研磨成细末，用炼蜜搅拌均匀，储藏在瓷器之中密封，窖藏半月后取出，捏制成香饼，按照寻常方法焚烧即可。

闻思香（武）

元参　荔枝皮　松子仁　檀香　香附子　丁香（各二钱）甘草（三钱）

右同为末，查子汁和剂，窖、蒸如常法。

【译文】

玄参、荔枝皮、松子仁、檀香、香附子、丁香各二钱，甘草三钱。

将以上原料研磨成粉末，用渣子汁调和成香剂，窖藏后，按照寻常方法焚烧。

闻思香

紫檀（半两，蜜水浸三日，慢火焙）　枳皮（一两，晒干）甘松（半两，酒浸一宿，火焙）　苦练花（一两）　楔查核（一两）　紫荔枝皮（一两）　龙脑（少许）

右为末，炼蜜和剂，窖月余焚之。别一方无紫檀、甘松，用香附子半两、零陵香一两，余皆同。

【译文】

紫檀半两用蜜水浸泡三天，慢火烘焙，香橙皮一两晒干，甘松半两用酒浸泡一晚，用火烘焙，苦练花一两，楔查核一两，紫荔枝皮一两，龙脑少许。

将以上原料研磨成粉末，用炼蜜调和成香剂，窖藏月余，焚烧使用。在另外配方中，没有紫檀和甘松，而用香附子半两和零陵香一两，其余原料都相同。

百里香

荔枝皮（千颗，须闽中未开用盐梅者） 甘松（三两） 栈香（三两） 檀香（半两） 制甲香（半两） 麝香（一钱）

右为末，炼蜜和令稀稠得所，盛以不津磁器，坎埋半月取出爇之。再捏少许蜜捻作饼子亦可。此盖裁损闻思香也[1]。

【注释】

①裁损：指裁汰、削减。

【译文】

荔枝皮千颗，必须选用闽中所产，甘松三两，栈香三两，檀香半两，制过的甲香半两，麝香一钱。

将以上原料研磨成粉末，用炼蜜调和，使其稀稠得当，再用不吸水的瓷器盛放，埋入坑中半月，取出后放入少许蜂蜜，也可以捏成香饼。这一香方是在闻思香用料的基础上增减而成的。

洪驹父百步香（又名万斛香）

沉香（一两半） 栈香（半两） 檀香（半两，以蜜酒汤另炒极干） 零陵叶（三钱，用杵罗过） 制甲香（半两，另研） 脑、麝（各三钱）

右和匀，熟蜜溲剂，窨、爇如常法。

【译文】

沉香一两半，栈香半两，檀香半两用蜂蜜、酒调成的汤剂单独炒至极干，零陵叶三钱捣碎后过筛，制过的甲香半两单独研磨，脑香、麝香各三钱。

将以上原料调和均匀，用熟蜜调成香剂，窨藏后，按照寻常方法焚烧。

五真香

沉香（二两）　乳香（一两）　蕃降真香（一两，制过）　旃檀香（一两）　藿香（一两）

右各为末，白芨糊调作剂，脱饼，焚供世尊上圣，不可亵用。

【译文】

沉香二两，乳香一两，蕃降真香一两制过，旃檀香一两，藿香一两。

将以上香料研磨成粉末，用白芨糊调成香剂，用模子脱制成香饼，用于供奉世尊上圣，不可以亵渎使用。

禅悦香

檀香（二两，制）　柏子（未开者酒煮阴干，三两）　乳香（一两）

右为末，白芨糊和匀脱饼用。

【译文】

檀香二两制过，将三两未开的柏子用酒煮制后阴干，乳香一两。

将以上原料研磨成粉末。用白芨糊调和均匀，用模子脱制成香饼，焚烧使用。

篱落香

玄参　甘松　枫香　白芷　荔枝壳　辛夷　茅香　零陵香　栈香　石脂　蜘蛛香　白芨面

各等分，生蜜捣成剂，或作饼用。

【译文】

玄参、甘松、枫香、白芷、荔枝壳、辛夷、茅香、零陵香、栈香、石脂、蜘蛛香、白芨面。

　　将以上原料各取相等分量，加入生蜜捣成香剂，或制作香饼使用。

春宵百媚香

　　母丁香（二两，极大者）　白笃耨（八钱）　詹糖香（八钱）龙脑（二钱）　麝香（一钱五分）　榄油（三钱）　甲香（制过，一钱五分）　广排草须（一两）　花露（一两）　茴香（制过，一钱五分）　梨汁　玫块花（五钱，去蒂取瓣）　干木香花（五钱，收紫心者，用花瓣）

　　各香制过为末，脑麝另研，苏合油入炼过蜜少许同花露调和得法，捣数百下，用不津器封口固，入土窖，春秋十日、夏五日、冬十五日取出，玉片隔火焚之，旖旎非常。

468

【译文】

　　选用较大的母丁香二两，白笃耨八钱，詹糖香八钱，龙脑二钱，麝香一钱五分，榄油三钱，制过的甲香一钱五分，广排草须一两，花露一两，制过的茴香一钱五分，梨汁，玫块花五钱去蒂取瓣，干木香花五钱选用紫色花心的，使用其花瓣。

　　将以上原料研磨成粉末，脑香和麝香单独研磨，加入苏合油和炼制的花蜜少许，与花露调和，捣制数百下后，用不吸水的容器储藏，封口后埋入地窖中，春秋两季窖藏十天，夏季五天，冬季十五天。取出后，用玉片隔火焚烧，香气旖旎非常。

亚四和香

　　黑笃耨　白芸香　榄油　金颜香
　　右四香体皆粘湿合宜作剂，重汤融化，结块分焚之。

黑笃耨、白芸香、榄油、金颜香。

以上四种香料质地皆黏湿，适合隔水蒸煮成剂，融化结成块，分成若干份焚烧使用。

三胜香

龙鳞香（梨汁浸隔宿，微火隔汤煮，阴干）　柏子（酒浸，制同上）　荔枝壳（蜜水浸，制同上）

右皆末之，用白蜜六两熬，去沫，取五两和香末匀，置磁盒，如常法蒸之。

【译文】

龙鳞香用梨汁浸泡，隔夜用微火隔水煮制后，阴干，柏子用酒浸泡，制法同前，荔枝壳用蜜水浸泡，制法同前。

将以上原料研磨成粉末，用六两白蜜熬煮，去掉浮沫，取出五两和香调和均匀，放入瓷盒之中，按照寻常方法焚烧即可。

逗情香

牡丹　玫瑰　素馨　茉莉　莲花　辛夷　桂花　木香　梅花
兰花

采十种花，俱阴干，去心蒂，用花瓣，惟辛夷用蕊尖，为末，用真苏合油调和作剂，焚之，与诸香有异。

【译文】

牡丹、玫瑰、素馨、茉莉、莲花、辛夷、桂花、木香、梅花、兰花。

采摘以上十种花，全部阴干，除去花心和花蒂，取花瓣待用，只有辛夷花选取蕊尖。将花瓣研磨成粉末，用苏合油调和制成香剂，焚烧时气息与其他香有所不同。

卷十六　法和众妙香（三）

远湿香

苍术（十两，茅山出者佳）　龙鳞香（四两）　芸香（一两，白净者佳）　藿香（净末，四两）　金颜香（四两）　柏子（净末，八两）

各为末，酒调白芨末为糊，或脱饼、或作长条。此香燥烈，宜霉雨潦湿时焚之妙。

【译文】

苍术十两，以茅山出产的最好，龙鳞香四两，芸香一两，白净的最好，藿香净末四两，金颜香四两，柏子净末八两。

将以上原料分别研磨成粉末，用酒调和，加入白芨末制成糊状，或者用模子脱制成香饼，或者制成长条。这种香的品质燥烈，最适合在梅雨潦湿的时候焚烧。

檀
香
梅

黄太史四香

意和

沉檀为主，每沉一两半，檀一两，斫小博骰体^①，取榠滤液渍之，液过指许，浸三日，及煮干其液，湿水浴之。紫檀为屑，取小龙茗末一钱，沃汤和之，渍碎时包以濡竹纸数重炰之^②。螺甲半两，磨去龃龉，以胡麻熬之，色正黄则以蜜汤遽洗^③，无膏气，乃以青木香为末以意和四物，稍入婆津膏及麝二物，惟少以枣肉合之，作模如龙涎香样，日熏之。

【注释】

①斫（zhuó）：砍削。博骰：赌博用的骰子。

②炰（fǒu）：蒸煮。

③遽（jù）：立刻、马上。

【译文】

用沉香、檀香为主，每二两半沉香，配檀香一两，切成赌博骰的形状，用榠滤液浸渍，以汁液超出香料一指为度。浸渍三天后，煮沥汁液，用温水洗过。将紫檀制成碎屑，取小龙茗末一钱，泡成茶汤，调和浸渍一会儿，用数层濡竹纸包裹后蒸煮。螺壳半两，稍微磨去表面粗糙层，用胡麻膏熬制成纯正的黄色，用蜂蜜水快速洗过，使其不带胡麻膏的气味。将青木香研磨成粉末，用意和四种香物，稍稍放入婆津膏及麝香这两味原料，只加入极少的枣肉，调和成香，用模子制成龙涎香的样子，白天焚熏。

意可

海南沉水香三两，得火不作柴柱烟气者，麝香檀一两，切焙，衡山亦有之，宛不及海南来者，木香四钱，极新者，不焙，玄参半两，剉、炒，炙甘草末二钱，焰硝末一钱，甲香一分（浮油煎令黄色，以蜜洗去油，复以汤洗去蜜，如前治法为末，入婆津膏及麝各三钱，另研，香成旋入。右皆末之，用白蜜六两熬去沫，取五两和香末匀，置磁盒窨如常法。

山谷道人得之于东溪老，东溪老得之于历阳公，其方初不知得之所自，始名宜爱。或云此江南宫中香，有美人曰宜娘，甚爱此香故名。宜爱不知其在中主、后主时耶？香殊不凡，故易名意可，使众不业力无度量之意。鼻孔绕二十五，有求觅增上，必以此香为可。何况酒欤？玄参茗熬紫檀，鼻端以濡然乎[①]？且是得无主意者观此香，莫处处穿透，亦必为可耳。

【注释】

①濡然：湿润。

【译文】

海南沉水香三两选用过火而不作柴草烟气的，麝香檀一两，切碎烘焙，这种香衡山也有出产，只是不如海南运过来的好，木香四钱选用极新的，不烘焙，玄参半两，切细烤炙，甘草末二钱，焰硝末一钱，甲香一分，用浮油煎至黄色，用蜂蜜洗去油，再用汤水洗去蜂蜜，依照前面的方法，制作成粉末，加入婆津膏及麝香各三钱，单独研磨，香制成的时候即刻加入。将以上原料研磨成粉末，取白蜜六两，熬去泡沫，留五两调匀香末，放置于瓷盒中，窨藏之法如常。

这种香方，是山谷道人从东溪老那里传得的，东溪老是从历阳公那里传得的，但不知最初是从哪里得来的，开始被称为宜爱。有人说这是江南宫中的香品。当时宫中有一位美人叫宜娘，非常喜欢此香，故而得名宜爱香。只是不知道宜爱是在中主还是后主时。因此香气息不同凡响，故而改名意可，取其使众生不业力，无度量之意。在鼻孔上绕二十五下，有向上寻求之意。都以此香为可，何况是酒呢？玄参、茗熬、紫檀之类的，在鼻端停留，却无法主宰意志。看这意可香，虽说不是处处穿透，也算是不错的。

深静

海南沉水香二两，羊胫炭四两。沉水剉如小博骰，入白蜜五两水解其胶，重汤慢火煮半日，浴以温水。同炭杵捣为末，马尾罗筛下之，以煮蜜为剂，窨四十九日出之。婆律膏三钱、麝一钱，以安息香一分和作饼子，以磁盒贮之。

荆州欧阳元老为予制此香，而以一斤许赠别。元老者，其从师也能受匠石之斤，其为吏也不刿庖丁之刃，天下可人也！此香恬澹寂寞，非其所尚，时下帷一炷，如见其人。

【译文】

海南沉水香二两，羊胫炭四两。把沉水香切成小博骰那么大。加入白蜜五两，用水炼去胶性，慢火隔水蒸煮半日，用温水洗过。将沉香和羊胫炭一起捣成粉末，用马尾细筛过筛，用煮过的蜂蜜调成剂。窨藏四十九日后取出，加入婆律膏三钱、麝香一钱，用安息香一分，调制成香饼，用瓷盒储藏。

荆州欧阳元老为我配制此香，应允以一斤相送。元老这个人，从师学艺，技艺精湛；身为官吏，游刃有余，是天下间的人物。此香秉性恬淡寂寞，不是他所喜欢的。现在每次在帷帐中焚烧一炷，如见元老本人。

小宗香

海南沉水一两，剉，栈香半两，剉，紫檀二两半，用银石器炒，令紫色，三物俱令如锯屑。苏合油二钱，制甲香一钱，末之，麝一钱半，研，玄参五分，末之，鹅梨二枚，取汁，青枣二十枚，水二碗煮取小半盏。用梨汁浸沉、檀、栈，煮一伏时，缓火煮令干。和入四物，炼蜜令少冷，溲和得所，入磁盒埋窨一月用。

南阳宗少文①，嘉遁江湖之间②，援琴作金石，弄远山，皆与之同响。其文献足以追配古人。孙茂深亦有祖风，当时贵人欲与之游，不可得，乃使陆探微画其像挂壁间观之。茂深惟喜闭阁焚香，

475

遂作此香饼，时谓少文大宗，茂深小宗，故名小宗香云。大宗、小宗，《南史》有传。

【注释】

①宗少文：宗炳，南朝宋画家。字少文，南阳（今河南南阳市镇平）人，家居江陵（今属湖北），士族，擅长书法、绘画和弹琴。

②嘉遁：旧时谓合乎正道地退隐，合乎时宜地隐遁。

【译文】

海南沉水香一两切碎，栈香半两切碎，紫檀香二两半用银石器炒至紫色，三种原料研磨成锯屑状。苏合油二钱，制甲香，研成粉末，麝香一钱半，研磨成粉末，玄参五分，研磨成粉末，鹅梨两个，取其汁液，青枣二十个，水两碗，熬煮至小半分量。用梨汁浸渍沉香、檀香，煮一昼夜，用慢火熬煮到干，加入以上四种原料，以及炼蜜，稍稍放凉，搅拌合适，放入瓷盒中，埋进地下窖藏一月后焚烧使用。

南阳宗少文嘉，隐遁于江湖之间，弹奏石琴，作金石之声，远山也发出回声。其著作足以追配古人。其孙茂深也有祖上遗风。当时有一位贵人想与之郊游，不能如愿，就让陆探微为其画像，挂在墙上观赏。因茂深喜欢关闭门户焚香，贵人就制作此香馈赠给他。时人称少文大宗，茂深小宗，故名小宗香。大宗、小宗，《南史》有传。

蓝成叔知府韵胜香（售）

沉香（一钱）　檀香（一钱）　白梅肉（半钱，焙干）　丁香（半钱）　木香（一字）　朴硝（半两，另研）　麝香（一钱，另研）

右为细末，与别研二味入乳钵拌匀，密器收贮。每用薄银叶如龙涎法烧，少歇即是硝融，隔火器以水匀浇之，即复气通氤氲矣。

乃郑康道御带传于蓝。蓝尝括为歌曰："沉檀为末各一钱，丁皮梅肉减其半，拣丁五粒木一字，半两朴硝柏麝拌。此香韵胜，以为名。银叶烧之，火宜缓。"苏韬光云："每五料用丁皮、梅肉三钱，麝香半钱，重余皆同。"且云："以水滴之，一炷可留三日。"

【译文】

用沉香一钱，檀香一钱，白梅肉半钱，烘焙干，丁香半钱，木香一字，朴硝半两，另外研磨，麝香一钱，另外研磨。

将以上原料研磨成细末，和单独研磨的原料一起放进乳钵里搅拌均匀，用密封的容器收藏。焚烧此香的时候，用薄银叶衬隔，与龙涎香烧法相同。焚烧此香，过一会儿，硝融化在隔火器上，将水均匀地浇洒到上面，香气重新弥漫通畅。

这种方法是郑康道御带传给蓝某的。蓝某曾概括为歌谣："沉檀为末各一钱，丁皮梅肉减其半，拣丁五粒木一字，半两朴硝柏麝拌。此香韵胜，以为名。银叶烧之，火宜缓。"苏韬光说："每份用料为丁皮、梅肉三钱，麝香半钱，其余都一样。"他还说："用水滴在上面，每烧一炷香，香气可以停留三日。"

元御带清观香

沉香（四两，末）　金颜香（二钱半，另研）　石芝（二钱半）檀香（二钱半，末）　龙脑（二钱）　麝香（一钱半）

右用井花水和匀，石细脱花爇之。

【译文】

沉香四两研磨成粉末，金颜香二钱半单独研磨，石芝二钱半，檀香二钱半研磨成粉末，龙脑二钱，麝香一钱半。

将以上原料用井花水调和均匀，用石碾碾磨细致，用模子脱制花样，焚烧使用。

脱俗香（武）

香附子（半两，蜜浸三日，慢火焙干）　梌皮（一两，焙干）

零陵香（半两，酒浸一宿，慢焙干）　栋花（一两，晒干）　椺滤核（一两）　荔枝壳（一两）

右并精细拣择为末，加龙脑少许，炼蜜拌匀，入磁盒封窖十余日，旋取烧之。

【译文】

香附子半两用蜜浸泡三日，慢火焙干，桄皮一两焙干，零陵香半两用酒浸渍一宿，慢焙干，栋花一两晒干，椺滤核一两，荔枝壳一两。

将以上原料精心择选，研磨成粉末。加入少许龙脑，用炼蜜将香末搅拌均匀，放进瓷盒中密封窖藏十多天，随即取出焚烧。

文英香

甘松　藿香　茅香　白芷　麝檀香　零陵香　丁香皮　元参
降真香（以上各二两）　白檀（半两）

右为末，炼蜜半斤，少入朴硝，和香焚之。

【译文】

甘松、藿香、茅香、白芷、麝檀香、零陵香、丁香皮、元参、降真香，以上原料各二两，白檀香半两。

以上原料磨成粉末，加入炼蜜半斤，再加入少许朴硝，研磨成粉末焚烧使用。

心清香

沉檀（各一拇指大）　丁香母（一分）　丁香皮（三分）　樟脑（一两）　麝香（少许）　无缝炭（四两）

右同为末，拌匀，重汤煮蜜，去浮泡，和剂磁器中窖。

【译文】

沉香、檀香各取拇指大小，丁香母一分，丁香皮三分，樟脑一两，麝香少许，无缝炭四两。

将以上原料研磨成粉末，搅拌均匀，隔水蒸煮蜂蜜，撇去浮泡，加入香末调和成剂，放进瓷器中储藏。

琼心香

栈香（半两）　丁香（三十枚）　檀香（一分，腊茶清浸煮）麝香（五分）　黄丹（一分）

右为末，炼蜜和匀，作膏焚之。

【译文】

栈香半两，丁香三十枚，檀香一分，用腊茶清浸煮过，麝香五分，黄丹一分。

将以上原料研磨成粉末，用炼蜜调和均匀，制作成膏焚烧使用。

太真香

沉香（一两）　栈香（二两）　龙脑（一钱）　麝香（一钱）　白檀（一两，细剉，白蜜半盏相和蒸干）　甲香（一两）

右为细末，和匀，重汤煮蜜为膏，作饼子窨一月，焚之。

【译文】

沉香一两，栈香二两，龙脑一钱，麝香一钱，白檀一两细细切碎，用白蜜半盏调和蒸干，甲香一两。

将以上原料研磨成粉末，调和均匀，加入蜂蜜，隔水蒸煮成膏，制作成香饼窨藏一个月，焚烧使用。

大洞真香

乳香（一两）　白檀（一两）　栈香（一两）　丁皮（一两）　沉香（一两）　甘松（半两）　零陵香（二两）　藿香叶（二两）

右为末，炼蜜和膏爇之。

【译文】

乳香一两，白檀一两，栈香一两，丁皮一两，沉香一两，甘松半两，零陵香二两，藿香叶二两。

将以上原料研磨成粉末，用炼蜜调和成膏焚烧使用。

天真香

沉香（三两，剉） 丁香（一两，新好者） 麝檀（一两，剉、炒） 元参（半两，洗切，微焙） 生龙脑（半两，另研） 麝香（三钱，另研） 甘草末（二钱，另研） 焰硝（少许） 甲香（一钱，制）

右为末，与脑、麝和匀，白蜜六两炼去泡沫，入焰硝及香末，丸如鸡头大，蒸之，熏衣最妙。

【译文】

沉香三两细细切碎，选用新鲜的丁香一两，麝檀香一两细细切碎，炒熟，元参半两洗好切碎，微微烘焙，生龙脑半两单独研磨，麝香三钱单独研磨，甘草末二钱单独研磨，焰硝少许，已经制好的甲香一钱。

将以上原料研磨成粉末，和龙脑、麝香调和均匀。白蜜六两，除去泡沫，加入焰硝和香末调制，搓成鸡头米大小的香丸。焚烧此香，用于熏衣的效果最好。

玉蕊香

玉蕊香一（一名百花新香）

白檀香（一两） 丁香（一两） 栈香（一两） 元参（二两）黄熟香（二两） 甘松（半两，净） 麝香（三分）

右炼蜜为膏和，窨如常法。

玉蕊香二

元参（半两，银器煮干，再炒令微烟出） 甘松（四两） 白檀（二钱，剉）

480

右为末，真麝香、乳香二钱研入，炼蜜丸如芡子大。

玉蕊香三

白檀香（四钱） 丁香皮（八钱） 龙脑（四钱） 安息香（一钱） 桐木麸炭（四钱） 脑麝（少许）

右为末，蜜剂和，油纸裹磁盒贮之，窨半月。

【译文】

玉蕊香一（一名百花新香）

白檀香一两，丁香一两，栈香一两，元参二两，黄熟香二两，甘松半两净，麝香三分。

将以上原料用炼蜜调和成膏状，依照寻常方法窨藏。

玉蕊香二

元参半两用银器煮干，再炒令微烟出，甘松四两，白檀二钱切碎。

将以上原料研磨成粉末，加入真麝香、乳香二钱研磨，再加入炼蜜，搓成芡实大小的香丸。

玉蕊香三

白檀香四钱，丁香皮八钱，龙脑四钱，安息香一钱，桐木麸炭四钱，脑香和麝香少许。

将以上原料研磨成粉末，用蜂蜜调和成剂。用油纸包好，瓷盒贮藏，窨藏半个月。

庐陵香

紫檀（七十二铢即三两，屑之，熬一两半） 栈香（十二铢即半两） 甲香（二铢半即一钱，制） 苏合油（五铢即二钱二分，无亦可） 麝香（三铢即一钱一字） 沉香（六铢一分） 元参（一铢半即半钱）

右用沙梨十枚切片研绞，取汁。青州枣二十枚，水二碗熬浓，浸紫檀一夕，微火煮干。入炼蜜及焰硝各半两，与诸药研和，窨一月爇之。

【译文】

紫檀七十二铢，即三两，切成碎屑之，熬一两半，栈香十二铢即半两，已经制好的甲香二铢半，即一钱，苏合油五铢即二钱二分，没有也可以，麝香三铢，即一钱一字，沉香六铢一分，元参一铢半，即半钱。

沙梨十个切成片，研磨绞碎，取其汁液；青州枣二十个，加入两碗水熬成浓汤；将紫檀浸渍一夜，用微火煮干，加入炼蜜和烟硝各半两，与诸味香料研细调和，窖藏一个月焚烧使用。

康漕紫瑞香

白檀（一两，为末） 羊胫骨炭（半秤捣罗）

右用九两磁器重汤煮热，先将炭煤与蜜溲和匀，次入檀末，更用麝半钱或一钱，别器研细，以好酒化开，洒入前件。香剂入磁罐，封窖一月取爇之，久窖尤佳。

【译文】

白檀一两研磨成粉末，羊胫骨炭半秤，筛制。

取以上原料，加入蜂蜜九两，用瓷器隔水蒸煮，水热后，先把炭煤和蜂蜜搅拌均匀，再加入檀香末。选麝香半钱或一钱，用单独的器皿研磨仔细，用好酒化开，加入之前制成的香剂中，用瓷罐密封窖藏一个月，取出焚烧，久经窖藏后效果尤其好。

灵犀香

鸡舌香（八钱） 甘松（三钱） 零陵香（一两半） 藿香（一两半）

右为末，炼蜜和剂，窖烧如常法。

【译文】

鸡舌香八钱，甘松三钱，零陵香一两半，藿香一两半。

将以上原料研磨成粉末，用炼蜜调和成香剂，窖藏，用寻常方法焚烧。

仙萸香

甘菊蕊（一两） 檀香（一两） 零陵香（一两） 白芷（一两） 脑麝（各少许，乳钵研）

右为末，以梨汁和剂，捻作饼子曝干。

【译文】

甘菊蕊一两，檀香一两，零陵香一两，白芷一两，脑龙、麝香各少许，放在乳钵里研磨。

将以上原料研磨成粉末，用梨汁调和成剂，揉搓成香饼，暴晒到干。

降仙香

檀香末（四两，蜜少许和为膏） 元参（二两） 甘松（二两） 川零陵香（一两） 麝香（少许）

右为末，以檀香膏子和之，如常法爇。

【译文】

檀香末四两用少许蜂蜜调和成膏，元参二两，甘松二两，川零陵香一两，麝香少许。

将以上原料研磨成粉末，用檀香膏调和，用寻常方法焚烧。

可人香

歌曰：丁香沉檀各两半，脑麝三钱中半良，二两乌香杉炭是，蜜丸爇处可人香。

【译文】

香方歌谣说：丁香沉檀各两半，脑麝三钱中半良，二两乌香杉炭是，蜜丸爇处可人香。

禁中非烟香

禁中非烟香一

歌曰：脑麝沉檀俱半两，丁香一分重三钱，蜜和细捣为圆饼，得自宣和禁闼传。

禁中非烟香二

沉香（半两） 白檀（四两，劈作十块，胯茶清浸少时） 丁香（二两） 降真香（二两） 郁金（二两） 甲香（三两，制）

右细末，入麝少许，以白芨末滴水和，捻饼子窨爇之。

【译文】

禁中非烟香一

香方歌谣说：脑麝沉檀俱半两，丁香一分重三钱，蜜和细捣为圆饼，得自宣和禁闼传。

禁中非烟香二

沉香半两，白檀四两劈作十块，用腊茶清浸片刻，丁香二两，降真香二两，郁金二两，已制好的甲香三两。

把以上原料研磨成粉末，加入少许麝香，用白芨末滴水调和成香剂，捻成香饼，窨藏后即可焚烧。

复古东阁云头香（售）

真腊沉香（十两） 金颜香（三两） 拂手香（三两） 番栀子（一两） 梅花片脑（二两半） 龙涎（二两） 麝香（二两） 石芝（一两） 制甲香（半两）

右为细末，蔷薇水和匀，用石之脱花，如常法爇之。如无蔷薇水，以淡水和之亦可。

【译文】

真腊沉香十两，金颜香三两，拂手香三两，番栀子一两，梅花片脑二两半，龙涎二两，麝香二两，石芝一两，制甲香半两。

将以上原料研磨成粉末，用蔷薇水将其调和均匀，用石碾碾制，用模子脱制成花样，依照寻常方法焚烧使用。如果没有蔷薇水，用淡水调和也可以。

崔贤妃瑶英胜

沉香（四两） 拂手香（半两） 麝香（半两） 金颜香（三两半） 石芝（半两）

右为细末同和，作饼子，排银盆或盘内，盛夏烈日晒干，以新软刷子出其光，贮于锡盆内，如常爇之。

【译文】

沉香四两，拂手香半两，麝香半两，金颜香三两半，石芝半两。

将以上原料研磨成粉末，一同调和过碾，制作成香饼，排列在银盆或盘子内，在盛夏的烈日下晒干，用新制的软刷子刷出光亮，储藏在锡盆里，依照寻常方法熏烧使用。

元若虚总管瑶英胜

龙涎（一两） 大食栀子（二两） 沉香（十两，上等者） 梅花龙脑（七钱，雪白者） 麝香当门子（半两）

右先将沉香细剉，令极细，方用蔷薇水浸一宿，次日再上三五次，别用石一次。龙脑等四味极细，方与沉香相合，和匀，再上石一次。如水脉稍多，用纸糁，令干湿得所。

【译文】

龙涎一两，大食栀子二两，上等的沉香十两，雪白的梅花龙脑七钱，麝香当门子半两。

以上原料，先把沉香切细，碾成极细的粉末，用蔷薇水浸渍一夜，次日上碾磨三五次，再用石碾研磨一次。将龙脑等四味香料研磨成极细的粉末，和沉香调和均匀，再上石碾碾制一次。如果水太多，就用纸把水吸干，令其干湿得当。

韩钤辖正德香

上等沉香（十两，末） 梅花片脑（一两） 番栀子（一两） 龙涎（半两） 石芝（半两） 金颜香（半两） 麝香肉（半两）

右用蔷薇水和匀，令干湿得中，上石细脱花子爇之，或作数珠佩戴。

【译文】

上等沉香十两研磨成粉末，梅花片脑一两，番栀子一两，龙涎半两，石芝半两，金颜香半两，麝香肉半两。

把以上原料研磨成粉末，用蔷薇水调和均匀，使其干湿得当，在石碾上研磨细致，倒入模子，脱制成花子，焚烧使用，或制成数珠佩戴。

滁州公库天花香

486

玄参（四两） 甘松（二两） 檀香（一两） 麝香（五分）

右除麝香别研外，余三味细剉如米粒许，白蜜六两拌匀，贮磁罐内，久窨乃佳。

【译文】

玄参四两，甘松二两，檀香一两，麝香五分。

以上原料，除了麝香单独研磨之外，将其余的三味香料切成米粒状，加入白蜜六两拌匀，储藏在瓷罐内，久藏于窨中，乃成佳品。

玉春新科香（补）

沉香（五两） 栈香（二两半） 紫檀香（二两半） 米脑（一两） 梅花脑（二钱半） 麝香（七钱半） 木香（一钱半） 金颜香（一两半） 丁香（一钱半） 石脂（半两，好者） 白芨（二两半） 胯茶（新者一胯半）

右为细末，次入脑、麝研，皂儿仁半斤浓煎膏和，杵千百下，脱花阴干刷光，磁器收贮，如常法蒸之。

【译文】

沉香五两，栈香二两半，紫檀香二两半，米脑一两，梅花脑二钱半，麝香七钱半，木香一钱半，金颜香一两半，丁香一钱半，上好石脂半两，白芨二两半，新腊茶一胯半。

将以上原料研磨成粉末，再加入脑香、麝香研磨，把香末倒入半斤皂荚煎制的浓膏中调制，用杵捣制千百下，用模子脱制成花样，阴干，刷光，用瓷器收贮，按照寻常方法焚烧使用。

辛押陀罗亚悉香（沈）

沉香（五两） 兜娄香（五两） 檀香（三两） 甲香（三两，制） 丁香（半两） 大芎䓖（半两） 降真香（半两） 安息香（三钱） 米脑（二钱，白者） 麝香（二钱） 鉴临（二钱，另研，详或异名）

右为细末，以蔷薇水、苏合油和剂，作丸或饼蒸之。

【译文】

沉香五两，兜娄香五两，檀香三两，已制好的甲香三两，丁香半两，大芎䓖半两，降真香半两，安息香三钱，白的米脑二钱，麝香二钱，鉴临（这一味原料可能是别名）二钱单独研磨。

将以上原料研磨成粉末，用蔷薇水、苏合油调和成香剂，制作成香丸或香饼焚烧。

瑞龙香

沉香（一两） 占城麝檀（三钱） 占城沉香（三钱） 迦阑木（二钱） 龙涎（一钱） 龙脑（二钱，金脚者） 檀香（半钱） 笃耨香（半钱） 大食水（五滴） 蔷薇水（不拘多少） 大食栀子花

（一钱）

右为极细末，拌和令匀，于净石上如泥，入模脱。

【译文】

沉香一两，占城麝檀香三钱，占城沉香三钱，迦阑木二钱，龙涎一钱，金脚的龙脑二钱，檀香半钱，笃耨香半钱，大食水五滴，蔷薇水不拘多少，大食栀子花一钱。

将以上原料研磨成极细的粉末，搅拌调和均匀，在净石上研磨成泥状，放入模中脱制成香。

华盖香

龙脑（一钱） 麝香（一钱） 香附子（半两，去毛） 白芷（半两） 甘松（半两） 松纳（一两） 零陵叶（半两） 草荳蔻（一两） 茅香（半两） 檀香（半两） 沉香（半两） 酸枣肉（以肥、红、小者，湿生者尤妙，用水熬成膏汁）

右件为细末，炼蜜与枣膏溲和令匀，木臼捣之，以不粘为度，丸如鸡豆实大，烧之。

【译文】

龙脑一钱，麝香一钱，去毛得到香附子半两，白芷半两，甘松半两，松纳一两，零陵叶半两，草荳蔻一两，茅香半两，檀香半两，沉香半两，用肥厚、红色、小一点的酸枣肉，湿生的酸枣更好，加水熬成膏汁。

将以上原料研磨成粉末，用炼蜜与枣膏将其搅拌均匀，放入木臼中捣制，以不黏为限，制成鸡头米大小的香丸，焚烧使用。

华盖香（补）

歌曰：沉檀香附兼山麝，艾纳酸仁分两同，炼蜜拌匀磁器窨，翠烟如盖满庭中。

【译文】

香方歌谣说：沉檀香附兼山麝，艾纳酸仁分两同，炼蜜拌匀磁器窨，翠烟如盖满庭中。

宝林香

黄熟香　白檀香　栈香　甘松　藿香叶　零陵香叶　荷叶紫背浮萍（以上各一两）　茅香（半斤，去毛，酒浸，以蜜拌炒，令黄）

右件为细末，炼蜜和匀丸，如皂子大，无风处烧之。

【译文】

黄熟香、白檀香、栈香、甘松、藿香叶、零陵香叶、荷叶紫背浮萍，以上各一两，茅香半斤去毛，用酒浸渍，加入蜂蜜炒匀，使其变成黄色。

将以上原料研磨成细末，用炼蜜调和均匀，搓成皂荚大小的丸子。在避风处焚烧使用。

489

巡筵香

龙脑（一钱）　乳香（半钱）　荷叶（半两）　浮萍（半两）　旱莲（半两）　瓦松（半两）　水衣（半两）　松纳（半两）

右为细末，炼蜜和匀，丸如弹子大，慢火烧之，从主人起，以净水一盏引烟入水盏内，巡筵旋转，香烟接了去水栈，其香终而方断。

以上三方亦名"三宝殊熏"。

【译文】

龙脑一钱，乳香半钱，荷叶半两，浮萍半两，旱莲半两，瓦松半两，水衣半两，松纳半两。

将以上原料研磨成粉末，用炼蜜调和均匀，搓成弹子大小的香丸，用慢火烧制。从主人所坐的主位，用一盏清水，将香烟引到水里，盏中香烟围绕着筵席旋转，香烟连绵。泼去水，香烟才断绝。

以上三种香方也被称为"三宝殊熏"。

宝金香

沉香（一两）　檀香（一两）　乳香（一钱，另研）　紫矿（二钱）　金颜香（一钱，另研）　安息香（一钱，另研）　甲香（一钱）　麝香（二钱，另研）　石芝（二钱）　川芎（一钱）　木香（一钱）　白荳蔻（二钱）　龙脑（二钱）

右为细末拌匀，炼蜜作剂捻饼子，金箔为衣。

【译文】

沉香一两，檀香一两，乳香一钱单独研磨，紫矿二钱，金颜香一钱，单独研磨，安息香一钱，单独研磨，甲香一钱，麝香二钱，单独研磨，石芝二钱，川芎一钱，木香一钱，白荳蔻二钱，龙脑二钱。

把以上原料研磨成粉末搅拌均匀，用炼蜜调和成香剂捏成香饼，用金箔制成香衣。

云盖香

艾纳　艾叶　荷叶　扁柏叶（各等分）

右俱烧，存性为末，炼蜜作别香剂，用如常法。

【译文】

艾纳、艾叶、荷叶、扁柏叶各取同等分量。

将以上原料全部焚烧，存性，制作成粉末，用炼蜜制成香剂，按照寻常方法使用。

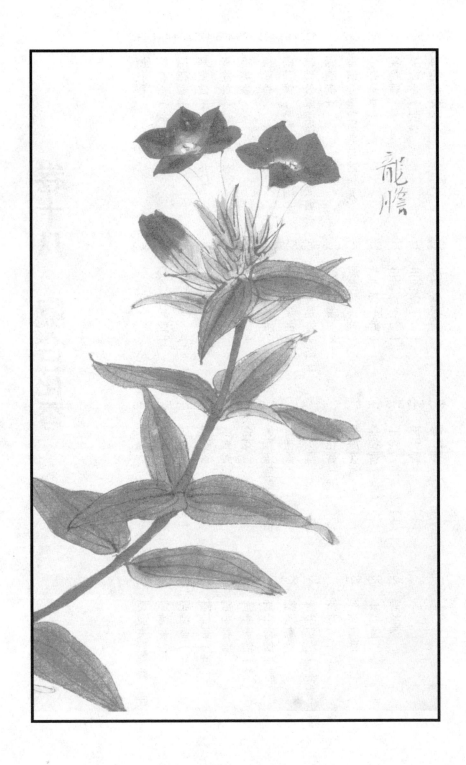
龍膽

梅花香

梅花香一

丁香（一两）　藿香（一两）　甘松（一两）　檀香（一两）　丁皮（半两）　牡丹皮（半两）　零陵香（二两）　辛夷（半两）　龙脑（一钱）

右为末，用如常法，尤宜佩戴。

梅花香二

甘松（一两）　零陵香（一两）　檀香（半两）　茴香（半两）丁香（一百枚）　龙脑（少许，另研）

右为细末，炼蜜合和，干湿皆可焚。

梅花香三

丁香枝杖（一两）　零陵香（一两）　白茅香（一两）　甘松（一两）　白檀（一两）　白梅末（二钱）　杏仁（十五个）　丁香（三钱）　白蜜（半斤）

右为细末，炼蜜作剂，窨七日烧之。

【译文】

梅花香一

丁香一两，藿香一两，甘松一两，檀香一两，丁皮半两，牡丹皮半两，零陵香二两，辛夷半两，龙脑一钱。

将以上原料研磨成粉末，用寻常方法制香，尤其适合当作佩戴用香。

梅花香二

甘松一两，零陵香一两，檀香半两，茴香半两，丁香一百枚，龙脑少许单独研磨。

将以上原料研磨成细末，用炼蜜调和，干湿皆可用于焚烧。

梅花香三

丁香枝杖一两，零陵香一两，白茅香一两，甘松一两，白檀一两，白梅末二钱，杏仁十五个，丁香三钱，白蜜半斤。

将以上原料研磨成细末，用炼蜜调和成香剂，窖藏七天后焚烧。

梅花香（武）

沉香（五钱）　檀香（五钱）　丁香（五钱）　丁香皮（五钱）
麝香（少许）　龙脑（少许）

右除脑、麝二味乳钵细研，入杉木炭煤二两，共香和匀，炼白蜜杵匀捻饼，入无渗磁瓶窖久，以玉片衬烧之。

【译文】

沉香五钱，檀香五钱，丁香五钱，丁香皮五钱，麝香少许，龙脑少许。

除龙脑和麝香两味外，将以上原料倒入乳钵之中，细细研磨，加入杉木煤炭二两，与香末调和均匀，用炼蜜捣匀后搓制成香饼，放入不渗漏的瓷瓶中，窖藏较长时间。烧香时，需要用玉片衬隔。

494

梅花香（沈）

玄参（四两）　甘松（四两）　麝香（少许）　甲香（三钱，先以泥浆慢煮，次用蜜制）

右为细末，炼蜜作丸，如常法爇之。

【译文】

玄参四两，甘松四两，麝香少许，甲香三钱先用泥浆慢火熬煮，再用蜂蜜调制。

将以上原料研磨成细末，用炼蜜调和，搓制成香丸，按照寻常方法焚烧。

寿阳公主梅花香（沈）

甘松（半两）　白芷（半两）　牡丹皮（半两）　藁本（半两）
茴香（一两）　丁皮（一两，不见火）　檀香（一两）　降真香（二
钱）　白梅（一百枚）

右除丁皮，余皆焙干为粗末，磁器窨月余，如常法爇之。

【译文】

甘松半两，白芷半两，牡丹皮半两，藁本半两，茴香一两，丁皮
一两不用火烤，檀香一两，降真香二钱，白梅一百枚。

以上原料，除丁皮外，全部烘干，调制成粗末，用瓷器窨藏月余，
按照寻常方法焚烧使用。

李主帐中梅花香（补）

丁香（一两，新好者）　沉香（一两）　紫檀香（半两）　甘松
（半两）　零陵香（半两）　龙脑（四钱）　麝香（四钱）　杉松麸炭
末（一两）　制甲香（三分）

右为细末，炼蜜放冷和丸，窨半月爇之。

【译文】

选用新鲜上好的丁香一两，沉香一两，紫檀香半两，甘松半两，
零陵香半两，龙脑四钱，麝香四钱，杉松炭末一两，制过的甲香三分。

将以上原料研磨成细末，将炼蜜放凉与原料调和成香丸，窨藏半
月后焚烧使用。

梅英香

梅英香一

拣丁香（三钱）　白梅末（三钱）　零陵香叶（二钱）　木香
（一钱）　甘松（五分）

右为细末，炼蜜作剂，窨烧之。

梅英香二

沉香（三两，剉末） 丁香（四两） 龙脑（七钱，另研） 苏合油（二钱） 甲香（二钱，制） 硝石末（一钱）

右细末入乌香末一钱，炼蜜和匀，丸如芡实大焚之。

【译文】

梅英香一

拣丁香三钱，白梅末三钱，零陵香叶二钱，木香一钱，甘松五分。

将以上原料研磨成细末，加入炼蜜，调制成香剂，窨藏后焚烧。

梅英香二

沉香三两切成碎末，丁香四两，龙脑七钱单独研磨，苏合油二钱，甲香二钱制过，硝石末一钱。

将以上原料研磨成细末，加入乌香末一钱，用炼蜜调和均匀，制成芡实大小的香丸焚烧使用。

梅蕊香

檀香（一两半，建茶浸三日，银器中炒令紫色碎者，旋取之） 栈香（三钱半，剉细末，入蜜一盏、酒半盏，以沙盒盛蒸，取出炒干） 甲香（半两，浆水泥一块同浸三日，取出再以浆水一碗煮干，更以酒一碗煮，于银器内炒黄色） 玄参（切片，入焰硝一钱、蜜一盏、酒一盏，煮干为度，炒令脆，不犯铁器） 龙脑（二钱，另研） 麝香当门子（二字，另研）

右为细末，先以甘草半两搥碎，沸汤一斤浸，候冷取出甘草不用。白蜜半斤煎，拨去浮蜡，与甘草汤同煮，放冷，入香末。次入脑麝及杉树油节炭二两和匀，捻作饼子，贮磁器内窨一月。

【译文】

檀香一两半用建茶浸泡三天，放入到银器之中炒成紫色碎粒，取出待用，栈香三钱半切成细末，加入一盏蜜、半盏酒，装入沙盒中蒸煮后，取出炒干，甲香半两与浆水泥一同浸泡三天后取出，加入一盏浆水，煮干后，再加入一盏酒，在银器中煮干，炒至黄色，玄参切成片，加入焰硝一钱、蜜一盏、酒一盏，煮干后炒至脆，过程中不使用铁器，龙脑二钱单独研磨，麝香当门子二字单独研磨。

将以上原料研磨成细末。先将半两甘草捶碎，煮成沸汤一斤，放凉之后取出甘草。白蜜半斤，煎去浮蜡，将其与甘草汤一同煮制，放凉之后，加入香末，再加入脑香、麝香和杉树油节炭二两，调和均匀后揉搓成香饼，储藏在瓷器之中窖藏一个月。

梅蕊香（武）（又名一枝梅）

歌曰：沉香一分丁香半，烀炭筛罗五两灰，炼蜜丸烧加脑麝，东风吹绽一枝梅。

【译文】

香方歌谣：沉香一分丁香半，烀炭筛罗五两灰，炼蜜丸烧加脑麝，东风吹绽一枝梅。

韩魏公浓梅香（洪）（又名返魂梅）

黑角沉（半两）　丁香（一钱）　腊茶末（一钱）　郁金（五分，小者，麦麸炒赤色）　麝香（一字）　定粉（一米粒，即韶粉[①]）　白蜜（一盏）

右各为末，麝先细研，取腊茶之半，汤点澄清调麝，次入沉香，次入丁香，次入郁金，次入余茶及定粉，共研细乃入蜜，令稀稠得所，收砂瓶器中窖月余取烧。久则益佳。烧时以云母石或银叶衬之。

黄太史《跋》云："余与洪上座同宿潭之碧厢门外舟[②]，衡岳花光仲仁寄墨梅二幅[③]，扣舟而至，聚观于下。予曰：'只欠香耳。'洪笑，发囊取一炷焚之，如嫩寒清晓行孤山篱落间。怪而问其所得？云：'东坡得于韩忠献家④，知子有香癖而不相授，岂小谴⑤？'其后驹父集古今香方，自谓无以过此。予以其名未显易之云。"

【注释】

①韶粉：即铅粉，为白色粉末。明宋应星《天工开物·胡粉》："此物因古辰韶诸郡专造，故曰韶粉（俗名朝粉）。今则各省饶为之矣。其质入丹青，则白不减。擦妇人颊，能使本色转青。"

②洪上座：即洪刍。

③花光仲仁：衡山花光寺仲仁长老。

④韩忠献：即韩琦，韩魏公。

⑤小谴：意为小罪。

【译文】

黑角沉半两，丁香一钱，腊茶末一钱，郁金五分，选用个体较小的，用麦麸炒成红色，麝香一字，定粉一米粒（即韶粉），白蜜一盏。

将以上原料分别研磨成粉末。先把麝香研磨成细末，取腊茶茶汤的角子，放至澄清，用来调制麝香末。再依次加入沉香、丁香、郁金、余茶、定粉，混合研细，加入蜂蜜后，调和至稀稠得当。收入砂瓶器皿之中，窖藏月余，取出烧用。长时间窖藏效果更好。焚烧这种香时用云母或银叶衬隔。

黄太史《跋》云："我与洪上座一同在潭之碧厢门外的小舟之中歇宿，衡山花光仲仁送来墨梅二幅，叩舟而来。我们聚集观赏。我说：'现在只差焚香了。'洪上座笑着打开行囊，取出了一炷香焚烧。香气所到之处，如同微寒天气、清冷早晨在孤山篱落之间行走一样。我感觉到了香气的奇怪，问他这种香是从哪里来的？他回答说：'是苏东坡从韩忠献家得来的。明知我有爱香的癖好，却不相赠，岂不是罪过？'后来，驹父会集古今香方，自称没有香能够比得上这种香。我认为其香名不显，所以为其更名。"

香谱补遗（所载与前稍异，今并录之）

腊沉（一两）　龙脑（五分）　麝香（五分）　定粉（二钱）　郁金（五钱）　腊茶末（二钱）　鹅梨（二枚）　白蜜（二两）

右先将梨去皮，姜擦梨上，捣碎旋扭，汁与蜜同熬过，在一净盏内，调定粉、茶、郁金香末，次入沉香、龙脑、麝香，和为一块，油纸裹入磁盒内，地窖半月取出，如欲遗人，圆如芡实，金箔为衣，十圆作贴。

【译文】

腊沉一两，龙脑五分，麝香五分，定粉二钱，郁金五钱，腊茶末二钱，鹅梨二枚，白蜜二两。

以上原料，先将鹅梨削去皮，用姜擦把梨捣碎，随即挤出汁液，与蜂蜜一同熬制。在一个洁净的小盖之中，调好定粉、腊茶和郁金香末，再加入沉香、龙脑和麝香调和成一体，用油纸包裹放入瓷盒中，埋入地下窖藏半月后取出。如果想要拿来赠与他人，则搓制成芡实大小的香丸，用金箔制成香衣，十个香丸作为一贴。

笑梅香

笑梅香一

榅桲①（二个）　檀香（五钱）　沉香（三钱）　金颜香（四钱）　麝香（一钱）

右将榅桲割破顶子，以小刀剔去瓤并子，将沉香、檀香为极细末入于内，将原割下顶子盖着，以麻缕缚定②，用生面一块裹榅桲在内，慢灰火烧，黄熟为度，去面不用，取榅桲研为膏。别将麝香、金颜香研极细，入膏内相和，研匀，雕花印脱，阴干烧之。

笑梅香二

沉香（一两）　乌梅（一两）　芎藭（一两）　甘松（一两）　檀香（五钱）

卷十八　凝合花香

右为末，入脑、麝少许，蜜和，瓷盒内窨，旋取烧之。

笑梅香三

栈香（二钱） 丁香（二钱） 甘松（二钱） 零陵香（二钱，共为粗末） 朴硝（一两） 脑麝（各五分）

右研匀，入脑、麝、朴硝、生蜜溲和，瓷盒封窨半月。

【注释】

①榅桲：一种乔木的果实，略似大的黄色苹果，不同的是每一心皮有许多种子，其种子含胶质，可做胶水。

②麻缕：即麻线。

【译文】

笑梅香一

榅桲两个，檀香五钱，沉香三钱，金颜香四钱，麝香一钱。

以上原料，先将榅桲割破顶部，再用小刀剔去内瓤和子。将沉香和檀香制成极细的粉末填入榅桲之中，把原来割下的顶部盖在上面，用麻绳绑好后，用生面将榅桲包裹好，慢火烧烤至表面黄熟。除去面后，将烧好的榅桲研磨成膏状。再将麝香和金颜香研磨成极细的粉末，加入膏内调和均匀。用雕花模印脱制，阴干后便可焚烧使用。

笑梅香二

沉香一两，乌梅一两，芎藭一两，甘松一两，檀香五钱。

将以上原料研磨成粉末，放入脑香和麝香少许，用蜜调和，放到瓷盒中窨藏，取出后随即焚烧即可。

笑梅香三

栈香二钱，丁香二钱，甘松二钱，零陵香二钱一并研磨成粗末，朴硝一两，脑香、麝香各五分。

将以上原料研磨成粉末调和均匀，加入脑香、麝香和朴硝，与生蜜搅拌后，放入瓷盒之中密封窨藏半月。

笑梅香（武）

笑梅香一

丁香（百粒） 茴香（一两） 檀香（五钱） 甘松（五钱） 零陵香（五钱） 麝香（五分）

右为细末，蜜和成块，分爇之。

笑梅香二

沉香（一两） 檀香（一两） 白梅肉（一两） 丁香（八钱） 木香（七钱） 牙硝（五钱，研） 丁香皮（二钱，去粗皮） 麝香（少许） 白芨末

右为细末，白芨煮糊和匀，入范子印花，阴干烧之。

【译文】

笑梅香一

丁香百粒，茴香一两，檀香五钱，甘松五钱，零陵香五钱，麝香五分。

将以上原料研磨成细末，用蜂蜜调制成香块，分别焚烧。

笑梅香二

沉香一两，檀香一两，白梅肉一两，丁香八钱，木香七钱，牙硝五钱研磨，丁香皮二钱去掉粗皮，麝香少许，白芨末。

将以上原料研磨成细末，用白芨末煮成糊状，与香末调和均匀后倒入模子里印花，阴干后取出焚烧使用。

肖梅韵香（补）

韶脑（四两） 丁香皮（四两） 白檀（五钱） 桐灰（六两） 麝香（一钱）

别一方加沉香一两。

右先捣丁香、檀、灰为末，次入脑、麝，热蜜拌匀，杵三五百下，封窨半月取爇之。

【译文】

韶脑四两，丁香皮四两，白檀五钱，桐灰六两，麝香一钱。

另外一个香方需要加入沉香一两。

以上原料，先将丁香、白檀、桐灰捣成粉末，再加入韶脑、麝香和热蜂蜜搅拌均匀，杵捣三五百下后，窖藏密封半个月，取出焚烧使用。

胜梅香

歌曰：丁香一两真檀半（降真白檀），松炭筛罗一两灰，熟蜜和匀入龙脑，东风吹绽岭头梅。

【译文】

香方歌谣：丁香一两真檀半（降真、白檀），松炭筛罗一两灰，熟蜜和匀入龙脑，东风吹绽岭头梅。

鄮梅香（武）

沉香（一两）　丁香（二钱）　檀香（二钱）　麝香（五分）　浮萍草

右为末，以浮萍草取汁，加少许蜜，捻饼烧之。

【译文】

沉香一两，丁香二钱，檀香二钱，麝香五分，浮萍草。

将以上原料研磨成粉末，取出浮萍草汁液，加入少许蜂蜜，搓制成香饼后焚烧使用。

梅林香

沉香（一两）　檀香（一两）　丁香枝杖（三两）　樟脑（三两）　麝香（一钱）

右脑、麝另器细研，将三味怀干为末，用煅过硬炭末、香末和匀，白蜜重汤煮，去浮蜡放冷，旋入白杵捣数百下，取以银叶衬焚之。

沉香一两，檀香一两，丁香枝杖三两，樟脑三两，麝香一钱。

以上原料中，樟脑、麝香单独用器具细细研磨。将剩下的三味原料擦干，制成粉末留待使用。将加热过的硬炭末和香末调和均匀。白蜜隔水蒸煮后除去浮蜡，放凉后随即加入白中，与原料末一同捣制数百下便可成香。焚烧此香需要用银叶衬隔。

浥梅香（沈）

丁香（百粒） 茴香（一捻） 檀香（二两） 甘松（二两） 零陵香（二两） 脑麝（各少许）

右为细末，炼蜜作剂，蓺之。

【译文】

丁香百粒，茴香一捻，檀香二两，甘松二两，零陵香二两，脑香、麝香各少许。

将以上原料研磨成细末，用炼蜜调和成香剂，焚烧使用。

肖兰香

肖兰香一

麝香（一钱） 乳香（一钱） 麸炭末（一两） 紫檀（五两，白尤妙，刬作小片，炼白蜜一斤加少汤浸一宿取出，银器内炒微烟出）

右先将麝香乳钵内研细，次用好腊茶一钱沸汤点澄清时与麝香同研，候匀，与诸香相和匀，入臼杵令得所。如干，少加浸檀蜜水拌匀，入新器中，以纸封十数重，地坎窨一月蓺之。

肖兰香二

零陵香（七钱） 藿香（七钱） 甘松（七钱） 进制白芷（二钱） 木香（二钱） 母丁香（七钱） 官桂（二钱） 玄参（三两） 香附子（二钱） 沉香（二钱） 麝香（少许，另研）

右炼蜜和匀，捻作饼子烧之。

【译文】

肖兰香一

麝香一钱，乳香一钱，麸炭末一两，紫檀五两，白色的最好，切成小片，用一斤炼白蜜，加入少量水，浸泡一晚后取出，在银器中炒至生出微烟。

以上原料，先将麝香在乳钵中研细。用上好的腊茶一钱煮成沸汤，放至澄清后加入麝香一并研磨均匀，与以上各种香料调和均匀，放入白内捣和得当。如果太干，可以稍稍加入檀蜜水搅拌均匀。放入到新的容器中，用纸封数十重，放入地坑中窖藏一个月焚烧使用。

肖兰香二

零陵香七钱，藿香七钱，甘松七钱，白芷二钱，木香二钱，母丁香七钱，官桂二钱，玄参三两，香附子二钱，沉香二钱，麝香少许单独研磨。

将以上原料用炼蜜调和均匀，揉搓成香饼焚烧使用。

笑兰香（武）

歌曰：零藿丁檀沉木一，六钱藁本麝差轻，合和时用松花蜜，爇处无烟分外清。

【译文】

香方歌谣：零藿丁檀沉木一，六钱藁本麝差轻，合和时用松花蜜，爇处无烟分外清。

笑兰香（洪）

白檀香（一两）　丁香（一两）　栈香（一两）　甘松（五钱）
黄熟香（二两）　玄参（一两）　麝香（二钱）

右除麝香另研外，令六味同捣为末，炼蜜溲拌为膏，爇、窖如常法。

白檀香一两，丁香一两，栈香一两，甘松五钱，黄熟香二两，玄参一两，麝香二钱。

以上原料，除去麝香单独研磨外，将其余六味一同捣制成粉末，用炼蜜搅拌成膏状。焚香和窖藏的方法与平常一样。

李元老笑兰香

拣丁香（一钱，味辛者） 木香（一钱，鸡骨者） 沉香（一钱，刮去软者） 白檀香（一钱，脂腻者） 肉桂（一钱，味辛者） 麝香（五分） 白片脑（五分） 南硼砂（二钱，先研细，次入脑麝） 回纥香附（一钱，如无，以白荳蔻代之，同前六味为末）

右炼蜜和匀，更入马勃二钱许[1]，溲拌成剂，新油单纸封裹，入瓷瓶内一月取出，旋丸如菀豆状，捻饼以渍酒，名洞庭春。每酒一瓶，入香一饼化开，笋叶密封，春三日、夏秋一日、冬七日可饮，其香特美。

505

【注释】

①马勃：俗称牛屎菇、马蹄包、药包子、马屁泡，担子菌类马勃科。嫩时色白，圆球形如蘑菇，体型较大，鲜美可食用，嫩如豆腐。

【译文】

拣丁香一钱，选取气味最辛香的，木香一钱，选用最像鸡骨的，沉香一钱，刮去较软的部分，白檀香一钱，选取香脂厚腻的，肉桂一钱，选取气味辛香的，麝香五分，白片脑五分，南硼砂二钱先研磨细，再放入脑香、麝香，回纥香附一钱，如果没有，以白荳蔻代之，与前面六味原料一同研磨成粉末。

将以上原料用炼蜜调和均匀，再加入马勃二钱多，搅拌成香剂。用新油单纸封裹，放入瓷瓶之中，一个月之后取出，随即搓制成豌豆

卷十八 凝合花香

大的香丸，捏制成香饼。用这种香浸泡的酒，被称为洞庭春。每一瓶酒需要加入一枚香饼，化开后用笋叶密封，春季浸泡三天，夏秋两季浸泡一天，冬季浸泡七天，便可取出饮用，酒香特别醇美。

靖老笑兰香（新）

零陵香（七钱半）　藿香（七钱半）　甘松（七钱半）　当归（一条）　荳蔻（一个）　槟榔（一个）　木香（五钱）　丁香（五钱）　香附子（二钱半）　白芷（二钱半）　麝香（少许）

右为细末，炼蜜溲和，入臼杵百下，贮磁盒地坑埋窨一月，旋作饼，爇如常法。

【译文】

零陵香七钱半，藿香七钱半，甘松七钱半，当归一条，荳蔻一个，槟榔一个，木香五钱，丁香五钱，香附子二钱半，白芷二钱半，麝香少许。

将以上原料研磨成细末，用炼蜜搅拌，放入白中捣制数百下，贮藏在瓷盒中，埋入地坑中窨藏一个月，旋即制成香饼，按照寻常方法焚烧。

胜笑兰香

沉香（拇指大）　檀香（拇指大）　丁香（二钱）　茴香（五分）　丁香皮（三两）　檀脑（五钱）　麝香（五分）　煤末（五两）　白蜜（半斤）　甲香（二十片，黄泥煮去净洗）

右为细末，炼蜜和匀，入瓷器内封窨，旋丸烧之。

【译文】

拇指大的沉香，拇指大的檀香，丁香二钱，茴香五分，丁香皮三两，檀脑五钱，麝香五分，煤末五两，白蜜半斤，甲香二十片用黄泥煮过，除去泥后洗净。

将以上原料研磨成细末，用炼蜜调和均匀，放入瓷器中密封窖藏，取出后制成香丸用于焚烧。

胜兰香（补）

歌曰：甲香一分煮三番，二两乌沉一两檀，冰麝一钱龙脑半，蜜和清婉胜芳兰。

【译文】

香方歌谣：甲香一分煮三番，二两乌沉一两檀，冰麝一钱龙脑半，蜜和清婉胜芳兰。

秀兰香（武）

歌曰：沉藿零陵俱半两，丁香一分麝三钱，细捣蜜和为饼子，芬芳香自禁中传。

【译文】

香方歌谣：沉藿零陵俱半两，丁香一分麝三钱，细捣蜜和为饼子，芬芳香自禁中传。

兰蕊香（补）

栈香（三钱）　檀香（三钱）　乳香（二钱）　丁香（三十枚）麝香（五分）

右为末，以蒸鹅梨汁和作饼子，窨干，烧如常法。

【译文】

栈香三钱，檀香三钱，乳香二钱，丁香三十枚，麝香五分。

将以上原料研磨成粉末，用鹅梨汁蒸过后调制成香饼，窖藏阴干，按照寻常方法焚烧。

兰远香（补）

沉香（一两）　速香（一两）　黄连（一两）　甘松（一两）　丁香皮（五钱）　紫胜香（五钱）

右为细末，以苏合油和作饼子，爇之。

【译文】

沉香一两，速香一两，黄连一两，甘松一两，丁香皮五钱，紫胜香五钱。

将以上原料研磨成细末，用苏合油调和制成香饼，焚烧使用。

木犀香

木犀香一

降真（一两）　檀香（一钱，另为末作缠）　腊茶（半胯，碎）

右以纱囊盛降真香置磁器内，用新净器盛鹅梨汁浸二宿，及茶浸，候软透去茶不用，拌檀窨烧。

木犀香二

采木犀未开者，以生蜜拌匀，不可蜜多，实捺入磁器中，地坎埋窨，日久愈奇。取出于乳钵内研，拍作饼子，油单纸裹收，逐旋取烧。采花时不得犯手，剪取为妙。

【译文】

木犀香一

降真一两，檀香一钱单独研磨成粉末，腊茶半胯研成碎末。

将降真香用纱囊盛好，放在瓷器中，用新的洁净的容器盛放鹅梨或凤栖梨汁液，浸泡两晚，放入茶中，等降真香软透后，除去茶水，再用檀香末搅拌均匀，窨藏后烧用。

木犀香二

采摘还没有开放的木犀花，用生蜜搅拌均匀，生蜜不要太多。放入瓷器中压实，埋入地坑中窨藏。长时间窨藏香气就越发清奇。取出后放到乳钵之中，研拍成香饼，用油纸包裹收藏，随后取出焚烧使用。采花的时候不要用手接触花片，最好剪取。

木犀香三

日未出时，乘露采取岩桂花含蕊开及三四分者不拘多少，炼蜜候冷拌和，以温润为度，紧入不津磁罐中，以蜡纸密封罐口，掘地深三尺，窨一月，银叶衬烧。花大开无香。

木犀香四

五更初，以竹箸取岩花未开蕊不拘多少，先以瓶底入檀香少许，方以花蕊入瓶，候满花，脑子糁花上①，皂纱幕瓶口置空所②，日收夜露四五次，少用生熟蜜相拌，浇瓶中，蜡纸封，窨烧如法。

【注释】

①糁：指洒落。

②皂纱：黑色的纱。

【译文】

木犀香三

趁太阳还没有出来，采摘带着露水的岩桂花，选取含蕊而开和开放了三四分的，不拘多少。将炼蜜放凉后，与花片搅拌调和，达到温润为止，放入不吸水的瓷罐中，压紧，用蜡纸密封罐口。掘地三尺窨藏一月。用时以银叶衬隔焚烧。如果选用已经大开的花朵制作香剂，便没有多少香气。

木犀香四

五更初，用竹筷摘取还没有开放的岩桂花蕊，不论多少。先在瓶底放入少许檀香，然后将花蕊装入瓶中，装满花后，把樟脑洒在花上。将纱蒙在瓶口，放置在空房子中，每天收取夜露四五次，用少量的生熟蜜搅拌，浇洒在瓶中，再用蜡纸密封，窨藏后取出焚烧。

木犀香（新）

沉香（半两）　檀香（半两）　茅香（一两）

右为末，以半开桂花十二两，择去蒂，研成泥，溲作剂，入石臼杵千百下即出，当风阴干，烧之。

【译文】

沉香半两，檀香半两，茅香一两。

将以上原料研磨成粉末。取半开的桂花十二两，择去花蒂，研磨成泥，搅拌成香剂，放入到石臼中捣千百下后取出，在有风的地方阴干，焚烧使用。

吴彦庄木犀香（武）

沉香（半两）　檀香（二钱五分）　丁香（十五粒）　脑子（少许，另研）　金颜香（另研，不用亦可）　麝香（少许，茶清研）　木犀花（五盏，已开未披者①，次入脑、麝同研如泥）

右以少许薄面糊入所研三物中，同前四物和剂，范为小饼窨干，如常法爇之。

【注释】

①披：指分开，裂开。

【译文】

沉香半两，檀香二钱五分，丁香十五粒，脑子少许单独研磨，金颜香单独研磨，也可以不用此原料，麝香少许用茶汤研磨，木犀花五盏，选用已经开花但还没有凋零的，再加入脑香和麝香，一同研磨成泥。

将少许薄面糊加入所研磨的三味原料之中，与此前四味原料调和成香剂，用模子制作成小饼，窨藏后阴干，按照寻常方法焚烧使用。

智月木犀香（沈）

白檀（一两，腊茶浸炒） 木香 金颜香 黑笃耨香 苏合油
麝香 白芨末（以上各一钱）

右为细末，用皂儿胶鞭和，入臼捣千下，以花脱之，依法窨爇。

【译文】

白檀一两用腊茶浸泡，木香、金颜香、黑笃耨香、苏合油、麝香、
白芨末，以上各一钱。

将以上原料研磨成细末，用皂芙胶调和，放入臼中捣制千下，用
模子脱制成形，按照寻常方法窨藏、焚烧。

桂花香

用桂蕊将放者，捣烂去汁，加冬青子，亦捣烂去汁，存渣和桂
花合一处作剂，当风处阴干，用玉版蒸，俨是桂香，甚有幽致。

【译文】

选取即将开放的桂华蕊，捣烂去汁。将冬青子捣烂去汁，留下其
渣与桂花调和成香剂，在迎风处阴干。焚香时，用玉片衬隔，俨然有
桂花香气，极具幽远的韵味。

桂枝香

沉香 降真香（等分）
右劈碎，以水浸香上一指，蒸干为末，蜜剂烧之。

【译文】

沉香、降真香各取相等分量。

将以上原料切碎，用水浸泡香料，以水没过香料一指为限度，蒸
干后制成香末，用蜜调和成香剂焚烧使用。

杏花香

杏花香一

附子沉　紫檀香　栈香　降真香（以上各一两）　甲香　熏陆香　笃耨香　塌乳香（以上各五钱）　丁香（二钱）　木香（二钱）　麝香（五分）　梅花脑（三分）

右捣为末，用蔷薇水拌匀，和作饼子，以琉璃瓶贮之，地窖一月，爇之有杏花韵度。

杏花香二

甘松（五钱）　芎藭（五钱）　麝香（二分）

右为末，炼蜜丸如弹子大，置炉中，旖旎可爱，每迎风烧之尤妙。

【译文】

杏花香一

附子沉、紫檀香、栈香、降真香，以上原料各一两。甲香、熏陆香、笃耨香、塌乳香，以上原料各五钱，丁香二钱，木香二钱，麝香五分，梅花脑三分。

将以上原料捣成粉末，用蔷薇水搅拌均匀后，调制成香饼，用琉璃瓶存储，窖藏一个月。焚香时有杏花的气韵。

杏花香二

甘松五钱，芎藭五钱，麝香二分。

将以上原料研磨成粉末，用炼蜜调和搓制成弹子大小的香丸，放置在炉中焚熏，香气旖旎可爱，每当迎风烧香，气味尤其美妙。

吴顾道侍郎杏花香

白檀香（五两，细剉，以蜜二两热汤化开，浸香三宿取出，于银器内裹紫色，入杉木炭内炒，同捣为末）　麝香（一钱，另研）　腊茶（一钱，汤点澄清，用稠脚）

右同拌令匀，以白蜜八两溲和，乳槌杵数百，贮磁器，仍镕蜡固封，地窨一月，久则愈佳。

【译文】

白檀香五两，切细，取二两蜂蜜用热水化开，将白檀香浸渍在其中，三晚后取出，放入到银器之中，变成紫色。再加入杉木炭炒制，一同捣成粉末，麝香一钱单独研磨，腊茶一钱制成茶汤，放至澄清后，取用底部黏稠的部分。

将以上原料一并搅拌均匀，加入白蜜八两调和。用乳槌捣制数百下，放入瓷器中储藏，仍然用熔蜡封好，窨藏一月，长时间窨藏效果更好。

百花香

百花香一

甘松（一两） 沉香（一两，腊茶同煮半日） 栈香（一两）丁香（一两，腊茶同煮半日） 玄参（一两，洗净，槌碎，炒焦） 麝香（一钱） 檀香（五钱，刬碎，鹅梨二个取汁浸银器内蒸） 龙脑（五分） 砂仁（一钱） 肉豆蔻（一钱）

右为细末，罗匀以生蜜溲和，捣百余杵，捻作饼子，入瓷盒封窨，如常法爇之。

百花香二

歌曰：三两甘松（别本作一两）一两芎（别本作半两），麝香少许蜜和同，丸如弹子炉中爇，一似百花迎晓风。

【译文】

百花香一

甘松一两，沉香一两与腊茶一同煮制半日，栈香一两，丁香一两用腊茶煮制半日，玄参一两洗净后捶碎，炒焦，麝香一钱，檀香五钱切碎后，选取两个鹅梨，取出其中汁液，浸泡在银器之中蒸制，龙脑五分，砂仁一钱，肉豆蔻一钱。

卷十八 凝合花香

将以上原料研磨成细末，筛匀后用生蜜调和，捣制百余下，搓制成香饼，放入瓷盒中密封窖藏，按照寻常方法焚烧使用。

百花香二

香方歌谣：三两甘松（其他版本写作一两）一两芎（其他版本写作半两），麝香少许蜜和同，丸如弹子炉中爇，一似百花迎晓风。

野花香

野花香一

栈香（一两） 檀香（一两） 降真（一两） 舶上丁皮（五钱） 龙脑（五分） 麝香（半字） 炭末（五钱）

右为末，入炭末拌匀，以炼蜜和剂，捻作饼子，地窖烧之。如要烟聚，入制过甲香一字。

野花香二

栈香（三两） 檀香（三两） 降真香（三两） 丁香（一两） 韶脑（二钱） 麝香（一字）

右除脑、麝另研外，余捣罗为末，入脑、麝拌匀，杉木炭三两烧存性为末，炼蜜和剂，入臼杵三五百下，磁罐内收贮，旋取分烧之。

野花香三

大黄（一两） 丁香 沉香 玄参 白檀（以上各五钱）

右为末，用梨汁和作饼子烧之。

【译文】

野花香一

栈香一两，檀香一两，降真一两，舶上丁皮五钱，龙脑五分，麝香半字，炭末五钱。

将以上原料研磨成粉末，加入炭末后搅拌均匀，用炼蜜调和成香剂，搓制成香饼，窖藏后焚烧。如果想要香烟聚集，加入制过的甲香一字即可。

野花香二

栈香三两，檀香三两，降真香三两，丁香一两，韶脑二钱，麝香一字。

以上原料，除了韶脑和麝香单独研磨外，其余全部捣碎，筛成粉末后，加入韶脑、麝香搅拌均匀，杉木炭三两烧过存性制成碎末。将以上原料用炼蜜调和成香剂，倒入白中捣三五百下，用瓷罐储藏，旋即取出后焚烧使用。

野花香三

大黄一两，丁香、沉香、玄参、白檀，以上香料各五钱。

将以上原料研磨成粉末，用梨汁调和制成香饼后焚烧使用。

野花香（武）

沉香　檀香　丁香　丁香皮　紫藤香（以上各五钱）　麝香（二钱）　樟脑（少许）　杉木炭（八两，研）

右蜜一斤重汤炼过，先研脑、麝，和匀入香，溲蜜作剂，杵数百下，入磁器内地窨，旋取捻饼烧之。

【译文】

沉香、檀香、丁香、丁香皮、紫藤香，以上原料各五钱，麝香二钱，樟脑少许，杉木炭八两研磨。

取出蜂蜜一斤，隔水蒸煮炼过后，先将樟脑、麝香调和均匀，加入香料，与炼蜜调成香剂，捣制数百下后，放入瓷器中埋入地下窨藏，取出后捏制成香饼焚烧使用。

后庭花香

白檀（一两）　栈香（一两）　枫乳香（一两）　龙脑（二钱）

右为末，以白芨作糊，和印花饼，窨干如常法。

【译文】

白檀一两，栈香一两，枫乳香一两，龙脑二钱。

将以上原料研磨成粉末，用白芨制成的糊调和后，用模子印成花饼，按照寻常方法窖藏、阴干。

荔枝香（沈）

沉香　檀香　白荳蔻仁　西香附子　金颜香　肉桂（以上各一两）　马牙硝（五钱）　龙脑（五分）　麝香（五分）　白芨（二钱）新荔枝皮（二钱）

右先将金颜香于乳钵内细研，次入脑、麝、牙硝，另研诸香为末，入金颜香研匀，滴水和作饼，窖干烧之。

【译文】

沉香、檀香、白荳蔻仁、西香附子、金颜香、肉桂，以原料各一两。马牙硝五钱，龙脑五分，麝香五分，白芨二钱，新荔枝皮二钱。

以上原料，先将金颜香放入乳钵内细细研磨，再加入龙脑、麝香和马牙硝研磨，将各种香料分别研磨成粉末，加入金颜香研磨均匀，加水调和成香饼，窖藏阴干后焚烧使用。

洪驹父荔枝香（武）

荔枝壳（不拘多少）　麝皮（一个）

右以酒同浸二宿，酒高二指，封盖，饭甑上蒸之，酒干为度。日中燥之为末，每一两重加麝香一字，炼蜜和剂作饼，烧如常法。

【译文】

荔枝壳不拘多少，麝皮一个。

将以上原料用酒浸泡两晚，以酒高出原料两指为限度，密封后盖好，放在饭甑上蒸煮到酒干为止，晒成粉末。每一两原料加入麝香一字，与炼蜜调和成香剂，制成香饼，按照寻常方法焚烧。

柏子香

柏子实不计多少，带青色未开破者。

右以沸汤焯过，酒浸蜜封七日取出，阴干烧之。

【译文】

柏子实不计多少，选用带有青色，没有破开的。

将柏子实用沸水焯过，用酒浸泡后密封七天取出，阴干焚烧使用。

醆醾香

歌曰：三两玄参二两松，一枝栌子蜜和同，少加真麝并龙脑，一架醆醾落晚风。

【译文】

香方歌谣：三两玄参二两松，一枝栌子蜜和同，少加真麝并龙脑，一架醆醾落晚风。

517

黄亚夫野梅香（武）

降真香（四两）　腊茶（一胯）

右以茶为末，入井花水一碗[1]，与香同煮，水干为度，筛去腊茶，碾真香为细末，加龙脑半钱和匀，白蜜炼熟溲剂，作圆如鸡头大，实或散烧之。

【注释】

[1]井花水：指清晨初汲的水。

【译文】

降真香四两，腊茶一胯。

将腊茶制成碎末后，加入井花水一碗，与降真香一同煮至水干。筛去茶，将降真香碾成细末后，加入龙脑半钱调和均匀。将白蜜炼熟，调制成香剂，制成鸡头米大小的香丸或者散烧。

江梅香

零陵香　藿香　丁香（怀干）　茴香　龙脑（以上各半两）　麝香（少许，钵内研，以建茶汤和洗之）

右为末，炼蜜和匀，捻饼子，以银叶衬烧之。

【译文】

零陵香、藿香、丁香怀干、茴香、龙脑，以上原料各半两。麝香少许，在钵体内研磨，用建茶汤调和洗净。

将以上原料研磨成粉末，用炼蜜调和均匀，搓成香饼后，用银叶衬隔焚烧。

江梅香（补）

歌曰：百粒丁香一撮茴，麝香少许可斟裁，更加五味零陵叶，百斛浓香江上梅。

【译文】

香方歌谣：百粒丁香一撮茴，麝香少许可斟裁，更加五味零陵叶，百斛浓香江上梅。

蜡梅香（武）

沉香（三钱）　檀香（三钱）　丁香（六钱）　龙脑（半钱）　麝香（一字）

右为细末，生蜜和剂爇之。

【译文】

沉香三钱，檀香三钱，丁香六钱，龙脑半钱，麝香一字。

将以上原料研磨成细末，用生蜜调和成香剂焚烧使用。

雪中春信

檀香（半两） 栈香（一两二钱） 丁香皮（一两二钱） 樟脑
（一两二钱） 麝香（一钱） 杉木炭（二两）

右为末，炼蜜和匀，焚、窨如常法。

【译文】

檀香半两，栈香一两二钱，丁香皮一两二钱，樟脑一两二钱，麝香一钱，杉木炭二两。

将以上原料研磨成粉末，用炼蜜调和均匀，焚香和窨藏的方法与往常一样。

雪中春信（沈）

沉香（一两） 白檀（半两） 丁香（半两） 木香（半两） 甘松（七钱半） 藿香（七钱半） 零陵香（七钱半） 白芷（二钱）回鹘香附子（二钱） 当归（二钱） 麝香（二钱） 官桂（二钱）槟榔（一枚） 荳蔻（一枚）

右为末，炼蜜和饼如棋子大，或脱花样，烧如常法。

【译文】

沉香一两，白檀半两，丁香半两，木香半两，甘松七钱半，藿香七钱半，零陵香七钱半，白芷二钱，回鹘香附子二钱，当归二钱，麝香二钱，官桂二钱，槟榔一枚，荳蔻一枚。

将以上原料研磨成粉末，用炼蜜调和后制成棋子大小的香饼，或者用模子脱制成花样，按照寻常方法焚烧。

雪中春信（武）

香附子（四两） 郁金（二两） 檀香（一两，建茶煮） 麝香
（少许） 樟脑（一钱，石灰制） 羊胫炭（四两）

右为末，炼蜜和匀，焚、窨如常法。

【译文】

香附子四两，郁金二两，檀香一两用建茶煮制，麝香少许，樟脑一钱用石灰制过，羊胫炭四两。

将以上原料研磨成粉末，用炼蜜调和均匀，焚香和窨藏的方法与往常一样。

春消息

春消息一

丁香（半两）　零陵香（半两）　甘松（半两）　茴香（二分）麝香（一分）

右为末，蜜和得所，以瓷盒贮之，地穴内窨半月。

春消息二

甘松（一两）　零陵香（半两）　檀香（半两）　丁香（十颗）茴香（一撮）　脑麝（少许）

和、窨如常法。

【译文】

春消息一

丁香半两，零陵香半两，甘松半两，茴香二分，麝香一分。

将以上原料研磨成粉末，加入蜂蜜调和合适。用瓷盒储藏，放入地坑中窨藏半月。

春消息二

甘松一两，零陵香半两，檀香半两，丁香十颗，茴香一撮，脑香、麝香少许。

将以上原料调和均匀，窨藏方法如往常一样。

雪中春泛（《东平李子新方》）

脑子（二分半） 麝香（半钱） 白檀（二两） 乳香（七钱）
沉香（三钱） 寒水石（三两，烧）

右件为极细末，炼蜜并鹅梨汁和匀，为饼，脱花湿置寒水石末
中，磁瓶内收贮。

【译文】

脑子二分半，麝香半钱，白檀二两，乳香七钱，沉香三钱，寒水
石三两，烧制。

将以上原料研磨成极细的粉末，用炼蜜和鹅梨汁调和均匀，制成
香饼后脱去水分，放置在寒水石末中，用瓷瓶储藏。

胜茉莉香

沉香（一两） 金颜香（研细） 檀香（各二钱） 大丁香（十
粒，研细末） 脑麝（各一钱）

右麝用冷腊茶清三四滴研细，续入脑子同研，木犀花方开未
离披者三大盏，去蒂于净器中研烂如泥，入前作六味再研匀拌成饼
子，或用模子脱成花样，密入器中窨一月。

【译文】

沉香一两，金颜香研磨成细末，檀香各二钱，大丁香十粒研磨成
细末，脑香、麝香各一钱。

以上原料，将麝香用冷腊茶清三四滴研细，加入脑香一同研磨。
选用刚刚开放还未凋零的木犀花三大盏，除去花蒂后在洁净的器皿中
研磨成烂泥。加入此前六味原料研磨均匀，搅拌揉搓成香饼，或者用
模子脱制出花样，放入密封的容器中窨藏一个月。

蔷葡香

雪白芸香以酒煮，入元参、桂末、丁皮，四味和匀焚之。

【译文】

选用雪白芸香，用酒煮制，加入元参、桂末和丁皮。将四味原料调和均匀后焚烧使用。

雪兰香

歌曰：十两栈香一两檀，枫香两半各秤盘，更加一两元参末，硝蜜同和号雪兰。

【译文】

香方歌谣：十两栈香一两檀，枫香两半各秤盘，更加一两元参末，硝蜜同和号雪兰。

▲明　胡文明款铜鎏金缠枝花纹香瓶

▲明　胡文明款铜鎏金花纹香炉

▲明　胡文明款铜鎏金牡丹香炉

▲明　胡文明款铜鎏金螭纹香盒

杜衡

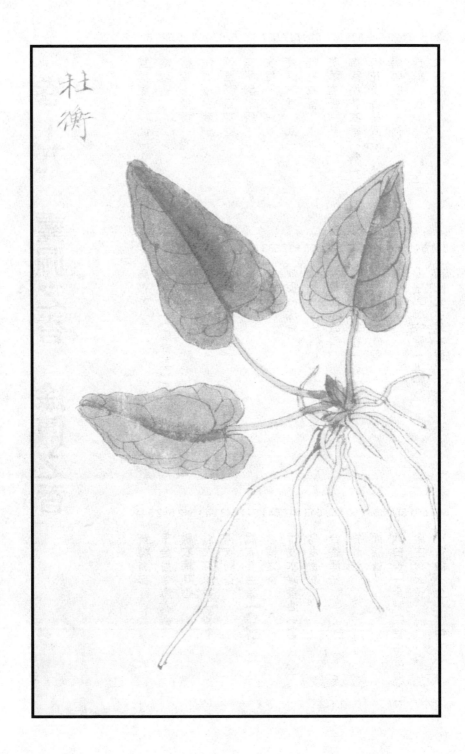

笃耨佩香（武）

沉香末（一斤） 金颜香末（十两） 大食栀子花（一两） 龙涎（一两） 龙脑（五钱）

右为细末，蔷薇水细细和之得所，臼杵极细，脱范子。

【译文】

沉香末一斤，金颜香末十两，大食栀子花一两，龙涎一两，龙脑五钱。

将以上原料研磨成细末，用蔷薇水细细调和得当，放入臼中捣至极细，用模子脱制成形。

梅蕊香

丁香（半两） 甘松（半两） 藿香叶（半两） 香白芷（半两）牡丹皮（一钱） 零陵香（一两半） 舶上茴香（五分，微炒）

同咀贮绢袋佩之。

【译文】

丁香半两，甘松半两，藿香叶半两，香白芷半两，牡丹皮一钱，零陵香一两半，舶上茴香五分稍微炒制。

一同切碎，用绢袋储藏佩戴。

荀令十里香（沈）

丁香半（两强） 檀香（一两） 甘松（一两） 零陵香（一两） 生龙脑（少许） 茴香（五分，略炒）

右为末，薄纸贴纱囊盛佩之。其茴香生则不香，过炒则焦气，多则药气太，少则不类花香，逐旋斟酌添使旖旎。

【译文】

丁香半两多，檀香一两，甘松一两，零陵香一两，生龙脑少许，茴香五分略略炒制。

将以上原料研磨成粉末，用薄纸沾取香末，装在纱囊之中佩戴。各种香料中，茴香如果是生的就不香了，炒制太过便会焦气太多，药气太少不像花香，需要斟酌添加才能使香气更加旖旎。

洗衣香（武）

牡丹皮（一两）　甘松（一钱）

右为末，每洗衣最后泽水入一钱。

【译文】

牡丹皮一两，甘松一钱。

将以上原料研磨成粉末。每次清洗衣物时，在最后的一遍清水中加入一钱香。

假蔷薇百花香

甘松（一两）　檀香（一两）　零陵香（一两）　藿香叶（半两）　丁香（半两）　黄丹（二分）　白芷（五分）　香墨（一分）茴香（三分）　脑麝（为衣）

右为细末，以熟蜜和，稀稠拌得所，随意脱花。

【译文】

甘松一两，檀香一两，零陵香一两，藿香叶半两，丁香半两，黄丹二分，白芷五分，香墨一分，茴香三分，脑香、麝香制成香衣。

将以上原料研磨成细末，用熟蜜调和至稀稠得当，随意用模子脱制成花样。

玉华醒醉香

采牡丹蕊与酴醾花，清酒拌，浥润得所，当风阴一宿，杵细捻作饼子，阴干。龙脑为衣，置枕间。

【译文】

采摘牡丹蕊和酴醾花，用清酒拌和，使之湿润得当，阴干一晚，捣细后搓制成香饼，阴干后。用龙脑制成香衣，放在枕间。

衣香（洪）

零陵香（一斤） 甘松（十两） 檀香（十两） 丁香皮（五两） 辛夷（二两） 茴香（二钱，炒）

右捣粗末，入龙脑少许，贮囊佩之。

【译文】

零陵香一斤，甘松十两，檀香十两，丁香皮五两，辛夷二两，茴香二钱炒制。

将以上原料捣制成粗末，加入少许龙脑，储藏于香囊中佩戴。

蔷薇衣香（武）

茅香（一两） 丁香皮（一两，剉碎微炒） 零陵香（一两） 白芷（半两） 细辛（半两） 白檀（半两） 茴香（三分，微炒）

同为粗末，可佩、可爇。

【译文】

茅香一两，丁香皮一两切碎后微微炒制，零陵香一两，白芷半两，细辛半两，白檀半两，茴香三分微微炒制。

将以上原料研磨成粉末，既可以用来佩戴，也可以用作焚熏。

牡丹衣香

丁香（一两）　牡丹皮（一两）　甘松（一两，为末）　龙脑（二钱，另研）　麝香（一钱，另研）

右同和，以花叶纸贴佩之。

【译文】

丁香一两，牡丹皮一两，甘松一两研磨成粉末，龙脑二钱单独研磨，麝香一钱单独研磨。

将以上原料一同调和，用花叶纸沾取香末用于佩戴。

芙蕖衣香（补）

丁香（一两）　檀香（一两）　甘松（一两）　零陵香（半两）　牡丹皮（半两）　茴香（二分，微炒）

右为末，入麝香少许研匀，薄纸贴之，用新帕子裹着肉，其香如新开莲花，临时更入麝、龙脑各少许更佳，不可火焙，汗渍愈香。

【译文】

丁香一两，檀香一两，甘松一两，零陵香半两，牡丹皮半两，茴香二分微微炒制。

将以上原料研磨成粉末，加入少许麝香研磨均匀，用薄纸沾取，用新手帕包裹贴近肌肤。其香气宛如刚刚绽放的莲花。使用时再加入麝香和龙脑各少许，香气更佳，不可用火烘焙。身体出汗之后气息更香。

御爱梅花衣香（售）

零陵香叶（四两）　藿香叶（三两）　沉香（一两，剉）　甘松（三两，去土洗净秤）　檀香（二两）　丁香（半两，捣）　米脑（半两，另研）　白梅霜（一两，捣细净秤）　麝香（三钱，另研）

以上诸香并须日干，不可见火，除脑、麝、梅霜外，一处同为粗末，次入脑、麝、梅霜拌匀，入绢袋佩之，此乃内侍韩宪所传。

【译文】

零陵香叶四两，藿香叶三两，沉香一两切碎，甘松三两除去泥土，清洗干净后称重，檀香二两，丁香半两捣制，米脑半两单独研磨，白梅霜一两捣成细末，称取净重，麝香三钱单独研磨。

以上各种香料都需要晒干，不能用火烘干。除米脑、麝香、白梅霜之外，将其余香料一同研磨成粗末，再加入米脑、麝香和白梅霜搅拌均匀，装入绢袋中佩戴。这一香方是内侍韩宪所传。

梅花衣香（武）

零陵香　甘松　白檀茴香（以上各五钱）丁香　木香（各一钱）
右同为粗末，入龙脑少许，贮囊中。

【译文】

零陵香、甘松、白檀、茴香，以上原料各五钱，丁香、木香各一钱。
将以上原料研磨成粗末，加入龙脑少许，储藏在囊中。

梅萼衣香（补）

丁香（二钱）零陵香（一钱）檀香（一钱）舶上茴香（五分，微炒）木香（五分）甘松（一钱半）白芷（一钱半）脑麝（各少许）

右同剉，候梅花盛开时，晴明无风雨，于黄昏前择未开含蕊者，以红线系定，至清晨日未出时，连梅蒂摘下，将前药同拌阴干，以纸裹贮纱囊佩之，旖旎可爱。

【译文】

丁香二钱，零陵香一钱，檀香一钱，舶上茴香五分微微炒制，木香五分，甘松一钱半，白芷一钱半，脑香、麝香各少许。

卷十九　熏佩之香涂傅之香

将以上原料一同切碎。等到梅花盛开之际，晴明无风雨之日，于黄昏之前择选含苞待放的梅花，用红线系好。到了第二天清晨，太阳还没有出来，连着梅蒂一同摘下，与此前捣碎的原料一同搅拌，阴干后用纸包裹好储藏在纱囊之中佩戴，香气旖旎。

连蕊衣香

莲蕊（一钱，干研）　零陵香（半两）　甘松（四钱）　藿香（三钱）　檀香（三钱）　丁香（三钱）　茴香（二分，微炒）　白梅肉（三分）　龙脑（少许）

右为细末，入龙脑研匀，薄纸贴，纱囊贮之。

【译文】

莲蕊一钱晒干研磨，零陵香半两，甘松四钱，藿香三钱，檀香三钱，丁香三钱，茴香二分微微炒制，白梅肉三分，龙脑少许。

将以上原料研磨成细末，加入龙脑后研磨均匀，用薄纸沾取，储藏于纱囊中。

浓梅衣香

藿香叶（二钱）　早春芽茶（二钱）　丁香（十枚）　茴香（半字）　甘松（三分）　白芷（三分）　零陵香（三分）

同剉，贮绢袋佩之。

【译文】

藿香叶二钱，早春芽茶二钱，丁香十枚，茴香半字，甘松三分，白芷三分，零陵香三分。

将以上原料一同切碎，储藏在绢袋中佩戴。

裛衣香（武）

丁香（十两，另研） 郁金（十两） 零陵香（六两） 藿香（四两） 白芷（四两） 苏合油（三两） 甘松（三两） 杜蘅（三两） 麝香少许

右为末，袋盛佩之。

【译文】

丁香十两单独研磨，郁金十两，零陵香六两，藿香四两，白芷四两，苏合油三两，甘松三两，杜蘅三两，麝香少许。

将以上原料研磨成粉末，盛于香袋中佩戴。

裛衣香（《琐碎录》）

零陵香（一斤） 丁香（半斤） 苏合油（半斤） 甘松（三两） 郁金（二两） 龙脑（二两） 麝香（半两）

右并须精好者，若一味恶即损诸香。同捣如麻豆大小，以夹绢袋贮之。

【译文】

零陵香一斤，丁香半斤，苏合油半斤，甘松三两，郁金二两，龙脑二两，麝香半两。

以上原料，选取品质精良的，如果有一味原料不好，便会损害其他香料的品质。将原料一并捣成麻豆大小，用有夹层的绢袋装好储藏。

贵人浥汗香（武）

丁香（一两为粗末） 川椒（六十粒）
右以二味相和，绢袋盛而佩之，辟绝汗气。

【译文】

丁香一两研磨成粗末，川椒六十粒。

将以上两味原料混合，用绢袋盛放佩戴在身上，可以去除汗气。

内苑蕊心衣香（《事林》）

藿香（半两） 益智仁（半两） 白芷（半两） 蜘蛛香（半两） 檀香（二钱） 丁香（三钱） 木香（二钱）

同为粗末，裹置衣笥中。

【译文】

藿香半两，益智仁半两，白芷半两，蜘蛛香半两，檀香二钱，丁香三钱，木香二钱。

将以上原料研磨成粗末，包裹好放置在衣箱中。

胜兰衣香

零陵香（二钱） 茅香（二钱） 藿香（二钱） 独活（一钱） 甘松（一钱半） 大黄（一钱） 牡丹皮（半钱） 白芷（半钱） 丁香（半钱） 桂皮（半钱）

以上先洗净侯干，再用酒略喷，碗盛蒸少时，入三赖子二钱豆腐浆水蒸，以盏盖定，各为细末，以檀香一钱剉合和匀，入麝香少许。

【译文】

零陵香二钱，茅香二钱，藿香二钱，独活一钱，甘松一钱半，大黄一钱，牡丹皮半钱，白芷半钱，丁香半钱，桂皮半钱。

将以上原料清洗干净，待晒干后，将酒略洒在碗上，用这个碗来盛放原料蒸煮片刻。加入二钱三柰子用豆浆水蒸煮，用杯盖盖好。再将一钱檀香研磨成细末，切碎后与原料调和均匀，加入少许麝香。

香爨

零陵香 茅香 藿香 甘松 松子（搥碎） 茴香 三赖子

（豆腐蒸）　檀香　木香　白芷　土白芷　桂肉　丁香　丁皮　牡丹皮　沉香（各等分）　麝香（少许）

　　右用好酒喷过，日晒令干，以刀切碎，碾为生料，筛罗粗末，瓦坛收顿。

【译文】

　　零陵香、茅香、藿香、甘松、松子捶碎、茴香、三奈子豆腐蒸制、檀香、木香、白芷、土白芷、桂肉、丁香、丁皮、牡丹皮、沉香各选取相等分量，麝香少许。

　　将以上原料用好酒喷洒过，晒干，用刀切碎，碾成生料，筛制成粗末，再用瓦坛收藏好。

软香

软香一

　　笃耨香（半两）　檀香末（半两）　苏合油（三两）　金颜香（五两，牙子者）　银朱①（一两）　麝香（半两）　龙脑（二钱）

　　右为细末，用银器或磁器于沸汤锅釜内顿放，逐旋倾出，苏合油内搅匀，和停为度，取出泻入冷水中，随意作剂。

软香二

　　沉香（十两）　金颜香（二两）　栈香（二两）　丁香（一两）　乳香（半两）　龙脑（五钱）　麝香（六钱）

　　右为细末，以苏合油和，纳磁器内，重汤煮半日，以稀稠得中为度，入臼捣成剂。

【注释】

　　①银朱：即硫化汞，用作颜料和药品，有毒。

【译文】

软香一

　　笃耨香半两，檀香末半两，苏合油三两，金颜香五两选用牙形的，

银朱一两，麝香半两，龙脑二钱。

将以上原料研磨成细末，用银器或瓷器装好，放入沸汤锅中煮一会儿，随即倒入苏合油中搅拌均匀，调和停当后，取出倒入冷水中，随意制成香剂。

软香二

沉香十两，金颜香二两，栈香二两，丁香一两，乳香半两，龙脑五钱，麝香六钱。

将以上原料研磨成细末，用苏合油调和，放置瓷器中，隔水蒸煮半天，以稀稠得当为度，放入臼中调成香剂。

软香三

金颜香（半斤，极好者，于银器汤煮化，细布扭净汁） 苏合油（四两，绢扭过） 龙脑（一钱，研细） 心红（不计多少，色红为度） 麝香（半钱，研细）

右先将金颜香捣去水，银石器内化开。次入苏合油、麝香，拌匀。续入龙脑、心红，移铫去火，搅匀取出，作团如常法。

软香四

黄蜡（半斤，溶成汁，滤净，却以净铜铫内下紫草，煎令红，滤去草滓） 金颜香（三两，拣净秤，别研细作一处） 檀香（一两，碾令细筛过） 沉香（半两，极细末） 银朱（随意加入，以红为度） 滴乳香（三两，拣明块者，用茅香煎水煮过，令浮成片如膏，倾冷水中取出，待水干，入乳钵研细，如粘钵则用煅醋淬滴赭石二钱入内同研，则不粘矣） 苏合香油（三钱，如临合时，先以生萝卜擦乳钵则不粘，如无则以子代之） 生麝香（三钱，净钵内以茶清滴研细，却以其余香拌起一处）

右以蜡入瓷器大碗内，坐重汤中溶成汁，入苏合油和匀，却入众香，以柳棒频搅极匀即香成矣。欲软，用松子仁三两揉汁于内，虽大雪亦软。

【译文】

软香三

金颜香半斤，选用品质极好的，在银器中煮化，用细布挤出净汁，苏合油四两用绢过滤，龙脑一钱研成细末，心红不计多少，以香品色泽变红为限度，麝香半钱，研成细末。

以上原料，先将金颜香挤去水分，在银石器中化开。再加入苏合油、麝香，搅拌均匀。再加入龙脑、心红，将铫子从火上移开，搅拌均匀取出后，按照寻常方法制成香团。

软香四

黄蜡半斤，熔成汁液，过滤干净，倒入到干净的铜铫中，放入紫草一同煎制，使之变红后，滤去草滓，金颜香三两，拣选干净后称重，单独研磨成细末，放在一旁待用，檀香一两，碾成细末后过筛，沉香半两，研磨成极细的粉末，银朱随意加入，以色泽变红为限度。滴乳香三两，挑选透明块状的，用茅香煎水煮过，使其浮成片熬成膏状，倒入冷水中，取出等待水干后，放入乳钵中研细（如果原料黏在钵体上，则将煅醋淬过的赭石二钱放入一起研磨，就不会黏钵了），苏合香油三钱，临到调和时，先用生萝卜擦拭乳钵，便会不黏钵，如果没有苏合香油，就用苏合子代替，生麝香三钱，在干净的钵中滴入茶清研磨细，与其他香料搅合在一起。

将蜡放入大瓷碗中，隔水蒸煮后溶成汁，加入苏合油调和停当，加入各种香料，用柳棒快速搅拌均匀香便制成了。如果想要制成软香，便需要用三两松子仁榨汁倒入香内，即使是在大雪节气，也能够制成软香。

软香五

檀香（一两，为末） 沉香（半两） 丁香（三钱） 苏合香油（半两）

以三种香拌苏合油，如不泽再加合油。

软香六

上等沉香（五两） 金颜香（二两） 半龙脑（一两）

535

卷十九 熏佩之香涂 傅之香

右为末，入苏合油六两半，用绵滤过，取净油和香，旋旋看稀稠得所入油。如欲黑色，加百草霜少许。

【译文】

软香五

檀香一两研成粉末，沉香半两，丁香三钱，苏合香油半两。

将以上三种香料和苏合油一同搅拌均匀，如果不能融合，再加入一些苏合油。

软香六

上等沉香五两，金颜香二两，半龙脑一两。

将以上原料研磨成粉末。取苏合油六两半，用绵滤过，取净油调和香末。根据香剂的稀稠程度加入油。如果想要制成黑色香品，便需要加入少许百草霜。

软香七

沉香（三两）　栈香（三两，末）　檀香（三两）　亚息香（半两，末）　梅花龙脑（半两）　甲香（半两，制）　松子仁（半两）　金颜香（一钱）　龙涎（一钱）　笃耨油（随分）　麝香（一钱）　杉木炭（以黑为度）

右除龙脑、松仁、麝香、耨油外，余皆取极细末，以笃耨油与诸香和匀作剂。

软香八

金颜香（三两）　苏合油（三两）　笃耨油（一两二钱）　龙脑（四钱）　麝香（一钱）

先将金颜香碾为细末，去滓，用苏合油坐熟，入黄蜡一两坐化，逐旋入金颜坐过，了入脑、麝、笃耨油、银朱打和，以软笋箨毛缚收。欲黄入蒲黄，绿入石绿，黑入墨，欲紫入紫草，各量多少加入，以匀为度。

软香七

沉香三两，粉末栈香三两，檀香三两，亚息香半两研成粉末，梅花龙脑半两，制过甲香半两，松子仁半两，金颜香一钱，龙涎一钱，笃耨油随意，麝香一钱，杉木炭以色黑为选取标准。

以上原料，除龙脑、松仁、麝香和笃耨油以外，其余都制成极细的粉末，用笃耨油将各种原料调和均匀制成香剂。

软香八

金颜香三两，苏合油三两，笃耨油一两二钱，龙脑四钱，麝香一钱。

先将金颜香碾成细末，除去杂滓，用苏合油坐熟。溶化一两黄蜡，加入溶过的金颜香。加入龙脑、麝香、笃耨油、银朱，打和，用软的筹毛竹笋收好。如果想要制成黄色香品，则要加入蒲黄。如果想要制成绿色香品，则要加入石绿。如果想要制成黑色香品，则要加入墨。如果想要制成紫色香品，则要加入紫草。各选适量加入其中，以调和均匀为度。

537

软香（沈）

丁香（一两，加木香少许同炒） 沉香（一两） 白檀（二两） 金颜香（二两） 黄蜡（二两） 三奈子（二两） 心子红（二两，作黑不用） 龙脑（半两，或三钱亦可） 苏合油（不计多少） 生油（不计多少） 白胶香（半斤，灰水于沙锅内煮，候浮上，掠入凉水搦块，再用皂角水三四碗复煮，以香白为度，秤二两香用）

右先将黄蜡于定瓷碗内溶开，次下白胶香，次生油，次苏合，搅匀取碗置地，候温，入众香。每一两作一丸，更加乌笃耨一两尤妙。如造黑色者，不用心子红入香，墨二两烧红为末，和剂如常法。可怀可佩，置扇柄把握极佳。

【译文】

丁香一两，加少许木香，一同炒制，沉香一两，白檀二两，金颜

香二两，黄蜡二两，三柰子二两，心子红二两，不选用呈黑色的，龙脑半两（三钱也可以），苏合油不计多少，生油不计多少，白胶香半斤，将灰水倒入砂锅中煮制香料，等待香料浮上水面，捞入凉水之中凝结成块，再将皂角水三四碗，煮制香白为限，称取二两香料，留待使用。

先将蜡放入定瓷碗之中，加热溶化。再依次加入白胶香、生油、苏合油搅拌均匀，将碗从火上移开，放置在地上。等到放温后，加入各种原料，制成香品，每一两香品制作成一枚香丸。如果加入乌笃㯏一两，效果更好。如果想要制成黑色香品，则不用心子红，加入香墨二两烧红为末，按照寻常方法调和成剂。这种香品，可怀可佩，也可以置于扇柄之中，随时握于手中把玩，效果极佳。

软香（武）

沉香（半斤，为细末）　金颜香（二两）　龙脑（一钱，研细）苏合油（四两）

538

右先将沉香末和苏合油，仍入冷水和成团，却搦去水，入金颜香、龙脑，又以水和成团，再搦去水，入臼杵三五千下，时时搦去水，以水尽杵成团有光色为度。如欲硬，加金颜香，如欲软加苏合油。

【译文】

沉香半斤研磨成细末，金颜香二两，龙脑一钱研成细末，苏合油四两。

先将沉香末和苏合油倒入冷水之中，揉合成团，挤去水分，加入金颜香、龙脑。用水和成团，挤去水，放入白中捣制三五千下，随时除去水分，以水分全部除尽并且捣制成带有光泽的香团为限度。如果想要香品变硬，则要加入金颜香。如果想要香品变软，则要加入苏合油。

宝梵院主软香

沉香（三两）　金颜香（五钱）　龙脑（四钱）　麝香（五钱）苏合油（二两半）　黄蜡（一两半）

> 右细末，苏合油与蜡重汤溶和，捣诸香，入脑子，更杵千下用。

【译文】

沉香三两，金颜香五钱，龙脑四钱，麝香五钱，苏合油二两半，黄蜡一两半。

将以上原料研磨成细末，将苏合油和蜡隔水蒸煮，待其溶化后，捣入以上各种香料，加入龙脑，再捣制千余下便可使用。

广州吴家软香（新）

> 金颜香（半斤，研细） 苏合油（二两） 沉香（一两，为末）脑麝（各一钱，另研） 黄蜡（二钱） 芝麻油（一钱，腊月经年者尤佳）
>
> 右将油蜡同销镕，放微温，和金颜沉末令匀，次入脑麝，与合油同溲，仍于净石板上以木槌击数百下，如常法用之。

【译文】

金颜香半斤研成细末，苏合油二两，沉香一两研成粉末，脑香、麝香各一钱单独研磨，黄蜡二钱，经过腊月的芝麻油一钱，隔年的最好。

将苏合油、黄蜡一同溶化，放至微温后，加入金颜香、沉香末调和均匀，再加入脑香、麝香和苏合油一同搅拌，放在净石板上，用木槌敲打数百下，按照寻常方法使用。

翟仁仲运使软香

> 金颜香（半斤） 苏合油（以拌匀诸香为度） 龙脑（一字）麝香（一字） 乌梅肉（二钱半，焙干）
>
> 先以金颜、脑、麝、乌梅肉为细末，后以苏合油相和，临时相度硬软得所，欲红色加银朱二两半，欲黑色加皂儿灰三钱，存性。

【译文】

金颜香半斤，苏合油以能拌匀各种香料为限，龙脑一字，麝香一字，乌梅肉二钱半焙干。

先将金颜香、龙脑、麝香和乌梅肉研成细末，再用苏合油调和，随时注意使其软硬适度。如想要香品呈现红色，则加入银朱二两半。如想要香品呈现黑色，则加入皂荚灰三钱，存性。

熏衣香

熏衣香一

茅香（四两，细剉，酒洗微蒸）　零陵香（半两）　甘松（半两）　白檀（二钱）　丁香（二钱半）　白梅（三个，焙干取末）

右共为粗末，入米脑少许，薄纸贴佩之。

熏衣香二

沉香（四两）　栈香（三两）　檀香（一两半）　龙脑（半两）　牙硝（二钱）　麝香（二钱）　甲香（四钱，灰水浸一宿，次用新水洗过，后以蜜水炼黄）

右除龙脑、麝香别研外，同为粗末，炼蜜半斤和匀，候冷入龙脑、麝香。

【译文】

熏衣香一

茅香四两，切碎后用酒洗过，微微蒸煮，零陵香半两，甘松半两，白檀二钱，丁香二钱半，白梅三个烘干后取其粉末。

将以上原料研磨成粗末，加入米脑少许，用薄纸沾取香末佩戴使用。

熏衣香二

沉香四两，栈香三两，檀香一两半，龙脑半两，牙硝二钱，麝香二钱，甲香四钱用灰水浸泡一晚，用清水洗过后，再用蜜水炼至黄色。

除了龙脑、麝香单独研磨外，其余原料一并研磨成粗末，用炼蜜半斤调和均匀，放凉后加入龙脑和麝香。

蜀主熏御衣香（洪）

丁香（一两）　栈香（一两）　沉香（一两）　檀香（一两）　麝香（二钱）　甲香（一两，制）

右为末，炼蜜放冷，和令匀，入窨月余用。

【译文】

丁香一两，栈香一两，沉香一两，檀香一两，麝香二钱，甲香一两制过。

以上原料研磨成粉末，把放凉的炼蜜倒入香末之中，调和均匀后窨藏月余便可使用。

南阳公主熏衣香（《事林》）

蜘蛛香（一两）　白芷（半两）　零陵香（半两）　砂仁（半两）　丁香（三钱）　麝香（五分）　当归（一钱）　荳蔻（一钱）

共为末，囊盛佩之。

【译文】

蜘蛛香一两，白芷半两，零陵香半两，砂仁半两，丁香三钱，麝香五分，当归一钱，荳蔻一钱。

将以上原料研磨成粉末，用香囊装好佩戴使用。

新料熏衣香

沉香（一两）　栈香（七钱）　檀香（五钱）　牙硝（一钱）　米脑（四钱）　甲香（一钱）

右先将沉香、栈、檀为粗散，次入麝拌匀，次入甲香、牙硝，银朱一字再拌，炼蜜和匀，上掺脑子，用如常法。

【译文】

沉香一两，栈香七钱，檀香五钱，牙硝一钱，米脑四钱，甲香一钱。

先将沉香、栈香和檀香制成粗粒，再加入麝香搅拌均匀，依次加入甲香、牙硝和银朱一字搅拌，再用炼蜜搅拌调和均匀，掺入脑香后，按照寻常方法使用。

千金月令熏衣香

沉香（二两） 丁香皮（二两） 郁金香（二两，细剉） 苏合油（一两） 詹糖香（一两，同苏合油和匀，作饼子） 小甲香（四两半，以新牛粪汁三升、水三升火煮，三分去二取出，净水淘刮，去上肉焙干。又以清酒二升，蜜半合火煮，令酒尽，以物挠，候干以水淘去蜜，暴干别末）

右将诸香末和匀，烧熏如常法。

【译文】

沉香二两，丁香皮二两，郁金香二两切细，苏合油一两，詹糖香一两与苏合油调和，制成饼状，小甲香四两半放入新牛粪汁三升、水三升中，放到火上煎煮到三分之一的分量。取出小甲香，用净水淘洗，刮去上面的肉质，烘干后，再放入清酒二升、蜜半和后，用火煮至酒干，捞出后放干，用水洗甲香上的蜜，晒干后单独研磨成粉末。

将以上各香料研磨成粉末调和均匀，按照寻常方法焚烧。

熏衣梅花香

甘松（一两） 木香（一两） 丁香（半两） 舶上茴香（三钱） 龙脑（五钱）

右拌捣合粗末，如常法烧熏。

【译文】

甘松一两，木香一两，丁香半两，舶上茴香三钱，龙脑五钱。

将以上原料拌合成粗末，按照寻常方法焚烧。

熏衣芬积香（和剂）

沉香（二十五两，剉） 栈香（二十两） 藿香（十两） 檀香（二十两，腊茶清炒黄） 零陵香叶（十两） 丁香（十两） 牙硝（十两） 米脑（三两，研） 麝香（一两五钱） 梅花龙脑（一两，研） 杉木麸炭（二十两） 甲香（二十两，炭灰煮两日洗，以蜜酒同煮令干） 蜜（炼和香）

右为细末，研脑麝，用蜜和溲令匀，烧熏如常法。

【译文】

沉香二十五两切细，栈香二十两，藿香十两，檀香二十两用腊茶清炒至黄色，零陵香叶十两，丁香十两，牙硝十两，米脑三两研磨，麝香一两五钱，梅花龙脑一两研磨，杉木麸炭二十两，甲香二十两用炭灰煮两日，用蜂蜜洗去炭灰，与酒一同煮制酒干，炼制蜂蜜用来调和香料。

将以上原料研磨成细末，加入研磨好的米脑、麝香末，用蜜调和均匀，按照寻常方法焚烧使用。

熏衣衙香

生沉香（六两，剉） 栈香（六两） 生牙硝（六两） 檀香（十二两，腊茶清浸炒） 生龙脑（二两，研） 麝香（二两，研） 蜜脾香（斤两加倍，炼熟） 甲香（一两）

右为末，研入脑麝，以蜜溲和令匀，烧熏如常法。

【译文】

生沉香六两切细，栈香六两，生牙硝六两，檀香十二两与腊茶清炒，生龙脑二两研磨，麝香二两研磨，蜜脾香斤两加倍炼熟，甲香一两。

将以上香料研磨成粉末，加入研磨好的生龙脑、麝香，用蜂蜜调和均匀后，按照寻常方法焚烧使用。

熏衣笑兰香（《事林》）

歌曰：藿零甘芷木茵香，茅赖芎黄和桂心，檀麝牡皮加减用，酒喷日晒绛囊盛。

右以苏合香油和匀。松茅酒洗三赖，米泔浸大黄，蜜蒸麝香，逐旋添入。熏衣加檀、僵蚕。常带加白梅肉。

【译文】

香方歌谣：藿零甘芷木茵香，茅赖芎黄和桂心，檀麝牡皮加减用，酒喷日晒绛囊盛。

用苏合香油将藿零调和均匀，用松茅酒洗三奈，用淘米水浸泡大黄，用蜜蒸制麝香，随即加入。用作熏衣香则加入檀香、僵蚕。日常佩戴则加入白梅肉。

涂傅之香

傅身香粉（洪）

英粉（另研） 青木香 麻黄根 附子（炮） 甘松 藿香 零陵香（各等分）

右件除英粉外，同捣罗为末，以生绢袋盛，浴罢傅身。

和粉香

官粉①（十两） 蜜陀僧②（一两） 白檀香（一两） 黄连（五钱） 脑麝（各少许） 蛤粉（五两） 轻粉（二钱） 朱砂（二钱） 金箔（五个） 鹰条③（一钱）

右件为细末，和匀傅面。

十和香粉

官粉（一袋，水飞） 朱砂（三钱） 蛤粉（白熟者，水飞） 鹰条（二钱） 蜜陀僧（五钱） 檀香（五钱） 脑麝（各少许） 紫粉（少许） 寒水石④（和脑、麝同研）

右件各为飞尘，和匀入脑麝，调色似桃花为度。

【注释】

①官粉：化妆用的白粉。

②蜜陀僧：方铅矿。

③鹰条：指雄鹰的粪便。

④寒水石：天然沉积矿物单斜晶系。

【译文】

傅身香粉（洪）

英粉单独研磨，青木香、麻黄根、制过附子、甘松、藿香、零陵香各取相等分量。

除英粉外，将以上原料一同捣碎、筛制成细末，用生绢袋盛放，沐浴之后涂擦身体。

和粉香

官粉十两，蜜陀僧一两，白檀香一两，黄连五钱，脑香、麝香各少许，蛤粉五两，轻粉二钱，朱砂二钱，金箔五个，鹰条一钱。

将以上原料研磨成细末，调和均匀用来擦脸。

十和香粉

官粉一袋水飞，朱砂三钱，蛤粉选取白熟的，水飞，鹰条二钱，蜜陀僧五钱，檀香五钱，脑香、麝香各少许，紫粉少许，寒水石与脑香、麝香一同研磨。

将以上原料用水飞法制成细末，调和均匀后加入脑香、麝香，调和颜色以其色如桃花为度。

利汗红粉香

香滑石（一斤，极白无石者，水飞过） 心红（三钱） 轻粉（五钱） 麝香（少许）

右件同研极细用之，调粉如肉色为度，涂身体香肌利汗。

香身丸

丁香（一两半） 藿香叶 零陵香 甘松（各三两） 香附子 白芷 当归 桂心 槟榔 益智仁（各一两） 麝香（二钱）

卷十九 熏佩之香 涂 傅之香

白荳蔻仁（二两）

右件为细末，炼蜜为剂，杵千下，丸如桐子大，噙化一丸，便觉口香，五日身香，十日衣香，十五日他人皆闻得香，又治遍身炽气、恶气及口齿气。

【译文】

利汗红粉香

香滑石一斤选用色泽极白、不含有石质的，心红三钱，轻粉五钱，麝香少许。

将以上原料研磨成极细的粉末，用来调和香粉，以呈现出肉色为好。涂擦身体有香肌利汗的效果。

香身丸

丁香一两半，藿香叶、零陵香、甘松各三两，香附子、白芷当归、桂心、槟榔、益智仁各一两，麝香二钱，白荳蔻仁二两。

将以上原料研磨成细末，用炼蜜调和成香剂，捣制千下，制成桐子大小的香丸。含服一丸，便觉得口舌生香，五日之内身体带香，十日之内衣裳留有余香，十五日之内其他人都能闻到这种香味，能够治疗周身炽气、恶气和口齿气。

拂手香（武）

白檀（三两，滋润者，剉末，用蜜三钱化汤，用一盏炒令水干，稍觉浥湿再焙干，杵罗极细）　米脑（五钱，研）　阿胶（一片）

右将阿胶化汤打糊，入香末，溲拌令匀，于木臼中捣三五百，捏作饼子或脱花，窨干，中穿一穴，用彩线悬胸前。

梅真香

零陵香叶（半两）　甘松（半两）　白檀香（半两）　丁香（半两）　白梅末（半两）　脑麝（少许）

右为细末，糁衣傅身皆可用之。

拂手香（武）

白檀三两，选取质地滋润的，切成粉末，将三钱蜜倒入一盏水中，熬制水干为止，香稍稍带有湿气，烘干后捣碎，筛制成极细的粉末，米脑五钱研磨，阿胶一片。

将阿胶化成汤打成糊状，加入香末，搅拌均匀后，在木臼中捣制三五百下，捏成香饼，或者用模子印制成花样，窖藏阴干，在香饼之中穿一个孔，用彩线系好悬挂在胸前。

梅真香

零陵香叶半两，甘松半两，白檀香半两，丁香半两，白梅末半两，脑香、麝香少许。

将以上原料研磨成细末，洒在衣服上或涂擦身体都可以。

香发木犀香油（《事林》）

凌晨摘木犀花半开者，拣去茎蒂令净，高量一斗，取清麻油一斤，轻手拌匀，置磁罂中，厚以油纸蜜封罂口，坐于釜内重汤煮一饷久取出，安顿稳燥处，十日后倾出，以手泚其青液收之①。最要封闭紧密，久而愈香，如以油匀入黄蜡为面脂，尤馨香也。

547

【注释】

①泚（cǐ）：蘸。

【译文】

凌晨时分，采摘还没有开的木犀花，拣去花的茎蒂，选取干净的花片，高高量取一斗。取清麻油一斤，倒入花，用手轻轻搅拌均匀后，放置在瓷罐中，用厚油纸密封罐口。放在锅中，隔水蒸煮一顿饭的时间后取出，安放在稳便、干燥的地方。十天之后倒出，用手蘸取青液。收藏的要诀是封闭紧密，储藏的时间越久，香气就越浓厚。如果能在油中加入黄蜡制成面霜，尤其馨香。

卷十九 熏佩之香 涂傅之香

乌发香油

此油洗发后用最妙

香油（二斤） 柏油（二两，另放） 诃子皮（一两半） 没石子①（六个） 五倍子②（半两） 真胆矾（一钱） 川百药煎（三两）酸榴皮（半两） 猪胆（二个，另放） 旱莲台（半两）

右件为粗末，先将香油熬数沸，然后将药末入油同熬，少时倾油入罐子内，微温入柏油搅，渐入猪胆又搅，令极冷入后药：零陵香、藿香叶、香白芷、甘松各三钱，麝香一钱。再搅匀，用厚纸封罐口，每日早、午、晚各搅一次，仍封之。

如此十日后，先晚洗发净，次早发干搽之，不待数日其发黑绀，光泽香滑，永不染尘垢，更不须再洗，用之后自见也。黄者转黑。旱莲台，诸处有之，科生一二尺高，小花如菊，折断有黑汁，名猢狲头。

又：此油最能黑发

每香油一斤，枣枝一根剉碎，新竹片一根截作小片，不拘多少，用荷叶四两入油同煎，至一半去前物，加百药煎四两与油再熬，冷定加丁香、排草、檀香、辟尘茄，每净油一斤大约入香料两余。

【注释】

①没石子：亦作"没食子""无食子"，为没食子蜂科昆虫，没食子蜂的幼虫寄生于壳斗科植物没食子树幼枝上所产生的虫瘿。

②五倍子：中药名，为倍蚜科昆虫五倍子蚜和倍蛋蚜寄生在漆树科植物盐肤木或青麸杨等叶上形成的虫瘿。

【译文】

此油洗发后用最妙

香油二斤，柏油二两单独存放，诃子皮一两半，没石子六个，五倍子半两，真胆矾一钱，川百药煎三两，酸榴皮半两，猪胆二个单独存放，旱莲台半两。

以上原料研磨成粗末。先将香油熬至数沸，然后将药末倒入油中一同熬制，随后将油倒入罐中，等待油微温后放入柏油搅拌，慢慢放入猪胆再搅拌，放至极凉后加入：零陵香、藿香叶、香白芷、甘松各三钱，麝香一钱再搅拌均匀。用厚纸严封罐口，每天早、中、晚各搅拌一次，仍然封好。

如此十日后，晚上将头发洗净，第二天早上将此香油抹在头发上干搽。用不了几天，头发便会乌黑而富有光泽，香滑而又不沾染尘垢。涂抹香油后，不需要洗去。使用之后，自然看得见效果，黄发会变作黑发。旱莲台，各地都有这种东西，大约一二尺高，花小如菊，折断之后有黑汁浸出，名为猢狲头。

又：此油最能黑发

每香油一斤，枣枝一根切碎，新竹片一根截成小片，不计多少，留待使用。用荷叶四两放入油中，煎至一半，除去此前加入的原料。在油中加入百药煎四两，再熬，放凉之后加入丁香、排草、檀香和辟尘茄。每净油一斤，大约加入一两多香料。

549

合香泽法

清酒浸香（夏用酒令冷，春秋酒令暖，冬则小热），鸡舌香（俗人以其似丁子，故为丁子香也）、藿香、苜蓿、兰香凡四种。以新绵裹而浸之（夏一宿、春秋二宿、冬三宿），用胡麻油两分，猪脂一分纳铜铛中，即以浸香酒和之，煎数沸后，便缓火微煎，然后下所浸香煎，缓火至暮，水尽沸定乃熟。以火头内浸，中作声者，水未尽；有烟出无声者，水尽也。泽欲熟时，下少许青蒿，以发色绵幂铛嘴，防瓶口泻。（贾思勰《齐民要术》）

香泽者，人发恒枯瘁，此以濡泽之也。唇脂以丹作之，象唇赤也。（《释名》）

【译文】

清酒浸香（夏季使用冷酒，春秋季使用暖酒，冬季则将酒微微加

卷十九　熏佩之香　涂傅之香

热后使用），鸡舌香（俗人因为其形似丁子，所以称其为丁子香）、藿香、苜蓿、兰香这四种香料。用新绵包裹后，放入酒中浸泡。夏季浸泡一晚，春秋两季浸泡两晚，冬季浸泡三晚。将两分胡麻油、一分猪油放入铜锅中，调入浸过香的酒，煎煮数沸之后，再用小火微微煎煮，然后放入浸过的香料，用微火煎制直到黄昏，水烧干后就熟了。将火头插入试探，发出声音说明水还没有熬尽；有烟冒出并且不发出声音的，则水已经烧干。香泽快要煎熟时，放入少许青蒿上色。将丝绵罩在浅嘴瓶口，防瓶口倾泻。（贾思勰《齐民要术》）

头发总是枯黄的，就用这种香泽滋润。加入丹砂，便可以制成唇脂，能够使唇色红润。（《释名》）

香粉法

惟多着丁香于粉盒中，自然芬馥。（《释名》）

【译文】

香粉的妙法就在于在粉盒中多放入丁香，这样香气自然芬芳馥郁。（《释名》）

面脂香

牛髓（若牛髓少者，用牛脂和之，若无髓，只用脂亦得）　温酒浸丁香藿香二种（浸法如煎泽法）

煎法一同合泽，亦着青蒿以发色，绵滤着磁漆盏中令凝。若作唇脂者，以熟朱调和青油裹之。（《释名》）

【译文】

牛髓（牛髓太少，就用牛脂调和牛髓，如果没有牛髓，只用牛脂也可以），用温酒浸泡丁香、藿香两味（浸泡的方法如煎泽法）。

煎法与调和香泽时一样，面脂之中也加入青蒿上色，用丝绵过滤，倒入瓷杯之中令其凝固。如果制作唇脂，则用熟朱调和，用青油包裹。

八白香（金章宗宫中洗面散）

白丁香　白僵蚕　白附子　白牵牛　白茯苓　白蒺藜　白芷　白芨

右等分入皂角去皮弦，共为末，绿豆粉拌之，日用面如玉矣。

【译文】

白丁香、白僵蚕、白附子、白牵牛、白茯苓、白蒺藜、白芷、白芨。

以上香料各取相等分量，加入皂角，除去皮弦，一同研磨成粉末，加入一半绿豆粉。日常使用这种香粉，面色如玉。

金主绿云香

沉香　蔓荆子　白芷　南没石子　踯躅花　生地黄　零陵香　附子　防风　覆盆子　诃子肉　莲子草　芒硝　丁皮

右件各等分，入卷柏三钱，洗净晒干，各细剉，炒黑色，以绢袋盛入磁罐内。每用药三钱，以清香油浸药，厚纸封口七日。每遇梳头，净手蘸油摩顶心令热，入发窍。不十日发黑如漆，黄赤者变黑，秃者生发。

【译文】

沉香、蔓荆子、白芷、南没石子、踯躅花、生地黄、零陵香、附子、防风、覆盆子、诃子肉、莲子草、芒硝、丁皮。

将以上原料各取相等分量，加入卷柏三钱，洗净后晒干，分开切细，炒至黑色，用绢袋盛放放入瓷罐中。每取出原料三钱，用清香油浸泡，再用厚纸封住罐口，储藏七天。每一次梳头时，将手洗干净，蘸油，擦在发顶心，使其渗入毛孔。不到十天，发质便会乌黑如漆。头发偏黄偏红的都能变黑，秃头的能生长出头发来。

卷十九　熏佩之香　涂傅之香

莲香散（金主宫中方）

丁香（三钱） 黄丹（三钱） 枯矾末（一两）

共为细末，闺阁中以之敷足，久则香入肤骨，虽足纨常经洗濯，香气不散。

金章宗文房精鉴，至用苏合香油点烟制墨，可谓穷幽极胜矣。兹复致力于粉泽香膏，使嫔妃辈云鬓益芳，莲踪增馥。想见当时，人尽如花，花尽皆香，风流旖旎。陈主、隋炀后一人也。

【译文】

丁香三钱，黄丹三钱，枯矾末一两。

以上原料研成细末，在闺阁之中用它来擦脚，时间长了后，香气便会浸入肤骨，裹脚布虽然经常清洗，但是香气依然不会减散。

金章宗文房用具精鉴，用苏合香油来点烟制墨，可以说是穷尽了心力。他还致力于香泽和香膏的制作，使嫔妃们发鬓芬芳，莲足增香。遥想当年，人尽如花，花尽皆香，风流旖旎。陈后主、隋炀帝之后，仅此一人。

烧香用香饼

凡烧香用饼子，须先烧令通红，置香炉内，候有黄衣生，方徐徐以灰覆之，仍手试火气紧慢。（《沈谱》）

【译文】

大凡烧香所用到的香饼，都必须先将其烧至通红后，放在香炉里，待其表面生出黄衣后，才能慢慢用香灰覆盖，要用手试探炉火的大小。（《沈谱》）

香饼

香饼一
坚硬羊胫骨炭（三斤，末）　黄丹（五两）　定粉（五两）　针砂（五两）　牙硝（五两）　枣（一升，煮烂，去皮、核）

右同捣拌匀，以枣膏和剂，随意捻作饼子。

香饼二
木炭（三斤末）　定粉（三两）　黄丹（二两）

右拌匀，用糯米为糊和成，入铁臼内细杵，以圈子脱作饼，晒干用之。

香饼三
用栎炭和柏叶、葵菜、橡实为之，纯用栎炭则难熟而易碎，石饼太酷不用。

【译文】

香饼一

坚硬羊胫骨炭三斤制成炭末，黄丹五两，定粉五两，针砂五两，牙硝五两，枣一升煮烂之后去掉皮和核。

将以上原料一同捣碎拌匀，用枣膏调和成香剂，随意捏制成香饼。

香饼二

木炭三斤制成炭末，定粉三两，黄丹二两。

将以上原料搅拌均匀，用糯米糊调和后，倒入铁臼之中细细捣制，再用模子脱制成香饼，晒干之后便可以使用。

香饼三

用栎炭调和柏叶、葵菜和橡实等制成，全部用栎炭制成的香饼会很难熟，而且容易碎，这样的石饼一般无法使用。

香饼（沈）

软炭（三斤，末） 蜀葵叶（或花一斤半）

右同捣令粘匀作剂，如干更入薄糊少许，弹子大捻饼晒干，贮磁器内，烧香旋取用。如无葵则炭末中拌入红花滓，同捣以薄糊和之亦可。

【译文】

软炭三斤制成炭末，蜀葵叶或花一斤半。

将以上原料，一同捣制成黏和均匀的香剂。如果太干的话，加入薄糊少许。将香剂搓制成弹子大小的丸子，捏制成香饼，晒干之后储藏在瓷器之中，烧香的时候取出来使用。如果没有蜀葵叶或者花，也可以在炭末之中拌入红花滓一同捣制，用薄糊调和成香剂。

耐久香饼

硬炭末（五两） 胡粉（一两） 黄丹（一两）

右用捣细末，煮糯米胶和匀，捻饼晒干。每用，烧令赤，炷香经久，或以针砂代胡粉煮，枣代糯胶。

【译文】

硬炭末五两，胡粉一两，黄丹一两。

将以上原料捣制成细末后，熬煮糯米胶，将二者调和均匀后捏制成香饼，晒干。每一次用它，烧成红色，炷香都经久不灭。也有人用针砂代替胡粉，煮枣子代替糯米胶。

长生香饼

黄丹（四两） 干蜀葵花（二两，烧灰） 干茄根（二两，烧灰） 枣肉（半斤，去核）

右为粗末，以枣肉研作膏，同和匀捻作饼子，晒干置炉内，大可耐久而不息。

【译文】

黄丹四两，干蜀葵花二两烧制成灰，干茄根二两烧制成灰，枣肉半斤去掉核。

以上原料研磨成粗末，把枣肉研磨成膏状，一同搅拌调和均匀后，捏制成香饼晒干。这种香饼放置在炉内焚熏，十分耐久，不容易熄灭。

557

终日香饼

羊胫炭（一斤，末） 黄丹（一分） 定粉（一分） 针砂（少许，研匀） 黑石脂（一份）

右煮枣肉拌匀，捻作饼子，窨二日，便于日中晒干，如烧香毕，水中蘸灭可再用。

【译文】

羊胫炭一斤制成炭末，黄丹一分，定粉一分，针砂少许研磨均匀，黑石脂一份。

将以上原料用煮好的枣肉搅拌，捻成香饼后窨藏两日，放在正午的阳光下晒干。烧香结束，将香饼放在水中蘸灭，下次便可以继续使用。

卷二十 香属

丁晋公文房七宝香饼

青州枣（一斤，去核） 木炭（二斤，末） 黄丹（半两） 铁屑（二两） 定粉（一两） 细墨（一两） 丁香（二十粒）

右用捣为膏，如干时再入枣，以模子脱作饼如钱许，每一饼可经昼夜。

【译文】

青州枣一斤去核，木炭二斤制成炭末，黄丹半两，铁屑二两，定粉一两，细墨一两，丁香二十粒。

将以上原料捣制成膏状，如果膏剂太干的话，再加入枣。用模子将其脱制成铜钱大小的香饼，一枚香饼可以经过一昼夜也不熄灭。

内府香饼

木炭末（一斤） 黄丹（三两） 定粉（三两） 针砂（二两） 枣（半斤）

右同末，熟枣肉杵作饼晒干，用如常法，每一饼可度终日。

【译文】

木炭末一斤，黄丹三两，定粉三两，针砂二两，枣半斤。

将以上原料研磨成粉末，加入熟枣肉捣和后捏制成香饼，晒干，按照寻常方法使用便可。一枚香饼可以使用一整天。

贾清泉香饼

羊胫炭（一斤） 定粉（四两） 黄丹（四两）

右用糯粥或枣肉和作饼晒干，用如常法，或茄叶烧灰存性，用枣肉同杵，捻饼晒干用之。

【译文】

羊胫炭一斤，定粉四两，黄丹四两。

将以上原料用糯米粥或者枣肉调和，制成香饼后晒干，按照寻常方法使用即可。或者用茄叶烧制成灰，存性，加入枣肉一同捣制成香饼，晒干后使用。

制香煤

近来焚香取火，非灶下即踏炉中者，以之供神佛、格祖先，其不洁多矣，故用煤以扶接火饼。（《香史补遗》）

【译文】

近来，焚香取火，不用灶里的或脚炉里面的。用这种来供奉神佛或祭祀祖先，多有不洁，所以用香煤来扶接火饼。

香煤

香煤一

茄蒂（不计多少，烧存性，取四两） 定粉（三钱） 黄丹（二钱） 海金砂（二钱）

右同末拌匀，置炉上烧纸点，可终日。

香煤二

枯茄荄烧成炭于瓶内，候冷为末，每一两入铅粉二钱、黄丹二钱半拌匀，和装灰中。

香煤三

焰硝　黄丹　杉木炭

右各等分糁炉中，以纸烬点。

香煤四

黑石脂，一名石墨，一名石涅，古者捣之以为香煤。张正见诗："香散绮幕室，石墨雕金炉。"

卷二十　香属

【译文】

香煤一

茄蒂不计多少，烧成炭，存其性，取四两，定粉三钱，黄丹二钱，海金砂二钱。

将以上原料一同研磨成粉末搅拌均匀，放置在炉内用纸点燃，可以使用一整天。

香煤二

将枯茄根烧制成炭，放在瓶中晾凉后制成炭末，每一两炭末加入铅粉二钱、黄丹二钱半，搅拌均匀，装入灰中混合。

香煤三

焰硝、黄丹、杉木炭。

以上原料各取相等分量加入炉中，用烧着的纸点燃。

香煤四

黑石脂，一名石墨，又名石涅，古人将其捣制成香媒。张正见诗云："香散绮幕室，石墨雕金炉。"

香煤（沈）

干竹筒　干柳枝（烧黑炭各二两）　铅粉（二钱）　黄丹（三两）　焰硝（六钱）

右同为末，每用匕许，以灯爇着，于上焚香。

【译文】

干竹筒、干柳枝烧制成黑灰各二两，铅粉二钱，黄丹三两，焰硝六钱。

将以上原料一同研磨成粉末，每次使用匕首那么大一点，用灯加热，在上面焚香。

月禅师香煤

杉木烀炭（四两）　硬羊胫炭（二两）　竹烀炭（一两）　黄丹

（半两）　海金砂（半两）

右同为末拌匀，每用二钱置炉纸灯点，候透红以冷灰薄覆。

【译文】

杉木焊炭四两，硬羊胫炭二两，竹焊炭一两，黄丹半两，海金砂半两。

将以上原料一同研磨成粉末搅拌均匀，每次使用取出二钱放入炉内，用纸灯点燃，等待其通身发红后，将冷香灰薄薄覆盖在上面。

阎资钦香煤

柏叶多采之，摘去枝梗洗净，日中曝干剉碎（不用坟墓间者），入净罐内，以盐泥固，济炭火煅之，倾出细研。每用一二钱置香炉灰上，以纸灯点，候匀遍焚香，时时添之，可以终日。

香饼、香煤好事者为之。其实用只须栎炭一块！

【译文】

多采一些柏叶，摘去枝梗后清洗干净，放在正午的阳光下暴晒干切碎（不要选择长在坟墓间的柏树叶子），放入洁净的罐子中，用盐泥封口，炭火加热后，再用石磨细细研磨。每次使用取一二钱香煤放在香炉灰上，用纸灯点燃，等待其全部烧遍后便可以焚香，随时添加的话可以使用一整天。

香饼和香煤之类是好事者所为。如果说实用的话，只需要栎炭一块就够了。

561

制香灰

香灰十二法

细叶杉木枝烧灰，用火一二块养之经宿，罗过装炉。

卷二十　香属

每秋间，采松须曝干，烧灰用养香饼。

未化石灰搥碎罗过，锅内炒令红，候冷又研又罗，一再为之作养。炉灰洁白可爱，日夜常以火一块养之。仍须用盖，若尘埃则黑矣。

矿灰六分、炉灰四分和匀，大火养灰焚炷香。

蒲烧灰装炉如雪。

纸石灰、杉木灰各等分，以米汤同和煅过用。

头青、朱红、黑煤、土黄各等分，杂于纸中装炉，名锦灰。

纸灰炒通红罗过，或稻粱烧灰皆可用。

干松花烧灰装香炉最洁。

茄灰亦可藏火，火久不息。

蜀葵枯时烧灰妙。

炉灰松则养火久，实则退，今惟用千张纸灰最妙，炉中昼夜火不绝，灰每月一易佳，他无需也。

【译文】

将细叶杉木烧制成灰，用一两块炭火养着，过了一晚后，过筛，装入炉中。

每年秋天，采摘松叶后要晒干，烧制成灰用来养香饼。

将未化的石灰搥碎，筛过之后，放入锅中炒至红色，放凉之后再研磨过筛，重复几次后，制成养炉灰。香灰洁白可爱，日日夜夜，常用一块炭火养着。仍然需要用盖子盖好，沾上尘土的话就会变黑。

矿灰六分、炉灰四分，调和均匀后，用大火养灰焚烧炷香。

莆烧灰，装入炉中，其色如雪。

纸石灰、杉木灰各取相等分量，用米汤调和，烧过后再使用。

头青、朱红、黑煤、土黄，各取相等分量，混杂在纸中，装入香炉，名叫锦灰。

将纸灰炒制通红后，筛过，或者将稻秆烧制成灰，都可以用作香灰。

干松花烧制成灰，装入香炉，最为洁净。

茄灰也能藏火，使火经久不息。

蜀葵干枯之时烧制成香灰，效果更佳。

炉灰松散则能够养火，炉灰紧实便会退火。如今只用千余张纸烧成灰最好，能使炉中之火昼夜不熄。香灰最好每月更换一次，不需要其他的东西。

香珠之法见诸道家者流，其来尚矣，若夫茶药之属，岂亦汉人含鸡舌香之遗制乎？兹故录之，以备见闻，庶几耻一物不知之意云。

【译文】

香珠的制作方法，曾见于道家的记载，由来已久。至于香茶和香药，难道也是汉代人含服鸡舌香的遗制吗？所以先收录于下，以备见闻，或者可以表达"耻一物不知"之意。

563

孙功甫廉访木犀香珠

木犀花蓓蕾未全开者，开则无香矣。露未时，用布幔铺，如无幔，净扫树下地面。令人登梯上树，打下花蕊，择去梗叶，精拣花蕊，用中样石磨磨成浆。次以布复包裹，榨压去水，将已干花料盛贮新瓷器内。逐旋取出，于乳钵内研，令细软，用小竹筒为则度筑剂，或以滑石平，片刻窍取，则手搓圆如小钱大，竹签穿孔置盘中，以纸四五重衬，藉日傍阴干。稍健可百颗作一串，用竹弓挂当风处，吹八九分干取下。每十五颗以洁净水略略揉洗，去皮边青黑色，又用盘盛，于日影中映干。如天阴晦，纸隔之，于慢火上焙干。新绵裹收，时时观则香味可数年不失。其磨乳丸洗之际忌污秽，妇、铁器、油盐等触犯。《琐碎录》云：木犀香念珠须少入西木香。

【译文】

选用还没有完全开放的木犀花蓓蕾，花开过后，便没有了香气。晨露还没干的时候，将布幔铺在地面上，如果没有布幔，便将树下的地面清扫干净。让人登梯上树，打下花蕊后，择去梗叶，精拣花蕊，用中等石磨磨制出浆，再用布包裹，榨压去水。将已经压去水分的干花盛放在新的瓷器中，随后取出，放在乳钵中研磨，使之变得又细又软。用小竹筒盛放花泥，或者用滑石将花泥压平，片刻之后取出花泥，用手搓制成小钱大小的圆珠子，再用大竹签穿出孔眼，放置在盘中，用四五张纸包衬好，放在阳光下阴干。

等到稍稍坚硬之后，将一百颗香珠穿制成串，用竹弓挂在迎风的地方，吹至八九分干，每次取下十五颗，用洁净的清水略略揉洗，洗去皮边青黑色的物质后，再用盘子盛放，在太阳的阴影下阴干。如果遇到阴天，用纸衬隔，在慢火上烘干。用新绵包裹收好，经常观赏，香味可以数年不消失。磨制香泥、洗净香珠的时候，忌秽污、妇人、铁器、油盐等物触犯。

《琐碎录》中说："木犀香念珠，必须加入少量西木香。"

龙涎香珠

大黄（一两半）　甘松（一两二钱）　川芎（一两半）　牡丹皮（一两二钱）　藿香（一两二钱）　柰子（一两一钱）

以上六味并用酒泼，留一宿，次日五更以后药一处拌匀，于露天安顿，待日出晒干。

【译文】

大黄一两半，甘松一两二钱，川芎一两半，牡丹皮一两二钱，藿香一两二钱，柰子一两一钱。

以上六味原料，把酒泼在上面，放置一宿，等到第二天五更以后，把所有原料放在一起拌匀，放在露天场所安顿好，等太阳出来之后晒干。

后药

白芷（二两）　零陵香（一两半）　丁皮（一两二钱）　檀香（三两）　滑石（一两二钱，另研）　白芨（六两，煮糊）　芸香（二两，洗干另研）　白矾（一两二钱，另研）　好栈香（二两）　椿皮（一两二钱）　樟脑（一两）　麝香（半字）

圆晒如前法，旋入龙涎、脑、麝。

【译文】

白芷二两，零陵香一两半，丁皮一两二钱，檀香三两，滑石一两二钱单独研磨，白芨六两煮成糊状，芸香二两洗干后单独研磨，白矾一两二钱单独研磨，好栈香二两，椿皮一两二钱，樟脑一两，麝香半字。

香珠搓制、晒制的方法和上文相同，还需要加入龙涎、脑香和麝香。

香珠

香珠一

天宝香（一两）　土光香（半两）　速香（一两）　苏合香（半两）　牡丹皮（二两）　降真香（半两）　茅香（一钱半）　草香（一钱）　白芷（二钱，豆腐蒸过）　三柰（二钱，同上）　丁香（半两）　藿香（五钱）　丁皮（一两）　藁本（半两）　细辛（二分）　白檀（一两）　麝香檀（一两）　零陵香（二两）　甘松（半两）　大黄（二两）　荔枝壳（二两）　麝香（不拘多少）　黄蜡（一两）　滑石（量用）　石膏（五钱）　白芨（一两）

右料蜜梅酒、松子、三柰、白芷，糊。夏白芨，春秋琼枝，冬阿胶。黑色：竹叶灰、石膏。黄色：檀香、蒲黄。白色：滑石、麝檀。菩提色：细辛、牡丹皮、檀香、麝檀、大黄、石膏、沉香。嗅湿用蜡圆打，轻者用水喂打。

【译文】

香珠一

天宝香一两，土光香半两，速香一两，苏合香半两，牡丹皮二两，降真香半两，茅香一钱半，草香一钱，白芷二钱用豆腐蒸过，三柰二钱制法同上，丁香半两，藿香五钱，丁皮一两，藁本半两，细辛二分，白檀一两，麝香檀一两，零陵香二两，甘松半两，大黄二两，荔枝壳二两，麝香不拘多少，黄蜡一两，滑石量用，石膏五钱，白芨一两。

以上原料用蜜梅酒、松子、三柰、白芷糊调制。夏季用白芨，春秋用琼脂，冬季用阿胶。制作黑色的香珠，加入竹叶灰、石膏；制作黄色香珠，加入檀香、蒲黄；制作白色香珠，加入滑石、麝檀；制作菩提色香珠，加入细辛、牡丹皮、檀香、麝檀、大黄、石膏、沉香等原料。湿的用蜡丸打制，轻的用水打制。

香珠二

零陵香（酒洗） 甘松（酒洗） 木香（少许） 茴香（等分） 丁香（等分） 茅香（酒洗） 川芎（少许） 藿香（酒洗，此物夺香味，少用） 桂心（少许） 檀香（等分） 白芷（面裹煨熟，去面） 牡丹皮（酒浸一日晒干） 三柰子（如白芷制少许） 大黄（蒸过，此项收香味，且又染色，多用无妨）

右件圈者少用，不圈等分如前制，度晒干和合为细末，用白芨和面打糊为剂，随大小圆，趁越湿穿孔，半干用麝香檀稠调水为衣。

【译文】

香珠二

零陵香用酒洗过，甘松也用酒洗过，木香少许，茴香相等分量，丁香相等分量，茅香用酒洗过，川芎少许，藿香用酒洗过，此物能夺香味，应当少用，桂心少许，檀香相等分量，白芷，用面粉包裹煨熟，除去面，牡丹皮用酒浸泡一日，晒干，三柰子少许，照白芷的制法，大黄蒸过，这一味原料能吸收香味，又能染色，多用也没有关系。

按照前面的方法制作，标记有圆点的原料要少用，没有标志的如前面制法即可。晒干，研磨成细末。用白芨和面打制成糊，调和成剂。搓成香珠，大小随意，趁着珠体较湿时穿孔。珠体半干时，把麝香檀香用水调成稠液制成珠衣。

收香珠法

凡香环佩戴念珠之属，过夏后须用木贼草擦去汗垢，庶不蒸坏。若蒸损者，以温汤洗过晒干，其香如初。（温子皮）

【译文】

大凡香环、佩戴用香、念珠之类，等到夏天结束，必须用木贼草擦去汗垢，才能让香珠不被汗水蒸坏。如果已经被汗水蒸损，就要用温水洗过，晒干，让其香气如初。

香珠烧之香彻天

香珠以杂香捣之，丸如桐子大，青绳穿，此三皇真元之香珠也，烧之香彻天。（《三洞珠囊》）

【译文】

把各种香珠捣碎，制成梧桐子大小的丸子，用青绳穿好，这就是三皇真元香珠。焚烧这种香珠，香气彻天。（《三洞珠囊》）

交趾香珠

交趾以泥香捏成小巴豆状，琉璃珠间之，彩丝贯之，作道人数珠，入省地卖。南中妇人好带之，余曾见交趾珠外用朱砂为衣，内用小铜管穿绳，制极精严。

【译文】

交趾人用泥香捏成小巴豆的形状，用琉璃珠隔开，使彩丝穿好，制成道人所用的念珠，贩入省城售卖。南方的妇女喜欢将其佩戴在身上。我曾经见过交趾制作的香珠，其外用朱砂制成珠衣，其内用小铜管穿绳，制作极其精细严格。

香药

丁沉煎圆

丁香（二两半）　沉香（四钱）　木香（一钱）　白荳蔻（二两）　檀香（二两）　甘松（四两）

右为细末，以甘草和膏研匀为圆，如芡实大。每用一圆噙化，常服调顺三焦，和养荣卫，治心胸痞满。

【译文】

568

丁香二两半，沉香四钱，木香一钱，白荳蔻二两，檀香二两，甘松四两。

以上原料研磨成细末，用甘草调和成膏，研磨均匀，搓制成芡实大小的丸子。每次取一丸含化。常常服用这种香药，有调顺三焦，和养荣卫，治心下痞塞，心胸痞满之效。

木香饼子

木香　檀香　丁香　甘草　肉桂　甘松　砂　丁皮　莪术（各等分）

莪术醋煮过，用盐水浸出醋浆，水浸三日，为末，蜜和同甘草膏为饼，每服三五枚。

【译文】

木香、檀香、丁香、甘草、肉桂、甘松、砂、丁皮、莪术，各取相等分量。

莪术用醋煮过，用盐水浸渍，取出之后用醋浆水浸渍三日，制成粉末。用炼蜜调和众香，与甘草膏一同制成饼状，每次服用三五枚。

荳蔻香身丸

丁香　青木香　藿香　甘松（各一两）　白芷　香附子　当归　桂心　槟榔　荳蔻（各半两）　麝香（少许）

右为细末，炼蜜为剂，入少酥油，丸如梧桐子大。每服二十丸，逐旋嚼化咽津，久服令人身香。

【译文】

丁香、青木香、藿香、甘松各一两，白芷、香附子、当归、桂心、槟榔、荳蔻各半两，麝香少许。

将以上原料研磨成细末，用炼蜜调和，加入少许酥油制成梧桐子大小的药丸。每次服用二十丸，在口中含化，吞咽唾液。久服此丸，能让人身体带香。

透体麝脐丹

川芎　松子仁　柏子仁　菊花　当归　白茯苓　藿香叶（各一两）

右为细末，炼蜜为丸，如桐子大，每服五七丸，温酒茶清任下，去诸风，明目轻身，辟邪少梦，悦泽颜彩，令人身香。

【译文】

川芎、松子仁、柏子仁、菊花、当归、白茯苓、藿香叶各一两。

把以上原料研磨成细末，用炼蜜调和，制成桐子大小的药丸，每次服用五至七丸，用温酒、茶汤服下。能祛除各种风疾，让眼睛明亮，身体轻盈，辟除邪恶，减少噩梦，增添神采，让人身体发香。

独醒香

干葛　乌梅　甘草　砂（各二两）　枸杞子（四两）　檀香（半两）　百药煎（半斤）

右为极细末，滴水为丸如鸡头大，酒后三二丸细嚼之，醉而立醒。

【译文】

干葛、乌梅、甘草、砂各二两，枸杞子四两，檀香半两，百药煎半斤。

把上述原料研磨成极细的粉末，滴入水中，制成鸡头米大小的药丸。酒后取两三丸细细嚼服，能解酒醉。

570

香茶

经御龙麝香茶

白荳蔻（一两，去皮）　白檀末（七钱）　百药煎（五钱）　寒水石（五钱，薄荷汁制）　麝香（四分）　沉香（三钱）　片脑（二钱）　甘草末（三钱）　上等高茶（一斤）

右为极细末，用净糯米半升煮粥，以密布绞取汁，置净碗内放冷和剂。不可稀软，以硬为度。于石板上杵一二时辰，如粘黏用小油二两煎沸，入白檀香三五片，脱印时以小竹刀刮背上令平。（《卫州韩家方》）

【译文】

白荳蔻一两去皮，白檀末七钱，百药煎五钱，寒水石五钱用薄荷汁制过，麝香四分，沉香三钱，片脑二钱，甘草末三钱，上等高茶一斤。

把以上原料研磨成细末，取干净的糯米半升煮成粥，用质地细密的布绞取粥汁，放置在干净的碗中晾凉，再跟香末调和成剂，不可稀软，以硬为度。放在石板上捣制一两个时辰，如果太黏，加入二两煎沸的小油，三五片白檀香。从模子里脱出来之后，用小竹刀把茶背刮平。(《卫州韩家方》)

孩儿香茶

孩儿香（一斤） 高茶末（三两） 麝香（四钱） 片脑（二钱五分，或糠米者，韶脑不可用） 薄荷霜（五钱） 川百药煎（一两，研极细）

右六件一处和匀，用熟白糯米一升半淘洗令净，入锅内放冷水高四指，煮作糕糜取出，十分冷定，于磁盆内揉和成剂，却于平石砧上杵千余转，以多为妙。然后将花脱洒油少许，入剂作饼，于洁净透风筛子顿放阴干，贮磁器内，青纸衬里密封。

【译文】

孩儿香一斤，高茶末三两，麝香四钱，片脑二钱五分，可以用糠米，不能用韶脑，薄荷霜五钱，川百药煎一两研磨成极细的粉末。

把以上六味原料一起调和均匀，用熟白糯米一升半，淘洗干净，放入锅中，加入冷水，让水高出米四指，煮成糕糜取出，放至完全冷透。在瓷盆中揉合成剂，在平石砧上捣制千余下，多捣更好。然后在花模中洒上少许油，把香剂制作成饼，在洁净透风的筛子中放好阴干，储藏在瓷器中，用青纸包好密封。

香茶

香茶一

上等细茶（一斤） 片脑（半两） 檀香（三两） 沉香（一两） 砂（三两） 旧龙涎饼（一两）

卷二十 香属

香乘

右为细末，以甘草半斤剉，水一碗半煎取净汁一碗，入麝香米三钱和匀，随意作饼。

香茶二

龙脑　麝香（雪梨制）　百药煎　拣草　寒水石（各三钱）　高茶（一斤）　硼砂（一钱）　白荳蔻（二钱）

右同碾细末，以熬过熟糯米粥净布巾绞取浓汁匀和石上，杵千余下方脱花样。

【译文】

香茶一

上等细茶一斤，片脑半两，檀香三两，沉香一两，砂三两，旧龙涎饼一两。

把以上原料研磨成细末。取半斤甘草切碎，用一碗半水煎制，取其净汁一碗，加入麝香米三钱调和均匀，随意制成茶饼。

572

香茶二

龙脑、用雪梨制过的麝香、百药煎，拣草、寒水石各三钱，高茶一斤，硼砂一钱，白荳蔻二钱。

以上原料一起研磨成细末，把熬过的熟糯米粥倒在干净的布巾中，绞取浓汁和原料调和均匀，在石头上捣制千下，放入模中脱制花样。

蘭草

定州公库印香

栈香　檀香　零陵香　藿香　甘松（以上各一两）　大黄（半两）　茅香（半两，蜜水酒炒令黄色）

右捣罗为末，用如常法。

凡作印篆，须以杏仁末少许拌香，则不起尘及易出脱，后皆仿此。

【译文】

栈香、檀香、零陵香、藿香、甘松各一两，大黄半两，茅香半两，用蜂蜜水和酒炒成黄色。

把以上原料捣碎筛成粉末，按照寻常的方法使用。

凡是制作印篆用香的，都要加入少许杏仁末搅拌香料，这样就不容易扬起香尘，而且容易脱制成形。以下香印制作，都效仿此法。

和州公库印香

沉香（十两，细挫）　檀香（八两，细挫如棋子）　生结香（八两）　零陵香（四两）　藿香叶（四两，焙干）　甘松（四两，去土）　草茅香（四两，去尘土）　香附（二两，色红者去黑皮）　麻黄（二两，去根细挫）　甘草（二两，粗者细挫）　乳香缠（二两，高头秤）　龙脑（七钱，生者尤妙）　麝香（七钱）　焰硝（半两）

右除脑、麝、乳、硝四味别研外，余十味皆焙干捣罗细末，盒子盛之，外以纸包裹，仍常置暖处，旋取烧之，切不可泄气阴湿此香。于帏帐中烧之悠扬，作篆，熏衣亦妙。别一方与此味数分两皆同，惟脑麝焰硝各增一倍。草茅香须茅香乃佳，每香一两仍入制过甲香半钱。本太守冯公由义子宜行所传方也。

【译文】

沉香十两，切碎，檀香八两，切成棋子大小，生结香八两，零陵香四两，藿香叶四两，焙干，甘松四两，除去杂土，草茅香四两，除去尘土，香附二两，选用红色的除去黑皮，麻黄二两，除去根部，切细，甘草二两，把较粗的甘草切细，乳香缠二两，足量称取，龙脑七钱，用生龙脑最好，麝香七钱，焰硝半两。

以上原料，龙脑、麝香、乳香缠、焰硝四味原料单独研磨，其余十味原料全部烘干，捣碎，筛制成细末，用盒子装好，外面用纸包裹。平常将其放置在暖和的地方，随时取出烧用，万万不能让其泄气阴湿。此香在帷帐中焚熏，香气悠扬。制成香篆，或者用来熏衣服，效果也很好。另有一种配方，与这一配方的多数原料分量相同，只有龙脑、麝香、焰硝分量各增加一倍。草茅香须选取茅香为好。每一两香品，仍加入制过的甲香半钱。这本来是太守冯公传给其义子宜行的香方。

百刻印香

栈香（一两） 檀香 沉香 黄熟香 零陵香 藿香茅香（以上各二两） 土草香（半两，去土） 盆硝（半两） 丁香（半两）制甲香（七钱半，一本七分半） 龙脑（少许，细研作篆时旋入）

右为末同烧如常法。

【译文】

栈香一两，檀香、沉香、黄熟香、零陵香、藿香茅香，以上各二两，土草香半两，除去杂土，盆硝半两，丁香半两，制甲香七钱半（另一种配方上记载的是七分半），龙脑少许，研磨成细粉末，制作篆香的时候可以加入。

以上原料研制粉末，按照寻常方法焚烧使用。

资善堂印香

栈香（三两） 黄熟香（一两） 零陵香（一两） 藿香叶（一两） 沉香（一两） 檀香（一两） 白茅香花（一两） 丁香（半两） 甲香（制，三分） 龙脑香（三钱） 麝香（三分）

右杵罗细末，用新瓦罐子盛之。昔张全真参政传，张瑞远丞相甚爱此香，每日一盘，篆烟不息。

【译文】

栈香三两，黄熟香一两，零陵香一两，藿香叶一两，沉香一两，檀香一两，白茅香花一两，丁香半两，制过的甲香三分，龙脑香三钱，麝香三分。

以上原料捣碎，筛制成细末，用崭新的瓦罐盛放。昔日由张全真参政传下此香方，张瑞远丞相极其喜爱此香，每日点一盘篆香，香烟不息。

龙麝印香

檀香 沉香 茅香 黄熟香 藿香叶 零陵（以上各十两） 甲香（七两半） 盆硝（二两半） 丁香（五两半） 栈香（三十两，刬）

右为细末和匀，烧如常法。

又方（沈）

夹栈香（半两） 白檀香（半两） 白茅香（二两） 藿香（二钱） 甘松（半两，去土） 甘草（半两） 乳香（半两） 丁香（半两） 麝香（四钱） 甲香（三分） 龙脑（一钱） 沉香（半两）

右除龙、麝、乳香别研，余皆捣罗细末，拌和令匀，用如常法。

【译文】

檀香、沉香、茅香、黄熟香、藿香叶、零陵，以上各十两，甲香七两半，盆硝二两半，丁香五两半，栈香三十两，切细。

把以上原料研磨成细末，调和均匀，按照寻常方法焚烧使用。

又方：

夹栈香半两，白檀香半两，白茅香二两，藿香二钱，甘松半两，除去杂土，甘草半两，乳香半两，丁香半两，麝香四钱，甲香三分，龙脑一钱，沉香半两。

以上原料，除了龙脑、麝香、乳香单独研磨外，其余一并捣碎，筛制成细末，搅拌调和均匀，按照寻常方法使用。

乳檀印香

黄熟香（六两）　香附子（五两）　丁皮（五两）　藿香（四两）　零陵香（四两）　檀香（四两）　白芷（四两）　枣（半斤，焙）　茅香（二斤）　茴香（二两）　甘松（半斤）　乳香（一两，细研）　生结香（四两）

右捣罗细末，烧如常法。

【译文】

黄熟香六两，香附子五两，丁皮五两，藿香四两，零陵香四两，檀香四两，白芷四两，枣半斤焙干，茅香二斤，茴香二两，甘松半斤，乳香一两，研磨成细末，生结香四两。

以上原料研磨成细末，按照寻常方法焚烧使用。

供佛印香

栈香（一斤）　甘松（三两）　零陵香（三两）　檀香（一两）　藿香（一两）　白芷（半两）　茅香（五钱）　甘草（三钱）　苍脑（三钱，别研）

右为细末，烧如常法。

【译文】

栈香一斤，甘松三两，零陵香三两，檀香一两，藿香一两，白芷半两，茅香五钱，甘草三钱，苍脑三钱，单独研磨。

把以上原料研磨成细末，按照寻常方法焚烧使用。

无比印香

零陵香（一两）　甘草（一两）　藿香（一两）　香附子（一两）　茅香（二两，蜜汤浸一宿，不可水多，晒干微炒过）

右为末，每用或先模擦紫檀末少许，次布香末。

【译文】

零陵香一两，甘草一两，藿香一两，香附子一两，茅香二两，用蜂蜜水浸泡一夜，不可加入太多的水，晒干后微微炒过。

以上原料，研磨成粉末。每次取用的时候，先在印模中擦上少许紫檀末，再将香末洒在印模中。

梦觉庵妙高印香
（共二十四味，按二十四气，用以供佛）

沉香　黄檀　降香　乳香　木香（以上各四两）　丁香　捡芸香　姜黄　玄参　牡丹皮　丁皮　辛夷　白芷（以上各六两）　大黄　藁本　独活　藿香　茅香　荔枝壳　马蹄香　官桂（以上各八两）　铁面马牙香（一斤）　官粉（一两）　炒硝（一钱）

右为末，和成入官粉炒硝印，用之此二味引火，印烧无断灭之患。

【译文】

沉香、黄檀、降香、乳香、木香各四两，丁香、捡芸香、姜黄、玄参、牡丹皮、丁皮、辛夷、白芷各六两，大黄、藁本、独活、藿香、茅香、荔枝壳、马蹄香、官桂各八两，铁面马牙香一斤，官粉一两，炒硝一钱。

把以上原料研磨成粉末，调和好，加入官粉、炒硝。香印中使用了这两味原料，点燃印香之后，就不会有中途间断、熄灭的顾虑了。

水浮印香

柴灰（一升，或纸灰） 黄蜡（两块，荔枝大）

右同入锅内，炒尽为度，每以香末脱印如常法，将灰于面上摊匀，以裁薄纸依香印大小衬灰，覆放敲下置水盆中，纸自沉去，仍轻手以纸炷点香。

【译文】

柴灰或使用纸灰一升，荔枝大小的黄蜡两块。

把以上原料一起倒进锅里，以蜡烛熬干为限。按照寻常方法，把香末脱制成香印，把香灰表面刮平，按照香印大小，裁剪薄纸盖在上面，然后把纸连同香范倒扣过来，把香印敲落在纸上，把纸放到水盆中，纸被水浸湿后会自然下沉，轻轻用纸炷点燃香印。

宝篆香（洪）

沉香（一两） 丁香皮（一两） 藿香叶（一两） 夹栈香（二两） 甘松（半两） 零陵香（半两） 甘草（半两） 甲香（半两，制） 紫檀（三两，制） 焰硝（三分）

右为末和匀，作印时旋加脑麝各少许。

【译文】

沉香一两，丁香皮一两，藿香叶一两，夹栈香二两，甘松半两，零陵香半两，甘草半两，制过的甲香半两，制过的紫檀三两，焰硝三分。

把以上原料研磨成粉末，调和均匀，制作香印时加入龙脑、麝香各少许。

香篆（新）（一名寿香）

乳香　干莲草　降真香　沉香　檀香　青皮（片烧灰作炷）
贴水荷叶　男孩胎发（一个）　瓦松　木律　麝香（少许）　龙脑
（少许）　山枣子　底用云母石

右十四味为末，以山枣子搽和前药阴干用。烧香时以玄参末蜜
调，箸梢上引烟写字画人物皆能不散。欲其散时，以车前子末弹于
烟上即散。

又方：

歌曰：乳旱降沈檀，藿青贴发山，断松雄律字，脑麝馥空间。

每用铜箸引香烟成字，或云入针砂等分以箸梢夹磁石少许，引
烟任意作篆。

【译文】

乳香，干莲草，降真香，沉香，檀香，青皮切片烧成灰，制成炷
状，贴水荷叶，男孩胎发一个，瓦松，木律，麝香少许，龙脑少许，
山枣子，底部用云母石来衬。

以上十四味原料研磨成粉末。把山枣子搀进去，阴干使用。烧
香时，用玄参末和蜂蜜调和，放在筷子梢上引动香烟，描绘的字画、
人物都不会散去。想要香烟散去，则将车前子末弹在烟上，香烟就
会散去。

又方：

香方歌谣是这么唱的：乳旱降沈檀，藿青贴发山，断松雄律字，
脑麝馥空间。

用铜筷子引动香烟书写成字。也有人说，加入等量的针砂，用筷
子梢夹取少许磁石，吸引香烟任意制作香篆。

丁公美香篆

乳香（半两，别本一两） 水蛭（三钱） 郁金（一钱） 壬癸虫（二钱，蝌蚪是） 定风草（半两，即天麻苗） 龙脑（少许）

右除龙脑、乳香别研外，余皆为末，然后一处和匀，滴水为丸如梧桐子大。每用先以清水湿过手，焚香烟起时以湿手按之，任从巧意，手要常湿。

歌曰：乳蛭壬风龙欲煎，兽炉蓺处发祥烟，竹轩清夏寂无事，可爱翛然逐昼眠。

【译文】

乳香半两（别的方子也作一两），水蛭三钱，郁金一钱，壬癸虫（就是蝌蚪）二钱，定风草（就是天麻苗）半两，龙脑少许。

以上原料除了龙脑、乳香单独研磨之外，其余原料一起研磨成粉末，然后合在一起调和均匀，加水，制成梧桐子大小的丸子。每次使用，先用清水把手沾湿再焚香。香烟升起时将湿手按在香烟上，任意形成巧妙的烟形。手要保持湿润。

香方歌谣是这么唱的：乳蛭壬风龙欲煎，兽炉蓺处发祥烟，竹轩清夏寂无事，可爱翛然逐昼眠。

旁通香图							
	凝香	清神	衣香	清速	芬积	常科	文苑
四和	麝一钱		脑一钱		檀三钱		沉一两一分
降真	丁香半两	藿半两	零陵半两	茅香半两	栈半两	降真半两	檀半两
百花	檀一两半		麝一钱	生结三分	沉一分		栈一分
百和	甲香一钱	麝一钱	木香半钱	脑半钱	降真半两	檀半两	甘松一分
花蕊	结香一钱	脑一钱	檀一分	沉一分	麝一分	甘松半两	玄参二两
宝篆	甘草一钱	栈一两	藿一分	麝一分	脑一分	枫香半两	丁皮一分
清真	脑一钱	沉半两	丁香半两	檀半两	甲香一分	茅香四两	麝三钱

583

旁通香图							
	凝香	清神	衣香	清速	芬积	常科	文苑
四和	麝香一钱	藿香一分	脑子一钱		檀香三钱		沉香二两一钱
凝香	丁香半两	麝香六钱	零陵半两	茅香半两	栈香半两	降真半两	檀香半两
百花	檀香一两半	脑香一钱	麝香一钱		沉香一分		栈香一分
碎琼	甲香一钱	栈香一两	木香半两	生结三分	降真半两	檀香半两	甘松一分
云英	结香一钱	沉香半两	檀香半两	沉香一分	麝香一钱	甘松半两	玄参一两
宝篆	甘草一分	脑子一钱	藿香一分	麝香一钱	脑子一钱	白芷半两	丁皮一分
清真	脑子一钱		丁香半钱	檀香半两	甲香半两	茅香四两	麝香一分

以上碾为细末，用蜜少许拌匀，如常法烧于内，惟宝篆香不用蜜。

旁通二图，一出本谱，一载《居家必用》，互有小异，因两存之。

【译文】

以上研磨成细末，用蜂蜜少许搅拌均匀，按照寻常方法烧制，只有宝篆香不用蜂蜜。

旁通两张图，一张出自本书，另一张记载在《居家必用》上。互有小异，因此都记录下来。

信灵香（一名三神香）

汉明帝时[①]，真人燕济居三公山石窟中[②]，苦毒蛇猛兽邪魔干犯，遂下山改居华阴县庵中。栖息三年，忽有三道者投庵借宿，至夜谈三公山石窟之胜，奈有邪侵。内一人云："吾有奇香，能救世人苦难，焚之道得，自然玄妙，可升天界。"真人得香，复入山中，坐烧此香，毒蛇猛兽，悉皆遁去。

忽一日，道者散发背琴，虚空而来，将此香方写于石壁，乘风而去。题名三神香，能开天门地户，通灵达圣，入山可驱猛兽，可免刀兵瘟疫，久旱可降甘霖，渡江可免风波。有火焚烧，无火口嚼，从空喷于起处，龙神护助，静心修合，无不灵验。

沉香　乳香　丁香　白檀香　香附　藿香　甘松（以上各二钱）　远志（一钱）　藁本（三钱）　白芷（三钱）　玄参（二钱）零陵香　大黄　降真　木香　茅香　白芨　柏香　川芎　三奈（各二钱五分）

用甲子日攒和，丙子日捣末，戊子日和合，庚子日印饼，壬子日入盒收起，炼蜜为丸，或刻印作饼，寒水石为衣，出行带入葫芦为妙。

又方减入香分，两稍异：

沉香　白檀香　降真香　乳香（各一钱）　零陵香（八钱）　大黄（二钱）　甘松（一两）　藿香（四钱）　香附子（一钱）　玄参（二钱）　白芷（八钱）　藁本（八钱）

此香合成藏净器中，仍用甲子日开，先烧三饼，供养天地神祇毕，然后随意焚之，修合时切忌妇人鸡犬见。

【注释】

①汉明帝：刘庄，字子丽，东汉第二位皇帝。

②燕济：字仲微，汉明帝时道士，修炼有成，飞升成仙。三公山：在华山主峰西南。

【译文】

汉明帝时期，真人燕济居住在三公山的石窟中。因有毒蛇猛兽以及邪魔侵犯，就下山改居于华阴县庵中。真人在此居住三年，突然有一天，有三名道士投庵借宿，到了夜里，谈到三公山石窟之胜，不料有邪魔侵犯。其中一位道士说："我有一种神奇的香，能够救世人于苦难，焚烧此香，能得自然之玄妙，可以飞升天界。"真人得到这种奇香，重新进入山中静坐，焚烧此香，毒蛇、猛兽全都静默。

忽然有一天，这位道士披头散发，背着琴，从空中飞来，把这香方书写在石壁上，然后乘风而去。此香题名为三神香，寓意能打开天门地户，通达灵圣。焚烧此香，入山可以驱除猛兽，可免刀兵之瘟疫，久旱可以逢甘霖，渡江可以免风波。有火焚烧，无火口嚼，从空中喷出，能得到龙神护助，静心修合，无不灵验。

沉香、乳香、丁香、白檀香、香附、藿香、甘松，以上各二钱。远志一钱，藁本三钱，白芷三钱，玄参二钱，零陵香、大黄、降真、木香、茅香、白芨、柏香、川芎、三柰各二钱五分。

以上原料，在甲子日混合，丙子日捣制成末，戊子日调和，庚子日印制成饼，壬子日装入盒中收起。用炼蜜调制成香丸，或者刻印成

585

香饼，用寒水石制作香衣，出入携带，最好装在葫芦里。

　　还有一种香方，减去四味香料，用量稍有差异：沉香、白檀香、降真香、乳香各一钱，零陵香八钱，大黄二钱，甘松一两，藿香四钱，香附子一钱，玄参二钱，白芷八钱，薰本八钱。

　　此香制成后，用洁净的容器储藏。取用时，须在甲子日开启，先烧三饼，供养天地神祇。完毕，随意焚烧使用。调制此香时，切忌让妇人、鸡、犬见到。

586

五夜香刻（宣州石刻）

穴壶为漏，浮木为箭，自有熊氏以来尚矣[①]，三代两汉迄今遵用，虽制有工拙而无以易此。国初得唐朝水秤，作用精巧，与杜牧宣润秤漏颇相符合。后燕萧龙图守梓州作莲花漏上进[②]，近又吴僧瑞新创杭湖等州秤漏，例皆疏略。庆历戊子年初，预班朝十二日，起居退宣，许百官于朝堂观新秤漏，因得详观而默识焉。始知古今之制都未精究，盖少第二秤之水㳉，致漏滴有迟速也。亘古之阙[③]，由我朝构求而大备邪。尝率愚短窃仿成法，施于婺睦二州鼓角楼[④]。熙宁癸丑岁大旱，夏秋愆雨[⑤]，井泉枯竭，民用艰饮。时待次梅溪[⑥]，始作百刻香印以准昏晓，又增置五夜香刻如左。

【注释】

①有熊氏：上古华夏部落的一个氏族，史传炎帝、黄帝都来自于有熊氏。

②梓州：今四川三台县一带。

③阙：空缺、缺憾。

④婺睦二州：婺州，今浙江金华一带。睦州，今浙江淳安县。

⑤愆雨：久旱无雨。

⑥待次梅溪：待次，旧时指官吏授职后，依次按照资历补缺。梅溪，在今浙江湖州。

【译文】

穴壶为漏，浮木为箭，用以计时，自从上古有熊氏以来，历史很久了。自从三代两汉而始，至今仍遵用。虽然制作有巧拙之分，但方法没有改变。国朝初年，得到唐朝水秤，制作精巧，与杜牧所谓宣润秤漏颇为符合。后燕萧龙图任梓州守官时，制作莲花漏进贡给皇帝。近来，又有吴僧瑞新创制杭、湖等州的秤漏，体例都十分疏略。庆历戊子年，初列朝班。十二日，起居郎宣布，准许百官在朝堂内观赏新秤漏，因而得以仔细观赏，默默识鉴。才知道古往今来的制作工艺，都没有精推细究。因为缺少第二级的水壶，导致水漏滴水的时间有迟速的差别。亘古以来的缺憾，由我大宋朝构建、推求，直至完备。我曾不避愚笨，效仿成法，在婺、睦二州的鼓角楼上仿造。熙宁癸丑年大旱，夏秋少雨，井泉枯竭，民众饮水困难。那时，我在梅溪候补，才制作百刻香印，以核准早晚时间，又增至五夜香刻如下。

百刻香印

百刻香印以坚木为之，山梨为上，楠樟次之。其厚一寸二分，外径一尺一寸，中心径一寸，无余用文处，分十二界迂曲其文。横路二十一重，路皆阔一分半，锐其上，深亦如之。每刻长二寸四分，凡一百刻通长二百四十分，每时率二尺，计二百四十寸。凡八刻，三分刻之一，其近中狭处六晕相属亥子也、丑寅也、卯辰也、巳午也、未申也、酉戌也，阴尽以至阳也（戌之末则入亥，以上六长晕外各相连）。阳时六皆顺行，自小以入大，从微至著也。其向戌亥，阳终以入阴也（亥之末则至子，以上六狭处内各相连）。阴时六皆逆行，从大以入小，阴生阳减也，并无断际，犹环之无端也。每起火，各以其时，大抵起午正（第三路近中是），或起日出（视历日日出卯视卯正几刻）[1]，不定断际，起火处也。

589

【注释】

①历日：历书。卯正：相当于现在六点。

【译文】

百刻香印，用坚硬的木材制成。选用山梨木最好，楠木、樟木略次一等。香印厚一寸二分，外径一尺一寸，中心径一寸。雕刻纹路的地方，分为十二个迂回，纹路为横向二十一层，每层宽一分半，其上削尖，深度也是如此。每刻长二寸四分，共一百刻，总长二百四十分。每个时辰为二尺，合计二百四十寸。分作八刻，作三分雕刻。接近中

卷二十二　印香图

间狭窄之处，是六晖所属，即亥子、丑寅、卯辰、巳午、未申、酉戌。阴尽至阳（从戌时末刻到亥时，以上称为长晖，外面各自相连）。阳时有六，全部为顺向，从小入大，从微弱到显著。向着戌、亥，阳终入阴（亥时末刻直至子时，以上六个时辰，狭窄之处，内层各自相连）。阴时有六，全部为逆向，从大入小，阴时渐渐减弱，中间不要断开，犹如圆环，没有开端。每次取火，按照当时的时辰点燃印香。大多从正午（第三层，接近中间的地方就是）开始，或者从日出（观看历日，日出一般为卯时，看是在卯正几刻），断续不定的地方，就是点香的起点。

五更印刻

上印最长，自小雪后大雪、冬至、小寒后单用，其次有甲乙丙丁四印，并两刻用。

中印最平，自惊蛰后至春分后单用，秋分同其前，后有戊己印各一，并单用。

末印最短，自芒种前及夏至、小暑后单用，其前有庚辛壬癸四印，并两刻用。

【译文】

上印是最长的，从小雪其后大雪、冬至、小寒后，单独使用，其后有甲、乙、丙、丁四种香印，并为两刻使用。

中印最平，自惊蛰至春分后单独使用，秋分也一样，后有戊、己香印各一种，都单独使用。

末印最短，自芒种前及夏至、小暑后，单独使用，前有庚、辛、壬、癸四种香印，并为两刻使用。

大衍篆香图

凡合印篆香末，不用栈、乳、降真等，以其油液涌沸令火不燃也，诸方详列前卷。

邹象浑见授此图，象浑名继隆，字绍南，豫章人也，宦寓丰之慈利，好古博雅，善诗能文，尤善于易，贤士大夫多所推重，岁次己巳天历二年良月朔旦中齐居士书①。

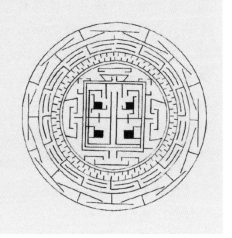

【注释】

①天历：元明宗、文宗年号。良月：指十月。朔旦：每月的初一日。

【译文】

大凡调和印篆香末，不使用栈香，乳香，降真香等，因其油脂成分过高，使火不能燃烧，各种香方详细列在前卷。

邹象浑传授此图。邹象浑名叫继隆，字绍南，豫章人士，因做官而居住在慈利县，好古博雅，善诗能文，尤善于《易》。贤德的士大夫，大多推重他。己巳天历二年，十月初一，中齐居士书。

百刻篆香图

百刻香若以常香即无准，今用野苏、松球二味相和令匀，贮于新陶器内，旋用。野苏（即荏叶也），待秋前采，曝为末，每料用十两。松球（即枯松球也），秋冬取其自坠者曝干，到去心，为末，每料用八两。

香乘

昔尝著《香谱》，叙百刻香，未甚详。广德吴正仲制其篆刻并香法见贶①，较之颇精审，非雅才妙思孰能至是？因镌于石，传诸好事者。熙宁甲寅岁仲春二日②，右谏议大夫知宣城郡沈立题。其文准十二辰，分一百刻，凡燃一昼夜。

【注释】

①贶：赐予。

②熙宁甲寅：1074年，宋神宗时。仲春：二月。

【译文】

百刻香，如果用寻常香料制作，就会计时不准。如今用野苏、松球两味原料，调和均匀，储藏在崭新的陶器内，即可使用。野苏（即荏叶），在秋天到来之前采摘，晒干制成粉末，每料用十两。松球（也就是枯松球），秋末采集从树上自然落下的晒干，切去球心部分，制成粉末，每料用八两。

昔日我曾著述《香谱》一书，对于百刻香这一种，叙述不是特别详细。广德吴正仲修制其篆刻及制香之法，承他相赠，两下比较，其制法颇为精湛。如果没有雅趣和精妙的构思，哪能制得此香？因而镌刻在石头上，流传给后世喜爱香料的人。熙宁甲寅，二月二日，右谏议大夫、知宣城郡沈立题。此香篆核准十二时辰，分作一百刻，燃烧一昼夜。

五夜篆香十三图

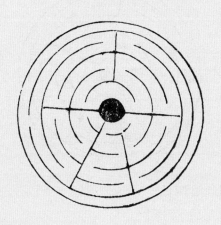

小雪后十日至大雪

冬至及小寒后三日

上印六十刻，径三寸三分，长二尺七寸五分，无余

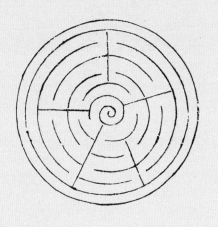

小寒后四日至大寒后二日

小雪前一日至后十一日同

甲印五十九，五十八刻，径三寸二分，长二尺七寸

大寒后三日至十二日

立冬后四日至十三日同

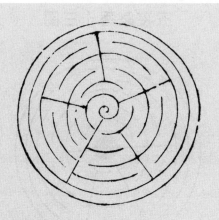

立春前三日至后四日

立春前五日至后三日同

乙印五十七，五十六刻，径三寸二分，长二尺六寸

立春后五日至十二日

霜降前四日至后十日同

594

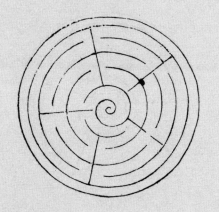

雨水前三日至后三日

霜降前二日至后三日同

丙印五十五，五十四刻，径三寸二分，长二尺五寸

雨水后四日至九日

寒露后六日至后十二日同

雨水后十日至惊蛰节日

寒露前一日至后五日同

丁印五十三,五十二刻，径三寸，长二尺四寸

惊蛰后一日至六日

秋分八日至十三日同

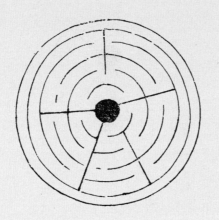

惊蛰后七日至十二日

秋分后三日至后八日同

戊印五十一刻，径二寸九分，长二尺三寸

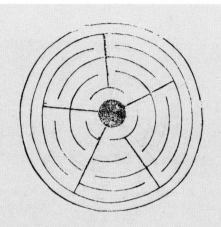

惊蛰后十三日至春分后三日

秋分前二日至后二日同

中印五十刻，径二寸八分，长二尺二寸五分，无余

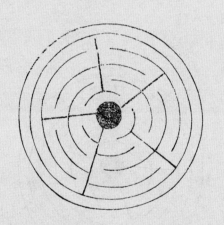

春分后四日至八日

白露后七日至十二日同

己印四十九刻，径二寸八分，长二尺二寸，无余

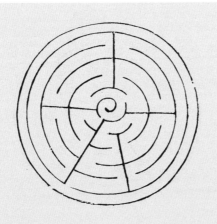

春分后九日至十二日同

白露后一日至六日同

庚印四十八，四十七刻，径二寸七分，长二尺一寸五分

清明前一日至后六日同

处暑后十一日至白露节日同

清明后七日至十二日

处暑后四日至十日同

辛印四十六，四十五刻，径二寸六分，长二尺五分

清明后十三日至谷雨后三日

立秋后十二日至处暑后三日同

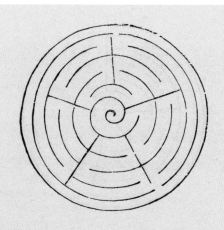

谷雨后四日至后十日

立秋后五日至十一日同

壬印四十四,四十五刻,径二寸五分,长一尺九寸五分

谷雨后十一日至立夏后三日

大暑后十二日至立秋后四日同

立夏后四日至十三日同

大暑后二日至十一日同

癸印四十二,四十一刻,径二寸四分,长一尺八寸五分

小满前一日至后十一日

小暑后四日至大暑后一日同

芒种前三日至小暑后三日

未印中十刻，径二寸三分，长一尺七寸五分，无余

福庆香篆

寿征香篆

长春篆香图

延寿篆香图

万寿篆香图

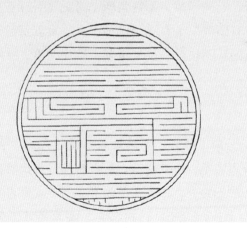

内府篆香图

炉熏散馥，仙灵降而邪恶遁。清修之士，室间座右固不可一刻断香烟。炉中一丸易尽，印香绵远，氤氲特妙，雅宜寒宵永昼。而下帷工艺者，心驰铅椠，不资焚爇，时觉飞香浮鼻，诚足助清气、爽精神也。右图范二十有一，供神祀真、宴叙清游，酌宜用之。其五夜百刻诸图秘相授受，按晷量漏，准序符度，又当与司天侔衡、璇玑斗巧也。

【译文】

炉熏散香，仙灵降临，邪恶远遁。清修之人，室内座右不可断香烟。炉中的香丸易尽，印香绵远，氤氲非凡，为世间雅宜。做香的人，心驰铅椠，既使不焚香，也常常闻到有香浮鼻，可以助清气，爽精神。上图有图例二十一例。可以供神祀真、宴叙郊游，都适宜用。其中五夜百刻图是秘密相授的，按时计量，可以与司天侔衡、璇玑斗巧。

桃草香

晦斋香谱序

　　香多产海外诸番，贵贱非一，沉、檀、乳、甲、脑、麝、龙、栈，名虽书谱，真伪未详。一草一木乃夺乾坤之秀气，一干一花皆受日月之精华，故其灵根结秀，品类靡同。但焚香者要谙味之清浊，辨香之轻重，迩则为香，迥则为馨。真洁者可达穹苍，混杂者堪供赏玩。琴台书几最宜柏子沉檀，酒宴花亭不禁龙涎栈乳。故谚语云"焚香挂画，未宜俗家"，诚斯言也。余今春季偶于湖海获名香新谱一册，中多错乱，首尾不续。读书之暇，对谱修合，一一试之，择其美者，随笔录之，集成一帙，名之曰：《晦斋香谱》，以传好事者之备用也。景泰壬申立春月晦斋述。

【译文】

　　香大多出产于海外各国，贵贱不一。沉香、檀香、乳香、甲香、脑香、麝香、龙脑、栈香，其名目虽记载在香谱之中，但真伪未辨。一草一木，乃夺乾坤之秀气；一树一花，皆受日月之精华。其根结秀，品类不同。但凡焚香，要了解香味的清浊，明辨香气的轻重。香气近距离传播的，称为香；远距离传播的，则称为馨。纯真洁净的香气，可以上达苍穹；混杂不纯的香气，只能供人玩赏。琴台书案之间，最适合焚烧柏子、沉香、檀香；酒宴花亭之侧，不禁龙涎、栈香、乳香等香。故而谚语说"焚香挂画，未宜俗家"，此言果然不假。今年春季，我偶然在湖海之间获得名香新谱一册，其中多有错乱之处，首尾也不能接续。我在读书之暇，比对香谱，修合香品，一一调试，选择其中精美的香品，随笔录之，集成一帙，命名为《晦斋香谱》，以传于雅好香事之人备用。景泰壬申，立春月，晦斋述。

香煤

凡香灰用上等风化石灰不拘多少，罗过，用稠米饮和成剂，丸如球子如拳大晒干，用炭火煅通红，候冷碾细罗过装炉。次用好青棡炭灰亦可，切不可用灶灰及积下陈灰，恐猫鼠秽污，地气蒸发，焚香秽气相杂，大损香之真味。

【译文】

大凡香灰，使用上等风化石灰，不拘多少，筛过后，用稠米汤调和成剂，制成球状的丸子，每个约有拳头大小，晒干，用炭火烧至通红，放凉，碾细，筛过，装炉。其次，用上好的青棡炭灰也可以制成香灰。万万不可使用灶灰及积攒的陈灰，恐其因猫鼠污秽、地气蒸发、焚香秽气混杂，而有损香之真味。

四时烧香炭饼

坚硬黑炭（三斤）　黄丹　定粉针砂　软炭（各五两）

右先将炭碾为末罗过，次加丹粉砂硝同碾匀，红枣一升煮去皮核，和捣前炭末成剂。如枣肉少，就加煮枣汤。杵数百，作饼大小随意，晒干。用时先埋于炉中，盖以金火引子小半匙，用火或灯点焚香。

【译文】

坚硬黑炭三斤，黄丹、定粉针砂、软炭各五两。

先把黑炭碾制成粉末，筛过后，再加入黄丹、定粉、砂硝一同碾制均匀。将红枣一升煮过，除去皮、核，与前面炭末等原料调和成剂。如果枣肉太少，就加入煮过枣子的汤，捣制数百下，制成炭饼，大小随意，晒干。使用的时候，先把炭饼埋在炉中，将小半匙金火引子盖在上面，再用火或者灯点着焚香。

金火引子

定粉　黄丹　柳炭

右同为细末，每用小半匙盖于炭饼上，用时着火或灯点然。

【译文】

定粉，黄丹，柳炭。

把以上原料研磨成细末，每次取用小半匙盖在炭饼上，使用的时候用火或灯点着。

五方真气香

东阁藏春香

（按，东方青气属木，主春季，宜华筵焚之，有百花气味。）

沉速香（二两）　檀香（五钱）　乳香　丁香　甘松（各一钱）
玄参（一两）　麝香（一分）

右为末，炼蜜和剂作饼子，用青柏香末为衣焚之。

【译文】

沉速香二两，檀香五钱，乳香、丁香、甘松，各取一钱，玄参一两，麝香一分。

把以上原料研磨成粉末，用炼蜜调和成剂制成香饼，用青柏香末制成香衣焚烧使用。

南极庆寿香

（按，南方赤气属火，主夏季，宜寿筵焚之。此是南极真人瑶池庆寿香。）

沉香　檀香　乳香　金砂降（各五钱）　安息香　玄参（各一钱）　大黄（五分）　丁香（一字）　官桂（一字）　麝香（三字）枣肉（三个，煮去皮核）

右为细末，加上枣肉以炼蜜和剂托出，用上等黄丹为衣焚之。

【译文】

沉香、檀香、乳香、金砂降各五钱，安息香、玄参各一钱，大黄五分，丁香一字，官桂一字，麝香三字，枣肉三个煮去皮核。

把以上原料研磨成粉末，加入枣肉，用炼蜜调和成剂脱制成形，用上等黄丹制成香衣焚烧。

西斋雅意香

（按，西方素气主秋，宜书斋经阁内焚之。有亲灯火，阅简编，消洒襟怀之趣云。）

玄参（酒浸洗四钱）　檀香（五钱）　大黄（一钱）　丁香（三钱）　甘松（二钱）　麝香（少许）

右为末，炼蜜和剂作饼子，以煅过寒水石为衣焚之。

【译文】

玄参四钱用酒浸洗，檀香五钱，大黄一钱，丁香三钱，甘松二钱，麝香少许。

把以上原料研磨成粉末，用炼蜜调和成剂，制成香饼，用加热过的寒水石制成香衣焚烧。

北苑名芳香

（按，北方黑气主冬季，宜围炉赏雪焚之，有幽兰之馨。）

枫香（二钱半） 玄参（二钱） 檀香（二钱） 乳香（一两五钱）

右为末，炼蜜和剂，加柳炭末以黑为度，脱出焚之。

【译文】

枫香二钱半，玄参二钱，檀香二钱，乳香一两五钱。

把以上原料研磨成粉末，用炼蜜调和成剂，加入柳炭末，以原料变黑为限。用模子脱印成香焚烧使用。

四时清味香

（按，中央黄气属土，主四季月，画堂书馆、酒榭花亭皆可焚之。此香最能解秽。）

茴香（一钱半） 丁香（一钱半） 零陵香（五钱） 檀香（八钱） 甘松（一两） 脑麝（少许，另研）

右为末，炼蜜和剂作饼，用煅铅粉黄为衣焚之。

【译文】

茴香一钱半，丁香一钱半，零陵香五钱，檀香八钱，甘松一两，脑麝少许单独研磨。

把以上原料研磨成粉末，用炼蜜调和成剂制成香饼，用煅铅、粉黄制成香衣焚烧使用。

醍醐香

乳香 沉香（各二钱半） 檀香（一两半）

右为末，入麝少许，炼蜜和剂，作饼焚之。

【译文】

乳香，沉香各二钱半，檀香一两半。

把以上原料研磨成粉末，加入少许麝香，用炼蜜调和成剂，制成香饼焚烧使用。

宝炉香

丁香皮　甘草　藿香　樟脑（各一钱）　白芷（五钱）　乳香（二钱）

右为末，入麝一字，白芨水和剂，作饼焚之。

【译文】

丁香皮、甘草、藿香、樟脑各一钱，白芷五钱，乳香二钱。

把以上原料研磨成粉末，加入麝香一字，用白芨水调和成剂，制成香饼焚烧使用。

610

龙涎香

沉香（五钱）　檀香　广安息香　苏合香（各二钱五分）

右为末，炼蜜加白芨末和剂，作饼焚之。

【译文】

沉香五钱，檀香、广安息香、苏合香各二钱五分。

把以上原料研磨成粉末，用炼蜜和白芨水调和成剂，制成香饼焚烧使用。

翠屏香
宜花馆翠屏间焚之

沉香（二钱半）　檀香（五钱）　速香（略炒）　苏合香（各七钱五分）

右为末，炼蜜和剂，作饼焚之。

沉香二钱半，檀香五钱，速香，稍微炒制一下、苏合香各七钱五分。

把以上原料研磨成粉末，用炼蜜调和成剂，制成香饼焚烧使用。

蝴蝶香

春月花圃中焚之，蝴蝶自至

檀香　甘松　玄参　大黄　金砂降　乳香（各一两）　苍术（二钱半）　丁香（三钱）

右为末，炼蜜和剂，作饼焚之。

【译文】

檀香、甘松、玄参、大黄、金砂降、乳香各一两，苍术二钱半，丁香三钱。

把以上原料研磨成粉末，用炼蜜调和成剂，制成香饼焚烧使用。

611

金丝香

茅香（一两）　金砂降　檀香　甘松　白芷（各一钱）

右为末，炼蜜和剂，作饼焚之。

【译文】

茅香一两，金砂降、檀香、甘松、白芷各一钱。

把以上原料研磨成粉末，用炼蜜调和成剂，制成香饼焚烧使用。

代梅香

沉香　藿香（各一钱半）　丁香（三钱）　樟脑（一分半）

右为末，生蜜和剂，入麝一分，作饼焚之。

【译文】

沉香、藿香各一钱半，丁香三钱，樟脑一分半。

把以上原料研磨成粉末，用生蜜调和成剂，加入一分麝香，制成香饼焚烧使用。

三奇香

檀香　沉速香（各二两）　甘松叶（一两）

右为末，炼蜜和剂，作饼焚之。

【译文】

檀香、沉速香各二两，甘松叶一两。

把以上原料研磨成粉末，用炼蜜调和成剂，制成香饼焚烧使用。

瑶华清露香

沉香（一钱）　檀香（二钱）　速香（二钱）　熏香（二钱半）

右为末，炼蜜和剂，作饼焚之。

【译文】

沉香一钱，檀香二钱，速香二钱，熏香二钱半。

把以上原料研磨成粉末，用炼蜜调和成剂，制成香饼焚烧使用。

三品清香

以下皆线香。

瑶池清味香

檀香　金砂降　丁香（各七钱半）　沉香　速香　官桂　藁本　蜘蛛香　羌活（各一两）　三奈　良姜　白芷（各一两半）　甘松　大黄（各二两）　芸香　樟脑（各二钱）　硝（六钱）　麝香（三分）

右为末，将芸香脑麝硝另研，同拌匀。每香末四升，兑柏泥二升，共六升，加白芨末一升，清水和，杵匀，造作线香。

【译文】

檀香、金砂降、丁香各七钱半，沉香、速香、官桂、藁本、蜘蛛香、羌活各一两，三奈、良姜、白芷各一两半，甘松、大黄各二两，芸香、樟脑各二钱，硝六钱，麝香三分。

把以上原料研磨成粉末，芸香、脑香、麝香、硝单独研磨，一起搅拌均匀。每四升香末，兑入柏泥二升，共计六升，加入白芨末一升，用清水调和，捣匀，制成线香。

玉堂清霭香

沉速香　檀香　丁香藁本　蜘蛛香　樟脑（各一两）　速香三奈（各六两）　甘松　白芷　大黄　金砂降　玄参（各四两）　羌活　牡丹皮　官桂（各二两）　良姜（一两）　麝香（三钱）

右为末，入焰硝七钱，依前方造。

【译文】

沉速香、檀香、丁香藁本、蜘蛛香、樟脑各一两，速香、三奈各六两，甘松、白芷、大黄、金砂降、玄参各四两，羌活、牡丹皮、官桂各二两，良姜一两，麝香三钱。

把以上原料研磨成粉末，加入焰硝七钱，依照前面的方法制成线香。

璃林清远香

沉速香　甘松　白芷　良姜　大黄　檀香（各七钱）　丁香丁皮　三奈　藁本（各五钱）　牡丹皮　羌活（各四钱）　蜘蛛香（二钱）　樟脑　零陵（各一钱）

右为末，依前方造。

【译文】

沉速香、甘松、白芷、良姜、大黄、檀香各七钱，丁香、丁皮、三奈、藁本各五钱，牡丹皮、羌活各四钱，蜘蛛香二钱，樟脑、零陵各一钱。

把以上原料研磨成粉末，依照前面的方法制成线香。

三洞真香

真品清奇香

芸香　白芷　甘松　三奈　藁本（各二两）　降香（三两）　柏苓（一斤）　焰硝（六钱）　麝香（五分）

右为末，依前方造，加兜娄、柏泥、白芨。

【译文】

芸香、白芷、甘松、三奈、藁本各二两，降香三两，柏苓一斤，焰硝六钱，麝香五分。

把以上原料研磨成粉末，按照前面的方法制作，加入兜娄、柏泥、白芨。

真和柔远香

速香末（二升）　柏泥（四升）　白芨末（一升）

右为末，入麝三字，清水和造。

【译文】

速香末二升，柏泥四升，白芨末一升。

把以上原料研磨成粉末，加入麝香三字，用清水调和制香。

真全嘉瑞香

罗汉香　芸香（各五钱）　柏铃（三两）

右为末，用柳炭末三升、柏泥、白芨，依前方造。

【译文】

罗汉香、芸香各五钱，柏铃三两。

把以上原料研磨成粉末，加入柳炭末三升、柏泥、白芨，按照前面的方法制作。

黑芸香

芸香（五两）　柏泥（二升）　柳炭末（二升）

右为末，入白芨三合，依前方造。

【译文】

芸香五两，柏泥二升，柳炭末二升。

把以上原料研磨成粉末，加入白芨三合，按照前面的方法制作。

石泉香

枫香（一两半）　罗汉香（三两）　芸香（五钱）

右为末，入硝四钱，用白芨、柏泥造。

【译文】

枫香一两半，罗汉香三两，芸香五钱。

把以上原料研磨成粉末，加入硝四钱，用白芨、柏泥制香。

紫藤香

降香（四两）　柏铃（三两半）

右为末，用柏泥、白芨造。

【译文】

降香四两，柏铃三两半。

把以上原料研磨成粉末，用柏泥和白芨制香。

榄脂香

橄榄脂（三两半）　木香（酒浸）　沉香（各五钱）　檀香（一两）　排草（酒浸半日炒干）　枫香　广安息　香附子（炒去皮，酒浸一日炒干，各二两半）　麝香（少许）　柳炭（八两）

右为末，用兜娄、柏泥、白芨、红枣（煮去皮核用肉）造。

【译文】

橄榄脂三两半，用酒浸过的木香、沉香各五钱，檀香一两，用酒浸泡半日后炒干的排草、枫香、广安息、炒去皮用酒浸泡一日炒干的香附子各二两半，麝香少许，柳炭八两。

把以上原料研磨成粉末，用兜娄、柏泥、白芨、煮去皮核用肉的红枣制香。

616

清秽香

（此香能解秽气避恶气）

苍术（八两）　速香（十两）

右为末，用柏泥、白芨造。一方用麝少许。

【译文】

苍术八两，速香十两。

把以上原料研磨成粉末，用柏泥和白芨制香。另一香方中记载，需要加入麝香少许。

清镇香

（此香能清宅宇，辟诸恶秽）

金砂降　安息香　甘松（各六钱）　速香　苍术（各二两）　焰硝（一钱）

右用甲子日合就，碾细末，兑柏泥、白芨造。待干，择黄道日焚之。

【译文】

金砂降、安息香、甘松各六钱，速香、苍术各二两，焰硝一钱。

把以上原料，在甲子日研磨成粉末调制。兑入柏泥、白芨制香。待干，选择黄道吉日焚烧使用。

卷二十四　墨娥小录香谱

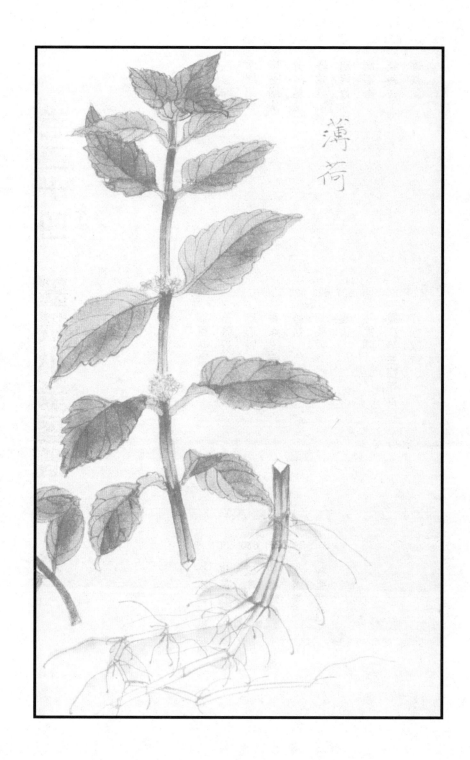

薄荷

四叶饼子香

荔枝壳　松子壳　梨皮　甘蔗渣

右各等分为细末，梨汁和丸小鸡头大，捻作饼子，或搓如粗灯草大，阴干烧妙，加降真屑、檀末同碾尤佳。

【译文】

荔枝壳、松子壳、梨皮、甘蔗渣。

以上原料，各取相等的分量研磨成粉末，用梨汁调和，制作成小鸡头一般大小的香丸，捏成香饼，或者搓制成粗灯草状。阴干后焚烧最好。加入降真屑、檀香末一同碾制效果最佳。

造数珠

徘徊花（去汁秤二十两，烂捣碎）　沉香（一两二钱）　金颜香（半两，细研）　脑子（半钱，另研）

右和匀，每湿秤一两半作数珠二十枚，临时大小加减。合时须于淡日中晒，天阴令人着肉干尤妙，盛日中不可晒。

【译文】

徘徊花去汁秤二十两，捣至烂碎，沉香一两二钱，金颜香半两，细细研磨，脑子半钱，单独研磨。

把以上原料调和均匀，称取湿润原料一两半，制成数珠二十枚，可加减大小。合香时，必须在淡淡的阳光中晒制。阴天时，通过人力制干，尤其美妙。切不可在正午阳光下晒制。

木犀印香

木犀（不以多少研一次晒干为末，每用五两）　檀香（二两）

赤苍脑末（四钱）　金颜香（三钱）　麝香（一钱半）

右为末，和匀作印香烧。

【译文】

木犀不论多少，稍微研磨，一次晒干，制成粉末，每次使用五两，檀香二两，赤苍脑末四钱，金颜香三钱，麝香一钱半。

把以上原料研磨成粉末，调和均匀，制成印香焚烧。

聚香烟法

艾纳（大松上青苔衣）　酸枣仁

凡修诸香须入艾蒳和匀焚之，香烟直上三尺，结聚成球，氤氲不散，更加酸枣仁研入香中，其烟自不散。

【译文】

艾纳（即大松树上的青苔衣），酸枣仁。

凡是修造各种香品，须加入艾纳调和均匀，焚香时，香烟直上三尺，结聚成球，氤氲不散。再把酸枣仁研磨成粉末加入香中，其香烟自然不会散去。

622

分香烟法

枯荷叶

凡缸盆内栽种荷花，至五月间候荷叶长成用蜜涂叶上，日久自有一等小虫食尽叶上青翠，其叶自枯。摘取去柄，晒干为细末。如合诸香入少许焚之，其烟直上，盘结而聚，用箸任意分划，或为云篆，或作字体皆可。

【译文】

用枯荷叶。

在缸盆中栽种荷花，到了五月时节荷叶长成之时，把蜂蜜涂在荷叶上。日子久了，自然有一群小虫将叶子上的青翠吃光，叶片留下枯纱。摘取叶子，除去叶柄，晒干后研磨成粉末。调制香品时加入少许枯荷末。焚烧时，香烟直上，盘结聚集，用筷子任意分划，或呈云纹，或呈字状，都可以成形。

赛龙涎饼子

樟脑（一两）　东壁土（三两，捣末）　薄荷（自然汁）

右将土汁和成剂，日中晒干，再捣汁浸，再晒，如此五度。候干研为末，入樟脑末和匀，更用汁和作饼阴干，为香钱隔火焚之。

【译文】

樟脑一两，东壁土三两捣成末，天然薄荷汁。

将东壁土粉末和薄荷汁调和成剂，于日中时分晒干，再捣碎，用薄荷汁浸渍，再晒干。如此晒制五次，等原料都干透了，研磨成粉末，加入樟脑末调和均匀。再用薄荷汁调和制成饼状，阴干成香。用香钱隔火焚熏。

出降真油法

将降真截二寸长，劈作薄片，江茶水煮三五次，其油尽去也。

【译文】

把降真香截成两寸长的小段，劈成薄片。用江茶水煮三五次，香中所含油脂就全被去除了。

制檀香

将香剉如麻粒，慢火炒令烟出，候紫色，去尽腥气，即止。又法劈片用酒慢火煮，略炒。又法制降檀须用腊茶同浸，滤出微炒。

【译文】

把香切成麻粒状，用慢火炒制，让其出烟。等檀香上的紫色去尽，腥气也就消失了。还有一种方法，把檀香切片，用好酒浸泡，慢火煮制，略炒制。另有一种方法，把降真香、檀香用腊茶一起浸泡，过滤后略炒制。

制茅香

择好者剉碎，用酒蜜水洒润一宿，炒令黄色为度。

【译文】

选择品质良好的茅香，切碎，用酒、蜜水浸润一夜，炒至黄色。

香篆盘

春秋中昼夜各五十刻，篆盘径二寸八分，蟠屈共长二尺五寸五分，不可多余，但以此为则。或欲增减，量昼夜刻数为之。

【译文】

春秋两季，昼夜各五十刻，篆盘径围二寸八分，弯曲长度为二尺五寸五分，不可有多余，以此为标准。如欲增减，以计量昼夜的刻数为准。

取百花香水

采百花头，满甑装之，上以盆合盖，周回络，以竹筒半破，就取蒸下倒流香水，贮用，谓之花香。此乃广南真法，极妙。

【译文】

采集百花头，放入甑内装满，上面用盆、盒之类的盖好，四周封严。把竹筒劈成两半，用来接去蒸下倒流的香水，储藏使用，称为花香。这是广南真法，效果极妙。

蔷薇香

茅香（一两） 零陵（一两） 白芷（半两） 细辛（半两） 丁

624

皮（一两，微炒）　白檀（半两）　茴香（一钱）

右七味为末，可佩可烧。

【译文】

茅香一两，零陵一两，白芷半两，细辛半两，丁皮一两微炒，白檀半两，茴香一钱。

把以上原料研磨成粉末，可作佩戴用香，也可作烧香之用。

琼心香

白檀（三两）　梅脑（一钱）

右为末，面糊作饼子焚之。

【译文】

白檀三两，梅脑一钱。

把以上原料研磨成粉末，用面糊调制成香饼焚用。

香煤一字金

羊胫骨炭　杉木炭（各半两）　韶粉（五钱半）

右和匀，每用一小匙烧过如金。

【译文】

羊胫骨炭、杉木炭各半两，韶粉五钱半。

把以上原料均匀调和，每次使用时烧一小勺，色泽如金。

香饼

纸钱灰　石灰　杉树皮毛（烧灰）

右为末，米饮和或饼子。

又：

羊胫骨（一斤）　红花泽　定粉（各二两）

右为末，以糊和作饼子。

又：

炭末（五斤） 盐 黄丹 针砂（各半斤）

右以糊捻成饼，或捣蜀葵和尤佳。

又：

硬木炭（十斤） 盐（十两） 石灰（一斤） 干葵花（一斤四两） 红花（十二两） 焰硝（十二两）

右为末，糯米糊和匀，模脱，烧香用之火不绝。

【译文】

纸钱灰，石灰，杉树皮毛烧灰。

把以上原料研磨成粉末，用米汤调和制成香饼。

又：

羊胫骨一斤，红花泽、定粉各二两。

把以上原料研磨成粉末，用面糊调和制成香饼。

又：

炭末五斤，盐、黄丹、针砂各半斤。

以上原料用面糊调和捏成香饼，用捣过的蜀葵调和效果更佳。

又：

硬木炭十斤，盐十两，石灰一斤，干葵花一斤四两，红花十二两，焰硝十二两。

把以上原料研磨成粉末，用糯米糊调和，模脱，烧香使用，炉火不绝。

驾头香

好栈香（五两） 檀香（一两） 乳香（半两） 甘松（一两） 松纳衣（一两） 麝香（三分）

右为末，用蜜一斤炼，和作饼，阴干。

好栈香五两，檀香一两，乳香半两，甘松一两，松纳衣一两，麝香三分。

把以上原料研磨成粉末，用一斤炼蜜调和，制成香饼，阴干。

线香

甘松　大黄　柏子　北枣　三奈　藿香　零陵　檀香　土花　金颜香　熏花　荔壳　佛泥降真（各五钱）　栈香（二两）　麝香（少许）

右如前法制造。

又：

檀香　藿香　白芷　樟脑　马蹄香　荆皮　牡丹皮　丁皮（各半两）　玄参　零陵　大黄（各一两）　甘松　三奈、辛夷花（各一两半）　芸香　茅香（各二两）　甘菊花（四两）

右为极细末，又于合香石上挞之，令十分稠密细腻，却依法制造。前件料内入蚯蚓粪，则灰烬拳连不断；若入松树上成窠苔藓如圆钱者，及带柄小莲蓬，则烟直而圆。

627

【译文】

甘松、大黄、柏子、北枣、三奈、藿香、零陵、檀香、土花、金颜香、熏花、荔壳、佛泥降真各五钱，栈香二两，麝香少许。

以上原料按前面的方法制成线香。

又：

檀香、藿香、白芷、樟脑、马蹄香、荆皮、牡丹皮、丁皮各半两，玄参、零陵、大黄各一两，甘松、三奈、辛夷花各一两半，芸香、茅香各二两，甘菊花四两。

把以上原料研磨成极细的粉末，放在合香石上敲打，让其变得稠密细腻，依前法制成香。在上述原料中加入蚯蚓粪，则线香灰烬连绵不断；如果加入松树上铜钱状的苔藓，或带柄的小莲蓬，则香烟又直又圆。

飞樟脑

樟脑不问多少，研细同筛过，细壁土拌匀，摊碗内，挼薄荷汁洒土上，又一碗合定，湿纸条固缝了，蒸之少时，其樟脑飞上碗底，皆成冰片脑子。

前十五卷内已载数法，兹稍异，亦存之。

【译文】

樟脑不论多少，研磨成细末，一同筛过，用细壁土搅拌均匀，摊在碗内，转薄，把荷汁洒在土上。再拿一个碗盖好，用湿纸条封固缝隙，蒸制片刻，樟脑飞上碗底，全都制成了冰片脑子。

此前十五卷内已记载了各种制法，此处记载的制法稍有不同，也存记于此。

熏衣笑兰梅花香

白芷（四两，碎切）　甘松　苓苓（一两）　三赖　檀香片　丁皮　丁枝（半两）　望春花（辛夷也）　金丝茆香（三两）　细辛马蹄香（二钱）　川芎（二块）　麝香（少许）　千斤草（二钱）　牁脑（少许，另研）

右各咀，杂和筛下屑末。却以脑、麝乳极细入屑末和匀，另置锡盒中密盖，将上项药随多少作贴后，却撮屑末少许在内，其香不可言也。今市中之所卖者皆无此二味，所以不妙也。

【译文】

白芷四两切碎，甘松、苓苓一两，三赖檀香片，丁皮，丁枝半两，望春花（就是辛夷）、金丝茆香三两，细辛马蹄香二钱，川芎二块，麝香少许，千斤草二钱，牁脑少许，单独研磨。

把以上原料分别碾碎，筛制成屑末状。把牁脑、麝香研磨成极细的粉末加入屑末中调和均匀，单独放在锡盒里，密封盖好。以上各种香料，随意计量制作成贴后，放一小撮梅脑、麝香屑末在里面，其香妙不可言。如今市场所售卖的香，没有加入这两味原料，所以效果不佳。

红绿软香

金颜香牙子（四两）　檀香末（半两）　苏合油（半两）　麝香（五分）

右和匀，红用板硃，绿用砂绿，约用三钱，以黄蜡熔化和就。古人止有红者，盖用辰砂在内，所以闻其香而食其味皆可，以辟秽气也。

【译文】

金颜香牙子四两，檀香末半两，苏合油半两，麝香五分。

把以上原料调和均匀。制成红色香品，就加入板硃；制成绿色香品，就加入砂绿。约用三钱。将黄蜡熔化，调和原料，制成香品。古人只有红色的软香，是因为香方中用了辰砂。闻其香气，食用香品，都可以辟除秽气。

629

合木犀香珠器物

木犀（拣浸过年压干者，一斤）　锦纹大黄（半两）　黄檀香（炒，一两）　白垩土（折二钱大一块）

右并挞碎，随意制造。

【译文】

木犀须选用浸渍过一年压干者一斤，锦纹大黄半两，炒过的黄檀香一两，白垩土折二钱大一块。

以上原料一并捣碎，随意制成香。

藏春不下阁香

栈香（二十两加速香三两）　黄檀并射檀（各五两）　乳香（二钱）　金颜香（二钱）　麝香（一钱）　脑子（一钱）　白芨（二十两）

右并为末，挞极细，水和印成饼，一个一个摊漆桌上，于有风处阴干，轻轻用手推动翻置，竹筛中阴干，不要揭起，若然则破碎不全。

【译文】

栈香二十两，加速香三两，黄檀并射檀各五两，乳香二钱，金颜香二钱，麝香一钱，脑子一钱，白芨二十两。

把以上原料研磨成极细的粉末，用水调和，制成香饼。把香饼摊放在桌上，放在通风处阴干。放在竹筛中阴干时，轻轻用手推动，不要揭起来，否则香饼会破碎不全。

藏木犀花

木犀花半开时带露打下，其树根四向先用被袱之类铺张以盛之。既得花，拣去枝叶虫蚁之类，于净桌上再以竹篦一朵朵剔择过，所有花蒂及不佳者皆去之，然后石盆略舂令扁，不可十分细。装新瓶内按筑令十分坚实，却用干荷叶数层铺面上，木条擒定，或枯竹片尤好，若用青竹则必作臭。

如此了放用井水浸，冬月五日一易水，春秋三二日，夏月一日。切记装花时须是：以瓶腹三分为率，内二分装花，一分着水。若要用时逼去水，去竹木、去荷叶，随意取了，仍旧如前收藏。经年不坏，颜色如金。

【译文】

木犀花半开之时，趁露水将其打下。树根下四周先用被袱之类铺好，用来接花。取得花后，捡去枝叶、虫蚁之类的。在洁净的桌面上，用竹篾把花一朵朵择过，把花蒂和不好的花朵全都除去，然后在石盆中略略舂扁，不能舂太细。装入崭新的瓶内，按压得十分坚实，再把数层干荷叶盖在上面，用木条压好，或枯竹片也可以，如果使用青竹，则必定带有臭气。

依法将花装好，用井水浸渍，冬天五日换一次水，春秋两三日换一次水，夏季一日换一次水。切记装花时，须以瓶腹三分为率，三分之二装花，三分之一加水。如果要使用，逼去水，除去竹木和荷叶，随意取之。用后仍然按前法收藏，经年不坏，色泽如金。

长春香

川芎　辛夷　大黄　江黄　乳香　檀香　甘松（去土，各半两）　丁皮　丁香　广芸香　三赖（各一两）　千金草（一两）　茅香　玄参　牡皮（各二两）　藁本　白芷　独活　马蹄香（去土，各二两）　藿香（一两五钱）　荔枝壳（新者，一两）

右为末，入白芨末四两作剂阴干，不可见大日色。

631

【译文】

川芎、辛夷、大黄、江黄、乳香、檀香、甘松去土，各半两，丁皮、丁香、广芸香、三赖各一两，千金草一两，茅香、玄参、牡皮各二两，藁本、白芷、独活、马蹄香去土，各二两，藿香一两五钱，新荔枝壳一两。

以上原料研磨成粉末，加入白芨末四两调成香剂，阴干，不能暴露在太强烈的阳光下。

太膳香面

木香　沉香（各一两）　丁香　甘草　砂仁　藿香（各五两）　白芷　干桂花　茯苓（各二两半）　白术（一两）　白莲花（一百朵，去须用）　甜瓜（五十个，捣取自然汁）

右为细末，用面六十斤，糯米粉四十斤和匀，瓜汁拌成饼为度，每米一斗用面十两，下水八升。

【译文】

木香、沉香各一两，丁香、甘草、砂仁、藿香各五两，白芷、干桂花、茯苓各二两半，白术一两，白莲花一百朵，去须使用，甜瓜五十个，捣取汁液。

以上原料研磨成粉末，用面粉六十斤，糯米粉四十斤，与原料粉末调和均匀，加入甜瓜汁液搅拌制成饼。每用米一斗用面十两，加入八升水。

制香薄荷

寒水石研极细，筛罗过，以薄荷二斤交加于锅内，倾水二碗，于上以瓦盆盖定，用纸湿封四围，文武火蒸熏两顿饭久。气定方开，微有黄色，尝之凉者是，加龙脑少许用。（扬州崔家方）

【译文】

把寒水石研磨成极细的粉末，筛过，再选薄荷二斤一同放入锅内，加入两碗水。用瓦盆把锅盖好，用湿纸条封好锅边，文、武火蒸熏两顿饭的时间，蒸汽散尽方才开启。原料微微带有黄色，品尝时有清凉之意，就制成了。使用时加入龙脑少许。（扬州崔家方）

采诸谱于重复外随类附部，独《晦斋香谱》与此全收之。《墨娥》内香饼删去二方，移本集《香薄荷》附《香面》后。

【译文】

所采诸谱重复的地方随类附部编排，只有《晦斋香普》和本篇全部收录。《墨娥小录香谱》中香饼的方子删了两方。将《制香薄荷》附在了《太膳香面》的后面。

雁翅柏

宣庙御衣攒香

　　玫瑰花（四钱）　檀香（二两，咀细片茶叶煮）　木香花（四两）　沉香（二两，咀片蜜水煮过）　茅香（一两，酒蜜煮，炒黄色）　茴香（五分，炒黄色）　丁香（五钱）　木香（一两）　倭草（四两，去土）　零陵叶（三两，茶卤洗过①）　甘松（一两，蜜水蒸过）　藿香叶（五钱）　白芷（五钱，共成咀片）　麝（二钱）　片脑（五分）　苏合油（一两）　榄油（二两）

　　共合一处研细拌匀（秘传）。

【注释】

①茶卤：即用茶水卤洗。

【译文】

　　玫瑰花四钱，檀香二两切成细片，用茶叶煮好，木香花四两，沉香二两用蜜水煮过，茅香一两用酒与蜜煮过，并炒成黄色，茴香五分炒成黄色，丁香五钱，木香一两，倭草四两祛除杂土，零陵叶三两用茶水卤洗，甘松一两使用蜜水蒸过，藿香叶五钱，白芷五钱一起切成片，麝二钱，片脑五分，苏合油一两，榄油二两。

　　将以上原料放在一起细细研磨，并搅拌均匀。

御前香

　　沉香（三两五钱）　片脑（二钱四分）　檀香（一钱）　龙涎（五分）　排草须（二钱）　唵叭（五钱）　麝香（五分）　苏合油（一钱）　榆面（五钱）　花露（四两）

　　印饼用。

【译文】

　　沉香三两五钱，片脑二钱四分，檀香一钱，龙涎五分，排草须二钱，唵叭五钱，麝香五分，苏合油一钱，榆面五钱，花露四两。

制成香饼后即可使用。

内甜香

檀香（四两） 沉香（四两） 乳香（二两） 丁香（一两） 木香（一两） 黑香（二两） 郎苔（六钱） 黑速（四两） 片麝（各三钱） 排草（三两） 苏合油（五两） 大黄（五钱） 官桂（五钱） 金颜香（二两） 零叶（二两）

右入油和匀，加炼蜜和如泥，磁罐封，一次用二分。

【译文】

檀香四两，沉香四两，乳香二两，丁香一两，木香一两，黑香二两，郎苔六钱，黑速四两，片香与麝香各三钱，排草三两，苏合油五两，大黄五钱，官桂五钱，金颜香二两，零叶二两。

将以上原料加入油混合均匀，再加入炼蜜，调和成泥状，并使用瓷罐封好，每次使用二分。

636

内府香衣香牌

檀香（八两） 沉香（四两） 速香（六两） 排香（一两） 倭草（二两） 苓香（三两） 丁香（二两） 木香（三两） 官桂（二两） 桂花（二两） 玫瑰（四两） 麝香（三钱） 片脑（五钱） 苏合油（四两） 甘松（六钱） 榆末（六钱）

右以滚热水和匀上石碾碾极细窨干，雕花。如用玄色加木炭末①。

【注释】

①玄色：黑色。

【译文】

檀香八两，沉香四两，速香六两，排香一两，倭草二两，苓香三两，丁香二两，木香三两，官桂二两，桂花二两，玫瑰四两，麝香三钱，片脑五钱，苏合油四两，甘松六两，榆末六两。

将以上原料用刚烧开的水调和均匀，而后放入石碾中，碾磨到极细，将其窖藏阴干，并雕花成形。如果想做成黑色的香品，就需要加木炭末。

世庙枕顶香

栈香（八两） 檀香 藿香 丁香 沉香 白芷（以上各四两） 锦纹大黄 茅山苍术 桂皮大附子（极大者研末） 辽细辛排草广零陵香 排草须（以上各二两） 甘松 三奈 金颜香 黑香辛夷（以上各三两） 龙脑（一两） 麝香（五钱） 龙涎（五钱） 安息香（一两） 茴香（一两）

共二十四味为末，用白芨糊入血结五钱，杵捣千余下，印枕顶式阴干制枕。

余屡见枕板香块自大内出者，旁有"嘉靖某年造"填金字，以之锯开作扇牌等用甚香，有不甚香者，应料有殊等。上用者香珍，至给宫嫔平等料耳。

637

【译文】

栈香八两，檀香、藿香、丁香、沉香、白芷各四两，选取极大的锦纹大黄、茅山苍术、桂皮、大附子各二两，并研磨成细末，辽细辛、排草广零陵香、排草须各二两，甘松、三奈、金颜香、黑香辛夷各三两，龙脑一两，麝香五钱，龙涎五钱，安息香一两，茴香一两。

把以上二十四种原料研磨成细末，并加入白芨糊调和，再加入五钱血结，杵捣千余下，然后印制成枕顶的样式，在阴干后制作成枕。

我屡次见到的那些从大内流传出来的枕板香块，旁边会有"嘉靖某年造"的填金样式。把它锯开后，可以制成扇牌等物品，非常香。当然也有不太香的，这要看香品的不同等级与用料。皇上用的枕顶香肯定是原料珍稀的，但供给宫中妃嫔的枕顶香，则没有那么珍贵了。

卷二十五 猎香新谱

香扇牌

檀香（一斤） 大黄（半斤） 广木香（半斤） 官桂（四两） 甘松（四两） 官粉（一斤） 麝（五钱） 片脑（八钱） 白芨面（一斤）

印造各式。

【译文】

檀香一斤，大黄半斤，广木香半斤，官桂四两，甘松四两，官粉一斤，麝五钱，片脑八钱，白芨面一斤。

将以上原料制成各种样式。

玉华香

沉香（四两） 速香（四两，黑色者） 檀香（四两） 乳香（二两） 木香（一两） 丁香（一两） 郎苔（六钱） 唵叭香（三两） 麝香（三钱） 龙脑（三钱） 广排草（三两，出交趾者） 苏合油（五钱） 大黄（五钱） 官桂（五钱） 金颜香（二两） 广零陵（用叶，一两）

右以香料为末，和入苏合油揉匀，加炼好蜜再和如湿泥，入磁瓶，锡盖蜡封口固，每用二三分。

【译文】

沉香四两，黑色的速香四两，檀香四两，乳香二两，木香一两，丁香一两，郎苔六钱，唵叭香三两，麝香三钱，龙脑三钱，产于交趾的广排草三两，苏合油五钱，大黄五钱，官桂五钱，金颜香二两，广零陵叶一两。

将以上原料研磨成细末，并倒入苏合油揉均匀，加入炼蜜制成湿泥状，再倒入瓷瓶内，使用锡盖盖好，并用蜡封住瓶口。每次使用时，取二三分即可。

庆真香

沉香（一两）　檀香（五钱）　唵叭（一钱）　麝香（二钱）　龙脑（一钱）　金颜香（三钱）　排香（一钱五分）

用白芨末成糊，脱饼焚之。

【译文】

沉香一两，檀香五钱，唵叭一钱，麝香二钱，龙脑一钱，金颜香三钱，排香一钱五分。

用白芨末调成糊状，脱模后制成香饼，在焚香时使用。

万春香

沉香　结香　零陵香　藿香　茅香　甘松（以上各十二两）　甲香　龙脑　麝（各三钱）　檀香（十八两）　三奈（五两）　丁香（三两）

炼蜜为湿膏，入磁瓶封固，取焚之。

【译文】

沉香、结香、零陵香、藿香、茅香、甘松各十二两，甲香、龙脑、麝各三钱，檀香十八两，三奈五两，丁香三两。

用炼蜜将以上原料调制成湿润膏状，并倒入瓷瓶中封严，取出后在焚香时使用。

龙楼香

沉香（一两二钱）　檀香（一两五钱）　片速　排草（各二两）　丁香（五钱）　龙脑（一钱五分）　金颜香（一钱）　唵叭香（一钱）　郎苔（二钱）　三奈（二钱四分）　官桂（三分）　芸香（三分）　甘麻然（五分）　榄油（五分）　甘松（五分）　藿香（五分）　撒香（五分）　零陵香（一钱）　樟脑（一钱）　降香（五分）　白荳

蔻（一钱）　大黄（一钱）　乳香（一钱）　焰硝（一钱）　榆面（一两二钱）

散用，如印饼，和蜜去榆面。

【译文】

沉香一两二钱，檀香一两五钱，片速、排草各二两，丁香五钱，龙脑一钱五分，金颜香一钱，唵叭香一钱，郎苔二钱，三柰二钱四分，官桂三分，芸香三分，甘麻然五分，榄油五分，甘松五分，藿香五分，撒香五分，零陵香一钱，樟脑一钱，降香五分，白荳蔻一钱，大黄一钱，乳香一钱，焰硝一钱，榆面一两二钱。

制成散剂使用。如果要制成香饼，则需要用蜂蜜调和，并且去掉榆面这味原料。

恭顺寿香饼

檀香（四两）　沉香（二两）　速香（四两）　黄脂（一两）　郎苔（一两）　零陵（二两）　丁香（五钱）　乳香（五钱）　藿香（三钱）　黑香（五钱）　肉桂（五钱）　木香（五钱）　甲香（一两）　苏合（一两五钱）　大黄（二钱）　三柰（一钱）　官桂（一钱）　片脑（一钱）　麝香（一钱五）　龙涎（一钱五分）

以白芨随用为末印饼。

【译文】

檀香四两，沉香二两，速香四两，黄脂一两，郎苔一两，零陵二两，丁香五钱，乳香五钱，藿香三钱，黑香五钱，肉桂五钱，木香五钱，甲香一两，苏合一两五钱，大黄二钱，三柰一钱，官桂一钱，片脑一钱，麝香一钱五，龙涎一钱五分。

将以上原料加入白芨，研磨成细末，制成香饼。

瞿仙神隐香

沉香　檀香（各一两）　龙脑　麝香（各一钱）　棋楠香　罗合　榄子　滴乳香（各五钱）

右味为末，炼蔗浆和为饼焚用。

【译文】

沉香、檀香各一两，龙脑、麝香各一钱，棋楠香、罗合、榄子、滴乳香各五钱。

将以上原料研磨成细末，并用炼蔗糖调和成香饼，在焚香时使用。

西洋片香

黄脂（一两）　龙涎（二钱）　安息（一钱）　黑香（二两）乳香（二两）　官桂（五钱）　绿芸香（三钱）　丁香（一两）　沉香（二两）　檀香（二两）　酥油（一两）　麝香（一钱）　片脑（五分）　炭末（六两）　花露（一两）

右炼蜜和匀为度，乘热作片印之。

【译文】

黄脂一两，龙涎二钱，安息一钱，黑香二两，乳香二两，官桂五钱，绿芸香三钱，丁香一两，沉香二两，檀香二两，酥油一两，麝香一钱，片脑五分，炭末六两，花露一两。

将以上原料用炼蜜调和均匀，并趁热制作成片状，制作成形。

越邻香

檀香（六两）　沉香（四两）　黑香（四两）　丁香（一两五钱）　木香（一两）　黄脂（一两）　乳香（一两）　藿香（二两）郎苔（二两）　速香（六两）　麝香（五钱）　片脑（一钱）　广零陵（二两）　榄油（一两五钱）　甲香（五钱）

以白芨汁和，上竹蔑。

【译文】

檀香六两，沉香四两，黑香四两，丁香一两五钱，木香一两，黄脂一两，乳香一两，藿香二两，郎苔二两，速香六两，麝香五钱，片脑一钱，广零陵二两，榄油一两五钱，甲香五钱。

将以上原料用白芨汁调和均匀，放在竹篾上。

芙蓉香

龙脑（三钱） 苏合油（五钱） 撒兰（三分） 沉香（一两五钱） 檀香（一两二钱） 片速（三钱） 生结香（一钱） 排草（五钱） 芸香（一钱） 甘麻然（五分） 唵叭（五分） 丁香（一钱） 郎苔（三分） 藿香（三分） 零陵香（三分） 乳香（二分） 三奈（二分） 榄油（二分） 榆面（八钱） 硝（一钱）

和印或散烧。

642

【译文】

龙脑三钱，苏合油五钱，撒兰三分，沉香一两五钱，檀香一两二钱，片速三钱，生结香一钱，排草五钱，芸香一钱，甘麻然五分，唵叭五分，丁香一钱，郎苔三分，藿香三分，零陵香三分，乳香二分，三奈二分，榄油二分，榆面八钱，硝一钱。

将上述原料进行调和，制成香饼，或者制作成散香焚烧。

黄香饼

沉速香（六两） 檀香（三两） 丁香（一两） 木香（一两） 乳香（二两） 金颜香（一两） 唵叭香（三两） 郎苔（五钱） 苏合油（二两） 麝香（三钱） 龙脑（一钱） 白芨末（八两） 炼蜜（四两）

和剂印饼用。

【译文】

沉速香六两，檀香三两，丁香一两，木香一两，乳香二两，金颜香一两，唵叭香三两，郎苔五钱，苏合油二两，麝香三钱，龙脑一钱，白芨末八两，炼蜜四两。

将上述原料调和成剂，制成香饼。

黑香饼

用料四十两加炭末（一斤）　蜜（四斤）　苏合油（六两）　麝香（一两）　白芨（半斤）　榄油（四斤）　唵叭（四两）

先炼蜜熟，下榄油化开，又入唵叭，又入料一半，将白芨打成糊入炭末，又入料一半，然后入苏合油、麝香，揉匀印饼。

【译文】

用料四十两，再加入炭末一斤，蜜四斤，苏合油六两，麝香一两，白芨半斤，榄油四斤，唵叭四两。

先把蜂蜜炼熟，加入橄榄油化开，再加入唵叭香，之后，加入一半的原料，并将白芨打成糊，加入炭末后，再加入苏合香、麝香揉匀，制成香饼。

643

撒兰香

沉香（三两五钱）　龙脑（二钱四分）　龙涎（五分）　檀香（二钱）　唵叭（三分）　麝香（五分）　撒兰（一钱）　排草须（二钱）　苏合油（一钱）　甘麻然（三分）　蔷薇露（四两）　榆面（六钱）

印作饼烧之佳甚。

【译文】

沉香三两五钱，龙脑二钱四分，龙涎五分，檀香二钱，唵叭三分，麝香五分，撒兰一钱，排草须二钱，苏合油一钱，甘麻然三分，蔷薇

卷二十五　猎香新谱

露四两，榆面六钱。

将以上原料制成香饼，焚烧的效果非常好。

玫瑰香

花（一斤）

入丸三两，磨汁入绢袋灰干，有香花皆然。

【译文】

玫瑰花一斤。

入丸三两，将花磨出汁液后，放入绢袋中烤干。只要有香味的鲜花都是如此制作的。

聚仙香

麝香（一两）　苏合油（八两）　丁香（四两）　金颜香（六两，另研）　郎苔（二两）　榄油（一斤）　排草（十二两）　沉香（六两）　速香（六两）　黄檀香（一斤）　乳香（四两，另研）白芨面（十二两）　蜜（一斤）

以上作末为骨，先和上竹心子作第一层；趁湿又滚檀香二斤、排草八两、沉香八两、速香八两为末，作滚第二层；成香纱筛掠干。一名安席香，俗名棒儿香。

【译文】

麝香一两，苏合油八两，丁香四两，金颜香六两单独研磨，郎苔二两，榄油一斤，排草十二两，沉香六两，速香六两，黄檀香一斤，乳香四两单独研磨，白芨面十二两，蜜一斤。

将以上原料研磨成细末，并制成香骨。先将香骨糊在竹芯上，制成第一层，然后趁原料还湿润时，再滚上两斤檀香、八两排草、八两沉香和八两速香，制成第二层。如此，香品就制作完成了，然后用纱筛掠干即可。聚仙香又叫安席香，俗称棒儿香。

沉速棒香

沉香（二斤）　速香（二斤）　唵叭香（三两）　麝香（五钱）
金颜香（四两）　乳香（二两）　苏合油（六两）　檀香（一斤）　白
芨末（一斤八两）　炼蜜（一斤八两）

和成滚棒如前。

【译文】

沉香二斤，速香二斤，唵叭香三两，麝香五钱，金颜香四两，乳
香二两，苏合油六两，檀香一斤，白芨末一斤八两，炼蜜一斤八两。

将以上原料调和后，按照上面的方法制成香棒。

黄龙挂香

檀香（六两）　沉香（二两）　速香（六两）　丁香（一两）　黑
香（三两）　黄脂（二两）　乳香（一两）　木香（一两）　三奈（五
两）　郎苔（五钱）　麝香（一钱）　苏合（五钱）　片脑（五分）
硝（二钱）　炭末（四两）

右炼蜜随用和匀为度，用线在内作成炷香，银丝作钩。

【译文】

檀香六两，沉香二两，速香六两，丁香一两，黑香三两，黄脂二
两，乳香一两，木香一两，三奈五两，郎苔五钱，麝香一钱，苏合五
钱，片脑五分，硝二钱，炭末四两。

将以上原料用炼蜜随意调和至均匀，内芯用线，制作成炷香，焚
烧时用银丝作钩。

黑龙挂香

檀香（六两）　速香（四两）　黄熟（二两）　丁香（五钱）　黑
香（四钱）　乳香（六钱）　芸香（一两）　三奈（三钱）　良姜（一

钱） 细辛（一钱） 川芎（二钱） 甘松（一两） 榄油（二两）
硝（二钱） 炭末（四两）

　　以蜜随用同前，铜丝作钩。

【译文】

　　檀香六两，速香四两，黄熟二两，丁香五钱，黑香四钱，乳香六
钱，芸香一两，三柰三钱，良姜一钱，细辛一钱，川芎二钱，甘松一
两，榄油二两，硝二钱，炭末四两。

　　按照前面的方法，用炼蜜随意调和至均匀，焚烧时用铜丝作钩。

清道引路香

　　檀香（六两） 芸香（四两） 速香（二两） 黑香（四两） 大
黄（五钱） 甘松（六两） 麝香壳（二个） 飞过樟脑（二钱） 硝
（一两） 炭末（四两）

　　右炼蜜和匀，以竹作心，形如"安席"，大如蜡烛。

【译文】

　　檀香六两，芸香四两，速香二两，黑香四两，大黄五钱，甘松六
两，麝香壳二个，飞过樟脑二钱，硝一两，炭末四两。

　　将上述原料，用炼蜜调和至均匀，用竹子做成香芯，此香制作成
形后仿似安席香，大小类似蜡烛。

合香

　　檀香（六两） 速香（六两） 沉香（二两） 排草（六两）
倭草（三两） 零陵香（四两） 丁香（二两） 木香（一两） 桂
花（二两） 玫瑰（一两） 甘松（二两） 茴香（五分，炒黄） 乳
香（二两） 广蜜（六两） 片麝（各二钱） 银矿（五分） 官粉
（四两）

右共为极细末，香皂如合香，料止去硃一种，加石膏灰六两，炼蜜和匀为度。

【译文】

檀香六两，速香六两，沉香二两，排草六两，倭草三两，零陵香四两，丁香二两，木香一两，桂花二两，玫瑰一两，甘松二两，茴香五分炒黄，乳香二两，广蜜六两，片香、麝香各二钱，银硃五分，官粉四两。

将以上原料研磨成极细粉末，香皂的制作方法与合香相同，只是要取出银硃这种原料，并且加入六两石膏灰，再用炼蜜调和均匀。

卷灰寿带香

檀香（六两） 速香（四两） 片脑（三分） 茅香（一两） 降香（一钱） 丁香（二钱） 木香（一两） 大黄（五钱） 桂枝（三钱） 硝（二钱） 连翘（五钱） 柏铃（三钱） 荔枝核（五钱） 蚯蚓粪（八钱） 榆面（六钱）

右共为极细末，滚水和作绝细线香。

【译文】

檀香六两，速香四两，片脑三分，茅香一两，降香一钱，丁香二钱，木香一两，大黄五钱，桂枝三钱，硝二钱，连翘五钱，柏铃三钱，荔枝核五钱，蚯蚓粪八钱，榆面六钱。

将以上原料研磨成极细粉末，用刚烧开的沸水调和，制作成极细的线香。

金猊玉兔香

用杉木烧炭六两，配以栎炭四两，捣末。加炒硝一钱，用米糊和成揉剂。先用木刻狻猊、兔子二塑，圆混肖形，如墨印法，大小任意。当兽口开一线，入小孔，兽形头昂尾低是诀。将炭剂一半入塑中，作一凹，入香剂一段，再加炭剂，筑完将铁线针条作钻从兽口孔中搠入，至近尾止，取起晒干。

狻猊用官粉涂身，周遍上盖黑墨。兔子以绝细云母粉胶调涂之，亦盖以墨。二兽俱黑，内分黄白二色。每用一枚将尾向灯火上焚灼，置炉内，口中吐出香烟，自尾随变色样。金猊从尾黄起焚，尽形若金妆蹲踞炉内，经月不散，触之则灰灭矣。

玉兔形俨银色，甚可观也。虽非雅供，亦堪游戏。其中香料精粗，随人取用，取香和榆面为剂，捻作小指粗段长八九寸，以兽腹大小量入，但令香不露出炭外为佳。

【译文】

用杉木烧炭，取出六两，配四两栎炭一同捣制成粉末。加入炒硝一钱，并且用米糊调和，揉制成香剂。用木头刻成狻猊与兔子的模具，类似圆混肖形的印章般，使用墨印法，大小任意。从兽口部位打开一条线，穿入小孔，其诀窍是兽形头昂尾低，将炭剂的一半加入模具中，制成一段凹陷，再加入一段香剂，再加入炭剂。筑造完成后，从兽口孔处伸入铁丝，到接近尾部时再取出，随后再将其晒干。

用官粉涂抹狻猊的全身，周边涂上黑墨；玉兔则用极细的云母粉加胶调和，然后涂抹周身，并涂以黑墨。这两种兽形皆为黑色，而内里则呈现黄、白二色。每次取用一枚，将尾部在火上灼烧，然后置于炉中。兽口中吐出香烟，色彩也会从尾部开始变化。

金猊从尾部开始变黄，焚烧殆尽后，其外形宛如化了金妆。金猊香蹲踞于炉内，可以保持月余不散，一旦接触，则立刻化为灰烬。

玉兔呈现银色，也十分美观。它虽然不算雅供之物，但可以用作娱乐消遣。其中所填香料的粗细精糙，也是根据个人的喜好取用。取香料时，用榆面调和成香剂，并捏成小拇指粗细的香段，长大概有八九寸，具体按照兽腹大小而定，以香料不外露炭为佳。

金龟香灯（新）

香皮：每以好㷉炭研为细末，纱筛过，用黄丹少许和，却使白芨研细米汤调胶，㷉炭末勿令太湿。

香心：茅香、藿香、零陵香、三柰子、柏香、印香、白胶香用水煮如法，去柏烟性。漉出待干，成堆碾，不成饼。

以上等分，剉为末，和令匀，独白胶香中半亦研为末，以白芨末水调和捻作一指大，如橄榄形，以㷉炭为皮，如枣馒头，入龟印。却用针穿自龟口插，从尾出，脱出龟印。将香龟尾捻合焙干。烧时从尾起，自然吐烟于头，灯明而且香，每以油灯心或油纸捻点之。

【译文】

香皮：选用上好的㷉炭，研磨成细末，用纱布筛过，再加入少许黄丹调和均匀。将白芨研磨成细末，加入米汤调和成胶状，㷉炭粉末不能太湿。

香心：茅香、藿香、零陵香、三柰子、柏香、印香、白胶香按照方法用水煮制，去除柏烟性，漉出等待其干燥，然后成堆碾制，不让它干成饼状。

将以上原料各取相等分量，切制成末，等调和停当后，把一半的白胶香研磨成粉末，再用白芨末加水调和，捻制成一指大小，形状如橄榄，而后将㷉炭制成的香皮包在外部，成枣馒头形状，而后将其放入龟模中。用针从龟口穿入，从龟尾穿出，继而脱模制成龟印。将香龟尾捻合，焙干。在烧制时，从尾部开始，让烟从龟口处吐出，如此能让灯火明亮且有香味。每次用油灯心或油纸捻点灯即可。

金龟延寿香（新）

定粉（半钱）　黄丹（一钱）　㷉炭（一两，并为末）

右研和作薄糊调成剂。雕两片龟儿印，脱里，别香在腹内，以布针从口中穿到腹，香烟出从龟口内。烧过灰冷，龟色如金。

【译文】

定粉半钱，黄丹一钱，烨炭一两，将以上三味香品研磨成细末。

将粉末调和成薄糊状，制作成料剂。雕刻出两片龟形印模，将香料脱模成形。将其余香料包裹在龟腹内，用针从龟口穿入，从龟尾穿出，让烟从龟口处吐出。焚烧过后，香灰变冷，但香龟的颜色却如金子一般。

窗前省读香

菖蒲根　当归　樟脑　杏仁　桃仁（各五钱）　芸香（二钱）

右研末，用酒为丸，或捻成条阴干。读书有倦意焚之，爽神不思睡。

【译文】

菖蒲根、当归、樟脑、杏仁、桃仁各五钱，芸香二钱。

将以上原料研磨成细末，用酒调和制成香丸，或将其捏成条状，阴干。当读书产生倦意时，则焚烧此香，能让人神清气爽，不思睡眠。

刘真人幻烟瑞球香

白檀香　降香　马牙香　芦香　甘松　三奈　辽细辛　香白芷　金毛狗脊　茅香　广零陵　沉香（以上各一钱）　黄卢干　官粉　铁皮　云母石　磁石（以上各五分）　水秀才（一个，即水面写字虫）　小儿胎毛（一具，烧灰存性）

共为细末，白芨水调作块，房内炉焚，烟俨垂云。如将萌花根下津用瓶接，津调香内，烟如云垂天花也。若用猿毛、灰桃毛和香，其烟即献猿桃象。若用葡萄根下津和香，其烟即献葡萄象。若出帘外焚之，其烟高丈余不散。如喷水烟上，即结蜃楼人马象。大有奇异，妙不可言。

【译文】

白檀香、降香、马牙香、芦香、甘松、三奈、辽细辛、香白芷、金毛狗脊、茅香、广零陵、沉香各一钱，黄卢干、官粉、铁皮、云母石、磁石各五分，水秀才一个，就是水面写字虫（一种在水面行走的昆虫，又称水蜘蛛），小儿胎毛一具，将其烧成灰，保留其功效。

将以上原料研磨成极细的粉末，用白芨水进行调和，制作成块，放入房内的炉中焚烧，香烟就像垂云一般。如果用瓶子接取即将开放的花的根部液体，再用其调制成香，那香烟就会像满天开放的花朵般壮观；如果用猿猴毛和桃毛调制成香品，那香烟就会呈现出猿猴和毛桃的形象；如果用葡萄根下的液体调制香品，香烟则会呈现葡萄的形象。如果在帘子外面焚烧香品，就会让香烟高达丈余，并且不会消散。如果将水喷在烟上，香烟就会呈现出海市蜃楼、人物车马的景象，令人叹为观止，实在是妙不可言。

香烟奇妙

沉香　藿香　乳香　檀香　锡灰　金晶石
右等分为末成丸，焚之则满室生云。

【译文】

沉香，藿香，乳香，檀香，锡灰，金晶石。

将以上原料各取等量，研磨成粉末，制作成香丸。焚烧此香，会让整个房间都生出香云。

窨酒香丸

脑麝（二味同研）　丁香　木香　官桂　胡椒　红荳　缩砂
白芷（以上各一分）　马勃（少许）
右除龙麝另研外，余药同捣为细末，蜜和为丸，如樱桃大。一斗酒置一丸于其中，却封系，令密三五日开饮之，其味特香美。

【译文】

将龙脑、麝香这两味香品一同研磨成粉末，丁香、木香、官桂、胡椒、红荳、缩砂、白芷各取用一分，马勃香少许。

将以上原料，除龙脑、麝香外研磨成粉末，用蜜调和，制作成樱桃大小的香丸。

香饼

柳木灰（七钱）　炭末（三钱）

用红葵花捣烂为丸。此法最妙，不损炉灰，烧过莹白如银丝数条。

又：

槿木灰（一两五钱）　杭粉（六钱）　榆树皮（六钱）　硝（四分）

共为极细末，用滚水为丸。

【译文】

柳木灰七钱、炭末三钱。

加入红葵花后，将其捣烂，并制作成香丸。这种方法最为巧妙，因为它不会沾染炉灰，烧过后，香饼色泽莹白，就像数条银丝一般。

又：

槿木灰一两五钱，杭粉六钱，榆树皮六钱，硝四分。

将以上原料一起研磨成细末，再用刚烧开的水调制成香丸。

烧香难消炭

灶中烧柴下火取出，罈闭成炭，不拘多少捣为末，用块子石灰化开，取浓灰和炭末，加水和匀，以猫竹一筒劈作两半合，脱成钉晒干，烧用终日不消。

【译文】

在灶中烧柴，等火灭后取出，不管所得多少炭火，都可以捣制成粉末。将块状的石灰化开，再在浓灰和炭末中加水调和均匀。将一筒猫竹劈成两半，用猫竹作原料，脱制成钉状后晒干。焚烧这种炭，能烧一整日。

烧香留宿火

好胡桃一枚烧半红埋热灰中，经夜不减。

香饼，古人多用之。蔡忠惠以未得欧阳公清泉香饼为念。诸谱制法颇多，并抄入香属。近好事家谓香饼易坏炉灰，无需此也，止用坚实大栎炭一块为妙。大炉可经昼夜，小炉亦可永日荧荧。聊收一二方以备新谱之一种云。

【译文】

选用上好胡桃一枚，烧到半红时埋进热灰中，能让炉火一夜不小。

古人多使用香饼。蔡忠惠因为没得到欧阳公的清泉香饼而一直耿耿于怀。在各家香谱中都有记载制香的方法，这些都一并收录在"香属"中。近来，一些喜欢香事的人们反应，香饼很容易损坏炉灰。其实并不尽然，只要用一块坚实的大栎炭即可。大炉可以使用整个昼夜，小炉也可以终日炭火荧荧。我权且收录新谱中的一二种方法。

煮香

香以不得烟为胜，沉水隔火已佳，煮香尤妙。法用小银鼎注水，安炉火上，置沉香一块，香气幽微，翛然有致。

【译文】

焚香，以没有烟为好。沉水香隔火焚烧就已经很好了，用于煮制则更妙。具体方法是：将水装入小银鼎中，置于炉火之上，再加入一块沉香。煮出来的香气幽微，翛然有致。

面香药（除雀斑酒刺）

白芷　藁本　川椒　檀香　丁香　三奈　鹰粪　白藓皮　苦参
防风　木通

右为末，洗面汤用。

【译文】

白芷，藁本，川椒，檀香，丁香，三柰，鹰粪，白藓皮，苦参，防风，木通。

将以上原料研磨成粉末，可做洗脸水之用，用它洗脸能祛除雀斑和酒刺。

头油香（内府秘传第一妙方）

新菜油（十斤） 苏合油（三两，众香浸七日后入之） 黄檀香（五两，槌碎） 广排草（五两，去土细切） 甘松（二两，去土切碎） 茅山草（二两，碎） 三柰（一两，细切） 辽细辛（一两，碎） 广零陵（三两，碎） 紫草（三两，碎） 白芷（二两，碎） 干木香花（一两，紫心白蒂） 干桂花（一两）

将前各味制净合一处听用。屋上瓦花去泥根净四斤，老生姜刮去皮二斤，将花姜二味入油煎数十沸，碧绿色为度，滤去花姜渣，熟油入坛冷定，纳前香料封固好，日晒夜露四十九日开用，坛用铅锡妙。

又方：

茶子油（六斤） 丁香（三两，为末） 檀香（二两，为末）锦纹大黄（一两） 辟尘茄（三两） 辽细辛（一两） 辛夷（一两）广排草（二两）

将油隔水微火煮一炷香取起，待冷入香料。丁、檀、辟尘茄为末，用纱袋盛之，余切片入封固，再晒一月用。

【译文】

新菜油十斤，苏合油三两用香料浸泡七日后再加入，黄檀香五两槌碎，广排草五两祛除杂土后细细切碎，甘松二两祛除杂土后切碎，茅山草二两切碎，三柰一两细细切碎，辽细辛一两切碎，广零陵三两切碎，紫草三两切碎，白芷二两切碎，干木香花一两选用紫心白蒂的，干桂花一两。

将以上原料择干净，放在一起备用。将屋顶上的瓦花去除泥根，称取四斤，将老生姜刮去皮，称出二斤，再将瓦花和老生姜倒入油中，煎数十沸，以呈现出碧绿色的上佳。将渣滓滤出，再将油倒入坛子中，令其冷却，继而加入各种香料，将其严密封固。经历四十九日晒夜露后，才可以打开使用。坛子用铅锡制的最佳。

又方：

茶子油六斤，丁香三两切碎，檀香二两切碎，锦纹大黄一两，辟尘茄三两，辽细辛一两，辛夷一两，广排草二两。

将油隔水，用小火煮至一炷香时间，取出放凉，再加入香料。丁香、檀香及辟尘茄制成粉末，再用纱布袋盛放。其余的香料切片，加在一起封固，再晒一个月，就可以使用了。

两朝取龙涎香

嘉靖三十四年三月，司礼监传谕户部取龙涎香百斤，檄下诸藩，悬价每斤偿一千二百两。往香山湾访买，仅得十一两以归，内验不同，姑存之，亟取真者。广州狱夷囚马那别的贮有一两三钱上之，黑褐色。密也都密地山夷人上六两，褐白色。问状，云："褐黑色者采在水，褐白色者采在山，皆真不赝。"而密地山商周鸣和等再上，通前十七两二钱五分，驰进内辩。万历二十一年十二月，太监孙顺为备东宫出讲，题买五斤，司劄验香把总蒋俊访买。二十四年正月进四十六两，再取于二十六年十二月买进四十八两五钱一分，二十八年八月买进九十七两六钱二分。自嘉靖至今，夷舶闻上供，稍稍以龙涎来市，始定买解事例，每两价百金，然得此甚难。（《广东通志》）

【译文】

嘉靖三十四年三月，司礼监传谕户部，取出百斤龙涎香，并给各个地方下达诏命，按照每斤一千二百两的价格，往香山湾访求购买。但仅能买得十一两归国，且内验不同，暂且先收了起来。此时，真品龙涎香成了收购者们迫切需要的东西。这时，恰好广州狱中有一位囚犯，名叫马那别。他将手中的一两三钱龙涎香献了上去，这些龙涎香都是黑褐色的。密地山也有人进献了六两，为白褐色。进献的人说："这些黑褐色的是从水中获得，而白褐色的，则是从山中获得，这些都是真品龙涎香。"密地山商人周鸣和等人，也进献了跟前面一样的十七两二钱五分龙涎香，飞马送入宫中进行辨别。万历二十一年十二月，太监孙顺准备到东宫出讲，他买了五斤龙涎香，由司劄进行检验，由把总蒋俊进行访买。二十四年正月，宫中收到进献的龙涎香四十六两，取用后，二十六年十二月又买进了四十八两五钱一分，到二十八年八月时，又买进了九十七两六钱二分。自嘉靖朝至今，外国商船也听闻龙涎香可以用来上贡进献，于是也开始贩运龙涎香来卖。从此，龙涎香定下了市价，为百金每两。然而，想获得龙涎香确实是很难的。(《广东通志》)

龙涎香（补遗）

　　海旁有花，若木芙蓉花，落海，大鱼吞之腹中。先食龙涎花，咽入久即胀闷，昂头向石上吐沫，干枯可用，惟粪者不佳。若散碎，皆取自沙渗，力薄。欲辨真伪，投没水中，须臾突起，直浮水面。或取一钱口含之，微有腥气，经一宿细沫已咽，余结胶舌上，取出就淖称之①，亦重一钱。将淖者又干之，其重如故。虽极干枯，用银簪烧热钻入枯中，抽簪出，其涎引丝不绝，验此不分褐白褐黑皆真。(《东西洋考》②)

【注释】

①淖（nào）：湿润。

②《东西洋考》：明张燮撰。张燮，龙溪（今福建漳州龙海海澄）人，万历二十三年（1595）举人。此书成于万历四十五年（1617）。

【译文】

　　在海边生长着一种像木芙蓉一样的花，当花朵落下时，就会被海中的大鱼吞进腹中。食用龙涎花，时间久了，大鱼就会觉得胀闷，于是在石头上吐出涎末来。待涎末干枯后，就可以使用了。当然，混在粪便中被大鱼排出体外的龙涎香不佳，如果是散碎的，或者是从沙子中取出的，则香味寡淡。要想辨别真伪，只需要将龙涎香投入水中，片刻它便会突起，然后直浮水面。或者取出一钱的香品，放入口中含住，能感受到轻微的腥气，经过一晚，细沫已经咽尽，其余的则变成胶状，粘在舌头上。取出这些胶状物，趁它还湿润时称重，发现也有一钱的分量，重量跟入口前是一样的。龙涎香虽然非常干枯，但如果用银簪子烧热，再将其钻入干枯的香中，抽出簪子，引出涎丝，涎丝是不断的。如果能经受住这样的检验，那不管是黑褐色还是白褐色，都是真品。（《东西洋考》）

丁香（补遗）

丁香东洋仅产于美洛居[①]。夷人用以辟邪，曰："多置此则国有王气"，故二夷之所必争。（同上）

又：

丁香生深山中，树极辛烈，不可近。熟则自堕，雨后洪潦漂山，香乃涌溪涧而出，捞拾数日不尽，宋时充贡。（同上）

657

【注释】

①美洛居：亦称文老古，岛屿名，即今印度尼西亚马鲁古群岛，以盛产丁香著名，故亦称香料群岛。

【译文】

丁香，在东洋地区只有美洛居生产，当地夷人用它来辟出邪恶。由于当地有"多储备此物便能让国家沾染王气"一说，于是丁香成了两族之间必争的产物。（《东西洋考》）

又：

丁香生长于深山之中，丁香树的味道非常辛烈，让人难以接近。丁香成熟后会自然落下，等大雨之后，洪水漂浮在山上，丁香也随着溪流山涧涌出。人们捞取采拾丁香，数天也采不尽。在宋代时，丁香

被用来充当贡品。(《东西洋考》)

香山

雨后香堕，沿流满山，采拾不了，故常带泥沙之色，王每檄致之，委积充栋以待他。坏之售民间，直取余耳。(同上)

【译文】

雨后，丁香从树上坠落，随着山洪在满山中涌动，根本采拾不完，所以经常带着泥沙的颜色。每当皇帝发檄文收取时，都有十分充足的丁香作为供应。宫廷将用不完的，快坏掉的丁香售给百姓，让他们使用。(《东西洋考》)

龙脑（补遗）

脑树出东洋文莱国，生深山中，老而中空乃有脑，有脑则树无风自摇，入夜脑行而上，瑟瑟有声，出枝叶间承露，日则藏根柢间，了不可得，盖神物也。夷人俟夜静持革索就树底巩束，震撼自落。(同上)

【译文】

龙脑树出产于东洋文莱，生长于深山之中。老而中空的树中即有龙脑。生有龙脑的树很好辨别，在没有风的时候，它会自己摇动。到了夜里，龙脑会向上而行，发出瑟瑟声响，在枝叶间露出，可承接露水。到了白天，龙脑则下行到根底，让人很难得到，所以被视作神物。当地居民会等到夜深人静时，用手拿着皮绳，到树底下捆绑树身摇动，龙脑自然就落下了。(《东西洋考》)

税香

万历十七年提督军门周详允陆饷香物税例

檀香成器者每百斤税银五钱，不成器者每百斤税银二钱四分

奇楠香每斤税银二钱四分

沉香每十斤税银一钱六分

龙脑每十斤上者税银三两二钱，中者税银一两六钱，下者税银八钱

降真香每百斤税银四分

速香每百斤税银二钱一分

乳香每百斤税银二钱

木香每百斤税银一钱八分

丁香每百斤税银一钱八分

苏合油每十斤税银一钱

安息香每十斤税银一钱二分

丁香枝每百斤税银二分

排草每百斤税银二钱

万历四十三年恩诏量减诸香料税课

余发未燥时留神香事，锐志此书，今幸纂成，不胜种松成鳞之感。诸谱皆随朝代见闻修采，此所收录一惟国朝大内及勋珰夷贾，以至市行时尚、奇方秘制，略备于此。附两朝取香、税香及补遗数则，题为《猎香新谱》。好事者试拈一二，按法修制，当悉其妙。

【译文】

万历十七年提督军门周详允陆饷香物税例：

上好的檀香每百斤税银五钱，次品为每百斤税银二钱四分；

奇楠香每斤税银二钱四分；

沉香每十斤税银一钱六分；

上好的龙脑每十斤税银三两二钱，中等的税银一两六钱，次品税银八钱；

降真香每百斤税银四分；

速香每百斤税银二钱一分；

乳香每百斤税银二钱；

木香每百斤税银一钱八分；

丁香每百斤税银一钱八分；

苏合油每十斤税银一钱；

安息香每十斤税银一钱二分；

丁香枝每百斤税银二分；

排草每百斤税银二钱。

万历四十三年，皇上下了恩诏，可以酌情减少各种香料的课税。

我从年少时便开始留意香事，并立志将此书撰写完成。如今有幸将此书撰完，便有种"种松成鳞"的感触。各家的香谱，都随朝代先后顺序按照见闻采录于书中。此书收录了国朝宫中、权贵、外洋用香，还收录了市井中流行的神秘香料。略略收于书中的，还有两朝取香、税香以及几处补遗，题为《猎香新谱》。雅好香事的人，可以尝试着取用一二，按照方法制作，便可尽知其中妙趣。

卷二十六 香炉类

木
蘭

木
蘭
実

炉之名

炉之名始见于周礼冢宰之属，宫人寝中共炉炭。

【译文】

香炉的名字，始见于《周礼·天官冢宰》，宫人寝室中供有炉炭。

博山香炉

汉朝故事，诸王出阁则赐博山香炉。

又：《武帝内传》有博山香炉，西王母遗帝者。（《事物纪原》①）

又：皇太子服用则有铜博山香炉。（《晋东宫旧事》②）

又：泰元二十二年③，皇太子纳妃王氏，有银涂博山连盘三升香炉二。（《晋东宫旧事》）

又：炉象海中博山，下有盘贮汤，使润气蒸香以象海之回环。此器世多有之，形制大小不一。（《考古图》④）

古器款式，必有取义，炉盖如山，香从盖出，宛山腾岚气，绕足盘环，以呈山海象。

【注释】

①《事物纪原》：宋代高承编纂的一部小型类书，书中搜录了天地万物的起源来历。

②《晋东宫旧事》：晋代张敞撰，晋代宫廷之事。

③泰元二十二年：泰元即太元，是东晋孝武帝司马曜的年号。太元年号共有二十一年，此处言二十二年，恐误。

④《考古图》：宋代金石学著作，著录当时宫廷及民间的古器，吕大临撰。吕大临，字与叔，为当时著名经学家。

【译文】

汉朝旧例，诸王出阁，赐予博山香炉。

又：《汉武帝内传》记载了博山香炉。是西王母送给汉武帝的。（《事物纪原》）

又：皇太子的服色器具中，有一种铜博山香炉。（《晋东宫旧事》）

又：泰元二十二年，皇太子纳王氏为妃，赏赐有银涂博山连盘三升，香炉两尊。（《晋东宫旧事》）

又：香炉的形状像海中博山的形状，下面有盘，用来储汤，以湿润空气，散发香味，犹如海中云气回环。这种器皿世上有很多，其形制大小不一。（《考古图》）

古器的款式，必有取其义。"炉盖如山"，指香气从盖子中吐出，宛如山中雾气弥漫，呈现出群山大海的影像。

绿玉博山炉

孙总监千金市绿玉一瑰，嵯峨如山，命工治之，作博山炉。顶上暗出香烟，名"不二山"。

【译文】

孙总监花费千金购得一块绿玉，形态嵯峨，像大山一般。他命工匠把它修治成博山炉，炉顶暗暗吐出香烟，名为"不二山"。

九层博山炉

长安巧工丁缓制九层博山香炉，镂为奇禽怪兽，穷诸灵异，皆自然运动。（《西京杂记》）

【译文】

长安的能工巧匠丁缓，制造出九层博山炉，镂刻出奇珍异兽的形状，形态自然，充满灵异感。（《西京杂记》）

664

被中香炉

丁缓作卧褥香炉，一名被中香炉。本出防风，其法后绝，至缓始更为之。为机环转，运四周而炉体常平，可置于被褥，故以为名。即今之香毬也。(《西京杂记》)

【译文】

丁缓制作了被中香炉，又叫卧褥香炉。本来出自防风国，制作方法后来失传。到了丁缓时才重新制造。炉中设有机环，转运四周，炉体保持水平，可放置在被褥中，故而得名。其实就是现在的香毬。(《西京杂记》)

熏炉

尚书郎入直台中，给女侍史二人，皆选端正，指使从直，女侍史执香炉熏香以从，入台中给使护衣。(《汉官仪》)

【译文】

尚书郎入值尚书台，官署赐给他两位女侍史，女侍史都是仪态端庄的人，她们跟随值使。女侍史手执香炉，熏出香烟，跟随尚书郎进入台中，为其护衣。(《汉官仪》)

鹊尾香炉

《法苑珠林》云：香炉有柄可执者曰鹊尾炉。

又：宋王贤，山阴人也[①]。既禀女质，厌志弥高，年及笄应[②]，适女兄许氏[③]，密具法服登车，既至夫门，时及交礼，更着黄巾裙，手执鹊尾香炉，不亲妇礼，宾客骇愕，夫家力不能屈，乃放还出家。梁大同初[④]，隐弱溪之间。

又：吴兴费崇，先少信佛法，每听经常以鹊尾香炉置膝前。(王琰《冥祥记》)

又：陶弘景有金鹊尾香炉。

【注释】

①山阴：在今浙江绍兴。

②笄：指女子十五岁成年。

③适：此处指女子出嫁。

④大同：梁武帝年号。

【译文】

《法苑珠林》中说：有柄可以手执的香炉，名叫鹊尾炉。

又：宋王贤是山阴人。虽然是女流，但志向高远。到了要出嫁的年龄，按照家中安排，她应该嫁给表兄许某。她悄悄准备好法服，登车出嫁。到了夫家，快要行交拜之礼时，她却换上了黄巾裙，手执鹊尾香炉，不行为妇之礼，宾客错愕，夫家因不能让她屈服，就放她回去出家。梁大同初年，她曾隐居于弱溪一带。

又：吴兴人费崇，少年时信佛法，每当听经时，常把鹊尾香炉放在膝前。（王琰《冥祥记》）

又：陶弘景有金鹊尾香炉。

麒麟炉

晋仪礼大朝会节，镇官阶以金镀九天麒麟大炉。唐薛能诗云①："兽坐金床吐碧烟"是也。

【注释】

①薛能：误，应为薛逢，此句出其诗《金城宫》："龙盘藻井喷红艳，兽坐金床吐碧烟"。薛逢，字陶臣，蒲州河东人，唐代诗人。

【译文】

按照晋朝的礼仪规定，每逢大型朝会时，都要用镀金的九天麒麟大炉镇服官道台阶。这也是唐代薛逢诗中的："兽坐金床吐碧烟。"

天降瑞炉

贞阳观有天降炉，自天而下，高三尺，下一盘，盘内出莲花一枝，十二叶，每叶隐出十二属。盖上有一仙人，带远游冠，披紫霞衣，形容端美。左手支颐，右手垂膝，坐一小石。石上有花竹、流水、松桧之状，雕刻奇古，非人所能，且多神异。南平王取去复归，名曰瑞炉。

【译文】

贞阳观有一尊天降炉，从天而降，高约三尺，炉下有托盘，盘内有一枝莲花，十二片叶子，每片叶子隐隐出现十二生肖的形态。炉盖上有一位仙人，头戴远游冠，身披紫霞衣，仪态端庄，左手托腮，右手垂膝，坐在一块小石头上，石头上有花、竹、流水、松桧形状。此炉雕刻奇古，非人力所能为，而且还有很多神异之处。南平王曾取去，后来又归还回来，名字叫作瑞炉。

667

金银铜香炉

御物三十种，有纯金香炉一枚，下盘自副。贵人公主有纯银香炉四枚，皇太子有纯银香炉四枚，西园贵人铜香炉三十枚。（《魏武上杂物疏》）

【译文】

御用之物有三十种，其中有纯金香炉一座，下面自带托盘。贵人、公主有纯银香炉四座，皇太子有纯银香炉四座，西园贵人有铜香炉三十座。（《魏武上杂物疏》）

梦天帝手执香炉

陶弘景字通明，丹阳秣陵人也。父贞孝昌令，初弘景母郝氏梦天人手执香炉来至其所，已而有娠。

【译文】

陶弘景字通明，是丹阳秣陵人。其父陶贞，是孝昌令。最初陶弘景的母亲郝氏梦见天人手执香炉来到她家，后来她就有了身孕。

香炉堕地

侯景篡位①。景床东边香炉无故堕地，景呼东西南北皆谓为厢，景曰：此东厢香炉忽下地。议者以为湘东军下之征。（《梁书》②）

【注释】

①侯景：字万景。548 年，侯景叛乱起兵进攻南梁，551 年篡位自立，后被击溃身死。

②《梁书》：主要记述了南朝萧齐末年及萧梁皇朝五十余年的史事。撰者姚思廉，雍州万年（今陕西西安）人，唐太宗时在其父姚察原稿基础上奉命编撰此书。

【译文】

侯景篡位，其床东边的香炉无缘无故地掉在地上。侯景提到东西南北时，都称作厢。侯景说："东厢的香炉怎么忽然掉下来了？"议论的人说，这是湘东王军队沿江而下的征兆。

覆炉示兆

齐建武中①，明帝召诸王②，南康侍读江泌忧念府子琳③，访志公道人④，问其祸福。志公覆香炉灰示之曰：都尽无余。后子琳被害。（《南史》）

【注释】

①建武：南朝齐国齐明帝萧鸾的年号。

②明帝：萧鸾字景栖，小名玄度，南朝南兰陵（治今常州西北）人，南齐的第五任皇帝，高宗。

③江泌：字士清，济阳考城人，历仕南中郎行参军，国子助教，

世祖以为南康王子琳侍读。子琳：齐朝南康王萧子琳，字云璋，永泰元年被杀。

④志公：宝志禅师，南北朝齐、梁时高僧。

【译文】

齐建武年间，明帝召诸王南康侍读。江泌因为思念府中南康王子琳，于是拜访志公道人。询问其祸福。志公道人将香炉覆灰，出示给他看，说："一个都没剩下。"后来，子琳果然被害。(《南史》)

凿镂香炉

石虎冬月为复帐，四角安纯金银凿镂香炉。(《邺中记》①)

【注释】

①《邺中记》：晋陆翙撰，记录邺城（今河北临漳、河南安阳交界处）的宫殿园林的情况。

【译文】

石虎在农历十一月使用复帐，四角安放上纯金银凿的镂刻香炉。(《邺中记》)

凫藻炉

冯小怜有足炉曰辟邪①，手炉曰凫藻，冬天顷刻不离，皆以其饰得名。

【注释】

①冯小怜：是北齐后主高纬的淑妃。高纬宠幸小怜，荒唐丧国，小怜几经转赠，后被逼死。

【译文】

冯小怜的脚炉名为辟邪，手炉叫凫藻，冬天片刻都不离身，两个炉子都因为其装饰而得名。

瓦香炉

衡山芝冈有石室中有古人住处，有刀锯铜铫及瓦香炉。（傅先生《南岳记》）

【译文】

衡山芝冈有一座石室，其中有古人居住之处，里面有刀锯、铜铫和瓦香炉。（傅先生《南岳记》）

祠坐置香炉

香炉：四时祠坐侧皆置炉。（卢谌《祭法》[①]）

【注释】

①卢谌《祭法》：祭祀礼法之书，东晋卢谌撰。卢谌，字子谅，范阳涿（今属河北涿县）人，东晋大臣。

【译文】

一年四季中，香炉是祠中坐侧常备之物。（卢谌《祭法》）

迎婚用香炉

婚迎车前用铜香炉二（徐爰《家仪》[①]）

【注释】

①徐爰《家仪》：徐爰所作的家庭礼仪之书，原书已佚。徐爰，字长玉，晋末宋初时大臣。

【译文】

婚礼时所用的迎车前面，使用的铜香炉二尊。（徐爰《家仪》）

熏笼

太子纳妃有熏衣笼，当亦秦汉之制。（《东宫旧事》）

太子纳妃有熏衣笼，应当是秦汉的制度。（《东宫旧事》）

筮香炉

吴郡吴泰能筮①。会稽卢氏失博山香炉，使泰筮之。泰曰：此物质虽为金，其象实山，有树非林，有孔非泉，闾阖风至，时发青烟，此香炉也，语其至处，求即得之。（《集异记》②）

【注释】

①筮：占卜。

②《集异记》：南朝宋郭季产所作。

【译文】

会稽卢氏遗失了博山香炉，吴泰卜卦后，说："此物虽是金属，实际上呈现山形，有树非林，有孔非泉，西风至时发青烟，这就是香炉。"吴泰说出了香炉所在之处，卢氏前去访求，重新得到了香炉。（《集异记》）

671

贪得铜炉

何尚之奏庾仲文贪贿①，得嫁女具铜炉，四人举乃胜。

【注释】

①何尚之：字彦德。南朝宋庐江潜县（今霍山）人，著名学者、大臣。庾仲文和他是同时期的大臣，时任吏部尚书。

【译文】

何尚之奏报庾仲文贪贿，说他嫁女儿时准备的铜炉，要四个人才能举起来。

焚香之器

李后主长秋周氏居柔仪殿①，有主香宫女，其焚香之器曰把子莲、三云凤、折腰狮子、小三神、卍字金、凤口罂、玉太古、容华鼎，凡数十种，金玉为之。

【注释】

①长秋：皇后。原指长秋宫，汉太后长居此宫，后亦用为皇后代称。

【译文】

李后主和皇后周氏，一居长秋宫，一居柔仪殿。周后有专门主持香事的宫女，焚香所用的器具，有把子莲、三云凤、折腰狮子、小三神、卍字金、凤口罂、玉太古、容华鼎等数十种，皆由金、玉制成。

文燕香炉

杨景猷有文燕香炉。

【译文】

唐朝杨景猷有文燕香炉。

聚香鼎

成都市中有聚香鼎，以数炉焚香环于前，则烟皆聚其中。（《清波杂志》①）

【注释】

①《清波杂志》：笔记，宋代周辉撰，为宋代的名人轶事，典章风物。周辉，字昭礼，周邦彦之子，钱塘人，学者，藏书大家。

【译文】

成都市集中有聚香鼎。用许多香炉焚香环绕在它面前，香烟都聚入其中。（《清波杂志》）

百宝香炉

洛州昭成佛寺有安乐公主造百宝香炉①，高三尺。(《朝野金载》)

【注释】

①洛州：今洛阳东北一带。安乐公主：唐中宗李显的幼女，骄横跋扈，为争权与其母韦后毒死中宗，后被李隆基所杀。

【译文】

洛州昭成佛寺有安乐公主制造的百宝香炉，有三尺高。(《朝野金载》)

迦业香炉

钱镇州诗虽未五季余韵①，然回旋读之，故自娓娓可观。题者多云"宝子"，弗知何物。以余考之，乃迦业之香炉。上有金华，华内有金台，台即为宝子，则知宝子乃香炉耳。亦可为此诗张本，但若圜重规②，岂汉丁缓之制乎？(《黄长睿集》③)

【注释】

①钱镇州：钱惟治字世和，吴越忠孙废王琮长子。归宋，领镇国军节度使。

②圜：圆，圆形。

③《黄长睿集》：黄长睿，字伯思，自号云林子，别字霄宾，闽邵武人，北宋金石文物大家。

【译文】

钱镇州的诗虽然没有脱离五代余韵，然而反复诵读，也有娓娓可观之处。论者大多说，不知宝子是什么东西。据我考证，宝子就是迦业香炉，上有金华，华内有金台，台就是宝子。则可以知道，宝子就是香炉，也可以为此诗为证。但它圆如日月，哪里是汉代丁缓所制作

的呢？（《黄长睿集》）

金炉口喷香烟

贞元中崔炜坠一巨穴，有大白蛇负至一室，室有锦绣帏帐，帐前金炉，炉上有蛟龙、鸾凤、龟、蛇、孔雀，皆张口，喷出香烟，芳芬翁郁。（《太平广记》）

【译文】

贞元年间，崔炜掉进一个巨型洞穴中，洞穴中有一条大白蛇，驮着他来到一间房内。室内有锦绣帷帐，帐前有香炉，炉子上有蛟龙、鸾凤、龟、蛇、孔雀，都张着嘴，喷出香烟，烟气芬芳馥郁。（《太平广记》）

龙文鼎

宋高宗幸张俊，其所进御物有龙文鼎、商彝、高足彝、商文彝等物。（《武林旧事》）

【译文】

宋高宗宠幸张俊，张俊进贡的御用之物有龙文鼎、高足彝、商文彝等物品。（《武林旧事》）

肉香炉

齐赵人好以身为供养，且谓两臂为肉灯台，顶心为肉香。（《清异录》）

【译文】

齐赵人喜欢用自己的身体供奉佛祖，称两只手臂是肉灯台，顶心为肉香炉。（《清异录》）

香炉峰

庐山有香炉峰，李太白诗云"日照香炉生紫烟"，来鹏诗云"云起香炉一炷烟"。

【译文】

庐山有香炉峰，李太白诗云："日照香炉生紫烟。"来鹏诗云："云起香炉一炷烟。"

香鼎

周公谨云：余见薛玄卿示以铜香鼎一①，两耳有三龙交蟠，宛转自若，有珠能转动，及取不能出。益太古物，世之宝也。

张受益藏两耳彝炉，下连方座，四周皆作双牛，文藻并起，朱绿交错，花叶森然。按此制非名"彝"，当是"敦"也②。又小鼎一内有款曰：※且※，文藻甚佳，其色青褐。

赵松雪有方铜炉③，四脚两耳，饕餮面，回文，内有东宫二字，款色正黑。此鼎《博古图》所无也。又圆铜鼎一，文藻极佳，内有款云："瞿父癸鼎"，蛟脚。

又金丝商嵌小鼎，元贾氏物，纹极细。

季雁山见一炉，幕上有十二孔，应时出香。（皆《云烟过眼录》）

【注释】

①薛玄卿：薛羲，字玄卿，号上清外史，贵溪人，元初著名道士。

②敦：古代食器，青铜制，盖和器身都作半圆球形，各有三足或圈足，上下合成球形，盖可倒置，流行于战国时期。

③赵松雪：赵孟頫，字子昂，号松雪，松雪道人，吴兴（今浙江湖州）人。元代著名画家，书法家。

【译文】

周公瑾说："我去会见薛玄卿，他出示铜香炉一尊，两耳有三龙交蟠，旋转自如，里面有珠子，能转动，但不能取出。这应是上古之物，世间珍宝。"

张受益收藏了两耳彝炉，炉子连着方座，四周都是双牛纹饰，红绿交错，花叶盎然。按规制应为"敦"而不是"彝"。还有一个小鼎有款：※与※，非常漂亮，是青褐色的。

赵松雪有一尊方铜炉，四脚及两耳有饕餮头部的回文，内有"东宫"二字。款色为纯黑。这尊鼎，博古图中没有。还有圆铜鼎一尊，文理藻饰极佳，内有款题为"瞿父癸鼎"，有蛟龙一样的足部。

还有金丝商嵌小鼎，原来是贾氏之物，纹理极为细致。

季雁山见过一尊香炉，炉幕上有十二个孔，可按照时辰吐出香烟。

（以上皆出自《云烟过眼录》）

676

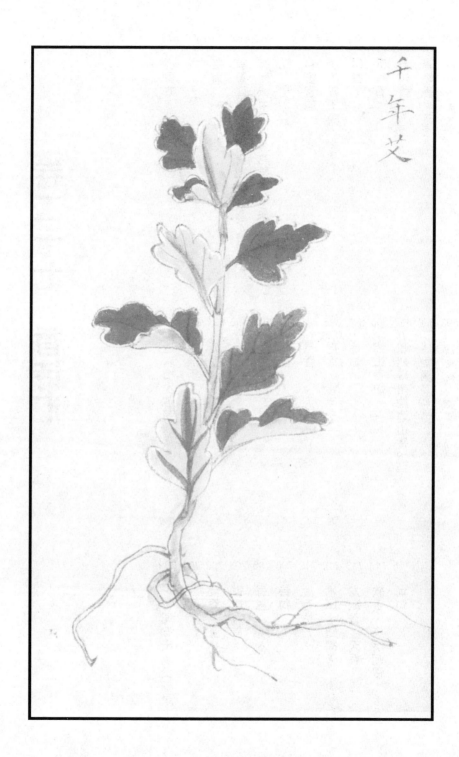

千年芝

烧香曲

李商隐

钿云蟠蟠牙比鱼①，孔雀翅尾蛟龙须。

漳宫旧样博山炉②，楚娇捧笑开芙蕖③。

八蚕融绵小分炷④，兽焰微红隔云母⑤。

白天月泽寒未冰，金虎含秋向东吐⑥。

玉佩呵光铜照昏⑦，帘波日暮冲斜门⑧。

西来欲上茂陵树⑨，柏梁已失栽桃魂。

露庭月井大红气⑩，轻衫薄细当君意。

蜀殿琼人伴夜深⑪，金銮不问残灯事⑫。

何当巧吹君怀度，襟灰为土填清露。

【注释】

①蟠蟠：形容缭绕萦回的状态。

②漳宫：指建漳宫，是汉武帝刘彻于太初元年（公元前104）建造的宫苑。

③楚娇：指楚地的美女。芙蕖：指荷花。

④八蚕：指一年八熟的蚕。小分：这里指少量的意思。

⑤兽焰：指兽形香炉中燃香而生的火焰。

⑥金虎：这里指香炉上的虎形装饰。

⑦铜照：这里指铜镜。

⑧帘波：指帘影摇曳如水波。斜门：指宫中角门。

⑨茂陵：汉武帝刘彻的陵墓。司马相如病之免后家居茂陵，后世因也用以指代相如。

⑩露庭：庭院、院子。月井：指天井。

⑪蜀殿琼人：指的是蜀先主甘后的故事。

⑫不问：指不过问，不询问。残灯：将熄灭的灯。

【译文】

钿云缭绕萦回的样子就像鱼儿的牙齿，孔雀式样的衣裳十分美丽。漳宫之中的名贵熏香炉，让楚地的美女捧腹笑成了荷花的样子。用绵丝点燃香料，兽形的香炭隔着云母片都能看到烧成了红色。月精的泽水被香火烤得不冻冰，金属虎型的香炉好像金秋节气向东方春暖回转。烧香发出的光映在金色的玉珮上，它的光亮如铜镜昏黄，烟雾如风吹门帘如波纹之后又斜冲另一门。香烟西来到汉武帝的茂陵树上，这里也是司马相如所居处，自己没有相如的才气，没有潘岳栽桃的兴致，也没有汉武帝种仙桃的缘分。有如香雾在庭院天井一团红气，有如轻衫薄袖顺应国君意思，有如刘备的蜀殿琼人受宠，而皇帝不会问我守着残灯的孤独。即使有合适清风吹开迷蒙的香雾，您清醒思念我，我也心灰意冷了。

香 罗隐

沉水良材食柏珍①，博山炉暖玉楼春。
怜君亦是无端物，贪作馨香忘却身。

【注释】

①食柏：指服食柏树叶实，传说可以延年成仙。也指柏树。

【译文】

珍贵的沉香多是由奇珍异宝和水沉等优良的木材所化成，在香炉里面化作袅袅青烟而为富丽堂皇的楼宇增添了怡然色彩。可怜这香料本身也是无端之物，却为了成就那馨香之气而焚烧了自己，不顾性命。

宝熏 黄庭坚

贾天锡惠宝熏①，以"兵卫森画戟，燕寝凝清香"十诗赠之。
险心游万仞②，躁欲生五兵③。隐几香一炷，灵台湛空明。
昼食鸟窥台，晏坐日过砌④。俗氛无因来⑤，烟霏作舆卫⑥。
石蜜化螺甲⑦，榠楂煮水沉⑧。博山孤烟起，对此作森森⑨。

轮囷香事已⑩，都梁著书画。谁能入吾室，脱汝世俗秽。

贾侯怀六韬，家有十二戟⑪。天资喜文事，如我有香癖。

林花飞片片，香归衔泥燕。闭阁和春风⑫，还寻蔚宗传⑬。

公虚采芹宫，行乐在小寝。香光当发闻，色败不可稔⑭。

床帷夜气馥，衣桁晚烟凝。瓦沟鸣急雪，睡鸭照华灯。

雉尾应鞭声，金炉拂太清。班近开香早，归来学得成。

衣篝丽纨绮，有待乃芬芳，当念真富贵，自熏知见香。

【注释】

①惠：惠赠，给人赠予财物。

②险心：这里指侥幸的心理。

③躁欲：贪欲，贪婪。五兵：在这里指战争。

④晏坐：指安坐、闲坐的意思。

⑤俗氛：指世俗间的恶浊气息，也指庸俗。

⑥烟霏：指云烟弥漫的意思。舆卫：在这里指兵卫。

⑦石蜜：用甘蔗炼成的糖。

⑧榠樝（míng zhā）：落叶灌木或小乔木，叶卵形，果实长椭圆形，黄色，有香气，中医学上入药称"光皮木瓜"。亦称"木瓜"。

⑨森森：在这里指寒冷的意思。

⑩轮囷（qūn）：指盘曲貌或硕大貌。

⑪十二戟：古时官府大宅门外例有执戟的卫兵，左右各六名，因以十二戟借指守门卫士。

⑫闭阁：关门。

⑬蔚宗：即范晔，字蔚宗，顺阳（今河南南阳淅川）人，南朝宋史学家、文学家。

⑭稔（rěn）：熟悉，习知。

【译文】

好友贾天赐赠送给我宝香，所以用"兵卫森画戟，燕寝数清香"

十诗赠与给他。

　　侥幸地在万仞之中游览，贪婪引发出战争。点起一炷香，灵台就一下子空旷澄明了。

　　午饭的时候，鸟儿窥看着台子，闲坐的时候太阳已经过去。庸碌无法进来，烟雾将成为门卫。

　　蔗糖变成了盔甲，椶榈水煮沉香。当博山香炉升起孤烟时，便会有一种寒冷的感觉。

　　硕大的香事已经过去，用都梁香写书作画，谁能进入我的房子，便能脱去身上的俗秽。

　　贾侯身怀武艺，家中有十二个守门卫士。却天生又喜好文章之事，就好像我有香癖一样。

　　林花片片纷飞，香气与衔泥的燕子一同而来。关上门和春风，还需要寻找范晔的文章。

　　公虚在学校中获得，玩耍则在诸侯的寝宫。香光应该发散出去，色败之后便不可知晓。

682

　　床帐在晚上散发着香气，香气凝结在衣架上。大雨充盈了瓦楞之间的泄水沟，睡鸭炉被华美的灯光照耀。

　　雉尾应和着鞭炮的声音，金炉的香烟冲上天空。班近开香的时间很早，归来的时候便可以学成。

　　熏衣服的竹笼中有美丽的丝织品，需要一定的条件才能散发芬芳，如果想要获得真的富贵，需要焚熏知见香才行。

有惠江南帐中香者戏赠二首　　黄庭坚

百炼香螺沉水①，宝熏近出江南。
一穗黄云绕几②，深禅相对同参。

【注释】

①香螺：指海螺的一种。

②几：这里指小或矮的桌子。

朋友送的这种"帐中香"，是江南的名产，是利用百炼香螺精心炮制而成。在书斋、禅室里焚上一炷，好友们一起品香、参禅，是人生美事一件。

> 螺甲割昆仑耳，香材屑鹧鸪斑。
> 欲雨鸣鸠日永①，下帷睡鸭春闲。

【注释】

①鸣鸠：即斑鸠。日永：指夏至。

【译文】

帐中香的香材用到甲香和沉香。身边香气萦绕，欲雨的时节鸠鸣至夏至，帐下睡着春闲的鸭子。

有闻帐中香以为熬蜡者戏用前韵二首 黄庭坚

> 海上有人逐臭，天生鼻孔司南。
> 但印香岩本寂①，丛林不必遍参。

【注释】

①香岩：指香洁庄严。

【译文】

有人爱香成癖，生来鼻子具有很强的辨别能力。只要闻着帐中的香气，便能得到如来的印可，而不必去四方游历参禅了。

> 我读蔚宗香传①，文章不减二班。
> 误以甲为浅俗，却知麝要防闲。

【注释】

①香传：这里指范晔所作《和香方》。

【译文】

我读范晔的《和香方》一书，其文采不输汉代的班彪、班固父子。认为甲香味道浅淡、凡俗，却知道麝香多禁忌。

和鲁直韵　　　　　苏轼

四句烧香偈子①，随风遍满东南。
不是文思所及，且令鼻观先参②。

万卷明窗小字，眼花只有斓斑。
一炷香烧火冷，半生心老身闲。

【注释】

①偈（jì）子：梵语"偈佗"的又称，即佛经中的唱颂词。每句三字、四字、五字、六字、七字以至多字不等，通常以四句为一偈。也可用来指释家隽永的诗作。

②鼻观：一种佛教观的想法，指观鼻端白。

【译文】

黄鲁直那四句"偈子"，就像妙香一样四处飘散开来。此偈之中的智慧不是仅凭耳闻心思就能企及的，其品质也是闻思香比不上的。为了能够更好地体会其诗中的智慧，应该用心参悟，就像品香一样，最好用鼻子来"观"。

在明亮的窗几下，那些书上的字仍显得小，在我眼里就像斓斑一样模糊不清，一炷香燃烧完，香品不再散发出香气，火也熄灭了，就像我一样，年岁大了，心里却很闲适。

次韵答子瞻　　　　　黄庭坚

置酒未容虚左①，论诗时要指南②。
迎笑天香满袖③，喜君先赴朝参④。

> 迎燕温风旎旎，润花小雨斑斑。
>
> 一炷烟中得意，九衢尘里偷闲⑤。

【注释】

①置酒：指陈设酒宴。虚左：古代马车的座次以左为尊，空着左边的位置以待宾客称"虚左"。

②时要：指当世的要害。

③天香：指熏香的香气。

④朝参：意指古代百官上朝参拜君主。

⑤九衢（qú）：指纵横交叉的大道。

【译文】

置办了酒席当然希望有尊贵的朋友能够一同痛饮，谈论诗文也要放在时代的大环境下来谈。很高兴看到您满袖飘香，也欢喜听闻您又要为朝廷献力。

春光旖旎，微风和煦，燕子到处飞舞；细雨蒙蒙，花枝摇曳。燃一炷馨香，在喧闹繁华的街市忙里偷闲。

印香 苏轼

> 子由生日，以檀香观音像及新合印香银篆盘为寿
>
> 栴檀波律海外芬①，西山老脐柏所熏。
>
> 香螺脱魇来相群②，能结缥缈风中云。
>
> 一灯如莹起微焚③，何时度尽缪篆文。
>
> 缭绕无穷合复分，丝丝浮空散氤氲。
>
> 东坡持是寿卯君④，君少与我师皇坟⑤。
>
> 旁资老聃释迦文⑥，共厄中年点蝇蚊。
>
> 晚遇诗书何定云，君方论道承华勋⑦。
>
> 我亦旗鼓严中军⑧，国恩当报敢不勤⑨。
>
> 但愿不为世所熏，尔来白发不可耘。

卷二十七 香诗汇

问君何时返乡枌⑩，收拾散亡理放纷⑪。

此心实与香俱焄⑫，闻思大士应已闻。

后卷载东坡《沉香山子赋》亦为子由寿香。供上真上圣者⑬，长公两以致祝⑭，盖敦友爱之至。

【注释】

①栴（zhān）檀：指檀香，也作"旃檀"。波律：波津香，即波津膏，又名龙脑香。

②厣（yǎn）：亦称盖或壳盖，螺类介壳口圆片状的盖。

③一灯：指灯能破暗，以喻菩提之心，能破烦恼之暗。

④卯君：指卯年出生的人，这里指子由。

⑤皇坟：指的是传说三皇时代的典籍。

⑥旁资：指横向征询。

⑦华勋：用以指尧与舜的并称。

⑧旗鼓：旗与鼓，是古代军中指挥战斗的用具。中军：主力大部队。

⑨国恩：是指封建时代王朝或君主所赐予的恩惠。

⑩乡枌（fén）：指家乡。枌，即枌榆社，是汉高祖刘邦的故乡。后世因此借称家乡为"乡枌"。

⑪放纷：指放任纷乱。

⑫焄（xūn）：古同"熏"，熏炙。

⑬上真：指天宫之中修炼成真的神仙，也可以解释为真仙。上圣：指德智超群的人，也可指天神。

⑭长公：古人多以"长公"为字，为行次居长之意。同时苏轼因为诗文成就卓越，当时被尊为"长公"。

【译文】

旃檀波津是海外的香料，是西山老脐柏所熏。香螺脱去壳之后，集结在一起，能够形成缥缈云烟。菩提之心如刚焚烧的香料一样闪闪发光，什么时候才能度尽缪篆文。无穷无尽的烟雾缭绕合而又分，飘浮在空中呈现出氤氲的样子。我与子由在年少时学习三皇五帝的典籍，同时也横向征寻老子和佛家的文章，中年也都碰到一些糟心事。晚年讨论诗书又何足说，君以尧舜论道，我则以旗鼓号令中军，皇上的恩赐不敢不报答。希望不要被世俗所累，近来白发生出不能耕耘。想问问你什么时候返回故乡，收拾散亡整理纷乱。我的心实在是与香一样，你应该已经知道了。

后卷载东坡《沉香山子赋》也是为子由寿香。用来供奉上真上圣的人，苏轼两次致以祝词，大概是表达友爱之意。

沉香石

> 壁立孤峰倚砚长①，共疑沉水得顽苍。
> 欲随楚客纫兰佩②，谁信吴儿是木肠③。
> 山下曾闻松化石④，玉中还有辟邪香。
> 早知百和皆灰烬⑤，未信人间弱胜刚。

【注释】

①壁立：形容陡峭的山崖像墙壁一样耸立。

②楚客：这里指屈原。屈原忠而被谤，身遭放逐，流落他乡，故称"楚客"。

③吴儿：指吴地少年，也指对吴人的蔑称。木肠：形容人心肠硬，不为情感所动。

④松化石：为松树干的化石，具有清热止咳、消肿止痛的功效。

⑤百和：古人在室中燃香，取其芳香除秽。为了使香味浓郁经久，又选择多种香料加以配制，因而被称为"百和香"。

【译文】

陡峭的山崖依靠砚台而长，是优质的苍木沉水而生。想要和楚地的人一样佩戴兰佩，谁知道吴地的少年是木石心肠。在山下曾见到松树的化石，玉中还有辟邪香。早知道百和香都成了灰烬，不如说人间柔弱能战胜刚强。

卷二十七 香诗汇

凝斋香 曾巩

每觉西斋景最幽①，不知官是古诸侯。

一樽风月身无事②，千里耕桑岁共秋③。

云水醒心鸣好鸟④，玉砂清耳漱寒流⑤。

沉烟细细临黄卷⑥，疑在香炉最上头。

【注释】

①西斋：指文人的书斋，在这里指凝香斋。凝香斋，原名西斋，位于大明湖畔，取韦应物"燕寝凝清香"句意而命名。

②樽（zūn）：古代盛酒的器具。风月：指闲适之事。

③耕桑：指种田与养蚕，同时也泛指从事农业。

④醒心：指使神志清醒。

⑤清耳：意指静心倾听，这里也有使耳边清幽之意。

⑥黄卷：指细心读书。

688

【译文】

每次游览都会觉得凝香斋的景色最为优美，身临其中已经忘记了自己为官的身份，而把自己当成了古代的诸侯。闲来无事手持酒杯，临风赏月。秋收时节千里农田阡陌纵横。如白云一样纯洁的湖水，使珍异的水鸟惬意地嘤嘤和鸣。泉底砂石晶莹如玉，静听水激砂石的潺潺之音，顿时倍觉清爽。在此潜心书史，置身于最令人向往的境界，感到无异于置身于香炉峰之上。

肖梅香 张吉甫

江村招得玉妃魂①，化作金炉一炷云。

但觉清芬暗浮动，不知碧篆已氤氲。

春收东阁帘初下②，梦想江湖被更熏。

真似吾家雪溪上，东风一夜隔篱闻。

【译文】

在江村招来了杨贵妃的魂魄，变成了金炉之中的一炷烟云。只觉得这芳香在暗自浮动，却不知道碧篆已经氤氲。春天是收获的时节，东阁的帘幕刚刚落下，梦想江湖被更熏。在形神之上都与我家被雪覆盖上的溪流很相似，东风吹来，一夜间就能隔着篱笆闻到香味。

香界 朱熹

> 幽兴年来莫与同①，滋兰聊欲洗光风②。
>
> 真成佛国香云界，不数淮山桂树丛。
>
> 花气无边熏欲醉，灵芬一点静还通③。
>
> 何须楚客纫秋佩，坐卧经行向此中④。

【注释】

①幽兴：这里指幽雅的兴味。

②光风：指雨后日出时的和风。

③灵芬：指香气，也指洁净之气。

④经行：经行是在动中修定慧，静坐是在静中修定慧，静坐和经行都是佛门修持禅定和智慧消除心的贪欲、嗔恨、愚痴缺陷的具体方法。

【译文】

幽雅的兴味近年来都不尽相同，种植的兰花散发出雨后初晴时风的香味。在香气的笼罩下，这里真成了佛国的云香之界，并不亚于淮山上那些桂花树丛。就像花的香气漫漫无边，将人们熏得陶醉。静静品味那每一点香味，人也会感觉到通明。客居他乡的人想要品味清新淡雅，也并不需要将秋兰佩戴在身上，而只需要静坐或是经行其中，来体会此中的意境。

返魂梅次苏藉韵
陈子高

谁道春归无觅处，眠斋香雾作春昏。

君诗似说江南信，试与梅花招断魂。

花开莫奏伤心曲，花落休矜称面妆。

只忆梦为蝴蝶去，香云密处有春光。

老夫粥后惟耽睡，灰暖香浓百念消。

不学朱门贵公子，鸭炉烟里逞风标①。

鼻根无奈重烟绕②，偏处春随夜色匀。

眼里狂花开底事③，依然看作一枝春。

漫道君家四壁空，衣篝沉水晚朦胧。

诗情似被花相恼，入我香奁境界中④。

690

【注释】

①鸭炉：古代熏炉名。形制多作鸭状，唐代时期开始出现。一般放置于卧室使用。到明清时期，鸭炉被青楼所用。风标：指风度、品格。

②鼻根：指鼻梁上端与额部相连处。

③狂花：指目眩时眼前乱冒的金星。底事：指此事。

④香奁（lián）：借指闺阁。

【译文】

谁说春去之后无法寻觅，眠斋的香气可以作为春昏。君的诗似乎是说江南的音信，试与梅花招断魂。

花开的时候不要弹奏伤心的曲子，花落的时候不要打扮面妆。只想变成蝴蝶离去，在香气密布的地方看见了春光。

我在饭后喜欢睡觉，香灰尚暖香气尚浓所有的念头都会消除，不去学习富贵人家的公子，在鸭炉散发的香烟之中表现风度。

鼻根处香烟环绕，偏偏在夜色均匀之时。做这件事的时候眼冒金星，但依然看到了一朵梅花。

不要说您的家中四壁空空，衣架在沉水香中显得模糊不清。如诗般的意境似乎被花香所恼，进入我闺阁的境界之中。

龙涎香 刘子翚

瘴海骊龙供素沫①，蛮村花露浥清滋②。
微参鼻观犹疑似，全在炉烟未发时。

【注释】

①瘴（zhàng）海：指南方的海域。骊龙：传说中的一种黑龙。
素沫：指白色的水花。

②蛮村：泛指荒村。浥（yì）：指湿润的意思。

【译文】

南方海域的黑龙掀起白色的水花，荒村之中的花上的露水已经弄湿了清滋。稍微用鼻子闻就闻到了一种相似的味道，全是在炉中还没有冒出香烟的时候。

焚香 邵康节

安乐窝中一炷香①，凌晨焚意岂寻常。
祸如许免人须谄，福若待求天可量。
且异缁黄徼庙貌②，又殊儿女裛衣裳③。
中孚起信宁烦祷④，无妄生灾未易禳⑤。
虚室清冷都是白，灵台莹静别生光。
观风御寇心方醉，对景颜渊坐正忘。
赤水有珠涵造化⑥，泥丸无物隔青苍⑦。
生为男子仍身健，时遇昌辰更岁穰⑧。
日月照临功自大，君臣庇瘵效何长⑨。
非徒闻道至于此，金玉谁家不满堂。

【注释】

①安乐窝：现泛指安静舒适的住处。

②缁黄：指僧道。僧人缁服，道士黄冠，因此成为缁黄。庙貌：意为庙宇及神像。

③裛（yì）：这里指用香熏。

④中孚：卦名，卦形为兑下巽上。《易·中孚》："中孚，豚鱼吉，利涉大川，利贞。"

⑤无妄：卦名，卦形为震下干上。《易·无妄》："无妄，元亨利贞。"

⑥赤水：指古代中国神话传说中的水名。造化：指自然界的创造者，亦指自然。

⑦泥丸：道教语，脑神的别称。道教以人体为小天地，各部分皆赋以神名，称脑神为精根，字泥丸。青苍：借指天。

⑧时遇：指时节。昌辰：指盛世。

⑨庇廕（yìn）：庇佑，保护。

【译文】

在安静闲适的住所焚一炷香，凌晨时分焚香的意义怎能寻常。灾祸可能避免，人则变得谄媚，福如果能获得，那么天就变得可以衡量。与僧道巡视庙宇不同，也不同于儿女用香熏衣服。中孚起信需要不断祈祷，无妄生灾却不容易消除。清凉的心境一片空白，灵台莹静发出光芒。如列御寇观赏风光时陶醉其中，如颜回对着眼前的景色忘却一切。赤水中的水珠是自然创造，脑神无物却隔着苍天。生为男子仍然身体康健，如果是盛世时节将会连年丰收。日月照射到的地方功自大，祖宗的保佑能够持续多长时间。如果不是为了寻求某种道理来到这里，谁不希望自己家中金玉满堂呢。

焚香

杨庭秀

琢瓷作鼎碧于水①，削银为叶轻似纸②。

不文不武火力均，闭阁下帘风不起。

诗人自炷古龙涎，但令有香不见烟。
素馨欲开茉莉折③，底处龙涎和栈檀。
平生饱食山林味，不奈此香殊妩媚。
呼儿急取蒸木犀，却作书生真富贵。

【注释】

①琢瓷作鼎：指的是碧绿如水的梅子青龙泉青瓷鼎式炉，这是一种以商周时期青铜礼器为模本的，由南宋龙泉窑烧制的青瓷鬲式香炉。

②削银为叶：指以薄银片或是云母片作为隔火炷香的一种熏香方法。

③素馨：灌木花高1～4米，小枝圆柱形，具棱或沟。外形极似茉莉，香味也极其浓郁，但实际上，素馨枝条柔长而垂坠，每一枝每一茎都须用屏架扶起，不可自竖，而茉莉花则亭亭玉立，刚劲秀茂。

【译文】

雕琢瓷器做成的龙泉青瓷鼎式样的炉子要比水的颜色还碧绿，将银片切削成为叶子的形状，要比纸张还轻盈。起炉炷香的火候和火力也大小均匀，品鉴香品也要在关好门拉下帘子的环境中进行。采用隔火炷香的方法焚烧龙涎香，只会闻到馨香的味道，而不会看到烟雾。素馨、茉莉、龙涎、麝香、栈香和沉香这些都是名贵的香料。对于那些平生饱尝了山林野味的我来说，龙涎这种名贵的香品实在是太过妩媚冲鼻了，因此急忙招呼儿子取来普通的桂花香，看来做一个悠游山林、无心功名的读书之人，才是人生真正的富贵境界啊。

焚香

郝伯常

花落深庭日正长，蜂何撩乱燕何忙。
匡床不下凝尘满①，消尽年光一炷香。

【注释】

①匡床：意指舒适的床。

【译文】

　　深庭的落花时节，白天还很长，蜜蜂和燕子在纷乱地飞舞。舒适的床上已经积聚了尘土，一炷香的时间好像是消尽了年光。

焚香　　　　　　　　　　　　　　陈去非

　　明窗延静书①，默坐消诸缘。即将无限意，寓此一炷烟②。
　　当时戒定慧③，妙供均人天④。我岂不清友，于今心醒然。
　　炉香袅孤碧，云缕霏数千。悠然凌空去，缥缈随风还。
　　世事有过现，熏性无变迁。应是水中月，波定还自圆。

【注释】

　　①延：指展开、延展。

　　②寓：这里指寄托。

　　③戒定慧：合称为三学，即三项训练。修戒是指完善道德品行，修定是指致力于内心平静，修慧是指培育智慧。

　　④人天：指人界及天界，是六道、十界中之二界，皆为迷妄之界。

【译文】

　　在明亮的窗前打开一卷经书，安静地坐定，在阅读参悟中消解尘缘。将经文之中蕴含的无限深意，寄托在这袅袅升起的青烟之中。在专注于阅读经书时修炼戒、定、慧，这奇妙的境界恍惚已经通达天人之界。我难道没有灵台清明平和么，在现在心里像大梦初醒的样子。炉火中一柱香烟孤独升腾呈现出碧色，然后又慢慢散开一缕缕变成细雾上升。烟气飘飘摇摇凌空飞去，恍惚缥缈又好像被风吹还。世界上的事情有过去现在的变换，但烟气的性质却从没有变迁过。它的本性就像是水中的月亮一样，水波平静之后就会显现圆月本来的模样。

觅香

　　馨室从来一物无①，博山惟有一铜炉。
　　而今荀令真成癖②，祗欠清芳袅坐隅③。

①馨室：这里指整个屋子。

②荀令：即荀彧。

③祇（zhǐ）：古同"祇"，为仅仅的意思。清芳：指清雅的香味。

【译文】

整个屋子之中，除了一个博山铜炉之外，没有一件其他物品。现在真的像荀令君一样嗜香成癖，只差坐在屋子角落感受袅袅的清雅香味了。

觅香 　　　　　　　　　　　颜博文

王希深合和新香，烟气清洒，不类寻常，可以为道人开笔端消息。

玉水沉沉影，铜炉袅袅烟。为思丹凤髓，不爱老龙涎。

皂帽真闲客，黄衣小病仙。定知云屋下，绣被有人眠。

【译文】

王希深掺制了新的香料，烟气清新洒脱，与寻常不同，值得记述下来。

水很深可以看到倒影，铜炉之中生起袅袅香烟。一心想着丹凤髓，而不喜爱老龙涎。戴着黑色帽子的人都是清闲的人，穿着黄衣的则都是小病仙。可以断定这屋子之中，一定有人在安眠。

香炉

四座且莫谊，听我歌一言。请说铜香炉，崔嵬象南山。

上枝似松柏，下根据铜盘。雕文各异类，离娄自相连①。

谁能为此器，公输与鲁班。朱火燃其中，青烟飏其间。

顺风入君怀，四座莫不欢。香风难久居，空令蕙草残。

【注释】

①离娄：指雕镂交错分明的样子。

【译文】

在座的各位请先不要喧哗，听我说上一句话。就说这个铜香炉，高峻雄伟就像南山一样。上部像松柏的枝杈，下部则有铜盘相依托。彩绘雕文的种类也各不相同，雕镂交错相连在一起。谁能够制造出这样的器物啊，也只有公输班了。红色的火焰在其中燃烧，青色的烟雾在里面飞扬。顺着微风来到各位身边。但这种带有香气的风却难以永久存在，只会剩下薰草的残秽而已。

博山香炉

刘绘

参差郁佳丽，合沓纷可怜①。蔽亏千种树②，出没万重山。
上镂秦王子，驾鹤乘紫烟。下刻盘龙势，矫首半衔莲。
旁为伊水丽，芝盖出岩间③。后有汉女游，拾翠弄余妍。
荣色何杂糅，褥绣更相鲜。麇麚或腾倚④，林薄杳芊眠⑤。
掩华如不发，含熏未肯然。风生玉阶树，露湛曲池莲⑥。
寒虫飞夜室，秋云漫晓天。

【注释】

①合沓：指重叠。

②蔽亏：指因遮蔽而半隐半现。

③芝盖：车盖或伞盖，这里指香炉的盖子。

④麇麚（jūn jiā）：指鹿类动物。腾倚：指或腾跃或倚立。

⑤林薄：指交错丛生的草木。芊眠：指草木茂盛，连绵不绝的样子。

⑥露湛：即湛露，指浓重的露水。

【译文】

参差错落的样子十分美丽，重峦叠嶂也十分可爱。千百种树木遮

696

蔽掩映，几万重山若隐若现。上面雕刻着秦国王子，驾乘仙鹤，紫氛烟升腾。下面雕刻着盘龙，昂首抬头，嘴中衔着莲花。旁边是美丽的伊水，炉盖则出于山间。后面有汉女在游戏，拾翠而拨弄着美丽的容颜。花的颜色何必混合在一起，褥绣更加鲜艳。麋麚或腾跃或倚立，交错丛生的草木连绵不断。掩华如果不发散，那么其中的香薰之气便不会生发。风起于玉阶树，浓重的露水在曲池的莲花上。寒天的昆虫飞入黑暗的房间，秋天的云朵弥漫了天空。

和刘雍州绘博山香炉诗　　　　沈约

范金诚可则，摛思必良工[1]。凝芳俟朱燎，先铸首山铜。
环奇信岩崿[2]，奇态实玲珑。峰磴互相拒[3]，岩岫杳无穷[4]。
赤松游其上，敛足御轻鸿[5]。蛟螭盘其下[6]，骧首盼层穹[7]。
岭侧多奇树，或孤或复丛。岩间有佚女[8]，垂袂似含风[9]。
翚飞若未已[10]，虎视郁余雄。登山起重障，左右引丝桐[11]。
百和清夜吐，兰烟四面充。如彼崇朝气，触石绕华嵩[12]。

【注释】

①摛（chī）：舒展，散布。

②岩崿（ě）：指山崖。

③磴（dèng）：指山路上的石台阶。

④岩岫：指峰峦。

⑤敛足：即敛步。

⑥蛟螭：指器物之上的螭形图案。

⑦骧（xiāng）首：指抬头。层穹：指高空。

⑧佚女：指美女。

⑨袂（mèi）：指衣袖。

⑩翚（huī）飞：形容宫室高峻壮丽。

⑪丝桐：指琴，古人削桐为琴，练丝为弦。

⑫触石：指险峰。

【译文】

以模具浇筑金属确实可以作为准则，但精巧的构思却需要精良的工匠。朱砂燃烧凝结香气，需要先铸首山之铜。四周有奇异的山崖围绕，奇妙的姿态确实精致。山路上的石阶相互抗拒，峰峦显得无穷无尽。赤松生长在其上，收住脚步便可轻松驾驭鸿鹄。蛟螭盘踞在下面，抬头望向云层之中。山岭的旁边奇树众多，有的孤立有的丛生。岩石间有美女，垂下的衣袖就像正被风吹拂一样。不只是宫室高峻壮丽，威武的凝视着其他山峰。山路重岩叠嶂，左右就像古琴一样。清冷的夜晚吐露百和香的气味，兰烟弥漫四周。如果崇敬早晨的清新之气，就像险峰围绕着华山和嵩山。

迷香洞 史凤

洞口飞琼佩羽霓①，香风飘拂使人迷。
自从邂逅芙蓉帐②，不数桃花流水溪③。

【注释】

①飞琼：指传说之中的仙女，是西王母身旁的侍女。

②芙蓉帐：指用芙蓉花染的丝织品制成的帐子。

③不数：指不亚于。

【译文】

迷香洞的门前站着穿着羽霓的仙女，她们身上散发的香气使人着迷。自从遇见了这里的芙蓉帐之后，完全不亚于桃花流水溪。

传香枕

韩寿香从何处传，枕边芬馥恋婵娟。
休疑粉黛加铤刃①，玉女旃檀侍佛前。

【注释】

①铤（chán）：本意是指古代一种铁柄短矛。

这种异香是从哪里传来的，是枕边甜蜜的热恋的眷侣。不要怀疑年轻貌美的女子带有矛刃，其实都是侍奉在佛前的仙女。

十香词（出《焚椒录》）

辽道宗萧后姿容端丽，能诗，解音律，上所宠爱。会后家与赵王耶律乙辛有隙。乙辛蓄奸图后。后尝自谱词，伶官赵惟一奏演，称后意。宫婢单登者，与之争能，怨后不知己。而登妹清子，素为乙辛所昵，登每向清子诬后与惟一通，乙辛知之，乃命人作十香词，阴嘱清子使登乞后手书，用为诬案。狱成，后竟被诬死。

【译文】

辽道宗的萧皇后姿容端庄美丽，能作诗，也懂得音律，深得皇上的宠爱。恰巧萧皇后家与赵王耶律乙辛有嫌隙。赵王耶律乙辛蓄谋对萧皇后图谋不轨。萧皇后曾尝试自己作词，伶官赵惟一来演奏，令萧皇后非常满意。宫中的侍婢单登，想要与赵惟一比较本领，并埋怨萧皇后不赏识自己。然而单登的妹妹清子，向来被赵王耶律乙辛所宠溺，单登经常向清子诬告萧皇后与赵惟一通奸，赵王耶律乙辛得知此事之后，命人创作了十香词，暗地里嘱托清子让单登向萧皇后求得手书，用来制造诬陷的案子。经过审讯和断议之后，萧皇后竟然被诬陷而死。

青丝七尺长①，挽出内家妆②。不知眠枕上，倍觉绿云香。
红绡一幅强③，轻兰白玉光。试开胸探取，犹比颤酥香。
芙蓉失新艳，莲花落故妆。两般总堪比，可似粉腮香。
蝤蛴那足并④，长须学凤皇⑤。昨宵欢臂上，应惹领边香。
和羹好滋味，送语出宫商⑥。定知郎口内，含有煖甘香⑦。
非关兼酒气，不是口脂芳⑧。却疑花解语，风送过来香。
既摘上林蕊，还亲御苑桑。归来便携手，纤纤春笋香。
凤靴抛合缝，罗袜卸轻霜。谁将暖白玉，雕出软钩香。

解带色已战，触手心愈忙。那识罗裙内，消魂别有香。

咳唾千花酿⑨，肌肤百和装。无非瞰沉水，生得满身香。

【注释】

①青丝：喻指黑发，也泛指头发。

②内家妆：指宫内的妆饰。

③红绡：指红色薄绸。

④蝤蛴（qiú qí）：借以比喻妇女脖颈之美。

⑤凤皇：指地位高贵或德才高尚的人。《南史·范云传》："昔与将军俱为黄鹄，今将军化为凤皇。"

⑥宫商：泛指音乐、乐曲。

⑦煖（xuān）：同"暖"。

⑧口脂：古代又称"唇脂"。和胭脂通用，装在小盒或者小罐中，用手指直接蘸取、点涂。

700

⑨咳唾：指咳嗽吐唾液。

【译文】

七尺长的头发，挽成了宫内的妆饰。不知道睡在床上，却感觉到一种绿云的香气。

一幅红色薄绸在身，显露出青兰白玉的光泽。尝试着打开胸衣去探寻，就好像颤酥的香气。

芙蓉失去了清新艳丽，莲花只剩下旧的妆容。不逊于这两样的，就好像粉腮的香气。

美丽的脖颈哪里足够，男仆效仿地位高贵的人。昨晚一同享乐，胳膊上面应该招惹了领边的香气。

和羹的味道鲜美，说话就如乐曲一样。知道你的口中，一定有暖甘的香气。

不是因为酒的香气，也不是唇脂的香气。怀疑是花听懂人的语言，让风将香气送了过来。

已经采摘了上林的鲜花，还去见到了御苑的桑树。携手归来，柔软的双手散发出春笋的香气。

脱下了凤靴，丝罗做的袜子如清霜一样。谁将这暖白玉，雕琢出了软钩的香气。

面色紧张地解开衣带，用手接触更让心中慌乱，哪里知道丝罗制的裙子里面，有一种消魂的香气。

咳嗽出的唾液如千花酿一般，皮肤则如百和装饰的一样。无非窥看沉水，才生得满身的香气。

焚香诗　　　　　　高启

艾蒳山中品，都夷海外芬。龙洲传旧采，燕室试初焚。
奁印灰萦字，炉呈玉镂文。乍飘犹掩冉①，将断更氤氲。
薄散春江雾，轻飞晓峡云②。销迟凭宿火，度远讬微熏。
着物元无迹，游空忽有纹。天丝垂袅袅，地浪动沄沄③。
异馥来千和④，祥霏却众荤。岚光风卷碎⑤，花气日浮焄。
灯炧宵同歇⑥，茶烟午共纷。褰帷嫌放早⑦，引匕记添勤。
梧影吟成见，鸠声梦觉闻。方传媚寝法，灵着辟邪勋。
小阁清秋雨，低帘薄晚曛。情惭韩掾染⑧，恩记魏王分。
宴客留鸠侣，招仙降鹤群。曾携朝罢袖，尚浥舞时群。
囊称缝罗佩，篝宜覆锦熏。画堂空捣桂⑨，素壁漫涂芸⑩。
本欲参童子，何须学令君。忘言深坐处，端此谢尘氛。

701

【注释】

①掩冉：指萦绕的样子。

②轻飞：指善飞的禽鸟。

③沄（yún）沄：指水流波涛汹涌的样子。

④千和：即多种香料混合而成的香。

⑤岚光：指山间雾气经日光照射而发出的光彩。

⑥灯炧（xiè）：指灯柱即将要熄灭。

⑦褰（qiān）：揭起。

⑧韩掾（yuàn）：指韩寿。

⑨画堂：泛指华丽的堂舍。

⑩素壁：这里指白色的墙壁。

【译文】

艾蒳香是山中的佳品，都夷香为海外的香品。现今我这里有一些旧时采集的香，就在书斋中燃起一炉。香粉压制成篆字般的图案，袅袅升起的轻烟，如篆字般弯曲上升飘散。香烟缥缈氤氲，其烟似断未断，味道馥郁芬芳。好像是春天早晨的江面上飘忽的一层薄雾，在峡谷之间缥缈回旋。凭借着隔夜未熄的炭火持续燃烧，似有若无的香气在屋子里四处飘散。本来是没有一点痕迹的，但在空中回旋缥缈又像是有纹路。袅袅香烟好像从天上垂直而下，其波浪更像具有能够撼动法坛的力量。这馥郁的芬芳来自于自然香料的调和搭配，万物氤氲其中，好的香气会让人觉得美好舒适。深夜残烛一点，燃一柱馨香，晴好的午后煮茶观烟。恐怕衣物收得太早，记得用火箸多添些香。透过纸窗看见梧桐斑驳的影子，听到鸠的鸣叫声才如梦初醒。香既能使人香甜入眠又能够让人保持清醒。阁楼外雨意连绵，将帘子放下，屋里晦暗像是到了傍晚时分。想起韩寿与贾午的美妙姻缘却不得不提到魏王赏赐的异香。宴饮时燃一炷香由此留住的都是些志同道合的杰出人才，佩戴香囊，隔火熏香，在雅室的四周涂上美妙的香料都是十分美妙的事情。想要像童子一样参悟，又何必学习荀令君呢？焚一炉香，静坐修习，享受这脱离尘世的片刻安宁，让神思变得清净。

焚香　　文徵明

银叶荧荧宿火明，碧烟不动水沉清。

纸屏竹榻澄怀地，细雨轻寒燕寝情。

妙境可能先鼻观，俗缘都尽洗心兵。

日长自展南华读，转觉逍遥道味生。

发光的银叶和隔夜未熄的火都发出光亮，青色的烟雾静止不动，沉香十分清香。纸屏和竹榻是清净的地方，细雨微凉室内却很有情趣。

这种美妙的境界可以先用鼻子来闻，可以了尽俗缘去除杂念。白天自己在南华读书，突然感觉到一种逍遥的真意油然而生。

香烟六首　　　　　　　　　　徐渭

谁将金鸭衔浓息，我只磁龟待尔灰。
软度低窗领风影，浓梳高髻绾云堆①。
丝游不解黏花落，缕嗅如能惹蝶来。
京贾渐疏包亦尽，空余红印一梢梅。

午坐焚香枉连岁，香烟妙赏始今朝。
龙挐云雾终伤猛②，蜃起楼台不暇飘。
直上亭亭才伫立，斜飞冉冉忽逍遥。
细思绝景双难比，除是钱塘八月潮。

霜沉糯竹更无他③，底事游魂演百魔。
函谷迎关才紫气，雪山灌顶散青螺。
孤萤一点停灰冷，古树千藤泻影拖。
春梦婆今何处去，凭谁举此似东坡。

蘦蔔花香形不似，菖蒲花似不如香。
揣摩范晔鼻何暇，应接王郎眼倍忙。
沧海雾蒸神仗暖，峨眉雪挂佛灯凉。
并侬三物如堪促，促付孙娘刺绣床。

说与焚香知不知，最怜描画是烟时。

阳成罐口飞逃汞，太古空中刷裛丝④。
想见当初劳造化，亦如此物辨恢奇⑤。
道人不解供呼吸，间香须臾变换嬉。

西窗影歇观虽寂，左柳笼穿息不遮。
懒学吴儿煅银杏⑥，且随道士袖青蛇。
扫空烟火香严鼻，琢尽玲珑海象牙。
莫讶因风忽浓淡，高空刻刻改云霞。

【注释】

①高髻（jì）：中国古代妇女发式，又称"峨髻"，是相对指髻式高耸的称谓。

②龙拏（ná）：纷乱。

③槈（nòu）：古书上说的一种树。

④裛丝：亦作"裹丝"，香灰的别称。

⑤恢奇：指恢廓奇诡。

⑥煅（duàn）：同"锻"。

【译文】

谁让金鸭炉中冒出浓烟，我只等待其变化成灰。软度低窗领风影，浓梳高髻绾成云堆的形状。丝游不知道花落，经常嗅闻能够引来蝴蝶。京城的商贩越来越少，包裹也逐渐空尽，只剩下红印一梢梅而已。

练练在正午焚香，香烟的美妙开始与今朝。龙拏的云雾太过凶猛，蜃起楼台也没有时间飘散。烟气直立而生才停止，慢慢向飞走又呈现出逍遥的样子。仔细想来，这种绝美的景色除了钱塘江的大潮外，没有什么是可以与之相比的了。

霜沉檽竹更无他，什么事情让游魂如百魔一般。是函谷关生起了紫气，还是雪山顶上散落着青螺。一点亮光消失后香灰已经冷却，古树千藤也拖着长长的影子。春梦婆现在要去哪里呢，凭谁举此似东坡。

蘑蒥花很香但是形状不像，菖蒲花很像但香气不佳。揣摩着蔚宗的鼻子什么时候有过闲暇，接待王郎的时候眼睛更忙。沧海的云雾使神仗变暖，峨眉山的雪让佛灯变凉。并俟三物如堪促，急忙交付给孙娘缝刺绣床。

说来焚香的时候，最难描画的是香烟起时。阳成从罐口飞快地逃脱出去，太古空中刷香灰。就是大自然的造化，也不像此物恢廓奇诡。道人不理解这个，以至于烧香间隙很快变成嬉戏。

西窗的影子已经消退，看上去十分静寂，左面柳笼中的气息却无法遮掩。不想效仿吴地儿童锻银杏，暂且跟随道士去袖青蛇。将烟火扫空，香气扑鼻，琢尽玲珑海象牙，不要惊讶因为风的原因忽浓忽淡，升腾到空中之后很快便会变成云霞。

香毬 前人

香毬不减橘团圆①，橘气香毬总可怜。
虮虱窠窠逃热瘴②，烟云夜夜辊寒毡。
兰消蕙歇东方白，炷插针穿北斗旋。
一粒马牙联我辈，万金龙脑付婵娟。

705

【注释】

①香毬：中国古代的一种香具。金属制的镂空圆球。内安一能转动的金属碗，无论球体如何转动，碗口均向上，焚香于碗中，香烟由镂空处溢出。在宋、元时期流行于全国大部分地区。

②虮（jǐ）虱：亦作"虮虱"。指虱及其卵。窠（kē）窠：指成团成簇，聚集在一起的样子。

【译文】

香毬与橘子一样圆，散发着橘气的香毬是最可爱的。虮虱聚集在一起逃离热瘴，烟云则每晚都在寒毡上翻滚。兰蕙燃尽之后太阳开始升起，炷插针穿后北斗星开始旋转。一粒马牙香便可以将我们联结在一起，为明月点燃贵重的龙脑香。

卷二十七 香诗汇

诗句

百和褒衣香^①。

金泥苏合香^②。

红罗复斗帐，四角垂香囊^③。（古诗）

卢家兰室桂为梁，中有郁金苏合香^④。（梁武帝）

合欢襦熏百和香^⑤。（陈后主）

彩墀散兰麝，风起自生香^⑥。（鲍照）

灯影照无寐，清心闻妙香^⑦。

朝罢香烟携满袖，衣冠身惹御炉香^⑧。（杜甫）

燕寝凝清香^⑨。（韦应物）

袅袅沉水烟^⑩。

披书古芸馥^⑪。

守帐然香着^⑫。

沉香火暖茱萸烟^⑬。（李贺）

豹尾香烟灭^⑭。（陆厥）

重熏异国香^⑮。（李廓）

多烧荀令香^⑯。（张正见）

烟斜雾横焚椒兰^⑰。

燃香气歇不飞烟^⑱。（陆瑜）

旧赐罗衣亦罢熏^⑲。（胡曾）

沉水熏衣白璧堂^⑳。（胡宿）

706

【注释】

①此句出自南朝梁王筠《行路难》，原诗作"已缲（sāo）一茧催衣缕，复捣百和褒衣香"。王筠，南朝梁文学家，祖籍琅琊（今山东临沂）人。

②此句出自古诗《秦王卷衣》："咸阳春草芳，秦帝卷衣裳。玉检茱萸匣，金泥苏合香。"

③此句出自古诗《孔雀东南飞》。

④此句出自梁武帝萧衍《河中之水歌》："河中之水向东流，洛阳女儿名莫愁。莫愁十三能织绮，十四采桑南陌头。十五嫁为卢家妇，十六生儿字阿侯。卢家兰室桂为梁，中有郁金苏合香。"萧衍，字叔达，南兰陵郡武进县东城里（今江苏省丹阳市访仙镇）人，南北朝时期梁朝政权的建立者。

⑤此句出自陈后主《乌栖曲》："合欢襦熏百和香，床中被织两鸳鸯。乌啼汉没天应曙，只持怀抱送郎去。"陈叔宝，即陈后主，字元秀，陈宣帝陈顼（xū）长子，母皇后柳敬言，南北朝时期陈朝最后一位皇帝。

⑥此句出自鲍照《中兴歌十首》第三："碧楼含夜月，紫殿争朝光。彩墀（chí）散兰麝，风起自生芳。"鲍照，字明远，东海郡人（今属山东临沂市兰陵县长城镇），南朝宋杰出的文学家、诗人。鲍照与颜延之、谢灵运同为宋元嘉时代的著名诗人，合称"元嘉三大家"，其诗歌注意描写山水，讲究对仗和辞藻。他长于乐府诗，其七言诗对唐代诗歌的发展起了重要作用。世称"元嘉体"，现有《鲍参军集》传世。

707

⑦此句出自杜甫《大云寺赞公房四首》："灯影照无睡，心清闻妙香。夜深殿突兀，风动金银铤。"

⑧此句出自杜甫《和贾舍人早朝》："朝罢香烟携满袖，诗成珠玉在挥毫。欲知世掌丝纶美，池上于今有凤毛。"杜甫，字子美，本襄阳人，后徙河南巩县。自号少陵野老，唐代伟大的现实主义诗人，与李白合称"李杜"，被尊为"诗圣"。

⑨此句出自韦应物《郡斋雨中与诸文士燕集》："兵卫森画戟，燕寝凝清香。"韦应物，中国唐代诗人。长安（今陕西西安）人。文昌右相韦待价曾孙，出身京兆韦氏逍遥公房。今传有10卷本《韦江州集》、两卷本《韦苏州诗集》、10卷本《韦苏州集》。散文仅存一篇。因出任过苏州刺史，世称"韦苏州"。诗风恬淡高远，以善于写景和描写隐逸生活著称。

⑩此句出自唐李贺《贵公子夜阑曲》："袅袅沉水烟，乌啼夜阑

景。"李贺，字长吉，唐代河南福昌（今河南洛阳宜阳县）人，家居福昌昌谷，后世称李昌谷，是唐宗室郑王李亮后裔。有"诗鬼"之称，是与"诗圣"杜甫、"诗仙"李白、"诗佛"王维相齐名的唐代著名诗人。

⑪此句出自唐李贺《秋凉诗，寄正字十二兄》："披书古芸馥，恨唱华容歇。"

⑫此句出自唐李贺《送秦光禄北征》："守帐然香暮，看鹰永夜栖。"

⑬此句出自唐李贺《屏风曲》："沉香火暖茱萸烟，酒舣绡（wǎn）带新承欢。"

⑭此句出自陆厥《李夫人及贵人歌》："属车桂席尘，豹尾香烟灭。"陆厥南朝齐文学家，字韩卿，吴郡（今江苏苏州）人，陆闲长子。好属文，五言诗体甚新变，因父被杀悲恸而死。其文以《与沈约书》较有名。

⑮此句出自唐李廓《杂曲歌辞·长安少年行十首》："刬（chǎn）戴扬州帽，重熏异国香。"李廓，官宦之家，唐代陇西人，吏部侍郎同平章事李程之子。

⑯此句出自张正见《艳歌行》："满酌胡姬酒，多烧荀令香。"张正见，字见赜（zé），清河东武城人。卒于陈宣帝太建中。年四十九岁，代表作有《明君词》、《溢城》等。

⑰此句出自杜牧《阿房宫赋》："明星荧荧，开妆镜也。绿云扰扰，梳晓鬟也。渭流涨腻，弃脂水也。烟斜雾横，焚椒兰也。雷霆乍惊，宫车过也。辘辘远听，杳不知其所之也。"

⑱此句出自陆瑜《东飞伯劳歌》："燃香气歇不飞烟，空留可怜年一年。"陆瑜字干玉，吴郡吴县（今苏州）人，陆琰之弟。约生于梁武帝大同七年，约卒于陈宣帝太建六年，年约三十四岁。

⑲此句出自胡曾《杂曲歌辞·妾薄命》："阿娇初失汉皇恩，旧赐罗衣亦罢熏。"胡曾，唐代诗人。邵阳（今属湖南）人。胡曾以《咏史诗》著称，共150首，皆七绝。每首以地名为题，评咏当地历史人物和历史事件，如《南阳》咏诸葛亮结庐躬耕，《东海》咏秦始皇求仙，

《姑苏台》咏吴王夫差荒淫失国。

⑳此句出自胡宿《侯家》："彩云按曲青岑醴，沈水薰衣白璧堂。"
胡宿，字武平，常州晋陵（今江苏常州）人。仁宗天圣二年进士。历
官扬子尉、通判宣州、知湖州、两浙转运使、修起居注、知制诰、翰
林学士、枢密副使。

丙舍无人遗炉香①。（温庭筠）

夜烧沉水香②。

但见香烟横碧缕③。（苏东坡）

蛛丝凝篆香④。（黄山谷）

焚香破今夕⑤。

燕坐独焚香⑥。

焚香澄神虑⑦。（韦应物）

群仙舞即香。向来一瓣香，敬为曾南丰⑧。（后山）

博山炉中百和香，郁金苏合及都梁⑨。

金炉绝沉燎⑩。

熏炉鸡舌香。

博山炯炯吐香雾⑪。

龙炉传日香⑫。

炉烟添柳重⑬。

金炉兰麝香⑭。（沈佺期）

炉香暗徘徊。

金炉细炷通⑮。

睡鸭香炉换夕熏⑯。

709

【注释】

①此句出自温庭筠《走马楼三更曲》："帘间清唱报寒点，丙舍无
人遗烬香。"

②此句出自苏轼《和陶拟古九首》："夜烧沉水香，持戒勿中悔。"
苏辙对其的和答之中亦有此句。

③此句出自苏轼《送刘寺丞赴余姚》："玉笙哀怨不逢人，但见香烟横碧缕。"

④此句出自黄庭坚《三月壬申同尧民希孝观渠名寺经藏得弘明集中》："鸟语杂歌颂，蛛丝凝篆香。"

⑤此句出自陈与义《八关僧房遇雨》："世故方未阑，焚香破今夕。"

⑥此句出自陈与义《放慵》："云移稳扶杖，燕坐独焚香。"

⑦此句出自韦应物《晓坐西斋》："盥漱忻（xīn）景清，焚香澄神虑。"

⑧此句出自陈师道《观充文忠公家六一堂图书》："向来一瓣香，敬为曾南丰。"陈师道，北宋官员、诗人，字履常，一字无己，号后山居士，汉族，彭城人。元祐初苏轼等荐其文行，起为徐州教授，历仕太学博士、颍州教授、秘书省正字。著有《后山先生集》，词有《后山词》。

⑨此句出自吴均《行路难》，吴均，字叔庠，吴兴故鄣受荣里（今浙江省湖州市安吉县西亩受荣村）人。南朝齐梁时期的文学家、史学家。

⑩此句出自江淹《休上人怨别》："金炉绝沉燎，绮席遍浮埃。"

⑪此句出自刘禹锡《更衣曲》："博山炯炯吐香雾，红烛引至更衣处。"

⑫此句出自杨巨源《圣寿无疆词十首》："凤宸临花暖，龙炉傍日香。"

⑬此句出自杨巨源《圣寿无疆词十首》："炉烟添柳重，宫漏出花迟。"

⑭此句出自沈佺期《杂歌谣辞·古歌》：燕姬彩帐芙蓉色，秦女金炉兰麝香。沈佺期，字云卿，相州内黄（今安阳市内黄县）人，唐代诗人。与宋之问齐名，称"沈宋"。

⑮此句出自唐李贺《恼公》："桂火流苏暖，金炉细炷通。"

⑯此句出自李商隐《促漏》："舞鸾镜匣收残黛，睡鸭香炉换夕熏。"

荀令香炉可待熏①。（李义山）

博山吐香五云散②。（韦应物）

浥浥炉香初泛夜③。（苏轼）

蓬莱宫绕玉炉香④。（陈陶）

喷香瑞兽金三尺⑤。（罗隐）

绣屏银鸭香蓊朦⑥。（温庭筠）

日烘荀令炷炉香⑦。（黄山谷）

午梦不知缘底事，篆烟烧尽一盘香⑧。

微风不动金猊香⑨。

【注释】

①此句出自李商隐《牡丹》："石家蜡烛何曾剪，荀令香炉可
待熏。"

②此句出自韦应物《横吹曲辞·长安道》："下有锦铺翠被之粲烂，
博山吐香五云散。"

③此句出自苏轼《台头寺步月得人字》："浥浥炉香初泛夜，离离
花影欲摇春。"

④此句出自陈陶《朝元引四首》："帝烛荧煌下九天，蓬莱宫晓玉
炉烟。"陈陶，字嵩伯，自号三教布衣，鄱阳剑浦人。

⑤此句出自罗隐《寄前宣州窦常侍》："喷香瑞兽金三尺，舞雪佳
人玉一围。"

⑥此句出自温庭筠《生禖屏风歌》："绣屏银鸭香蓊蒙，天上梦归
花绕丛。"

⑦此句出自黄庭坚《观王主簿家酴醾》："露湿何郎试汤饼，日烘
荀令炷炉香。"

⑧此句出自刘子翚《次韵六四叔村居即事十二绝》："午梦不知缘底
破，篆烟烧遍一盘花。"

⑨此句出自陆游《大风登城书雨》："锦绣四合如坦墙，微风不动
金猊（ní）香。"

冷香拈句

苏老泉一日家集①，举香冷二字一联为令。首唱云："水向石边流出冷，风从花里过来香。"东坡云："拂石坐来衣带冷，踏花归去马蹄香。颍滨云②："（缺）冷，梅花弹遍指头香。"小妹云③："叫月杜鹃喉舌冷，宿花蝴蝶梦魂香。"

谢庭咏雪于此两见之④。

【注释】

①苏老泉：原名苏洵，字明允，老泉是苏洵的号，是苏轼、苏辙之父。家集：指家人的宴集聚会。

②颍滨：苏辙，字子由，晚号颍滨遗老，眉州眉山（今属四川）人，北宋文学家、诗人、宰相，"唐宋八大家"之一。

③小妹：相传为苏轼妹妹，野史载其名苏轸（zhěn），是当时出了名的才女。

④谢庭：指谢安的门庭。谢安，字安石，陈郡阳夏（今河南太康）人，东晋政治家、名士，太常谢裒（póu）第三子、镇西将军谢尚从弟。

【译文】

一天，在苏洵家的家庭集会上，苏洵以"香冷"二字作为辞令。苏洵首先吟诵道："从石头边流过的水是冷的，从花丛中经过的风则带着香气。"苏东坡说："坐在石头上面衣带是冷的，踏花离开的马蹄则是香的。"苏辙说："用手将梅花弹落之后，手指会有香气。"苏小妹则说："啼叫的杜鹃喉舌是冷的，夜宿在花上的蝴蝶会梦到魂香。"

这与谢安家集会时咏雪的情形是一样的。

木犀·鹧鸪天

元裕之

桂子纷翻浥露黄①，桂花高静爱年芳②。蔷薇水润宫衣软，婆律膏清月殿凉③。

云岫句④，海仙方，情缘心事两难忘。襄莲枉误秋风客⑤，可是无尘袖里香？

【注释】

①桂子：指桂花的一种，常绿乔木。浥（yì）：湿润。

②高静：指远离喧嚣的尘世。年芳：指美好的春色。

③婆律：即龙脑香。

④岫（xiù）：山，山洞。月殿：指月宫。

⑤秋风客：因汉武帝曾作《秋风辞》，所以其后的诗人都以其借喻汉武帝。

【译文】

桂子纷纷掉落湿润了露黄，桂花则喜欢远离喧嚣去欣赏春色。水润的蔷薇会将宫中女子所穿的衣服弄软，清净的龙脑香则容易让月殿生凉。

云岫句，海仙方，情缘和心事都难以忘记。汉武帝弄错了襄莲，可以说是一种超凡脱俗的袖里香了。

龙涎香·天香

王沂孙

孤峤盘烟①，层涛蜕月，骊宫夜采铅水②。讯远槎风③，梦深薇露④，化作断魂心字⑤。红瓷候火⑥，还乍识，冰环玉指⑦。一缕萦帘翠影，依稀海风云气。

几回殢娇半醉⑧，翦春灯，夜寒花碎⑨。更好故溪风飞雪，小窗深闭。荀令如今顿老，总忘却，樽前旧风味。慢惜余熏，空篝素被⑩。

【注释】

①孤峤（qiáo）：指孤立的高山。

②骊（lí）宫：指骊龙所居之地。铅水：指骊龙的涎水。

③讯：同"汛"，为潮汛之意。槎（chá）：同"楂"，指木筏。

④薇露：意指蔷薇水是一种制造龙涎香时所需要的重要香料。

⑤心字：意思是心字香，指摆成心形的香。

⑥红瓷：指存放龙涎香之红色的瓷盒。候火：指焙制时所需等候的慢火。

⑦冰环玉指：指香制成后的形状，有的像白玉环，有的像女子的纤纤细指。

⑧殢（tì）娇：困顿娇柔。这里开始回想焚香的女子。"殢"原为慵倦之意，此处意为半醉时的娇慵之态，自当为男子眼中所见女子之情态。

⑨花碎：这里指灯花。

⑩篝（gōu）：是指熏香所用的熏笼。

【译文】

孤独耸立的海中礁石上缭绕着浓烟，层层云涛蜕尽，淡月出现，鲛人趁着夜晚，到骊宫去采集清泪般的龙涎。风送竹筏随着海潮越去越远，夜深时龙涎和着蔷薇花的清露进行研炼，化作心字形篆香而令人感到凄然魂断。龙涎装入红瓷盒后用文火烘焙，又巧妙地制成精巧的指环。点燃时一缕翠烟萦绕在幕帘，仿佛是海气云天。

她不知道有多少次撒娇耍蛮，故意喝得半醉不醉，轻轻地把灯火往碎剪。更兼故乡的溪山，飘扬着轻雪漫漫，我们把小窗一关，那情味真是令人感到陶醉香甜。而今我如同荀令君一样老去，早已忘却昔年酒宴间那温馨与缠绵。徒然爱惜当年留下的余香，只能把素被放在空空的熏笼上，以此来慰藉一下伤透的心田。

软香·庆清朝慢　　　　詹大游

熊讷斋请赋，且曰赋者不少，愿扫陈言①。

红雨争飞②，香尘生润③，将春都作成泥。分明惠风微露④，花气迟迟。无奈汗酥浥透，温柔香里湿云痴。偏厮称⑤，霓裳霞佩，玉骨冰肌。

难品处，难咏处，蓦然地不在。着意闻时，款款生绡，扇底嫩凉动个些儿。似醉浑无气力，海棠一色睡胭脂。甚奇绝，这般风韵，韩寿争知？

【注释】

①陈言：指陈旧的言辞。

②红雨：这里比喻落花。

③香尘：指芳香之尘，多随女子脚步而起。

④分明：指明明、显然。微露：指微微显露的意思。

⑤厮称：指相称、匹配。

【译文】

熊讷斋请求作赋，并且说作赋的人不少，希望能够扫除陈旧的言辞。

落花飞舞，芳尘湿润，都化作为春泥。柔和的风明明刚刚显露，花香迟迟。但汗水已经浸透了衣服，温柔香中的云湿度很大，偏偏认为与霓裳霞佩、玉骨冰肌十分相称。

难以品味的地方，难以歌咏的地方，一下子都不存在了。集中注意力去闻时，每一把扇子都能扇出凉爽的风。这让人像喝醉一样浑身无力，海棠颜色的胭脂，奇妙非常，这种风韵，韩寿又怎么知道呢？

715

词句

玉帐鸳鸯喷兰麝①。（太白）

沉檀烟起盘红雾②。（徐昌图）

寂寞绣屏香一炷③。（韦庄）

至今犹惹御炉香④。（薛昭蕴）

博山香炷融⑤。

炉香烟冷自亭亭⑥。（李后主）

香草续残炉⑦。（谢希深）

炉香静逐游丝转⑧。

四和袅金凫⑨。

尽日沉香水一缕⑩。

玉盘香转看徘徊⑪。

金鸭香凝袖⑫。（谢无逸）

衣润费炉烟⑬。（周美成）

朱射掌中香⑭。

长日篆烟消⑮。

香满云窗月户⑯。

炉熏熟水留看⑰。

绣被熏香透⑱。

【注释】

①此句出唐李白《清平乐》："禁闱（wéi）清夜，月探金窗罅（xià）。玉帐鸳鸯喷兰麝，时落银灯香炧。"

②此句出唐徐昌图《木兰花》："沉檀烟起盘红雾，一箭霜风吹绣户。"徐昌图，南唐词人，后入宋。莆田人。

③此句出韦庄《应天长》，原作"寂寞绣屏香一炷"。韦庄（约836—约910），字端己，汉族，长安杜陵（今中国陕西省西安市附近）人，晚唐诗人、词人，五代时前蜀宰相。

④此句出薛昭蕴《小重山》，原作"至今犹惹御炉香"。薛昭蕴，字澄州，河中宝鼎（今山西荣河县）人。擅诗词，才华出众。

⑤此句出毛熙震《更漏子》，毛熙震，后蜀词人。曾为后蜀秘书监。熙震善为词今存二十九首，辞多华丽。

⑥此句出李煜《望远行》："余寒欲去梦难成，炉香烟冷自亭亭。"

⑦此句出谢绛《诉衷情·宫怨》："银缸夜永影长孤，香草续残炉。"谢绛，字希深，浙江富阳人，北宋文学家、诗人，六部侍郎。谢绛为人稳重，深于涵养，而以文学知名，学记博深，长于制诰，论议透辟，尤为儒林所宗。

⑧此句出晏殊《踏莎行·小径红稀》:"翠叶藏莺,朱帘隔燕,炉香静逐游丝转。"晏殊,字同叔,抚州临川人。北宋著名文学家、政治家。以词著于文坛,尤擅小令,风格含蓄婉丽,与其子晏几道,被称为"大晏"和"小晏",又与欧阳修并称"晏欧"。

⑨此句出秦湛《卜算子·春情》:"四和袅金凫,双陆思纤手。"秦湛生卒年不详,字处度,高邮(今属江苏)人,秦观之子。绍兴二年(1132)添差通判常州。四年(1134)致仕。少好学,善画山水。词存《卜算子》一首,

⑩此句出晏几道《蝶恋花》:"尽日沉香烟一缕,宿酒醒迟,恼破春情绪。"

⑪此句出赵令畤《思远人》:"玉盘香篆看徘徊"。赵令畤,初字景贶(kuàng),苏轼改为德麟。自号聊复翁。涿郡(今河北蓟县)人,太祖次子燕王德昭之玄孙。著有《侯鲭录》8卷,诠释名物、习俗、方言、典实,记叙时人的交往、品评、佚事、趣闻及诗词之作,冥搜远证,颇为精赡,有文学史料价值。

717

⑫此句出谢逸《南歌子》:"金鸭香凝袖,铜荷烛映纱。"谢逸,字无逸,号溪堂。宋代临川城南(今属江西省抚州市)人。北宋文学家,江西诗派二十五法嗣之一。与其从弟谢薖并称"临川二谢"。与饶节、汪革、谢薖(kē)并称为"江西诗派临川四才子"。曾写过300首咏蝶诗,人称"谢蝴蝶"。

⑬此句出周邦彦《满庭芳·夏日溧水无想山作》:"地卑山近,衣润费炉烟。"周邦彦,北宋著名词人。字美成,号清真居士,钱塘(今浙江杭州)人。精通音律,曾创作不少新词调。作品多写闺情、羁旅,也有咏物之作。格律谨严,语言曲丽精雅,长调尤善铺叙。

⑭此句出元好问《促拍丑奴儿·皇甫季真汤饼局,二女则牙牙学》。元好问,字裕之,号遗山,世称遗山先生。太原秀容(今山西忻州)人。金末元初著名文学家、历史学家。元好问是宋金对峙时期北方文学的主要代表、文坛盟主,又是金元之际在文学上承前启后的桥梁,被尊为"北方文雄""一代文宗"。他擅作诗、文、词、曲。其中

卷二十七 香诗汇

以诗作成就最高，其"丧乱诗"尤为有名。其词为金代一朝之冠，可与两宋名家媲美。其散曲虽传世不多，但当时影响很大。有《元遗山先生全集》《中州集》。

⑮此句出元好问《浪淘沙》(云外凤凰箫)。

⑯此句出元好问《鹊桥仙·乙未三月，冠氏紫微观桃符上，开花》

⑰此句出元好问《西江月》(悬玉微风度曲)。

⑱此句出元好问《惜分飞·戏王鼎玉同年》。

天香传

丁谓

香之为用从上古矣，所以奉神明，所以达蠲洁①。三代禋祀②，首惟馨之荐③，而沉水、熏陆无闻焉④。百家传记萃众芳之美⑤，而萧芗郁鬯不尊焉⑥。

《礼》云："至敬不享味贵气臭也。"是知其用至重，采制粗略，其名实繁而品类丛脞矣⑦。观乎上古帝皇之书，释道经典之说，则记录绵远，赞颂严重⑧，色目至众⑨，法度殊绝。

【注释】

①蠲（juān）洁：清洁。

②禋（yīn）祀：泛指祭祀。

③荐：进献。

④熏陆：即熏陆香，亦作"薰陆香"。

⑤萃：草木茂盛的样子，可引申为"聚集，聚拢"。

⑥萧芗：萧，即"艾蒿"。芗，古书上指用以调味的紫苏之类的香草，通"香"。郁鬯：香酒，用鬯酒调和郁金之汁而成，古代用于祭祀或待宾。

⑦丛脞（cuǒ）：琐碎、杂乱。

⑧严重：严肃敬重。

⑨色目：种类名目。

【译文】

早在上古时期，我们就已经开始使用香料来供奉神明，清洁空气。夏、商、周三代都首选进献香料用来祭祀，但是从来没有听说过用沉香、熏陆香这些香料的。诸子百家的记载里汇集了很多芳香之美的，但是艾草、紫苏、香酒这些东西却并不受到推崇。

《礼记》里面提到过，最好的供奉不是享受嘴巴的口味，而是侧重鼻子闻到的香味。由此可见古人对香味的推崇。香料的采制加工名称非常多，并且种类也琐碎杂乱多得难以计数。翻阅以前的帝王之书、佛道经典，对香料的记载和赞美也特别多，用法也多种多样，形式规制也有很大的差别。

> 西方圣人曰①："大小世界，上下内外，种种诸香②。"又曰："千万种和香，若香、若丸、若末、若涂，以至花香、果香、树香、天和合之香。"又曰："天上诸天之香，又佛土国名众香，其香比于十方人天之香，最为第一③。"
>
> 道书云④："上圣焚百宝香，天真皇人焚千和香，黄帝以沉榆、葆荚为香⑤。"又曰："真仙所焚之香，皆闻百里，有积烟成云、积云成雨，然则与人间共所贵者，沉香、熏陆也。"故经云："沉香坚株。"又曰："沉水香，佛降之夕，尊位而捧炉香者，烟高丈余，其色正红。得非天上诸天之香耶？"

【注释】

①西方圣人：意指佛祖。

②出自《妙法莲华经》。

③出自《维摩诘经》。

④道书：此处指道家著作。

⑤沉榆：即沉榆香。葆（míng）荚：古代传说中的一种瑞草，它每月从初一至十五，每日结一荚，从十六至月终，每日落一荚，所以从荚数多少可以知道是何日。

【译文】

西方佛家的圣人说："大千世界中到处都充满了无数的香。"又说："调和而成的香有千万种，有的香料还是原来的形状，也有的香料像小球，像粉末，像泥土；还有花香、果香、树木香，以及天然形成的其他香。"佛家的圣人还说："佛家护法的众天神用的香和各佛国的香，相比于其他的香都要好。"

道家的仙书记载："天神烧的是百宝香，天真皇人烧的是千和香，黄帝则用沉榆香和蓂荚作香。”又有记载：“神仙焚烧的香，在百里之外都能闻见，香气能够积聚成云朵，而云朵聚集在一起则会形成大雨，然而无论是天上还是人间，都将沉香、熏陆香视为珍贵的香料。”正因如此典籍有记载：“坚硬的沉香树体可以沉入水中。”同时又有记载：“沉水香，在神仙降临的时刻，神仙的随从会捧着香炉跟随，香炉中的烟有一丈多高，颜色鲜艳，这么说沉香莫非是天上的香料么？”

《三皇宝斋》香珠法①，其法杂而末之②，色色至细③，然后丛聚杵之三万，缄以银器④，载蒸载和，豆分而丸之，珠贯而曝之⑤。旦日，此香焚之，上彻诸天。盖以沉香为宗，熏陆副之也⑥。是知古圣钦崇之至厚，所以备物实妙之无极，谓变世寅奉香火之荐，鲜有废者，然萧茅之类，随其所备，不足观也。

【注释】

①《三皇宝斋》香珠法：即《太上三皇宝斋神仙上录经》所录“合上元香珠法”：用沉香三斤，熏陆一斤，青木九两，鸡舌五两，玄参三两，雀头六两，詹香三两，白芷二两，真檀四两，艾香三两，安息胶四两，木兰三两。凡一十二种，别捣，绢筛之毕，纳干枣十两，更捣三万杵，纳白器中，密盖蒸香一日。毕，更蜜和捣之，丸如梧桐子，以青绳穿之，日曝令干，此三皇真元之香珠也。烧此皆彻九天，真人玉女，皆歌此于空玄之中。又加雄黄半斤，麝香四两，合捣和为丸，服如大豆大，十九日一服耳。常能服之，令人神明不衰，口生香气，又感真彻灵，降致玉女，并万病诸症恶鬼、不祥妖魔，皆自远伏也。

②末之：使之为末，将其研成粉末。

③色色：各式各样，样样。

④缄：封闭，封存。

⑤曝：曝晒。

⑥副之：位居第二。

【译文】

有一本《太上三皇宝斋神仙上录经》的道书之中记载着一种“香

珠法"，它的方法十分复杂，需要将其研磨成粉末，各种各样的都要研磨的非常细，然后混合在一起搅拌数万下，再封存在高档的银制器具之中，一边蒸一边搅拌，分成豆大，再做成香丸，将它们串在一起晒干。第二天，这种香就可以烧了，它的香味能让天上的神仙闻到。这种方法大概是用沉香作为主料，熏陆香作为辅料吧。从这里也可以看出自古圣人都非常推崇香，也都收藏了很多香料，用来作为供奉用的香火，很少有不用香料来供奉神明的。但是艾草、香茅草这一类的香料，平时随时都有，所以并不值一提。

> 祥符初，奉诏充天书扶持使，道场科醮无虚日①，永昼达夕，宝香不绝，乘舆肃谒则五上为礼②（真宗每至玉皇真圣、圣祖位前，皆五上香）。馥烈之异，非世所闻，大约以沉香、乳香为本，龙脑和剂之，此法实禀之圣祖，中禁少知者，况外司耶③？
>
> 八年掌国计而镇旄钺④，四领枢轴⑤，俸给颁赉随日而隆⑥。故苾芬之羞⑦，特与昔异。袭庆奉祀日，赐供内乳香一百二十觔，（入内副都知张继能为使）。在宫观密赐新香，动以百数（沉、乳、降真黄香），由是私门之内沉、乳足用。

723

【注释】

①科醮（jiào）：道教的打醮斋戒仪式。

②乘舆：旧指皇帝或是诸侯所用的车舆，也用来指代皇帝。

③外司：泛指京都官以外的官员。

④旄钺（máo yuè）：白旄和黄钺。借指军权。

⑤枢轴：机关运转的中轴，比喻中央权力机关或相位。

⑥颁赉（lài）：颁赐，赏赐。

⑦苾芬：犹芬芳，本指祭品的馨香。

【译文】

祥符初年，我曾经奉旨担任天书扶持使，在道场里面进行打醮斋戒，几乎没有空闲的日子，从白天到黑夜，不断焚烧各种名贵的香料，皇帝乘车来祷告神明上香五次（宋真宗每次拜谒都要五次上香）。香料燃烧放出的气味芳香浓郁，世间很少有机会能够闻到，大概应该是用沉香、熏陆香作为主要香料，再用龙脑香加以调和，这种合香用来祭奠圣祖，宫中都少有人知道准确配方，更不要说外面的官员了。

我曾经掌握国家大权八年，先后两次执掌兵权，多次担任朝廷的要职，拿的俸禄也越来越多。所以进献时的祭品，也慢慢的与以前不同了。有一次到了祭祀的日子，皇帝赐给一个叫张继能的大臣熏陆香一百二十斤。在道观里，皇帝也经常赏赐香料，多达上百种（沉香、熏陆香、降真香等），因此官宦之家的沉香和熏陆香从来不缺。

有唐杂记言，明皇时异人云①："醮席中，每爇乳香，灵祇皆去。"人至于今传之。真宗时新禀圣训："沉、乳二香，所以奉高天上圣，百灵不敢当也，无他言。"上圣即政之六月，授诏罢相，分务西雒，寻迁海南。忧患之中，一无尘虑，越惟永昼晴天，长霄垂象，炉香之趣，益增其勤。

素闻海南出香至多，始命市之于阛里间②，十无一有假。板官裴鹗者③，唐宰相晋公中令之裔孙也，土地所宜，悉究本末，且曰："琼管之地黎母山酋之四部境域皆枕山麓，香多出此山，甲于天下。然取之有时，售之有主，盖黎人皆力耕治业，不以采香专利④。闽越海贾惟以余杭船即香市，每岁冬季，黎峒待此船至方入山寻采，州人役而贾贩尽归船商⑤，故非时不有也。"

【注释】

①明皇：即唐明皇李隆基。

②阛里：平民聚居的地方。

③板官：晋、南北朝时期，诸王及大臣得自委任属官，谓之"板官"。裴鹗（è）：人名。

④专利：专门谋利。

⑤州人：渔人。

【译文】

有唐朝的杂文记载，唐明皇的时候就有方士说："在祭祀神灵的仪式中，只要焚烧熏陆香，神灵就会降临"，这种说法一直到了今天还被人传诵。宋真宗曾经下诏书："沉香和熏陆香，是用来供奉高天上的神灵的，其他的神灵没有敢阻挡的，也不敢出言阻止。"皇帝亲政的第六个月，颁布诏书罢免宰相，将我发配到了西洛（今山西），后来又流放到了海南。虽然身处在不好的境况之中，但是也没有了以往那些工作，每天看着晴朗的天气，看天地间的云卷云舒，就连享受香炉熏香的乐趣也更加频繁了。

　　一直听说大海南面的地方出产的香料特别多，最初的香料交易就开始于田间地头的农户之间，那时基本没有假货。有个叫裴鶠的官员，是唐代晋国公裴度的后代，非常熟悉海南的水土地貌，他说："黎母山坐落在海南，四面的平原都围绕着这个山，山上香料很多，品质堪称天下第一。但是香料是有固定的收获季节的，一般都是有人买才收获，这大概是因为海南的黎族人主业是种地，而不以采香为主要的谋利手段。闽南和越南的商人也都是依靠余杭地方的商船来收香。每年冬天，当地人等商船来了才进山采摘香料，渔人从事劳役，然后将香料全部卖给商船，所以要是来的时机不对，想买都买不着。"

　　香之类有四：曰沉、曰栈、曰生结、曰黄熟。其为状也，十有二，沉香得其八焉。曰乌文格，土人以木之格，其沉香如乌文木之色而泽，更取其坚格，是美之至也；曰黄蜡，其表如蜡，少刮削之，黳紫相半[①]，乌文格之次也；牛目与角及蹄，曰雉头、泊髀、若骨[②]，此沉香之状。土人则曰：牛目、牛角、牛蹄、鸡头、鸡腿、鸡骨。

　　曰昆仑梅格，栈香也，此梅树也，黄黑相半而稍坚，土人以此比栈香也。曰虫镂，凡曰虫镂，其香尤佳，盖香兼黄熟，虫蛀及蛇攻，腐朽尽去，菁英独存香也。曰伞竹格，黄熟香也。如竹色、黄白而带黑，有似栈也。曰茅叶，有似茅叶至轻，有入水而沉者，得沉香之余气也，然之至佳，土人以其非坚实，抑之为黄熟也。曰鹧鸪斑，色驳杂如鹧鸪羽也，生结香者，栈香未成，沉者有之，黄熟未成，栈者有之。

【注释】

①黳（yī）：黑色。

②雉（zhì）头：沉香的地方叫法。渒髀（bì）：沉香的地方叫法。

【译文】

海南的沉香按照品级可分为四种：沉香、栈香、生结香、黄熟香。按照形状分为十二种，这里面沉香占了大半。一种叫"乌文格"的香，含油脂较高的沉香木被当地人称为"格"，这种沉香的颜色就像是乌木，质地非常坚硬，也特别好看。一种叫"黄蜡"的香，这种香表面像是蜡，稍微刮削，就露出黑色和紫色参差的质地，次于乌文格。还有三种分别叫"牛目""牛角""牛蹄"的香。另外还有叫作"雉头""渒髀""若骨"的香，这些都是不同形状的沉香。当地人则称这几种香为：牛目、牛角、牛蹄、鸡头、鸡腿、鸡骨。

一种叫"昆仑梅格"的香，是栈香的一种，是梅树结成的香，这种香黑黄相半并且略微坚硬，所以当地人用它与栈香相比。还有一种叫"虫漏"的香，凡是被称为虫漏的香品质都非常高，这种香类似黄熟香，去掉被蛇虫侵蚀腐烂的部分，剩下的香就是精英的部分。被称为"伞竹格"的香，就是黄熟香，颜色像是竹子，黄白里面透着黑，看上去也像是栈香。一种叫"茅叶"的香，特别轻，形状正如茅叶一样，有的沉入水中，能够获得一些沉香的气味，同时也特别容易燃烧，当地人因它不坚硬结实，认为它不如黄熟香。一种叫"鹧鸪斑"的香，花纹像是鹧鸪的羽毛一样错乱，属于生结香，是栈香级别没有达到沉香级别的，也有黄熟香级别没有达到栈香级别的。

凡四名十二状，皆出一本，树体如白杨、叶如冬青而小肤表也，标末也，质轻而散，理疏以粗，曰黄熟。黄熟之中，黑色坚劲者，曰栈香，栈香之名相传甚远，即未知其旨，惟沉水为状也，骨肉颖脱，芒角锐利①，无大小、无厚薄，掌握之有金玉之重，切磋之有犀角之劲，纵分断琐碎而气脉滋益②。用之与臬块者等③。鹗云④："香不欲大，围尺以上，虑有水病，若斤以上者，中含两孔以下，浮水即不沉矣。"

又曰，或有附于柏枿⑤，隐于曲枝，蛰藏深根。或抱真木本，或挺然结实，混然成形。嵌如穴谷，屹若归云，如矫首龙，如峨冠凤，如麟植趾⑥，如鸿餟翮⑦，如曲肱，如骈指⑧。但文彩致密，光彩射人，斤斧之迹，一无所及，置器以验，如石投水，此宝香也，千百一而已矣。夫如是，自非一气粹和之凝结，百神祥异之含育，则何以群木之中，独禀灵气，首出庶物⑨，得奉高天也？

【注释】

①芒角：植物的尖叶，棱角。

②脉（mài）：同"脉"。

③臬（niè）：标准。

④鹗：这里指裴鹗。

⑤枿（niè）：古同"蘖"，树木砍去后留下的树桩。

⑥趾（zhǐ）：脚，脚指头。

⑦鸿：即大雁。餟翮（chuò hé）：羽毛。

⑧骈（pián）：本义"两马并驾"，引申含义为成双成对，聚集等。通"胼"。

⑨庶物：众物，万物。

【译文】

这四个品级，十二种形状的香材都出于同一种沉香树，这种树的树干像是白杨，叶子像是冬青的叶子但是要更小一些。那些质地轻并且松散，纹理不细密的，是黄熟香级别。在黄熟香之中，黑色坚硬的一类就是栈香级别。栈香的名气流传的很广，虽然不知道为什么栈香流传很广，但是其有沉香的形态，木质显露，棱角锋利，无论是大的小的，还是厚的薄的，用手掂起来都会感到很沉，用刀去切，则会感

727

卷二十八　香文汇

觉像是切犀牛角一样费劲，竖着劈开就碎了，但是气味却浓郁四散，使用起来像是枭块一样。那位叫裴鹝的人说："香材不能特别大，如果超过了一定的大小，就很容易出现水肿病，如果达到一定重量，其上又不足两个孔，那便会浮在水面无法下沉。"

他还说："香料有的依附于枯树桩上，隐藏在弯曲的树枝或者埋藏在其根部。有的依附于其他树上，有的独自挺拔，与它们混杂在一起。像嵌在岩石里，像是行云一样高耸，像是昂首的龙，像是带着高冠的凤，像麒麟的脚趾，像鸿雁的羽毛，如弯曲的上臂，如并列的手指。如果香料质地坚硬色泽油润，刀斧都砍不动，扔到容器里就像石头一样会立刻沉底，这就是非常珍贵的宝贝，千百块里面才能找出来一块。这样，要不是集天地灵气凝结形成的，不受到上天的特殊照料，怎么能够让它在众多树木之中，独具灵气，成为其中最杰出的一个，又怎么会用来敬奉上苍呢？"

占城所产栈、沉至多①，彼方贸迁，或入番禺，或入大食。贵重沉、栈香与黄金同价。乡耆云②："比岁有大食番舶③，为飓所逆，寓此属邑，首领以富有，自大肆筵设席，极其夸诧。州人私相顾曰：'以赀较胜④，诚不敌矣，然视其炉烟螉郁不举、干而轻、瘠而焦，非妙也。'遂以海北岸者，即席而焚之，其烟杳杳，若引东溟⑤，浓腴淯淯⑥，如练凝漆，芳馨之气，特久益佳。大舶之徒，由是披靡。"

生结香者，取不候其成，非自然者也。生结沉香，与栈香等。生结栈香，品与黄熟等。生结黄熟，品之下也。色泽浮虚，而肌质散缓，然之辛烈，少和气，久则溃败，速用之即佳，若沉、栈成香，则永无朽腐矣。

【注释】

①占城：即占婆补罗，简译占婆国、占波。《安南志略》中记载："占城国，立国之海滨，中国商舟泛海往来外藩者，皆聚于此，以积新水，为南方第一码头。"

②乡耆（qí）：乡里中年高德劭（shào）的人。

③比岁：近年。

④赀（zī）：财货，钱物。

⑤东溟：东海。

⑥浓腴（yú）：味厚和肥美的食物。湒（jí）：温和，和顺。

【译文】

占城地区出产栈香和沉香特别多，那边的贸易往来，有的卖到大陆的广州地区，有的则被卖到西域的大食国。在西域，沉香和栈香非常珍贵，跟黄金一个价。乡里年高的人讲过一件事情："最近几年有西方国家的商船，被飓风延误，寄居在这里，船长为了显示富有，整天大摆筵席请人吃饭，非常奢侈。我们当地人私下里互相说：'用财物来相比，这里最富有的人也比不过他们，但是看他们烧的香料，质地轻薄，不够浓郁，还有一股焦味和烟味，远远不如我们当地的香料。'于是，我们就把我们当地海岛北岸生产的沉香烧给他们看，我们的沉香出烟缓慢，气足而笔直，气凝聚而不涣散，香味浓郁丰盈味美而柔顺温和，香味持久。当时阿拉伯商队所使用的沉香却完全比不上海南沉香，海南沉香的质量也让阿拉伯商队大为震惊。"

生结香是指沉香木还没有成香的时候就采香，不是自然形成的。生结沉香，品质与栈香等同。生结栈香，品质与黄熟香等同。生结黄熟，比黄熟香品质更低。色泽浮于表面，并且质地松软，燃烧后的气味也比较辛烈，缺少温和的气息，时间长了味道也到处散，偶尔用用还可以。如果是沉香和栈香，存放再长时间也不会腐败。

雷、化、高、窦①，亦中国出香之地，比海南者，优劣不侔甚矣②。既所禀不同，而售者多，故取者速也。是黄熟不待其成栈，栈不待其成沉，盖取利者，戕贼之也③。非如琼管皆深峒，黎人非时不妄剪伐，故树无夭折之患，得必皆异香。曰熟香、曰脱落香，皆是自然成者。余杭市香之家，有万斤黄熟者，得真栈百斤则为稀矣；百斤真栈，得上等沉香数十斤，亦为难矣。

熏陆、乳香，长大而明莹者，出大食国。彼国香树连山络野，如桃胶松脂委于石地，聚而敛之若京坻④，香山多石而少雨。载询番舶，则云："昨过乳香山，彼人云：'此山不雨已三十年矣'。"香中带石末者，非滥伪也，地无土也。然则此树若生于涂泥，则无香不得为香矣。天地植物，其有自乎？

赞曰：百昌之首，备物之先；于以相禋，于以告虔；孰歆至荐⑤，孰享芳烟；上圣之圣，高天之天。

【注释】

①雷、化、高、窦：即雷州、化州、高州、窦州。

②侔（móu）：相等，齐。

③戕（qiāng）贼：伤害，残害。

④京坻（dī）：在《诗·小雅·甫田》："曾孙之庾，如坻如京。"中，谓谷米堆积如山。后因以"京坻"形容丰收。

⑤歆（xīn）：嗅、闻。古指祭祀时鬼神享受祭品的香气。

【译文】

雷州、化州、高州、窦州也是出产香的地方，但是比起海南的香，好香与坏香之间的差别很大。香的品质虽然比较一般，但是市场需求量大，所以开采得很快。黄熟香等不到成为栈香，栈香等不到成为沉香就开采了，大多是为了获得利益而进行伤害性的开采。不像是海南黎族人那样淳朴，如果不是采香的季节绝对不会乱砍乱伐，所以沉香树不会有夭折的风险，海南沉香只要采的必定是好香。熟香，脱落香都是自然成香。江南买香的大户，万斤黄熟香中能选出来一百斤栈香就很不错了；百斤栈香里面想选出来十斤沉水的香，也是很难的。

个头大并且光亮晶莹的熏陆香产于西域的大食国。那里香树漫山遍野，就像是桃胶松脂那样落在石头上，被人们收集起来。那里的地貌石头比较多，很少下雨，问他们当地人，他们说："前段时间经过香山，有人说：'已经三十年没有下雨了。'"掺杂着碎石头的熏陆香并不妨碍香的品质，因为地下没有泥土。如果这种香树种在泥土多的地方香味反而不好。这就是所谓的天地造化吧。

赞辞上说：香是万物生灵之首，祭祀神明的必备之物，可以用来祭祀，也可以用来祈祷。能够享受进献，能够享受芳香的，只有那些天上的神仙们了。

和香序 范晔

麝本多忌，过分必害；沉实易和，盈斤无伤。零藿虚燥①，詹唐粘湿②。甘松、苏合、安息、郁金、榇多、和罗之属，并被珍于外国，固无取于中土。又枣膏昏钝，甲煎浅俗③，非唯无助于馨烈，乃当弥增于尤疾也。

此序所言，悉以比类朝士："麝本多忌"，比庾登之④；"零藿虚燥"，比何尚之⑤；"詹唐粘湿"，比沈演之⑥；"枣膏昏钝"，比羊玄保⑦；"甲煎浅俗"，比徐湛之⑧；"甘松、苏合"，比慧琳道人⑨；"沈实易和"，以自比也。

【注释】

①零藿（huò）：藿香，为唇形科草本植物，又为中药名。

②詹唐：亦作"詹糖"。《梁书·诸夷传·盘盘》："六年八月，复使送菩提国真舍利及画塔，并献菩提树叶、詹糖等香。"明李时珍《本草纲目·木一·詹糖香》引苏恭曰："詹糖树似橘。煎枝叶为香，似沙糖而黑。出交广以南，生晋安。近方多用之。"

③甲煎：香料名，以甲香和沉麝诸药花物制成，可作口脂及焚，也可入药。

④庾（yǔ）登之：字元龙，颍州鄢（yān）陵人。晋朝官员，官至江州刺史。庾登之虽然没有学过多少知识，但却善于社交应酬，王弘、谢晦、江夷一班人，都与他是知心朋友。

⑤何尚之：字彦德。南朝宋庐江潜县（今安徽霍山）人。官至侍中、左光禄大夫、开府仪同三司，兼领中书令。

⑥沈演之：字台真，召真，吴兴武康（今德清）人。沈演之家世

731

卷二十八 香文汇

为将，折节好学，读老子日百遍，以义理业尚知名。

⑦羊玄保：泰山南城人，南朝宋时人，官至司徒右长史。

⑧徐湛之：字孝源，东海郯（tán）县（今山东郯城）人。南朝宋时期大臣。幼年时因宋武帝刘裕非常喜爱他，封为枝江县侯。宋文帝刘义隆时刘湛犯罪株连到徐湛之，因母亲会稽长公主的求情保住性命。后屡次升迁，得以与尚书令何尚之共同处理机要。元嘉末年，因太子刘劭（shào）弑杀父亲宋文帝而受牵连被杀，时年四十四岁。

⑨慧琳道人：南朝刘宋僧。秦县（陕西）人，俗姓刘。道渊之弟子。学通内外，尤善老庄，好语笑俳谐，长于著作。庐江王义真荐之于文帝，甚得宠信，时与议论机密，有"黑衣宰相"之称。

【译文】

麝香本就多禁忌，过多使用必定有害。沉香则秉性温和，用多了也不会有问题。零藿香多燥虚，詹唐香多粘湿。甘松香、苏合香、安息香、郁金香、奈多和罗香等，都是由域外传入，本不是中土所产。枣膏昏蒙，甲煎则浅俗。不但无助于馨烈，甚至还会让人越发讨厌。

这篇序中所说，都是用来比喻朝中士人的：庾登之就如麝香一样多忌；何尚之则如零藿一样虚燥；沈演之像是詹糖一样粘湿；羊玄保则像枣膏一样昏钝；徐湛之则如甲煎一样浅俗；慧琳道人就像甘松、苏合一样；而"沈实易和"则用来比喻我自己。

香说

秦汉以前，二广未通中国，中国无今沉、脑等香也。宗庙焫萧茅、献尚郁①，食品贵椒。至荀卿氏方言椒兰②，汉虽已得南粤，其尚臭之极者③，椒房、郎官以鸡舌奏事而已④。较之沉脑，其等级之高下甚不类也。惟《西京杂记》载："长安巧工丁缓作被中香炉"，颇疑已有今香。然刘向铭博山香炉亦止曰："中有兰绮，朱火青烟。"《玉台新咏集》亦云："朱火然其中，青烟扬其间，好香难久居，空令蕙草残。"二文所赋皆焚兰蕙，而非沉脑，是汉虽通南粤，亦未有南粤香也。《汉武内传》载西王母降爇婴香等，品多名异，然疑后人为之。汉武奉仙，穷极宫室，帷帐器用之属，汉史备记不遗，若曾制古来未有之香，安得不记？

【注释】

①爇（ruò）：古同"爇"，点燃，焚烧。

②荀卿氏：即荀子。名况，字卿，战国末期赵国人。著名思想家、文学家、政治家，时人尊称"荀卿"。椒兰：椒与兰，都是芳香之物，经常并称。《荀子·礼论》："刍豢（huàn）稻粱，五味调香，所以养口也；椒兰芬苾（bì），所以养鼻也。"

③臭（xiù）：气味之总名。气味通于鼻称臭（嗅xiù），在口者称味。

④椒房：椒房，西汉未央宫皇后所居殿名，亦称椒室。未央宫以椒和泥涂壁，使温暖、芳香，并象征多子。郎官：古代官名，为议郎、中郎、侍郎、郎中等官员的统称。

【译文】

在秦汉之前，两广地区还没有与中原地区打开通路，所以在中原地区也不会有沉香、龙脑等香料。宗庙祭祀之时主要焚烧萧草和茅草，进献则推崇郁金香，在饮食方面则更加看重花椒。到了荀子时，才开始提到椒和兰，汉代虽然已经得到了南越地区，但其所推崇的最好的香料，也只是在椒室之中，或者是侍郎、郎中们向皇帝奏陈事情时所使用的鸡舌香而已。相比于沉香和龙脑香，它们之间的高下等级是完全不同的。在《西京杂记》中记载有："长安的能工巧匠丁缓制造了香炉。"让人怀疑当时已经开始使用沉香等香料，同时刘向在《博山炉铭》中说："其中有兰草，散发出红色的火焰和青色的烟。"《玉台新咏集》则提到："红色的火焰在其中燃烧，青色的烟气从中飘扬，美好的香味总是难以长久留存，在香气散去之后，就只剩下熏草了。"两篇文章所说的都是焚烧兰草，而并不是沉香和龙脑香，这也表明虽然汉代时已经可以到达南越地区，但却没有因此而使用上南越的香料。在《汉武内传》中曾记载，在西王母降临时，焚烧婴香等不同品种的香料，

卷二十八 香文汇

香乘

但这种记载应该是后世人所添加的。汉武帝时期敬奉神仙，可以说用尽了皇宫之中的物品，帷帐和器物之类的东西，汉代的史料之中都有着详细的记载，如果曾经制造过自古以来从未有过的香料，怎么能够不被记入其中呢？

博山炉铭 刘向

嘉此王气①，崭岩若山②，上贯太华③，承以铜盘，中有兰绮，朱火青烟。

【注释】

①气：应为"器"。指代博山炉。

②崭岩：亦作"崭岩"，指高峻的山崖。

③太华：即西岳华山，在陕西省华阴县南，因其西有少华山，故称太华。

734

【译文】

这件器物非常美观、标致，器形有如高峻的山岩一般，其上贯以西岳华山形状的盖子，其下用铜盘相承接，其中有兰绮的香气，朱红的火光，以及袅袅的青烟。

香炉铭 梁元帝

苏合氤氲，非烟若云：时浓更薄，乍聚还分，火微难烬，风长易闻，孰云道力，慈悲所熏。

【译文】

苏合香的香气袅袅升起，似烟似云，但又非烟非云，缥缈的香气，时而浓郁，时而稀薄，时而聚集，时而又分散。香在炉中缓缓燃烧，阵阵轻风吹过，把一缕香气送到鼻端。谁说品香关乎修行的功力，这是慈悲的日日熏染。

郁金香颂 古九嫔

伊此奇草，名曰郁金，越此殊域^①，厥珍来寻^②，芬芳酷烈，悦目欣心，明德惟馨，淑人是钦^③，窈窕妃媛，服之襜衿^④，永垂名实，旷世弗沉。

【注释】

①殊域：这里指远方、异地。

②厥（jué）：同"撅"，掘。

③钦：恭敬，敬佩。

④襜衿（lí jīn）：施衿结襜。古代女子出嫁时，由母亲将佩巾系上女儿领衿的一种礼节。

【译文】

这一株神奇的香草，它的名字是郁金香，要越过很远的地方，去挖掘才能获得，芬芳的香气十分浓烈，好看的颜色也让人赏心悦目，它的香气正如美德一样，美人都对此敬佩不已，美丽的女子将它当作衿襜佩戴在衣服上，它的美丽将会永远存在，就是时间再久也不会消沉。

藿香颂 江淹

桂以过烈^①，麝似太芬，摧沮天寿^②，夭抑人文，讵如藿香^③，微馥微熏^④，摄灵百仞，养气青云。

【注释】

①桂：指桂花，也指肉桂，在这里应为肉桂。

②摧沮：有沮丧或者是挫折阻挠的意思。天寿：可以理解为天年。

③讵（jù）：岂，怎。

④馥：香气。熏：温暖，暖和。

【译文】

肉桂的香气过于浓烈，麝香的味道太过芬芳，这些香料阻扰天年，

735

卷二十八 香文汇

抑制人文，（它们）怎么能够像藿香一样呢，有些许的香气，还有些许的暖和，摄取极高深的灵气，修养生气可以直达云霄。

瑞香宝峰颂

张建

臣建谨按①，《史记·龟策列传》曰："有神龟在江南嘉林中，嘉林者，兽无狼虎，鸟无鸱鸮②，草无螫毒③，野火不及，斧斤不至④，是谓嘉林。龟在其中，常巢于芳莲之上⑤。""胸书文曰：'甲子重光⑥'，'得我为帝王'。""观是书文，岂不伟哉！"臣少时在书室中雅好焚香，有海上道人白臣言曰⑦："子知沉香所出乎？请为子言。盖江南有嘉林，嘉林者美木也。木美则坚实，坚实则善沉。或秋水泛溢，美木漂流，沉于海底，蛟龙蟠伏于上，故木之香清烈而恋水。涛濑淙激于下故⑧，木形嵌空而类山⑨。"近得小山于海贾，巉岩可爱，名之瑞沉宝峰。不敢藏诸私室，谨斋庄洁，诚昭进玉陛以为天寿圣节瑞物之献⑩。

736

【注释】

①谨按：是指引用论据、史实开端的常用语。

②鸱鸮（chī xiāo）：鸟类的一科，头骨宽大，腿较短，面盘圆形似猫，常被称为"猫头鹰"。

③螫（shì）毒：意思是蜂、蝎等以尾针螫刺行毒，用来比喻毒害。

④斧斤：亦作"斧斫"，泛指各种斧子。《孟子·梁惠王上》："斧斤以时入山林，材木不可胜用也。"北齐·刘昼《新论·言苑》："锤无斧斫，不能善斫（zhuó）。"

⑤巢：筑巢，以……为巢。

⑥甲子：甲子为干支之一，干支纪年或记岁时六十组干支轮一周，称一个甲子，共六十年。重光：比喻累世盛德，辉光相承。

⑦白：表明，说明。

⑧濑淙（lài cóng）：从沙石上流过的急水。

⑨嵌空：有凹陷的意思。

⑩圣节：是一个古代节日，指根据皇帝的生日所定的节日。

【译文】

臣从史料之中发现，《史记·龟策列传》之中曾说："在长江南面的嘉林之中有一种神龟，在嘉林之中，没有豺狼和猛虎一类的野兽，也没有鸱鸮这样的鸟类，同时也没有被猛毒侵害过的花草，焚烧枯草的野火到不了那里，伐木的人也不会去到那里，正因如此，那里才被称作为嘉林。神龟在嘉林之中，经常将自己的巢穴安放在芳莲的上面。""在神龟的胸部有文字记载着：'六十年的辉煌功德''得到我就能够成为帝王'。""看到这种文字，怎么能不感到伟大呢！"臣在年轻时喜欢在书房之中焚烧香料，有海上的修道之人对臣说："你知道沉香出产自哪里吗？请我为你说上一说。在长江以南有一片嘉林，在嘉林之中到处都是美好的树木，这些树木不仅状美，而且坚硬结实，坚实的树木往往更容易沉入水中。当秋水泛滥的时候，美好的树木随着流水漂流，沉入海底之中，蛟龙则会蟠伏其上，所以这种木料喜欢水，同时还会散发出芳香清凉的香气。由于水流不停地冲击，木料呈现出一种类似于山峰的中空形状。"最近臣在海商那里得到了一座这样形如小山的木料，高峻挺拔的小山十分惹人怜爱，取名为瑞沉宝峰。臣不敢将它私自珍藏在自己的家中，所以小心庄重的进行斋戒，特地来到宫殿之中，将其作为吉祥之物，在皇帝生日之时向皇帝进献。

737

臣建谨拜手稽首而为之颂曰①：大江之南，粤有嘉林。嘉林之木，入水而沉。蛟龙枕之，香沬自清。涛濑漱之，峰岫乃成。海神愕视②，不敢闶藏③。因朝而出，瑞我明昌④。明昌至治，如沉馨香。明昌睿算⑤，如山久长。臣老且耄⑥，圣恩曷报⑦。歌此颂诗，以配天保⑧。

【注释】

①拜手：亦称为"空手""拜首"，是古代男子一种跪拜礼。在下跪时，两手拱合，低头至手与手心平，而不及地，故称"拜手"。稽

卷二十八 香文汇

首：指古代跪拜礼，为九拜中最隆重的一种，常为臣子拜见君父时所用。跪下并拱手至地，头也至地。

②愕（è）视：惊视。

③閟（bì）：指掩蔽的意思。

④明昌：是金章宗的第一个年号。

⑤睿算：亦作"睿箅（suàn）"，指圣明的决策。

⑥耄（mào）：形容年老，也可引申于昏乱之意。

⑦曷（hé）：指怎么、为什么的意思。

⑧天保：上天保佑，使之安定。

【译文】

臣拜手稽首来为它歌颂：在长江的南方，有一片嘉林。嘉林之中的树木，入水便能沉入其中。蛟龙枕着它们睡觉，所以它们能够发出芳香清凉的香气。山间的流水冲刷它们，使它们成为山峰一样的形状。海中的神仙也为之感到惊讶，不敢私自掩藏它们。在当朝现世，是我朝祥瑞的征兆啊。我朝安定昌盛的局面，正如沉香一样芳香四溢。皇帝的圣明的决策，也像高山一样坚固永存。臣年老昏聩，要怎么报答皇上的恩赐啊。只能咏出这首颂诗，来使我朝安定永久。

迷迭香赋　　魏文帝

播西都之丽草兮①，应青春之凝晖②。流翠叶于纤柯兮③，结微根于丹墀④。芳暮秋之幽兰兮，丽昆仑之英芝⑤。信繁华之速实兮⑥，弗见凋于严霜。既经时而收采兮，遂幽杀以增芳。去枝叶而持御兮⑦，入绡縠之雾裳⑧。附玉体以行止兮，顺微风而舒光⑨。

【注释】

①播：种植。

②青春：这里指春天。晖：阳光，这里指光辉、光彩。

③纤柯：纤细的枝条。

④丹墀（chí）：指古时宫殿前的石阶，因其以红色涂饰，故名丹

墀。同时也指官府或祠庙的台阶。

⑤英芝：开花的灵芝。

⑥速实：很快地结出果实。

⑦持御：取用。

⑧绡縠（xiāo hú）：泛指轻纱一类的丝织品。

⑨舒光：（香气）散发得遥远、广阔。

【译文】

种植在西域的美丽的迷迭草啊，春天长出的嫩叶，散发出闪亮的光彩。纤细的枝条上缀满了青翠的叶子，细微的根茎生于红色殿阶上。它的芳香要超过晚秋的幽兰，它的花色则要比昆仑山的灵芝花还美丽。繁花很快便结出了果实，因为耐寒品性所以从未被严霜摧萎过。经过一段时间之后将果实采收，晒干就能增加它的芳香。去除枝叶来将果实取用，放在薄如轻雾的丝绸衣裳里。果实紧贴着身体或动或停，顺着微风，散发出芳香气味。

郁金香赋

傅元

739

叶萋萋以翠青①，英蕴蕴以金黄②。树晻蔼以成荫③，气芬馥以含芳。凌苏合之殊珍④，岂艾蒳之足方。荣耀帝寓，香播紫宫，吐芳扬烈，万里望风。

【注释】

①萋萋：亦作"凄凄"，形容草木茂盛的样子。翠青：青绿色。

②蕴蕴：盛、厚。

③晻（ǎn）蔼：阴暗，也有茂盛的意思。

④殊珍：特别珍贵的物品。

【译文】

翠绿色的叶子十分茂盛，金黄色的花朵也十分肥厚。茂盛的根茎连荫成片，散发的气味充满了香甜。超过了珍贵异常的苏合香，也不是艾蒳能够相媲美的。荣光闪耀在皇帝的宫殿之中，香气也传播到了紫宫，吐露的芬芳异常浓烈，即使在万里之外，也能够从风中闻到。

芸香赋 傅咸

携昵友以逍遥兮①，览伟草之敷英②。慕君子之弘覆兮，超托躯于朱庭③。俯引泽于丹壤兮，仰吸润乎太清④。繁兹绿叶，茂此翠茎，叶芟苁以纤折兮⑤，枝婀娜以回萦，象春松之含曜兮，郁翁蔚以葱菁。

【注释】

①昵友：指亲密的朋友。

②敷（fū）英：意指开放的花朵。

③托躯：托身。

④太清：天空。古人认为天由清而轻的气所构成，故称为"太清"。

⑤芟（shān）：铲除杂草。苁（cōng）：苁蓉，一种寄生植物，叶、茎黄褐色，花淡紫色。

【译文】

与几位亲密的朋友一起出游散步，看到了苇草之中开放的花朵。大概是美慕君子的宽广胸怀吧，所以托身于朱红色的庭院之中。低头能够从丹壤之中吸吮到地底的水分，抬头则感受到太阳的光泽。茎叶都翠绿繁茂，铲除寄生在叶子之上的杂草，可以看到纤细的枝条，枝条婀娜多姿、回环萦绕，就像光彩熠熠的春松一样，青翠而又茂盛。

鸡舌香赋 颜博文

沈括以丁香为鸡舌，而医者疑之。古人用鸡舌，取其芬芳，便于奏事。世俗蔽于所习，以丁香之状于鸡舌，大不类也。乃慨然有感为赋，以解之云。

嘉物之产，潜窜山谷①，其根盘行，龙阴蛇伏。期微生之可保，处幽翳而自足②。方吐英而布叶，似于世而无欲。醮醮娇黄，

740

绰绰疏绿，偶咀嚼而味馨，以奇功而见祸。攘肌被逼，粉骨遭辱，虽功利之及人，恨此身之莫赎。

惟彼鸡舌，味和而长，气烈而扬，可与君子，同升庙堂。发胸臆之藻绘③，粲齿牙之冰霜。一语不忌，泽及四方。溯日月而上征，与鸳鸯而同翔。惟其施之得宜，岂凡物之可当。

【注释】

①潜窜：本意偷偷地逃走，文中指丁香的生长之势。

②幽翳（yì）：这里指丁香的生长环境阴暗、阴霾。

③藻绘：亦作"藻缋"。彩色的绣纹，错杂华丽的色彩。

【译文】

沈括认为丁香是鸡舌香，但是从医的人却对此表示怀疑。古代人使用鸡舌香，是因为它香气浓郁，适宜于上朝奏事。世俗的人总是按照自己的习惯，认为丁香的形状很像鸡的舌头，其实是有很大不同的。有感于这件事，所以写下这篇赋，来解答一下其中的问题。

这些美好的东西，潜藏生长在山谷之中，它的根盘旋而行，呈现出龙阴蛇伏的形态。为了让这种微小的生命得以保存，即使是生长在幽暗荫蔽的环境之中也感到很知足。在开花的同时又不断生长新的枝叶，存在于世上却没有半点欲望。缺少水分会变得娇黄，水分充足则会绿意盎然，在口中咀嚼会感觉到馨香的味道，正因为这种神奇的效果而让自己面临着灾祸。枝叶和花朵都遭受到了侵害，虽然将功效遍及他人，却依然难以保全自己。

只有这种鸡舌香，味道柔和而又绵长，香气浓烈而四处飞扬，可以和君子一起，同升于庙堂之上。拥有壮阔的胸襟和气度，以及纯洁的语言之美。没有嫉妒之心，同时还会泽被四方。与太阳和月亮一样向上升高，和鸳鸯一起共同飞翔。只有它表现得最为适宜，凡俗的东西怎么能与之相比较呢。

世以疑似，犹有可议。虽二名之靡同，眇不失其为贵。彼凤颈而龙准①，谓蜂目而乌喙②。况称谓之不爽③，稽形质而实类者也。殊不知天下之物，窃名者多矣④。鸡肠乌喙，牛舌马齿⑤；川有羊脐，山有鸢尾，龙胆虎掌⑥，猪膏鼠耳⑦，鸥脚羊眼⑧，鹿角豹足⑨，巀颅狼跌，狗脊马目；燕颔之黍，虎皮之稻，莼贵雉尾⑩，药尚鸡爪；葡萄取象于马乳，波律胶称于龙脑；笋鸡腔以为珍⑪，瓠牛角而贵早⑫；亦有鸭脚之葵，狸头之瓜，鱼甲之松，鹤翎之花；以鸡头龙眼而充果，以雀舌鹰爪而名茶。彼争工而擅价⑬，咸好大而喜夸，其间名实相叛，是非迭居⑭。

【注释】

①龙准：指帝王的鼻子。

②蜂目：亦作"蜂（fēng）目"，指眼睛像胡蜂。形容相貌凶悍。

③不爽：指不差，没有差错。

④窃名：意思是以不正当手段获得名声。

⑤鸡肠乌喙：鸡肠为菊科石胡荽属植物，又名石胡荽、鸡肠草。乌喙即乌喙草，又名草乌头、土附子。牛舌马齿：牛舌是一种植物，又名车前草。马齿即马齿苋，一年生草本，全株无毛。叶互生，叶片扁平，肥厚，似马齿状，上面暗绿色，下面淡绿色或带暗红色，叶柄粗短。

⑥龙胆虎掌：龙胆为龙胆科植物，多年生草本。虎掌是天南星科，半夏属多年生草本植物，块茎近圆球形，直径可达4厘米，根肉质，叶柄淡绿色，下部具鞘。

⑦猪膏鼠耳：猪膏即豨莶（xī xiān）草，别名：希仙、火枚草、猪膏草、狗膏，菊科一年生草本植物。鼠耳即鼠耳草，二年生草本，主同10～15cm，全株密被白绵毛。

⑧鸥脚羊眼：鸥脚即珍珠菜，是报春花科珍珠菜属多年生草本植物，别名红丝毛、过路红、闽鸡尾、活血莲、红根草、红梗草、赤脚草、狼尾巴花、狼尾珍珠菜等。羊眼即毛赤车，又称羊眼草、石解骨、蔓赤车、坑兰、坑冷等，主要分布在浙江、福建、台湾、江西、广东、

广西、贵州、云南。

⑨鹿角豹足：鹿角即鹿角草，为菊科香刺属植物，别名小号一包针、落地柏，一年生草本，甘微苦，凉，无毒。豹足即蛇灭门，又俗称望江南、野决明、野扁豆、金豆子、狗屎豆、头晕草、胃痛菜、金花豹子、凤凰草，属一年生豆科草本植物。

⑩莼（chún）：多年生水草，浮在水面，叶子椭圆形，开暗红色花。茎和叶背面都有黏液，可食。简称"莼"。

⑪胵（chī）：鸟类的胃；或为鸟、兽五脏的总称。

⑫瓠（hù）：一年生草本植物，茎蔓生，夏天开白花，果实长圆形，嫩时可食；这种植物的果实。

⑬擅价：指享有声价。

⑭迭：本意是指交换、轮流、屡次、连着，作副词是指屡次，反复。

【译文】

世人认为二者只是相似，这其中也有可以探讨的地方。虽然两种事物的名字并不相同，渺小却不会失去其高贵的地位。像是凤颈和龙准，蜂目和乌喙一样。更何况称谓的不同，也可能只是考察了形质而没有看其实质而已。竟不知道天下的事物，通过非正式的方式获得名称的并不在少数。鸡肠草和乌喙草，车前草和马齿苋；平原之中有羊脐草，山川之中有鸢尾花，龙胆草、虎掌草，猪膏草、鼠耳草，赤脚草、羊眼草，鹿角草、蛇灭门，麑颅草、狼跋草，狗脊草、马目草；燕领为黍，虎皮为稻，莼以雉尾为贵，中药则更推崇鸡爪；葡萄与马的乳头形状相似，波律膏则来自于龙脑树；笋以鸡胵为珍贵之物，瓜则是牛角瓜出名较早；还有鸭脚葵，狸头瓜，鱼甲松，鹤翎花；将鸡头龙眼作为果实，把崔舌鹰爪当作名茶。相互间争夺功利而享有名誉，其实都有些夸大了，名称与实质相反，正确与错误交错。

得其实者，如圣贤之在高位；无其实者，如名器之假盗躯。嗟所遇之不同，亦自贤而自愚。彼方逐臭于海上，岂芬芳之是嫉？嫫姆饰貌而荐食①，西子掩面而守间②。饵醯酱而委醒醐③，佩砆砆而

卷二十八 香文汇

743

捐琼琚④。舍文茵而卧簋篨⑤，习薤露而废笙竽⑥。剑作锥而补履，骥垂头而驾车⑦，蹇不过而被跨⑧，将栖栖而为图⑨。

【注释】

①嫫（mó）姆：嫫母又称丑女，上古时期传说中人物。五千年前，黄帝为了制止部落"抢婚"事件，专门挑选了品德贤淑、性情温柔、面貌丑陋的丑女作为自己第四妻室。

②西子：指西施，可以看作是美的化身。苏轼《饮湖上初晴后雨》："欲把西湖比西子，淡妆浓抹总相宜。"

③醯（xī）酱：醋和酱。亦指酱醋拌和的调料。醍醐：从酥酪中提制出的油，也常用来比喻美酒。

④碔砆（wǔ fū）：亦作"珷玞"。指似玉之石。琼琚：是一种精美的玉佩。

⑤文茵：亦作"文鞇"，指车中的虎皮坐褥。簋（jǔ）篨（chú）：亦作"簋蒢"，指粗竹席。

⑥薤（xiè）露：薤上的露水，这里应指乐府《相和曲》名，是古代的挽歌。笙竽：笙和竽，因形制相类，故常联用。

⑦骥：本意是指好马，一种能一日行千里的良马，喻贤能。

⑧蹇（jiǎn）：多指行动迟缓，困苦，不顺利的意思。

⑨栖栖：指忙碌不安的样子。

【译文】

拥有实质的，就好像高高在上的圣贤一样；而没有实质的，则只是像盗用了名器的身体一样。之所以会出现这种不同的境遇，都是自身的贤能和愚蠢所导致的。曾经在海上追逐香气，难道是嫉妒芬芳吗？嫫姆不断装饰自己的容貌，而西子则会留在家中遮掩自己的容貌。以柴米油盐为糕点，而舍弃美酒，佩戴与玉相似的石头，而抛弃精美的玉佩。舍弃高贵的虎皮坐褥，而躺卧在竹席之中，学习挽歌而废弃笙竽。将长剑当成锥子来修补鞋子，让好马低垂下头颅来驾车，因为行动迟缓而被跨越，只能为了计划而忙忙碌碌。

是香也，市井所缓，廊庙所急，岂比马蹄之近俗，燕尾之就湿。听秋雨之淋淫①，若苍天为兹而雪泣②。若将有人依龟甲之屏③，炷鹊尾之炉④，研以凤味⑤，笔以鼠须⑥，作蜂腰鹤膝之语⑦，为鹄头虫脚之书⑧，为兹香而解嘲，明气类之不殊，愿或用于贤相，蔼芳烈于天衢⑨。

【注释】

①听：听凭、任凭。淋淫：浸渍的意思。

②雪泣：指揩拭眼泪。

③龟甲之屏：玉制或玉饰的屏风。因其花纹似龟甲纹路，故名"龟甲屏风"。

④鹊尾之炉：鹊尾炉，也泛指香炉或地名。

⑤凤味（zhòu）：凤凰的嘴，这里指凤味砚。

⑥鼠须：鼠须笔的简称。鼠须笔是毛笔的一种，是用家鼠鬓须制成，笔行纯净顺扰、尖锋，写出的字体以柔带刚。

⑦蜂腰鹤膝：泛指诗歌声律上的毛病。

⑧鹄头：一种书体名。

⑨芳烈：馥郁之香气，香气浓郁。

【译文】

作为一种香料，市井之间并不急求，而在廊庙之中却十分急求，怎么能像马蹄草一样粗俗，像燕尾一样湿润。如果任凭秋雨浸渍，苍天也能够为它而流泪。如果有人用龟甲屏风，鹊尾炉，凤味砚，鼠须笔，创作蜂腰鹤膝的诗律，做出鹄头虫脚的书法，来为这种香料掩饰被别人嘲笑的事情，知道这种气质相同的人是没有不同的，希望这种香料能够被贤能的人所用，让浓烈的芳香传遍整个天际。

铜博山香炉赋 昭明太子

禀至精之纯质①，产灵岳之幽深②。探般倕之妙旨③，运公输之巧心④。有蕙带而岩隐⑤，亦霓裳而升仙⑥。写嵩山之龍嵸⑦，象邓林之阡眠⑧。方夏鼎之环异，类山经之俶诡⑨。制一器而备众质，谅兹物之为侈。於时青女司寒⑩，红光翳景，吐圆舒于东岳，匿丹曦于西岭。翠帷已低⑪，兰膏未屏⑫，爨松柏之火⑬，焚兰麝之芳，荧荧内曜，芬芬外扬，似庆云之程色⑭，若景星之舒光⑮。齐姬合欢而流眄⑯，燕女巧笑而蛾扬⑰。超公闻之见锡，粤女惹之留香。信名嘉而器美，永为玩於华堂⑱。

【注释】

①禀：禀赋，秉承。至精：我国古代哲学家指一种极其精微神妙而不见形迹的存在。纯质：单纯质朴。

②灵岳：灵秀的山岳，特指泰山。

③般倕：鲁班与舜臣倕的并称，泛指巧匠。妙旨：精微幽深的旨意。

④公输：公输盘，鲁国人，也写作"公输班"或"公输般"，也被认为是鲁班。巧心：巧妙的心思。

⑤蕙（huì）带：以香草做的佩戴。岩隐：山岩幽深偏僻，也有隐居深山的意思。

⑥霓裳（cháng）：神仙的衣裳，也可指云、雾。升仙：得道成仙。

⑦龍嵸（lóng zǒng）：亦作"巄嵷"，山势高峻。

⑧邓林：比喻树林。阡眠：指草木茂密状。

⑨山经：《山经》是我国先秦古籍《山海经》的一部分，主要记载上古地理中诸山。俶（chù）诡：是奇异的意思。

⑩青女：是中国传说中掌管霜雪的仙女，也可借指霜雪。

⑪翠帷：指翠羽为饰的帏帐。

⑫兰膏：古代用泽兰子炼制的油脂，可以用来点灯。

⑬爨（cuàn）：指烧火做饭。《广雅》："爨，炊也。"

⑭庆云：五色云，古人认为是吉祥之气，祥瑞之气。

⑮景星：大星，德星，瑞星。古人认为其会出现于有道之国中。《晋书·天文志中·瑞星》："景星，如半月，生于晦朔，助月为明。

或曰，星大而中空。或曰，有三星，在赤方气，与青方气相连，黄星在赤方气中，亦名德星。"

⑯齐姬：齐地所出的美女。盼（pǎn）：指美目貌。

⑰蛾扬：基本意思是蛾眉上扬，多形容美人笑貌。

⑱华堂：高大的房子，泛指房屋的正厅。

【译文】

禀承着精微神妙的单纯质朴，产生于泰山的悠远深邃之中，探寻着鲁班和倕精妙幽深的旨意，运用了公输盘的巧妙心思。有香草佩戴的却隐居深山，穿着神仙的衣服追寻升仙之道。描绘出了嵩山的高峻挺拔，就像是树林一样起伏茂盛。仿照夏鼎的奇异装饰，模仿《山经》中奇异的形制。制造一个器物，而备采各种器物的特质，可以推想此物的奢侈了。掌管霜雪的女神在司寒之时，炉中的红光闪闪，掩盖日月，在东岳泰山可以舒放出圆月之光，可以将红日的光芒藏匿在西岭之中。以翠羽为饰的帏帐已经低垂，点火的兰膏还有剩余。以松柏点起火来，焚熏兰麝的香料，炉内火光闪烁，炉外则芬芳四溢，就好像五色云一样的颜色，也像景星发出的光芒。齐地的美女欢聚在一起流连注目，燕国的美女则笑弯了自己的眉毛。超公见到了会激动抓狂，粤女的身上则沾染了香气。这正是名字美好、器用精美的东西，应该永远成为华堂上玩赏的器物。

博山香炉赋 傅縡

器象南山，香传西国①。丁缓巧铸②，兼资匠刻。麝火埋朱，兰烟毁黑③。结构危峰，横罗杂树。寒夜含暖，清霄吐雾。制作巧妙，独称珍倮④。景澄明而袅篆⑤，气氤氲长若春。随风本胜千酿酒，散馥还如一硕人⑥。

【注释】

①西国：泛指西方的诸侯，也指西域。

②丁缓：汉长安时的能工巧匠，九层博山香炉为其作品。

③兰烟：指芳香的烟气。

④俶（chù）：这里指奇异。

⑤袅篆（zhuàn）：指香的烟缕。

⑥硕人：高大白胖的人，古时以胖为美，所以此处指美人。

【译文】

用来焚香的器物，形状就好像南山一样，器物之中说焚熏的香料，则来自于西域。器物由丁缓巧手而铸，又用精心雕刻。用朱砂将燃烧的香料掩埋，芳香的烟气就会变得灰黑。器物的结构就像险峻的山峰，上面还矗立着各种树木。在寒冷的夜里，蕴含着暖意；在清冷的良宵，器物则能够吐露雾气。器物制作的巧妙程度，可以称得上是奇异的珍品。景象澄明，香气袅袅，气息氤氲，总有春意。随风传播的香味，胜过了千酿美酒，散布的香气，如同一位绝色美人。

沉香山子赋　　　　　苏轼

子由生日作

古者以芸为香，以兰为芬，以郁鬯为裸①，以脂萧为焚，以椒为涂，以蕙为熏，杜蘅带屈，菖蒲荐文，麝多忌而本膻，苏合若香而实荤。嗟吾知之几何，为六入之所分，方根尘之起灭，常颠倒其天君。每求似于仿佛，或鼻劳而妄闻。独沉水为近正，可以配蒼卜而并云②。

矧儋崖之异产③，实超然而不群。既金坚而玉润，亦鹤骨而龙筋。惟膏液而内足，故把握而兼斤。顾占城之枯朽，宜爨釜而燎蚊。宛彼小山，巉然可忻④。如太华之倚天，象小孤之插云⑤。

往寿子之生朝⑥，以写我之老懃。子方面壁以终日⑦，岂亦归田而自耘。幸置此于几席⑧，养幽芳于帨帉⑨。无一往之发烈，有无穷之氤氲。盖非独以饮东坡之寿，亦所以食黎人之芹⑩。

【注释】

①鬯（chàng）：古代祭祀用的酒，用郁金草酿黑黍而成。

748

②蔔（zhān）卜：被译为郁金香，同时也有人认为是栀子花。宋延寿《宗镜录序》："步步蹈金色之界，念念嗅蔔卜之香。"唐·卢纶《送静居法师》："蔔卜名花飘不断，醍醐法味洒何浓。"

③矧（shěn）：连词，另外，况且。儋（dān）崖：是指儋州与崖州的合称，也泛指南方的荒蛮之地。

④巉（chán）然：多用于形容山峰高峭陡削，也可以用来形容人消瘦露骨。忻（xīn）：这里指以斧斤雕琢。

⑤小孤：山名，在江西彭泽县北长江中，与大孤山遥遥相对。

⑥生朝：生日的意思。

⑦面壁：这里比喻刻苦学习，潜心钻研。

⑧几席：是古人凭依、坐卧的器具。

⑨帨帉（shuì fēn）：指揩物佩巾。

⑩芹：对人谦称所赠东西不好，亦称为"献芹"。也可作为一种谦辞，表示微薄的情谊，即"芹意"。

【译文】

749

古人用芸香和兰草作为香料，用鬯酒调和郁金的汁液酿成香酒祭祀，用油脂和艾蒿来焚烧生火，而把花椒的汁液当香水涂抹在身上，拿蕙草来熏衣物。杜衡和菖蒲使用过量会导致中毒。麝香有很多忌讳，而且它的本味又很腥膻。苏合香看上去像是香料，但它实质上属荤，用多了容易使人乱性。我的智慧又有多少呢？又常被"色、声、香、味、触、法"所牵绊，我的尘根未尽，灵台也没有到达清明。本来希望借由这些香料来通达修行的境界，然而品闻了这些香料却导致心性偏颇，不能扶正乃至提升自己的佛学修为，徒然劳烦了鼻子而已。在众多香料之中唯独沉香与众不同，达到了近似引人入正途的作用，可以把沉香与郁金香调和，用来辅助修行。

海南产的沉香与其他香料都不同，超然而不群，它的质地不仅像金子一样坚硬，而且还像美玉一样温润，它的外形坚毅嶙峋，富有灵气，就好像鹤骨龙筋一样。好的沉水级别的沉香内部充满了油脂，所以分量十分足，放在手掌之中也是沉甸甸的。而越南的沉香则只适宜烧火做饭、熏熏蚊虫而已。我送给你的这块沉香看起来好像一座小假山，天然造型崎岖险峻，玩味起来也颇有趣味。就好像华山倚天而立，又像孤峰直插入云间。

今天是你六十大寿的好日子，我写了这篇小文给你庆贺。你每天以面壁读书来度日，哪像我这样耕田种地，自得其乐啊。幸亏有我送给你的这块沉香，你把它放置在床头的小桌上，让它的幽香浸染你的床铺桌案，绵延不绝。你过大寿，我这海南老头子也没有什么好东西送给你，一点薄礼代表我的一片心意。

香丸志

贞观时有书生，幼时贫贱，每为人侮害，虽极悲愤而无由泄其忿。一日闲步经观音里，有一妇人姿甚美，与生眷顾。侍儿负一草囊至曰："主母所命也。"启视则人头数颗，颜色未变①，乃向侮害生者也。生惊欲避去。侍儿曰："郎君请无惊，必不相累②，主母亦素仇诸恶少年，欲假手于郎君。"生愧谢弗能。妇人命侍儿进一香丸曰："不劳君举腕，君第扫净室，夜坐焚此香于炉，香烟所至，君急随之，即得志矣。有所获，须将纳于革囊，归勿畏也。"生如旨焚香，随烟而往，初不觉有墙壁碍行处，皆有光亦不类暗夜。每至一处，烟袅袅绕恶少年颈三绕而头自落，或独宿一室，或妻子共床寝，或初就枕。侍儿执巾若尘尾如意，围绕未敢退，悉不觉不知。生悉以头纳革囊中，若梦中所为，殊无畏意。于是烟复袅袅而旋生③，复随之而返到家，未三鼓也④，烟甫收火已寒矣。探之，其香变成金色，圆若弹，倏然飞去⑤，铿铿有声，生恐妇复须此物，正惶急间，侍儿不由门户，忽尔在前。生告曰："香丸飞去。"侍儿曰："得之久矣。主母传语郎君：'此畏关也，此关一破，无不可为。姑了天下事，共作神仙也'。"后生与妇俱徙去，不知所之。

【注释】

①颜色：这里指脸上的表情。

②累：此处指烦劳、拖累。

③旋生：指在短时间内产生。

④三鼓：这里指三更。北齐·颜之推《颜氏家训·书证》："汉魏以来，谓为甲夜、乙夜、丙夜、丁夜、戊夜；又云鼓，一鼓、二鼓、三鼓、四鼓、五鼓；亦云一更、二更、三更、四更、五更：皆以五为节。"

⑤倏然：忽然，形容极快的样子。

【译文】

贞观年间有一个书生，他年幼时家中贫穷，地位卑贱，经常遭到他人的欺辱侵害，虽然内心感到非常悲愤，但他却找不到地方去发泄自己的悲愤。一天他外出散步经过观音庙前，看到了一个容貌极为美丽的女子，这引起了书生的注意。一日，那女子的侍者背着一个口袋对书生说："这是我家主人命令交给你的。"书生打开口袋发现了其中有数颗人头，他们脸上的表情都没有变化，十分像曾经欺辱过书生的人。这让书生十分惊讶，想要躲避离开。侍者又说："请你不要惊讶，一定不会连累你的，我家主人向来仇恨这些作恶的人，想要用你的力量除掉他们。"书生认为自己不能完成这个任务，对侍者表示惭愧和感谢。女子则命令侍者将一粒香丸交给书生，同时说道："不用劳烦你亲自动手，你只需要打扫干净自己的房间，在夜晚坐在房间之中，将这个香丸在香炉之中焚烧，你跟随着香烟所到的地方，便能够实现自己的想法。完成任务之后，必须将获得的东西收进皮革口袋之中，回来的时候不要感到害怕。"书生按照侍者的旨意焚香，并跟随着烟气，最初感觉不到墙壁的阻碍，四处有光而且也不像夜晚一样。每到一个地方，烟气在作恶的少年脖子上绕了几圈后，作恶的少年的头颅便掉了下来，这些作恶的少年有的是独处一室，有的是与妻子在同一个床上，有的是刚刚准备睡觉。侍者拿着纱巾尾随其后，烟气也围绕不退，让人无法觉察。书生将人头全部收进皮革口袋之中，就好像在梦中所为一样，一点也感觉不到害怕。于是烟气又开始缭绕着生起，书生又随着这个香气回到了家中，三更还没有到，这时的烟气也开始熄灭。书生查看香炉，发现香已经变成了金色，圆圆的样子就像弹丸一样，一下子便飞了出去，同时还发出了响亮的声音，书生担心女子还会要回此物，正感到惶恐着急之时，侍者没有经过正门，而直接来到了书生的面前。书生向侍者说道："香丸飞走了。"侍者说："我很早前便得到它了。我家主人让我传话给你：'这是畏关，过了这一关之后，便没有不敢做的事情。暂且放下天下的事情，一起去做神仙吧'。"随后书生与女子一同离开，不知道去到了什么地方。

上香偈（道书）

谨焚道香、德香、无为香、无为清净自然香、妙洞真香、灵宝惠香、朝三界香①，香满琼楼玉境，遍诸天法界，以此真香腾空上奏。

焚香有偈：返生宝木，沉水奇材，瑞气氤氲，祥云缭绕，上通金阙，下入幽冥。

【注释】

①谨：谨慎、小心，这里指恭敬、郑重的意思。"道香、德香……朝三界香"：道教称香有太真天香八种，即"道香、德香、无为香、自然香、清净香、妙洞香、灵宝慧香、超三界香"。

【译文】

恭敬的焚熏道香、德香、无为香、无为清洁自然香、妙洞真香、灵宝惠香、朝三界香。香气飘得很远，满溢在琼楼玉境之中，遍布在诸天法界之内。凭借这些香气，可以飞腾到空中，向上天传达自己的意见。

焚香之时有偈颂：可以起死回生的宝贵树木，沉入水中形成的奇异香料，吉祥之气十分浓重，烟气形成的祥云回环旋转，向上可以去到仙人所居的宫阙，向下可以进入幽暗的阴间。

修香   陆放翁

空庭一炷，上达神明。家庙一炷，曾英祖灵。且谢且祈，特此而已，此而不为，吁嗟已矣①。

①吁嗟：叹词，表示忧伤或有所感。

【译文】

在空旷的房间之中点燃起一炷香，向上可以通达到神明之处。在祖庙宗祠之中点燃起一炷香，可以告慰祖先英灵。一边拜谢，一边祈祷，这样就很好了，如果不这么做的话，那就只能够嗟叹了。

附诸谱序

河南陈氏曾合四谱为书①，后二编为陈辑者，并为余纂建勋诸序汇此以存异②，代同心之契③。

【注释】

①陈氏：陈敬，宋朝人，敬字子中，出生于河南，其生卒、仕履未详，著有《陈氏香谱》一书。

②勋：小篆字作"勋"，这里指特殊的功劳。

③同心：这里指相同的心愿和意志。契：契的本义为刻，引申为指符契，又引申为指契约、文卷。

【译文】

河南的陈敬曾经将四部香谱合成为一本书，后面的二编是后人所辑录的，并为我的编纂建立了巨大的功劳，将这些序言汇存在一起，来代表一种相同意愿的约定。

叶氏香录序

古者无香，燔柴炳萧，尚气臭而已。故香之字虽载于经，而非今之所谓香也。至汉以来，外域入贡，香之名始见于百家传记。而南番之香独后出焉，世亦罕知，不能尽之。余于泉州职事，实兼舶

753

卷二十八 香文汇

司，因蕃商之至，询究本末录之^①，以广异闻，亦君子耻一物不知之意。绍兴二十一年，左朝请大夫知泉州军州事叶廷珪序^②。

【注释】

①询究：这里指查考、究问的意思。本末：可以指事物的根源和结局。

②朝请：这里指官名，即奉朝请。知：这里指主管的意思。

【译文】

古时候并没有香料，只是焚烧木柴和茅草，追求各种气味罢了。所以香虽然早就记载于经文之中，但却并不是我们今天所用的香。到了汉代，其他国家向皇帝进献礼物，"香料"这个名词才开始出现在诸子百家的记传之中。但海南等地的香料却出现得很晚，世上的人也很少了解，不能完全知道。我曾在泉州任职，同时还兼任舶司，因为外来商贩的到来，才详细考察香料的来龙去脉并作记录，来扩充知识和见闻，也是取君子以对某一事物有所不知为耻的意思。绍兴二十一年，左朝请大夫主管泉州军事的叶廷珪作序。

颜氏香史序

焚香之法，不见于三代^①，汉唐衣冠之儒稍稍用之^②，然返魂飞气出于道家^③，旃檀伽罗盛于缁庐^④。名之奇者，则有燕尾、鸡舌、龙涎、凤脑。品之异者，则有红蓝、赤檀、白茅、青桂。其贵重，则有水沉、雄麝。其幽远，则有石叶、木蜜。百濯之珍^⑤，罽宾月支之贵^⑥。泛泛如喷珠雾，不可胜计。然多出于尚怪之士，未可皆信其有无。彼欲刳凡剔俗^⑦，其合和窨造自有佳处，惟深得三昧者乃尽其妙^⑧。因采古今熏修之法，厘为六篇^⑨，以其叙香之行事^⑩，故曰《香史》。不徒为熏洁也，五脏惟脾喜香，以养鼻观、通神明而去尤疾焉。然黄冠缁衣之师久习灵坛之供^⑪，纨绮之子少耽洞房之乐^⑫，观是书也不为无补。云龛居士序。

①三代：指夏、商、周三个朝代的合称。

②衣冠：在这里指缙绅、名门世族。

③返魂飞气：这里指道家所使用的返魂香、飞气香。

④旃檀（zhān tán）伽罗：这里指佛家所使用的旃檀香、伽罗香。缁（zī）：黑色。黑和白，借指僧人和俗人，因僧尼穿黑衣，而白衣是平常人穿的衣服。

⑤百濯（zhuó）：百濯香，三国时期的一种香料名称。

⑥罽（jì）宾：罽宾国，又作凛宾国、劫宾国、羯宾国，是汉朝时之西域国名。

⑦刳（kū）：挖空，凿开。

⑧三昧：意思是止息杂念，使心神平静，是佛教的重要修行方法。

⑨厘：这里是整理的意思。

⑩行事：这里是事迹的意思。

⑪黄冠：指道士之冠，也指道士。

⑫耽：沉溺、迷恋。

755

【译文】

焚香的方法，在夏商周时期还没有出现，到了汉唐之时，名门望族的儒者会稍稍使用一些，然而返魂香和飞气香出自于道家，旃檀和伽罗则盛产于缁庐。名称奇特的香料，有燕尾、鸡舌、龙涎、凤脑；品性奇特的香料，则有红蓝花、紫檀木、白茅和青桂；其中贵重的，则有沉水香、麝香；其中幽远的，则有石叶、木蜜；百濯香这样的珍品，是罽宾国和月氏的贵重之物；平平常常的则如雾气之中的水珠，不可计数。但大多都是出自喜欢奇怪事物的人，所以不能够完全相信它们的有无。

想要剔除其中的平凡之物，它们的匹配和制造自有好的地方，自有能够深入了解三昧的人才能够尽知其中的奇妙。因此采集古今的各种静心修行的方法，整理成为六篇文章，来记叙这些香料的事迹，所以被称为《香史》。不只为了洁净修行，五脏之中只有脾喜欢香气，用来调养嗅觉、贯通精神，同时也可以驱除疾病。而且可以使道士和僧侣们熟悉祭坛之中的贡品，身着华贵的纨绔子弟少沉迷于洞房之乐，阅读这样的书籍也不是没有益处的。云龛居士作序。

洪氏香谱序

《书》称"至治馨香""明德惟馨"①。反是则曰"腥闻在上"②。《传》以"芝兰之室""鲍鱼之肆"为善恶之辨③。《离骚》以兰蕙、杜蘅为君子，粪壤、萧艾为小人。君子澡雪其身心④，熏袚以道义⑤，有无穷之闻，余之谱香亦是意云。

【注释】

①《书》：即《尚书》，是儒家重要的经典之一，是中国上古历史文献和部分追述古代事迹著作的汇编。"至治馨香"：出自《尚书·君陈》："至治馨香，感于神明。黍稷非馨，明德惟馨。""明德惟馨"：意为真正能够散发出香气的是美德。出自《尚书·君陈》："至治馨香，感于神明。黍稷非馨，明德惟馨。"

②"腥闻在上"：指酒肉的腥味，可引申为丑恶的名声，比喻丑名远扬。出自《尚书·酒诰》："腥闻在上，故天降丧于殷。"

③《传》：疑为《左传》，但有待商榷。原名《左氏春秋》，相传是春秋末年鲁国的左丘明为《春秋》做注解的一部史书，与《公羊传》《谷梁传》合称"春秋三传"。是中国第一部叙事详细的编年体史书。"芝兰之室"：用来比喻良好的环境。出自《孔子家语·六本》："与善人居，如入芝兰之室，久而不闻其香，即与之化矣。""鲍鱼之肆"：卖渍鱼的店铺叫鲍鱼之肆。比喻小人集聚的地方。出自《孔子家语·六本》："与恶人居，如入鲍鱼之肆，久而不闻其臭，亦与之化矣。"

④澡雪：意为洗涤使之清洁，可以引申为高洁，改正。

⑤熏袚（fú）：是指以烟、气等祛除邪秽。

【译文】

《尚书》之中说"至治馨香""明德惟馨"。反过来则又说"腥闻在上"。《左传》将"芝兰之室""鲍鱼之肆"作为善恶的分辨。在《离骚》之中，用兰蕙、杜蘅来指代君子，用粪土和茅草来指代小人。君子的身心都是高洁的，用烟气来祛除邪秽，有无穷无尽的知识，我的香谱也想表现出这样的意思。

陈氏香谱序

　　香者五臭之一①，而人服媚之②。至于为香作谱，非世官博物、尝阅舶浮海者不能悉也③。河南陈氏《香谱》自中斋至浩卿，再世乃获博采④。洪、颜、沈、叶诸谱具在此编，集其大成矣。《诗》、《书》言香，不过黍稷萧脂，故香之为字，从黍作甘。古者自黍稷之外，可焫者萧，可佩者兰，可䰞者郁，名为香草者无几，此时谱可无作。

　　《楚辞》所录名物渐多，犹未取于遐裔也⑤。汉唐以来，言香者必南海之产，故不可无谱。浩卿过彭蠡⑥，以其谱视钓者熊朋来俾为序⑦。钓者惊曰：岂其乏使而及我耶？子再世成谱亦不易，宜遴序者⑧。岂无蓬莱玉署怀香握兰之仙儒⑨？又岂无乔木故家芝芳兰馥之世卿⑩？岂无岛服夷言夸香诧宝之舶官？又岂无神州赤县进香受爵之少府⑪？岂无宝梵琳房闲思道韵之高人⑫？又岂无瑶英玉蕊罗襦芗泽之女士⑬？凡知香者，皆使序之。若仆也，灰钉之望既穷，熏习之梦已断，空有庐山一峰以为炉，峰顶片雪以为香，子并收入谱矣。

【注释】

　　①五臭：也叫五气，即膻、焦、香、腥、腐。《内经》："精藏于肝，其病惊骇，其味酸，其臭膻；藏精与心，故病在五脏，其味苦，其臭焦；藏精于脾，故病在舌本，其味甘，其臭香；藏精于肺，故病在背，其味辛，其臭腥；藏精于肾，故病在溪，其味咸，其臭腐。"

　　②服媚：这里指喜爱佩戴的意思。

　　③世官：古代某官职由一族世代承袭，被称为世官。博物：本意是辨识了解各种事物，也可引申指万物，这里指通晓各种事物的人。

④博采：广泛地搜集采纳。

⑤遐裔：指后裔、远裔，也可指远方、边远之地。

⑥彭蠡（lǐ）：即彭蠡湖，一说为鄱阳湖古称。鄱阳湖在古代有过彭蠡湖、彭蠡泽、彭泽、彭湖、扬澜、宫亭湖等多种称谓。

⑦俾（bǐ）：使或把的意思。

⑧遴：意思是谨慎选择。

⑨玉署：这里指玉宫、道观。

⑩乔木故家：即故家乔木，指世家的人才、器物必定出众。

⑪神州赤县：多以"赤县神州"或"神州赤县"为中国的别称。

⑫琳房：指炼丹房的美称。

⑬瑶英：亦作"瑶瑛"，指玉的精华。玉蕊：唐代传统名花，后失传，具体指何种植物现在有争议。有人认为是白檀，是玉蕊科、玉蕊属的一种植物。也有人认为是金刀木。罗襦（rú）：指绸制短衣。芗泽：是指香泽，香气。

【译文】

香，是五气之一，人们喜欢佩戴它。至于为香作谱，如果不是世代为官、博知事物，曾有乘船出海经历的人，不能详尽地完成。河南陈氏《香谱》，自子中至浩卿父子两代人才得以脱稿，洪、颜、沈、叶各家香谱，汇于一编，集其大成。诗书中说："香，不过是黍稷萧脂之类，故而香字从黍，作甘。"古代，在黍稷以外，可以燃烧的有艾蒿，可以佩戴的有兰草，可以酿酒的有郁金香。以香草为名的，几乎没有，这一时段，可以不予记谱。

《楚辞》中所载录的名物渐渐多起来，仍然不是从远方获得的。汉唐以来，被称为香的，必然是南洋出产之物，故而不可无谱。浩卿来到彭蠡，将《香谱》送给垂钓之人熊朋来阅读，请求为其作序。我这垂钓之人惊呼道：难道缺少可以作序的人，竟而轮到我了？君家两代人方得修成此谱，也是不容易啊！应当谨慎遴选作序之人。难道没有蓬莱玉署中怀香握兰的仙儒？又难道没有世家高门内芝芳兰馥的世卿？难道没有南洋岛国夸耀香品宝物的洋商？难道没有神州赤县进香受爵的少府？难道没有宝梵琳房闲思道韵的高人？又难道没有瑶英玉蕊、罗衣香泽的淑女？但凡熟知香品之人，都可以请来为此谱作序。像我这样的人，等死之心早有，熏香之习也中断很久。空有庐山一座山峰作为香炉峰，山顶片片白雪作为香品，一并收入谱中。

　　每忆刘季和香癖，过炉熏身，其主簿张坦以为俗。坦可谓直谅之友①，季和能笑领其言，亦庶几善补过者②，有士如此。如荀令君至人家③，坐席三日香；如梅学士每晨以袖覆炉，撮袖而出④，坐定放香；是富贵自好者所为，未闻圣贤为此，惜其不遇张坦也。按礼经：容臭者⑤，童孺所佩；莐兰者⑥，妇女所采；大丈夫则自有流芳百世者在。故魏武犹能禁家内不得熏香⑦，谢玄佩香囊则安石恶之。然琴窗书室不得此谱则无以治炉熏，至于自熏，知见亦存乎其人。遂长揖谢客鼓棹去客⑧，追录为香谱序。至治壬戌兰秋彭蠡钓徒熊朋来序。

【注释】

①直谅：这里指正直诚信的意思。

②庶几：在这里指贤人的意思。

③荀令君：即荀彧。东汉末年著名政治家、战略家，曹操统一北方的首席谋臣和功臣。

④撮（cuō）：捏着。

⑤容臭：是古代劳动妇女创造的一种民间刺绣工艺品，也是以男耕女织为标志的古代农耕文化的产物。

⑥莐（chén）：古书上说的一种香草，指"白芷"。

⑦魏武：即曹操。

⑧长揖（yī）：是古代的一种交际礼仪风俗，流行于全国大部分地区，即拱手高举，处上而下。鼓棹（zhào）：划桨的意思。

759

【译文】

　　每每回忆，当日刘季和好香成癖，到炉边香熏身体，主簿张坦认为他庸俗。张坦可以称得上是直谏之友了。刘季和能笑着领受他的劝告，也算得上是善于弥补过错的人了。天下之间竟有这样的雅士。如荀令君到别人家去，他坐过的地方三日留香。又如梅学士每天清晨将衣袖盖在香炉上，捏着袖子出来，坐定后放出袖内的香气。这是以富贵自好的人的行为，没听说圣贤们有这样的行为。可惜他们没有遇上张坦这样的直谏之人啊。查考《礼经》，香包是孩童所佩戴的东西；茝兰是妇人配饰所采用的物件。大丈夫在世，自有借以流芳百世的功业。故而，魏武帝曹操能下令家中不准熏香。谢玄佩戴香囊，谢安十分讨厌他的行为。然而，琴窗书室之中，没有这《香谱》，则无法修治炉熏之香。至于从熏香中增长见识，或许也大有其人。我就长揖谢客，鼓棹拒客，追录为《香谱序》。至治壬戌年，兰秋彭蠡钓徒熊朋作序。

又：韦应物扫地焚香，燕寝为之凝清①；黄鲁直隐几炷香，灵台为之空湛。从来韵人胜士②，炉烟清昼，道心纯净，法应如是。

汴陈浩卿于清江出其先君子中斋公所辑《香谱》。如铢熏初爇，缥缈愿香。悟韦郎于白傅之香山，识涪翁于黄仙之叱石③，是谱之香远矣。浩卿卓然肯构，能使书香不断。经传之雅馥方韶，骚选之靓菲初曙④，方遗家谱可也。袖中后山瓣香，亦当询龙象法筵⑤，拈起超方回向。至治壬戌夏五长沙梅花溪道人李琳书。

【注释】

①燕寝：指卧室，泛指闲居之处。

②韵人：指雅人。胜士：指佳士，才识过人的人士。

③涪（fú）翁：即黄庭坚，字鲁直，号山谷道人，晚年号涪翁。叱（chì）石：叱石，为明末大司马黄公辅根据《黄大仙叱石成羊》的神话命名。"叱石松涛"，是新会八景之一。

④菲（fēi）：本义指香气，现在较少使用。

⑤龙象：在这里指高僧。法筵：佛教语。指讲经说法者的座席。也可引申指讲说佛法的集会。

760

【译文】

又：韦应物在打扫居室时焚烧香料，整个卧室都因此而宁静清香；黄庭坚点起几炷香，整个人都显得空灵澄澈。历来那些雅人佳士，香炉中香烟的清香都会持续一整天，整个人的悟道之心也就纯净了，按理说正像这样。

汴州陈浩卿整理其先人中斋公所编写的《香谱》。正如铢熏初馢一般，芳香缥缈。领悟了韦郎在白傅的香山，见识了黄庭坚的法力无边，所以距离创作香谱。浩卿高超出众，愿意营缮，才能使书香经久不断。继承了《诗经》《左传》的雅馥方韶，《楚辞》《诗选》的靓靡初曙，才能留下这一香谱。携帽中的瓣香，当问高僧的讲法，才能回转自己的功德，趋向众生和佛果。至治壬戌夏五长沙梅花溪道人李琳所作。

辛已岁诸公助刻此书，工过半矣，时余存友海上归，则梓人尽毙于疫。板寄他所，复遘祝融成毁①，数奇可胜太息②。癸未秋，欲营数椽，苦资不给，甫用拮据。偶展《鹤林玉露》③，得徐渊子诗云："俸余拟办买山钱④，复买端州古研砖，依旧被渠驱使在，买山之事定何年？"颇嘉渊子之雅，尚乃决意移赀剞劂。因叹时贤著述，朝成暮梓，木与稿随；余兹纂历壮逾衰，岁月载更，梨枣重灾，何艰易殊人太甚耶？友人慰之曰："事物之不齐，天定有以齐之者。"脱稿日用书颠末云尔，是岁八月之望。

【注释】

①遘（gòu）：这里指相遇、遇到的意思。

②数奇：古代占法以偶为吉，奇为凶，这里指命数不好。可胜：意思为岂能忍受。

③《鹤林玉露》：文言轶事小说。宋代罗大经撰。此书分甲、乙、丙三编，共18卷。半数以上评述前代及宋代诗文，记述宋代文人轶事，有文学史料价值。

④买山钱：为隐居而购买山林所需的钱，比喻归隐。

卷二十八 香文汇

【译文】

　　辛亥之时，朋友们帮助篆刻此书，工程已经过半，朋友们从海上返回，而工匠们却全部死于瘟疫。书板被寄存在了别的地方，又遇到了大火而被烧毁。命数不好，只能不停叹息。癸未年秋天，想要营造一些盖房子的木材，但苦于钱财不足，十分拮据。偶然之间看到了《鹤林玉露》，其中徐渊子写的诗说道："剩余的俸禄本打算用在归隐之上，所以买来了端州的古研砖，但依然被他人所驱使，归隐之事不知定到哪一年？"很敬佩徐渊子的风雅，于是决定挪移资财来篆刻此书，感叹有才德的人的著述，早上完成了晚上便开始雕刻，木板与文稿始终相随。我从年轻开始撰写此书直到年老，岁月更替之间，印书刻板所用的梨木或枣木又多遭灾祸，为什么困难对于个别的人如此过分呢？朋友们都安慰我："世间事物的不平等，上天自会有让其平等的时刻。"于是，在完成文稿之时，写下这些编纂的始末，时间正值八月十五。